中国科学院科学出版基金资助出版

半导体科学与技术丛书

半导体材料测试与分析

杨德仁 等 著

科学出版社
北京

内 容 简 介

半导体材料是微电子、光电子和太阳能等工业的基石，而其电学性能、光学性能和机械性能将会影响半导体器件的性能和质量，因此，半导体材料性能和结构的测试和分析，是半导体材料研究和开发的重要方面。本书主要介绍半导体材料的各种测试分析技术，涉及测试技术的基本原理、仪器结构、样品制备和应用实例等内容：包括四探针电阻率、无接触电阻率、扩展电阻、微波光电导衰减、霍尔效应、红外光谱、深能级瞬态谱、正电子湮没、荧光光谱、紫外-可见吸收光谱、电子束诱生电流、*I-V* 和 *C-V* 等测试分析技术。

本书可供大专院校的半导体物理、材料与器件、材料科学与工程和太阳能光伏等专业的高年级学生、研究生和教师作教学用书或参考书，也可供从事相关研究和开发的科技工作者和企业工程师参考。

图书在版编目(CIP)数据

半导体材料测试与分析/杨德仁等著. —北京：科学出版社，2010
(半导体科学与技术丛书)
ISBN 978-7-03-027036-8

I. ①半… II. ①杨… III. ①半导体材料–测试 IV. ①TN304.07

中国版本图书馆 CIP 数据核字(2010)第 045787 号

责任编辑：钱 俊 周 涵/责任校对：朱光光
责任印制：赵 博 /封面设计：陈 敬

科学出版社出版
北京东黄城根北街 16 号
邮政编码：100717
http://www.sciencep.com

三河市春园印刷有限公司印刷

科学出版社发行 各地新华书店经销
*

2010 年 4 月第 一 版 开本：720 × 1000 1/16
2025 年 1 月第七次印刷 印张：25
字数：481 000

定价：148.00 元

(如有印装质量问题，我社负责调换)

《半导体科学与技术丛书》编委会

《半导体科学与技术丛书》出版说明

半导体科学与技术在20世纪科学技术的突破性发展中起着关键的作用，它带动了新材料、新器件、新技术和新的交叉学科的发展创新，并在许多技术领域引起了革命性变革和进步，从而产生了现代的计算机产业、通信产业和IT技术。而目前发展迅速的半导体微/纳电子器件、光电子器件和量子信息又将推动本世纪的技术发展和产业革命。半导体科学技术已成为与国家经济发展、社会进步以及国防安全密切相关的重要的科学技术。

新中国成立以后，在国际上对中国禁运封锁的条件下，我国的科技工作者在老一辈科学家的带领下，自力更生，艰苦奋斗，从无到有，在我国半导体的发展历史上取得了许多“第一个”的成果，为我国半导体科学技术事业的发展，为国防建设和国民经济的发展做出过有重要历史影响的贡献。目前，在改革开放的大好形势下，我国新一代的半导体科技工作者继承老一辈科学家的优良传统，正在为发展我国的半导体事业、加快提高我国科技自主创新能力、推动我们国家在微电子和光电子产业中自主知识产权的发展而顽强拼搏。出版这套《半导体科学与技术丛书》的目的是总结我们自己的工作成果，发展我国的半导体事业，使我国成为世界上半导体科学技术的强国。

出版《半导体科学与技术丛书》是想请从事探索性和应用性研究的半导体工作者总结和介绍国际和中国科学家在半导体前沿领域，包括半导体物理、材料、器件、电路等方面的进展和所开展的工作，总结自己的研究经验，吸引更多的年轻人投入和献身到半导体研究的事业中来，为他们提供一套有用的参考书或教材，使他们尽快地进入这一领域中进行创新性的学习和研究，为发展我国的半导体事业做出自己的贡献。

《半导体科学与技术丛书》将致力于反映半导体学科各个领域的基本内容和最新进展，力求覆盖较广阔的前沿领域，展望该专题的发展前景。丛书中的每一册将尽可能讲清一个专题，而不求面面俱到。在写作风格上，希望作者们能做到以大学高年级学生的水平为出发点，深入浅出，图文并茂，文献丰富，突出物理内容，避免冗长公式推导。我们欢迎广大从事半导体科学技术研究的工作者加入到丛书的编写中来。

愿这套丛书的出版既能为国内半导体领域的学者提供一个机会，将他们的累累硕果奉献给广大读者，又能对半导体科学和技术的教学和研究起到促进和推动作用。

夏建白

2005年3月16日

前　言

半导体材料是信息产业的基础，是微电子、光电子以及太阳能等工业的基石，对国家工业、科技和国防的发展具有至关重要的意义。毫无疑问，半导体材料的电学性能、光学性能和机械性能将会影响半导体器件的性能和质量，而半导体材料这些性能又取决于其掺杂和晶格的完整性，因此，半导体材料性能和结构的测试和分析，是半导体材料研究和开发的重要方面。

目前，我国以微电子工业为代表的高科技产业蓬勃发展，已经成为国际微电子的主要产业基地之一；同时，我国的太阳能产业也发展迅速，数百家太阳能电池器件和材料企业涉及其中，其太阳能电池产量已经居世界第一位，是我国重要的新兴高科技产业；另外，我国半导体照明等光电子和其他新型半导体材料、器件产业也方兴未艾。因此，半导体材料的研究、开发和应用，成为国家科技、工业和国防领域优先发展的重要方向，这些对半导体材料的测试与分析都有重要的需求。随着技术的进步，无论是半导体材料的测试技术、测试原理，还是应用领域，都将会有很大的变化和发展。

本书主要描述半导体材料的测试分析技术，介绍各种测试技术的基本原理、仪器结构、样品制备和分析实例，主要包括载流子浓度(电阻率)、少数载流子寿命、发光等性能以及杂质和缺陷的测试，其测试分析技术涉及四探针电阻率测试、无接触电阻率测试、扩展电阻、微波光电导衰减测试、霍尔效应测试、红外光谱测试、深能级瞬态谱测试、正电子湮没测试、荧光光谱测试、紫外-可见吸收光谱测试、电子束诱生电流测试、*I-V* 和 *C-V* 等。

本书着重介绍半导体材料的专门的测试分析技术，特别是半导体材料电学性能和光学性能的测试。这些测试技术(如 Hall 效应等)在普通的材料测试和分析著作中一般都没有介绍；而深能级瞬态谱测试、正电子湮没测试和电子束诱生电流测试技术在国内几乎没有专门著作介绍。至于半导体材料的结构的一般测试分析技术，如透射电子显微镜(TEM)、扫描电子显微镜(SEM)、光学显微镜、X 射线衍射仪、光电子能谱仪等等，其原理和应用在其他通用型材料测试分析技术和原理的著作中会涉及，在本书中就没有加以介绍。

本书在国内外最近研究成果的基础上，阐述了半导体材料现代测试分析的主要技术，每一种技术都描述了基本原理、仪器构造原理、样品制备和实验测试实例等内容。在结构上，以每一种测试技术为单元，单章独立讲述。第 1~5 章讲述半导体材料电学性能的测试，第 6~11 章是半导体材料杂质和缺陷的测量(包括发光性质的测量)，第 12 章是半导体器件的基本电学性质测量。

本书由陈加和(第 1 章，电阻率测试)、杨德仁、樊瑞新(第 2 章，扩展电阻测试)、王维燕(第 3 章，少数载流子寿命测试)、朱鑫(第 4 章，少数载流子扩散长度测试)、陈培良(第 5 章，霍尔效应测试)、崔灿、李明(第 6 章，红外光谱测试)、余学功(第 7 章，深能级瞬态谱测试)、皮孝东(第 8 章，正电子湮没谱测试)、李东升(第 9 章，光致荧光谱测试)、张辉(第 10 章，紫外-可见吸收光谱测试)、陈君(第 11 章，电子束诱生电流测试)和汪雷(第 12 章，*I-V* 和 *C-V* 测试)撰写，由杨德仁全书审阅、修改和统稿。

本书的撰写者主要是浙江大学硅材料国家重点实验室工作在第一线的中青年研究人员，包括多位在国外著名大学、研究所工作的海外留学人员，他们都长期操作和使用过相关测试仪器和设备。本书是撰写者在科研工作总结和积累的基础上，根据国际研究和测试分析技术的最新进展，共同编著而成的。特别是，书中提供了大量的测试应用实例，可为读者利用相关测试原理和技术提供直接的帮助，相信会对相关专业的研究人员、工程技术人员、本科生和研究生能提供较好的参考。

由于撰写者的经验、水平和知识面的限制，本书可能会存在一些错误，欢迎读者批评指教，以便今后改正。

杨德仁

2009 年 5 月于求是园

目　　录

第 1 章　电阻率测试

在室温下，半导体材料的电阻率(resistivity)一般为 10^{-4}~10^{9} Ω · cm，它是介于导体(电阻率<10^{-5} Ω · cm)与绝缘体(电阻率>10^{12} Ω · cm)之间的一种固体材料。一般而言，半导体材料的电学性能与杂质类型、杂质浓度、温度、晶体缺陷等因素密切相关，对器件性能有决定性的作用，例如，晶体管的击穿电压就直接与硅单晶的电阻率有关。因此，在器件设计时，根据器件的种类、特性以及制作工艺等条件，对半导体材料的电学性能有一定的要求。

通常，半导体材料的电学性能主要包括电阻率、导电类型、载流子浓度及其分布、迁移率和少子寿命等，其中电阻率是最直接、最重要的参数。在测试半导体材料电阻率时，一般利用探针法，尤其是四探针法。该方法原理简单，数据处理简便，为科研及生产单位广泛采用。另外，扩展电阻法实际上也是一种特殊的探针法，具有独特的原理和测试技术，在第 2 章将单独讲述。近年来，随着半导体测试技术的不断发展，为满足半导体材料(特别是单晶硅材料)的自动化生产流水线在线检测的需求，涡流法无损检测电阻率的技术也已逐渐应用，成为微电子工业中测试半导体材料电阻率的另一种主要手段。

本章首先描述半导体材料的电阻率和载流子浓度的关系，然后分别阐述了探针法和无接触涡流法测试电阻率的基本原理，介绍了测试的注意事项和相关的测试设备，最后还提供了测试分析的实例。

1.1　探针法

探针法测试半导体材料电阻率可以分为两探针、三探针和四探针法三种，其中两探针测试技术现在已经很少应用。本节在简要介绍半导体材料的电阻率和载流子浓度的关系之后，将重点介绍直流四探针法。四探针法能分辨毫米级材料的均匀性，适用于体材料、异质层、外延材料以及扩散层、离子注入层的电阻率的测量，方法简便、迅速和准确，是目前应用最为广泛一种测试电阻率的技术。

1.1.1　半导体材料的电阻率和载流子浓度

半导体材料的电阻率，是电导率(σ)的倒数，为半导体材料的重要电学参数之一。它反映了补偿后的杂质浓度，与半导体中的载流子浓度有直接的关系[1, 2]，是判断半导体材料掺杂浓度的主要参数之一。以没有掺杂的高纯硅材料为例，其载流子(电子和空穴)是由于晶格热振动引起硅原子共价键的偶然断裂而产生的，数量很少，因此，电阻率很高，在室温(20℃)下约为 $10^5\ \Omega\cdot\mathrm{cm}$，称之为本征硅材料。但是，要制备各种性能的器件，具有这样电阻率的本征半导体是不行的，必须加入各种不同浓度的n型或p型掺杂杂质，使得硅材料表现为具有不同电阻率的n型或p型半导体。通常，根据测量的电阻率，可以得到掺杂杂质(载流子)的浓度。

一般而言，半导体材料的电阻率是n型和p型杂质浓度差的函数。以p型半导体材料为例，其室温电阻率可以表示为

$$\rho=\frac{1}{\left(N_{\mathrm{A}}-N_{\mathrm{D}}\right)\mu_{\mathrm{p}}q} \tag{1.1}$$

式中，N_{A} 为受主杂质浓度；N_{D} 为施主杂质浓度；μ_{p} 为空穴迁移率；q 为电子电荷量。由上式可知，通过对材料电阻率的测量，可以得到半导体中的载流子浓度。对于p型半导体材料而言，其载流子(空穴)净浓度 p 可以表示为

$$p=N_{\mathrm{A}}-N_{\mathrm{D}} \tag{1.2}$$

在大多数情况下，p型半导体材料的p型掺杂原子的浓度将比n型掺杂原子的浓度大几个数量级，因此式(1.2)可以近似地写成

$$p\approx N_{\mathrm{A}} \tag{1.3}$$

而原有精度几乎不变。式(1.1)可以简写为

$$\rho=\frac{1}{N_{\mathrm{A}}\mu_{\mathrm{p}}q} \tag{1.4}$$

同样的，对n型半导体材料，其室温电阻率和载流子浓度的关系为

$$\rho=\frac{1}{N_{\mathrm{D}}\mu_{\mathrm{n}}q} \tag{1.5}$$

式中，N_{D} 为施主杂质浓度，μ_{n} 为电子迁移率，q 为电子电荷量。

显然，从上式可知，杂质浓度对半导体材料电阻率具有很大的影响。以掺硼的p型硅晶体为例，如果在 10^5 个硅原子中掺入一个硼原子，就可以使纯硅的导电性能增加 10^3 倍。除了杂质浓度以外，半导体材料的电阻率还与测试温度、晶体缺陷等因素密切相关[3, 4]。就温度影响而言，掺杂半导体材料在不同的温度区间内具有不同的温度系数，如图1.1所示。由图中可以看出，在高温本征区(a区域)和低温杂质区(c区域)中，半导体材料的电阻率具有负温度系数，而在中温饱和区(b区域)中其电阻率则具有正的温度系数。因此，在测量半导体材料电阻率时，应

尽量避免温度引起的误差。因此，除了可以在室温测量电阻率外，还可以在低温条件下进行测量，以减少或消除电流热效应和热电效应引起的误差。此外，还可以利用改变加到样品的电流极性、取电位差的代数平均值、用交流电或小电流进行测量等措施，尽量减少测量中产生的焦耳热，以增加测试的精确度。

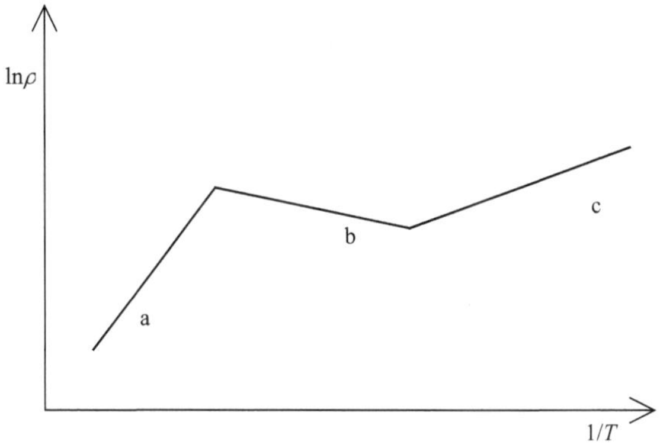

图 1.1 掺杂半导体电阻率与温度的关系

1.1.2 探针法测试电阻率的基本原理

1. 直流两探针法

通常，利用具有两根金属探针的万用表，可以测量材料的电流和电压，从而得到材料的电阻率。但是，对于半导体材料而言，金属探针与半导体材料之间可以构成多数载流子的势垒，使界面缺乏载流子，从而产生很大的电阻，这种电阻称为阻挡层电阻，它的数值甚至有可能超过半导体材料本身的电阻，因此不能直接使用万用表来简单地测量半导体材料的电阻。除此之外，探针与半导体材料之间的扩散电阻也会影响半导体材料的电阻率测量。这些电阻都是金属探针和半导体接触所引起的，统称为“接触电阻”。因此，要得到半导体材料的准确电阻率，应设法寻找能抵消或避免接触电阻的测量方法[5]。

对于不同形状的块状半导体材料，如矩形、方形或者圆柱形试样，一般都可以直接采用两探针法测量电阻率。通常的做法是：在试样合适的位置上，制作两个欧姆电极，然后再将金属探针或导线从电极上引出，这样可以避免金属和半导体材料直接接触产生的接触电阻。

图 1.2 为两探针法测试半导体材料电阻率的示意图。从图中可以看出，在电阻率均匀、横截面积为 D 的长条形或棒状的试样两端通以直流电流，并在样品的电流回路上串联一个标准电阻 R_s，利用高输入阻抗的电压表(或者电位差计)测量电阻上的电压降(电位差)V_s，可以计算出流经半导体样品中的电流 I：

$$I=\frac{V_s}{R_s} \tag{1.6}$$

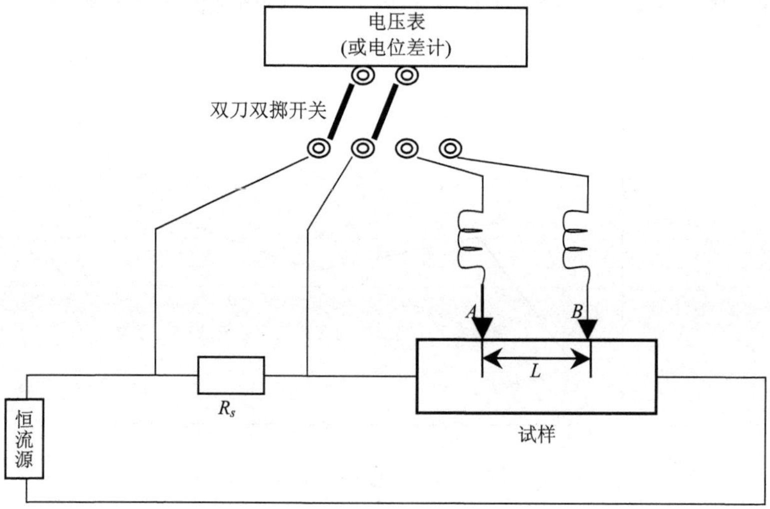

图 1.2　两探针法测试半导体材料电阻率的示意图

利用靠弹簧作用垂直紧压在试样侧面的两根探针 A、B，测量半导体样品上距离为 L 的两个等位面处的电位差 V_T，然后根据电阻率的定义——电阻率是平行于电流的电位梯度与电流密度之比，即可得出电阻率：

$$\rho=\frac{V_T\cdot D}{I\cdot L} \tag{1.7}$$

这样，测出的试样电阻率与金属和半导体之间的接触电阻无关。

需要注意的是，如图 1.2 中所示的恒流源必须能在预先设定的范围内提供一个稳定的电流，它不受其负载电阻变化的影响，其电流调整度应小于 0.5%，电流量程为 0.01 mA~1.0 A。一般情况下，标准电阻 R_s 的数值应为被测样品的 10^2 倍，电压表(或者电位差计)的输入阻抗不低于被测电阻的 10^5 倍，并且要求它能测量 10^{-4}~1.0 V 范围内不同极性的电位差，准确度要求达到 ±0.5%。

此外，放置在试样上的电位探针 A、B 在任何方向上距离边界应该不小于 $10L$，试样长度和截面最大尺寸之比应不小于 3∶1，试样各测量点的截面积与整个试样平均截面积之差必须在±1%之内，才能保证测试值的准确性。

试样测试表面要求经过喷砂处理，探针尖几何半径一般要求在 25~50 μm，探针间距标称值为 1~4.7 mm 及 10 mm。探针压力应为(1.75 ± 0.25) N。其他测试注意事项同四探针要求。

两探针法适用于测量电阻率为 10^{-4}~10^{4} Ω · cm 的硅单晶样品和 5×10^{-4}~10^{2} Ω · cm 的锗单晶样品，该方法在 99%的置信度上测量精度为±6%[6]。在 9 个不同的实验室，室温下(23℃时)对硅片和硅棒进行测量的典型精度估计误差也为±6%。另外，采用电阻率在 1000 Ω · cm 以下的 8 根硅单晶锭及电阻率在 2~15 Ω · cm 的 3 根锗单晶锭，分别在 5 个实验室进行循环试验，得到本方法的实验室精度为±12%[7]。

虽然两探针法可以利用欧姆电极消除金属和半导体材料之间所产生的接触电阻，但是制作电极费时费事，一般较少采用，人们主要应用的是四探针法。所谓“四探针测试法”，就是利用点电流源向样品中注入小电流，形成等电位面，通过检测样品不同部位的电位差，并根据理论计算公式，可以得出半导体材料的电阻率。由于该方法测试简便，数据处理简单，应用非常广泛。

2. 直流四探针法

1954 年，L. B. Valdes[8]首先利用直流四探针法解决了测量任意形状半导体材料电阻率的问题，他给出了半无限材料及不同类型边界条件(导电边界及绝缘边界)的解，其中包括探针与样品边界平行或垂直时的有限边界以及样品有限厚度的修正系数与曲线。此后，A. Uhlir[9]全面考虑并计算了有限尺寸样品边界条件的修正。1958 年，F. M. Smits[10]又将此法用来测量二维圆形及矩形的薄层材料的电阻，也就是方块电阻。尽管后来许多研究者在探针结构方面又做了大量的工作，如正方型、矩型、三角型、上下型等探针，最近也有研究者发展出电子成像四探针法以及交流四探针法，但基本原理还是采用电位叠加，边界修正仍是采用电像原理。

利用四探针法不仅可以测量半导体材料的体电阻率，测量范围为 1×10^{-3}~3×10^{3} Ω · cm 的硅单晶锭和 1×10^{-3}~1×10^{2} Ω · cm 的锗单晶锭[11]；而且可以测量薄膜半导体材料的电阻，如硅片表面上或者表面下形成的薄层材料的电阻[12]。下面，我们将以直排四探针为例，分别介绍体材料和薄膜材料的电阻率测试原理。

1) 体电阻率测量

假定一块电阻率(ρ)均匀的半导体材料，其几何尺寸与测量探针的间距相比较可以看作半无穷大，探针引入的点电流源的电流强度为 I。那么，对于半无穷大样品上的这个点电流源而言，样品中的等电位面是一个球面，如图 1.3 所示。对于离开点电流源(坐标原点)半径为 r 的 P 点，其电流密度为

$$j=\frac{I}{2\pi r^2} \tag{1.8}$$

式中，I 为点电流源的强度，$2\pi r^2$ 是半径为 r 的半球等位面的面积。

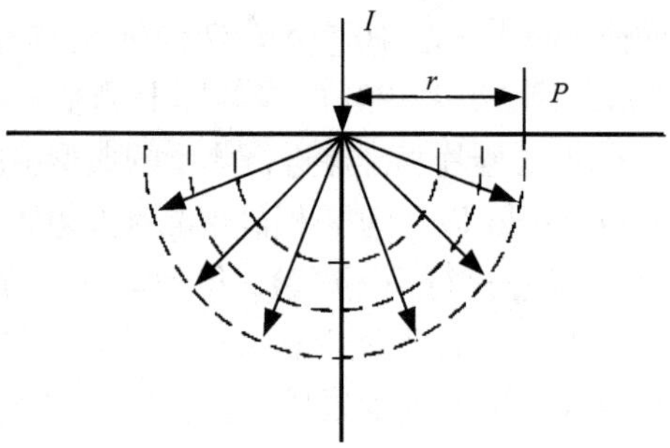

图1.3　点电流源的等电位面示意图

由于P点的电流密度与该点处的电场强度E存在以下关系：

$$j=\frac{E(r)}{\rho} \tag{1.9}$$

因此，由式(1.8)和(1.9)可得

$$E(r)=\frac{I\rho}{2\pi r^2}=-\frac{\mathrm{d}V(r)}{\mathrm{d}r} \tag{1.10}$$

设无限远处电位为零，即$V(r)\big|_{r\to\infty}=0$，则P点处的电位可以表示为

$$V(r)=\int_{\infty}^{r}-E(r)\mathrm{d}r=\frac{I\rho}{2\pi}\frac{1}{r} \tag{1.11}$$

如果存在另外一个点电流源对P点产生电场作用，则P点的电位为两个电场作用的矢量叠加，这就是点源叠加原理。

将4个金属探针以一定间距排成一直线，并以一定的压力压在一块平坦的半导体材料样品(其尺寸相对于四探针间距，可以被视为无穷大，样品形状可以任意)

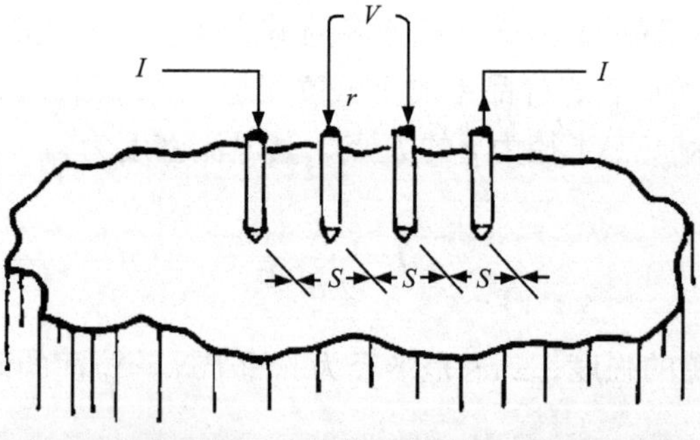

图1.4　四探针测试半导体材料体电阻率的示意图

上，如图 1.4 所示。如果探针接触处的材料均匀，并可以忽略电流在探针处的少子注入，那么当直流电流由探针 1、4 流入半导体样品时，根据点源叠加原理，某一点的电位应是不同点电流源产生的电位的和，因此探针 2、3 的电位 V_2、V_3 应分别为

$$V_2 = \frac{q}{S_1} - \frac{q}{S_2 + S_3} \tag{1.12}$$

$$V_3 = \frac{q}{S_1 + S_2} - \frac{q}{S_3} \tag{1.13}$$

式中，S_1、S_2、S_3 分别是探针 1、2，探针 2、3，探针 3、4 之间的间距，q 是相应电流源 I 的强度，可以表示为

$$q = \frac{I\rho}{2\pi} \tag{1.14}$$

式中 ρ 为材料的电阻率，所以探针 2、3 之间的电位差为

$$\Delta V = V_2 - V_3 = \frac{I\rho}{2\pi}\left(\frac{1}{S_1} + \frac{1}{S_2} - \frac{1}{S_2 + S_3} - \frac{1}{S_1 + S_2}\right) \tag{1.15}$$

当 $S_1 = S_2 = S_3 = S$ 时，由式(1.15)可得

$$\rho = 2\pi S\left(\frac{\Delta V}{I}\right) \tag{1.16}$$

这就是常见的直流四探针法等间距测试电阻率的公式。式(1.16)中，$2\pi S$ 称为探针系数，对于固定间距的探针而言，探针系数为常数。实际上，只要半导体试样厚度以及样品的边缘与四探针中任意探针的距离大于四倍探针间距(S)，应用这个公式即可获得足够的精度[13, 14]。

对不满足无穷大条件的样品，即有限厚度的导电薄膜或半导体薄层的尺寸对于垂直压在试样表面上的四探针的探针间距而言不满足半无穷大平面条件，由探针流入导体的电流为边界表面发射(非导电边界)或吸收(导电边界)，结果将分别使电压探针 2、3 处的电位升高或者降低[15]。相对应地，此时电阻率的测量值将高于或者低于材料的真实值，称为表观电阻率 ρ_0，它与材料的真实电阻率 ρ 的关系为

$$\rho = \frac{\rho_0}{C} \tag{1.17}$$

式中，C 为修正因子或修正系数。

在非导电边界情况下，修正因子 C 为

$$C=1+\frac{S}{W}\left[M\left(\frac{S}{W}\right)-M\left(\frac{S}{2W}\right)\right] \tag{1.18}$$

式中，W 为样品厚度，函数 M 为

$$M(\lambda)=2\sum_{n=1}^{\infty}\left(\frac{1}{n}-\frac{1}{\sqrt{n^2+\lambda^2}}\right) \tag{1.18'}$$

当样品厚度 W 与探针间距 S 可以相比时，修正因子 C 可以用函数 N 来表示

$$C=\frac{S}{W}\left[2\ln 2+N\left(\frac{S}{2W}\right)-N\left(\frac{S}{W}\right)\right] \tag{1.19}$$

式中，函数 N 为

$$N(\lambda)=2\pi\sum_{n=1}^{\infty}\mathrm{iH}_0^{(1)}(\mathrm{i}2\pi n\lambda) \tag{1.19'}$$

式中，函数 $\mathrm{iH}_0^{(1)}(\mathrm{i}x)$ 是 Hankel 函数。

对于导电边界的情况，修正因子 C 可以表示为

$$C=1+\frac{S}{W}\left[2M\left(\frac{S}{2W}\right)-M\left(\frac{S}{W}\right)-M\left(\frac{S}{4W}\right)\right] \tag{1.20}$$

或

$$C=\frac{S}{W}\left[N\left(\frac{S}{4W}\right)+N\left(\frac{S}{W}\right)-2N\left(\frac{S}{2W}\right)\right] \tag{1.21}$$

探针间距 S 与样品厚度 W 不同比值时的修正因子 C，分别列于表 1.1(非导电边界)和表 1.2(导电边界)中。通过计算，还可以获得更多的修正因子数值。

表 1.1　不同 S/W 对应的 C 值(非导电边界)

S/W	C	S/W	C	S/W	C
0.1	1.0009	0.6	1.1512	1.2	1.7329
0.2	1.0070	0.7	1.2225	1.4	1.9809
0.3	1.0227	0.8	1.3062	1.6	2.2410
0.4	1.0511	0.9	1.4008	1.8	2.5083
0.5	1.0939	1.0	1.5045	2.0	2.7799

表 1.2 不同 S/W 对应的 C 值(导电边界)

S/W	C	S/W	C	S/W	C
0.1	0.9993	0.8	0.7960	2.0	0.2283
0.2	0.9948	1.0	0.6833	5.0	0.0034
0.5	0.9329	1.5	0.4159		

实际测量中，如果样品为有限厚度，一般只要引入一个厚度修正因子 F_1 进行修正就可以了。如果探针与边界的距离 L 与探针间距 S 可相比拟时，边缘效应便需要同时考虑了，此时，需要同样引入一个样品边缘与测试位置修正因子 F_2 进行修正，那么，式(1.16)则表达为

$$\rho = \frac{1}{F_1 \cdot F_2} \cdot 2\pi S\left(\frac{\Delta V}{I}\right) \tag{1.22}$$

对于 F_1 和 F_2 的具体数值可以参见表 1.3，其他情形下的修正数值一般可以通过查询四探针使用手册[16]或者其他工具书获得。

如果四探针仪器的探针与有限大小的样品的边界平行或垂直[17]，修正因子还需在式(1.17)和式(1.18)的基础上再进行修正，而在实际测试过程中表现为需要对样品边缘与测试位置修正因子 F_2 进行再次修正[18-20]，这里我们就不一一叙述了，有需要的读者可以参考文献[15]。

表 1.3 厚度修正因子 F_1 和样品边缘与测试位置修正因子 F_2

硅片厚度 t		硅片直径 d	
t/S	$F_1(t/S)$	d/S	圆心位 $F_2(d/S)$
0.3	0.216	20	0.9788
0.4	0.288	25	0.9863
0.5	0.360	30	0.9904
0.6	0.429	40	0.9946
0.7	0.496	50	0.9965
0.8	0.558	60	0.9976
0.9	0.614	70	0.9982
1.0	0.665	80	0.9986
1.2	0.748	90	0.9989
1.4	0.811	100	0.9991
1.6	0.856		
1.8	0.900		

2) 薄层电阻测量

利用直流四探针法也可以测定导电薄膜和半导体薄膜的电阻。薄层电阻(或者称为薄膜电阻、方块电阻)的概念是为了表征半导体薄膜样品或者是薄的掺杂层的电阻率而引入的，一般情况下，试样的薄层电阻比其电阻率更容易测得。

首先，我们来认识一下材料的薄层电阻和体电阻的区别与联系。当金属薄膜等导电薄膜的膜厚小于某一个临界值时，薄膜的厚度将对自由电子的平均自由程产生影响，从而影响薄膜材料的电阻率，这就是薄膜的尺寸效应。

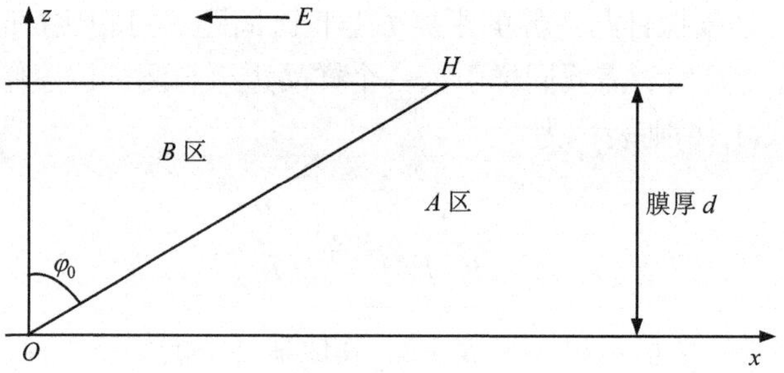

图 1.5　金属薄膜电阻率的尺寸效应示意图

图 1.5 给出了薄膜尺寸效应的示意图[21]。图中，金属薄膜的膜厚为 d，电场 E 沿着 $-x$ 方向。假定自由电子从 O 点出发，直线运动到达薄膜表面的 H 点的距离等于金属块体材料中自由电子的平均自由程 λ，自由电子的运动方向与薄膜膜厚方向夹角为 φ_0。在 φ_0 所对应的立体角范围内(B 区)内，由 O 点出发的自由电子运动到薄膜表面并同其发生碰撞时所走过的距离小于体材料的自由电子的平均自由程 λ；但在大于 φ_0 所对应的立体角范围(A 区)内，由 O 点出发的自由电子运动到薄膜表面并同其发生碰撞时所走过的距离大于自由电子的平均自由程 λ，即自由电子的平均自由程没有受到薄膜表面的影响。综上所述，金属薄膜材料中有效自由电子平均自由程是由 A 区和 B 区两部分组成，所以金属薄膜材料中有效自由电子平均自由程小于体材料中自由电子的平均自由程，从而使薄膜材料的电阻率高于体材料的电阻率。这就是薄膜材料的电阻率不同于体材料的原因。进一步说，当薄膜的膜厚远远大于体材料的自由电子的平均自由程时，薄膜表面对在电场作用下自由电子的定向运动没有影响，薄膜材料也就变成了体材料。此时，薄膜材料和体材料的电阻率是相同的。

当待测样品很薄，即样品厚度 W 和探针间距 S 满足 $W \ll \dfrac{S}{2}$ 关系时，对于点电流源注入样品后形成的等电位面将变成等电位环，因此在式(1.8)中面积 A 将可以改写成

$$A = 2\pi x W \tag{1.23}$$

因此，可以试样的电阻 R 可以表示为

$$R=\int_{x_1}^{x_2}\rho\frac{\mathrm{d}x}{2\pi xW}=\int_S^{2S}\frac{\rho}{2\pi W}\cdot\frac{\mathrm{d}x}{x}=\frac{\rho}{2\pi W}\ln(x)\Big|_S^{2S}=\frac{\rho}{2\pi W}\ln 2 \tag{1.24}$$

式中，ρ 为薄膜材料的电阻率。又因为

$$R=\frac{\Delta V}{2I} \tag{1.25}$$

所以，薄层材料的电阻率可以表示为

$$\rho=\frac{\pi W}{\ln 2}\left(\frac{\Delta V}{I}\right) \tag{1.26}$$

值得注意的是，从式(1.26)可以看出，薄层材料的电阻率测试与探针间距 S 没有关系。

对于厚度为 W 的薄层材料而言，薄层电阻 ρ_s 和薄层材料的电阻率ρ 之间的关系可以表示为

$$\rho=\rho_s\cdot W \tag{1.27}$$

因此，由式(1.26)和式(1.27)可得

$$\rho_s=k\left(\frac{\Delta V}{I}\right) \tag{1.28}$$

式中，系数 k 为几何因子。

在样品无限薄的情况下，可以近似认为样品对于四探针仪满足二维半无限大平面的条件，可得

$$k=\frac{\pi}{\ln 2}=4.532 \tag{1.29}$$

$$\rho_s=4.532\left(\frac{\Delta V}{I}\right) \tag{1.30}$$

这就是常用的方块电阻计算公式，ρ_s 的单位为欧姆，通常用符号 Ω/□表示。进一步地，从式(1.27)可知，通过方块电阻与薄膜厚度的关系，可以计算得到导电薄膜或者半导体薄膜的电阻率。

如果样品不满足二维半无限大平面的条件，即样品的厚度或者直径对于探针间距而言不可忽略时，需要对几何因子 k 进行修正[22]。一般，我们考虑样品的厚

度和直径两个因素，表 1.4 列出了部分修正后的 k 值，其他情形下的修正数值可以通过查询四探针使用手册[23]或者其他工具书获得。

表 1.4　薄膜厚度修正和直径修正后的 k 值

薄膜厚度 t		硅片直径 d	
t/S	$k_1(t/S)$	d/S	$k_2(d/S)$
0.3	1.0000	10	4.1712
0.4	0.9995	20	4.4364
0.5	0.9974	30	4.4892
0.6	0.9919	40	4.5080
0.7	0.9816	50	4.5167
0.8	0.9662	60	4.5215
0.9	0.9459	70	4.5244
1.0	0.9215	80	4.5262
1.2	0.8643	90	4.5275
1.4	0.8026	100	4.5284
1.6	0.7419	∞	4.5320
1.8	0.6852		
2.0	0.6337		

需要注意的是，薄层电阻表示一个正方形薄层的电阻，所以取名为方块电阻，其一个很重要的特性就是：它与正方形边长的大小无关，即任意大小的正方形边到边的电阻都是一样的，不管边长是 1m 还是 0.1m，它们的方块电阻都是一样的。

一般，利用四探针法只能测试异型外延层和外延层电阻率小于衬底电阻率的同型外延层的薄层电阻。如果采用四探针法测量相同导电类型、低阻衬底的外延层材料的电阻率，由于流经材料的电流会在低阻衬底中短路，因此得到的是衬底与外延层电阻率并联的综合结果。在这种情况下，薄层电阻需要采用三探针法、扩展电阻法或者微分 C-V 法来进行测量。

3. 三探针法[15]

三探针法是利用金属探针与半导体材料接触处的反向电流–电压特性、测定击穿时的电压来获得半导体材料电阻率的。自从 1963 年 E. E. Gardner 等[24, 25]建立此法以来，由于其原理简单、操作方便，在生产中已被广泛采用。

当金属探针与半导体材料接触，金属探针处在反向偏置时，外加电压全部降在接触处，在半导体材料中会产生空间电荷区，由于区内电场很大，区中的空穴和电子可以在其作用下获得很高的能量。它们与晶格原子碰撞时，能把价带电子激发到导带，形成电子–空穴对，这种现象称之为碰撞电离。随着外加电压的增加，电场强度进一步增大时，通过逐次碰撞电离使得载流子倍增，因而反向电流迅速增大而致雪崩击穿，如图 1.6 所示。由于雪崩击穿发生与电场强度密切相关，而电场强度又取决于空间电荷量，因此击穿电压与掺杂浓度有关。通过掺杂浓度与电阻率的 Irvin 曲线，如图 1.7 所示，可以得到半导体材料的电阻率。

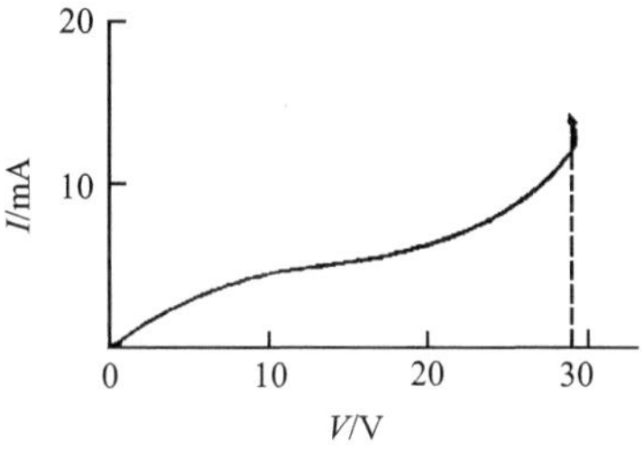

图 1.6　反向偏压时的电流–电压曲线

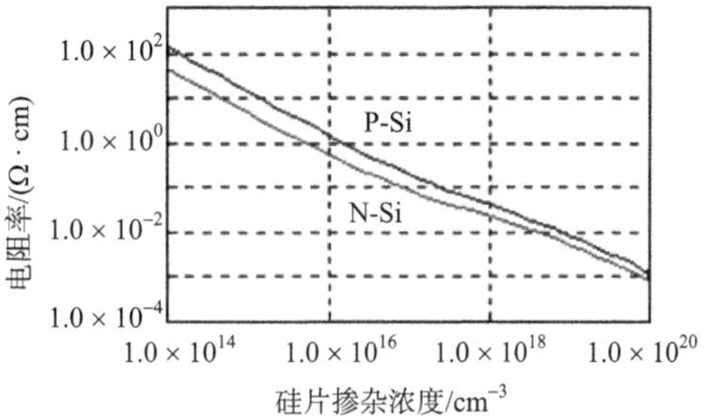

图 1.7　硅的电阻率和掺杂浓度的关系曲线

通常，击穿电压 V_B 与掺杂浓度 N 满足下述经验关系：

$$V_B = A \cdot N^B, \tag{1.31}$$

式中，等号右边的 A，B 是常数，由探针直径、探针压力、样品表面状况等具体试验条件决定。一般地，此经验关系需要选用一组已知电阻率的体单晶材料进行定标，绘制 $\lg V_B$-$\lg\rho$ 曲线。

图 1.8 显示了三探针法的测试原理图。图中可以看出，探针 3 是电流与电压公用探针，是为了提高测量重复性而引入的。为了防止发生击穿时材料被局部加热而引起损伤，恒流源一般采用限流或脉冲方式加压，最大电压不高于 300V，交流、直流或者脉冲电源均可。电压显示单元可以采用示波器、x-y 记录仪或峰值电压计等。通常将外加电压增加而电流停止增加时的最大电压值定义为击穿电压 V_B，通过查 $\lg V_B$-$\lg\rho$ 曲线获得材料电阻率数值。

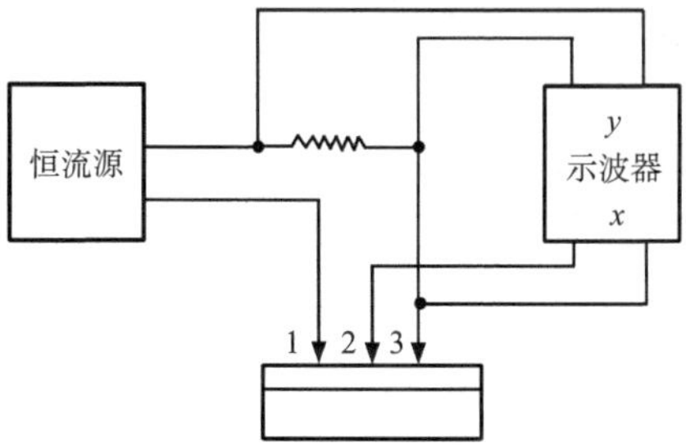

图 1.8　三探针法测试外延层电阻率示意图

需要说明的是，为了保证每次测量结果可靠，应保持定标时和测试过程中的样品探针间的接触特性不变，探针间距一般要求大于10倍击穿电压所对应的耗尽层宽度。此外，待测外延层的厚度必须大于耗尽层的极限宽度，避免引起穿通现象。其他测试注意事项同四探针要求。

1.1.3 四探针法的测试设备

四探针仪器一般由包含恒流源、电压表和测试电路等单元在内的主机和测试架组成。图1.9是Lucas/Signatone公司生产的Lucas Labs Pro-4四探针测试仪的实物照片。这是一部基于四探针测量原理的多用途综合测量设备，测量数据既可由主机直接显示，亦可由计算机采集并加以分析，以表格或图形形式直观输出。

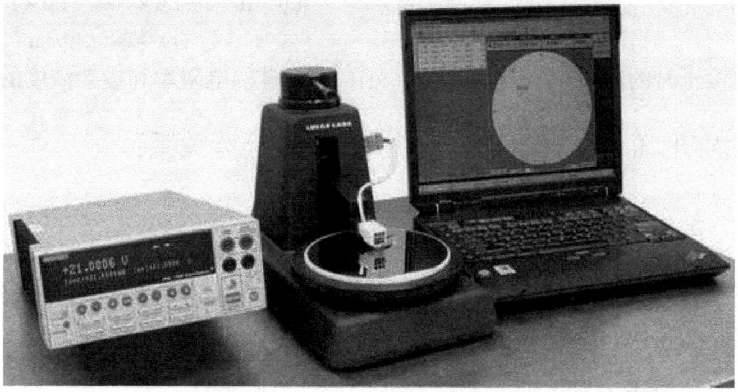

图1.9 Lucas Labs Pro-4型四探针测试仪的照片[26]

图1.10是该四探针测试仪的电气部分原理结构图。仪器主体部分由高灵敏度的直流数字电压表(由调制式高灵敏直流放大器、双积分A/D变换、计数器、显示

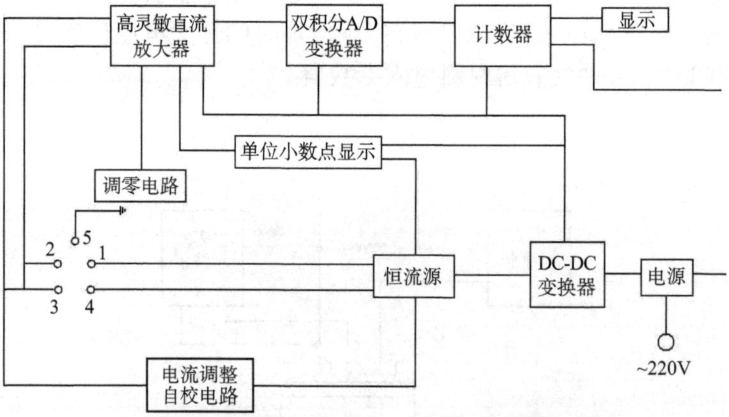

图1.10 四探针测试仪的电气部分原理结构图

1、2、3、4. 四个探针；5. 接地导线

器组成)、恒流源、电源、DC-DC 电源变换器组成。为了扩大仪器功能和使用方便，一般都会设立单位、小数点自动显示电路、电流调节、自较电路和调零电路。仪器电源经过 DC-DC 变换器，由恒流源电路产生一个高稳定的连续可调的恒定直流电流输送到 1、4 探针上(图 1.4 和图 1.10)，输入到样品上产生电位差，并将直流电压信号由 2、3 探针采集后输送到电气箱内。然后，具有高输入阻抗的高灵敏直流放大器将直流信号放大，并经过双积分 A/D 变换器将模拟量变换成数字量由计数器计数，单位、小数点自动显示电路和显示器显示出测量结果。

(a)　(b)　(c)

图 1.11　四探针测试仪的测试架单元实物照片

(a) 测试架；(b)、(c) 探头[27]

一般而言，为了克服测试时探针与样品接触时产生的接触电势和整流效应的影响，四探针测试仪器均设立有调零电路，以产生一个恒定的电势来补偿附加电势的影响，并设置仪器自校电路对恒流源进行校正。

四探针测试仪的另外一个重要部件是测试架，它通过专门的屏蔽导线与电气箱连接。一般而言，测试架由探头、压力传动机构和样品台构成，如图 1.11 所示。四个探针安装在特制的探头[如图 1.11(b)]上，探头内一般设有弹簧加力装置，以保证有一定的压力作用在测试样品上。测试架一般还应具有高度调整装置，如在半导体材料断面测量时，可以将测试架升高或者加长主柱。

随着自动化技术的进步和电子计算机的广泛应用，自动采样系统和图像识别系统近来在四探针测试仪器设计上也得到了应用[28]。图 1.12 示例了四探针测试仪测得的硅片电阻率的不同输出形式。其中图(a)为电阻率测试数值表形式，图(b)

为电阻率等值线形式，图(c)为测试点电阻率等高线数值形式。

(a)　　(b)　　(c)

图 1.12　四探针仪测试的硅片电阻率的不同输出形式示意图[27]

1.1.4　样品制备及测试过程注意事项

在四探针测试过程中需要注意以下几点：

1. 样品表面

少子注入是四探针测试过程中的重要影响因素，其影响主要取决于电流 I、探针间距 S 及少子寿命等，一般而言，电流大，针距小，寿命长，影响就大。

为了增大表面复合，降低少子寿命，从而减小少子注入影响，试样测量表面一般应经过粗砂研磨或喷砂处理。试验表明，经过喷砂处理的样品的测量重复性较好，尤其对高阻和 p 型单晶，效果更佳。

此外，为满足近似半无穷大的测试条件，要求试样表面具有较高的平整度，各测量点厚度与试样中心点厚度的偏差应不大于±1%。

2. 测试探针

应适当选取容易得到欧姆接触的材料作为探针，目前一般使用钨丝、碳化钨等材料。但是钨丝不耐磨，使用时间较短；而碳化钨与硅的接触电阻较大且较脆，比较容易断裂。近来也有报道采用高速钢材质制作探针的。

探针针尖一般要求使用圆锥形、半球形或者平的圆截面，尖端初始标称半径为 25~50 μm，以保证探针和试样完全接触，满足点电流源注入条件。

直排四探针法要求四个探针依次排成一条直线，探针间距应尽可能较大，但又要保证在测量区域内电阻率均匀，因此探针间距一般选取 1~2 mm，大多数设备一般都采用 1 mm 探针间距。

探针之间或者探针系统其他部分之间的绝缘电阻应至少为 $10^9\Omega$。因为探针针头的漏电阻与电压表的等效电阻的一样都起分流作用，可使流过样品的实际电流减小，使电阻率测量值偏低。探针针头的漏电阻一般应大于 500MΩ，可以用兆欧表检验。

探针还需要在测试过程中保持一定的接触压力，以减小少子注入的影响，对于体材料一般选取压力为 1.75~4.0N[7]，而薄层材料的接触压力一般以 0.3~0.8N 为宜[12]。为保证测试的重复性和可靠性，一般要求定标后每次测量压力应保持一致。

另外，探针游移是四探针测试电阻率过程中产生低重复性的重要原因。采用相同的电流，重复测试样品上同一点的电阻率(即不移动样品，保持样品与探针相对位置不变)，观察电阻率测量结果的变化情况就可以知道探针游移对电阻率测量的影响。探针游移度只有在小于 2%的情况下，测试重复性和正确性才能保证，因此探针游移度是检验探针质量的重要指标之一。在实际测量中，可以通过多次测量同一点的电阻率并求出平均值作为测量值，以尽可能消除探针游移的误差。

最近，随着四探针测试技术和测试理论的发展，四个探针排列成正方形的方形探针测试法也被采用，具体测试的原理和注意事项可以参考文献[29]。

3. 电压表输入阻抗

直流四探针法通过引入不通电流的 2、3 探针(无压降，因此消除了金属半导体接触电阻的影响)，来测量样品上 2、3 内探针间的电压降，由于要求 2、3 探针上尽可能通过小的电流，所以就要求测量电压表有很高的输入阻抗。

由电路分析可知，电压表的输入阻抗应大于样品电阻的 10^5 倍，漏电流引入误差可小于百分之一。一般要求电压表的输入阻抗为 10^8~10^9Ω数量级。利用具有较高输入阻抗的电压表(或电位差计)测量 2、3 探针间的电压降时，可以在电路上用一个与 V_{23} 相等的电压来平衡它，以保证 2、3 探针无电流流过，提高测量的准确度。

4. 测试电流

一般地，应适当减少测量电流，以保证测量在弱电场下进行。对硅单晶材料，一般选取电场 E 小于 1 V/cm。若 2、3 探针的间距为 1 mm，就应该使 2、3 探针间的电位差 V_{23} 不超过 100 mV。如果样品中电场过强，则少子的漂移距离很长，将使样品的电导率增大。对不同电阻率范围的半导体材料，测量电流范围一般可按表 1.5 进行选取。

表 1.5　不同电阻率的半导体材料样品的测试电流

半导体材料电阻率/(Ω · cm)	测试电流/mA
<0.012	100
0.08~0.6	10
0.6~60	1
60~1200	0.1
>1200	0.01

在测量过程中，通过样品的电流 I 从两方面影响电阻率：① 少子注入并被电场扫到 2、3 内探针附近，使电阻率减小；② 当电流较大时使样品发热，提高了样品测量区的温度。一般掺杂半导体，当温度升高(在室温附近)时，载流子的晶格散射作用将加强，会引起电阻率的升高。

少子注入一般对高电阻的半导体材料影响较大，因为高阻样品本身的多子浓度低，少子寿命长，少子的漂移距离就更长一些。一般情况下，硅电阻率在几个欧姆 · 厘米以上时，少子注入和被电场扫过是引起样品电阻率下降的主要原因。而对低阻硅单晶来说，为了得到一定大小的 V_{23}，往往要求测量电阻大一些，在这种情况下，误差主要由焦耳热引起。

少子注入对测量电阻率的影响是可以检验出来的：取一高阻样品，根据电流选取的原则，调节一个适当的低电流，测出样品的电阻率，然后再略增大电流，测出样品的电阻率。如果两次测量的结果变化很小，那么说明少子注入的影响很小，电流的选取是合理的。如果样品的电阻率明显的随所选取的电流增大而减小，则说明少子注入影响就较大，这时应将通过样品的电流减小下来。

焦耳热对低阻样品电阻率的影响也是可以检验的：在较大电流下测量一低阻样品，记录测量读数随通电时间的变化。若发现电阻率随时间增加而增大，则说明电阻率的升高是由于样品发热引起的。

5. 测量区域、边缘修正和厚度修正

直流四探针法探测半导体材料电阻率微区不均匀性的分辨率一般在毫米数量级。通常，该技术要求测试的试样厚度和试样边缘与任一探针端点的最近距离二者均要大于其探针间距的 4 倍以上。

对于探针而言，如果待测试样能完全满足半无穷大近似时，测量值可以认为接近于真实值。一般当样品直径方向上最小尺寸大于 $40S$(S 为探针间距)时，边缘效应的修正因子($F_1 = 1$)就不必再修正；样品厚度大于 $5S$ 时，厚度修正因子($F_2 = 1$)也不需修正。薄片样品因为其厚度与探针间距比较，不能忽略，因此测量时要提供样品的厚度、形状和测量位的修正系数。具体修正系数读者可以自行查看四探针仪器的使用手册。

6. 测试环境和温度修正

一般来说，四探针测试过程中要求测试室的环境恒温、恒湿、避光、无磁、无震。

由于半导体材料的电阻率与温度有关，因此需要保持测试过程中测试环境的温度，而且往往需要进行温度系数的修正。通常四探针电阻率测量的参考温度为 23 ± 0.5℃，如检测时的环境温度有异于该温度时，且半导体材料电阻率变化处于同一个线性变化区间，一般用下式进行修正：

$$\rho_{23℃} = \rho_{\mathrm{T}} - C_{\mathrm{T}}(T - 23) \tag{1.32}$$

式中，ρ_{T} 为温度 T(℃)时的电阻率值，C_{T} 为温度 T(℃)时的电阻率温度系数。

另外，半导体材料在测试过程中一般会出现热电效应。如果测试室恒温条件差、样品电流过大或加电流时间过长，都可能造成试样表面上出现温度梯度，从而引起温差电势。因此，一般要求每次测试通电时间尽可能短，同一试样两次测试的时间间隔要比较长，以保证两次测试时试样温度保持一致。此外，改用交流电作为测量电流来减小这种效应，也得到了一定的发展。

在测量样品电阻率时还应注意光屏蔽和电磁屏蔽。特别是在测定高阻材料及光敏材料时，由于试样上的光照可能导致光电导及光压效应诱生光生电动势，会严重影响电阻率测量的准确性。如果测试室电磁屏蔽较差或者测试电源没有经过功频滤波处理，有可能会导致试样内交流干扰产生杂散电流，也会引起测量误差。

总之，电阻率测量的关键是测准条件问题，尤其是高阻样品测量结果的稳定性和重复性较差，其测准条件要求就更严格。

1.1.5 四探针测试的应用和实例

1. 用四探针测量硅单晶试样载流子浓度[30, 31]

硅单晶中载流子浓度取决于掺杂剂种类(如 B，P 等)和掺杂水平，载流子浓度可以根据硅片型号和电阻率计算得到，因此利用四探针测试仪测定电阻率可以表征载流子浓度。

在硅单晶中，氧是主要杂质之一，氧原子可以在 450℃和 650℃左右的温度区间的退火处理过程中形成带有电活性的氧施主，分别称之为热施主和新施主。研究表明，如果在硅中微量掺杂同族元素锗，将影响热施主和新施主的生成。

为了研究锗掺杂对热施主的影响，p 型的普通硅单晶和锗含量为 $10^{18}\,cm^{-3}$ 的掺锗硅单晶样品被分为两组。一组是原生样品，另一组在 650℃下进行了半小时的热处理消除了原生热施主。随后，两组样品在 450℃下进行了 0~16 h 的热处理。在样品热处理不同时间后，利用四探针测试仪测定了样品的电阻率，并根据 ASTM F723-88 标准将电阻率转换得到载流子浓度，考虑导电型号(原掺杂水平引起的载流子浓度)后，得到了硅片施主浓度随着热处理时间延长的变化曲线，如图1.13 和图1.14。从图中可以看出，掺锗硅单晶样品中的热施主浓度总是低于普通硅单晶样品，这说明了微量锗的掺入对硅单晶中热施主的形成有抑制作用。

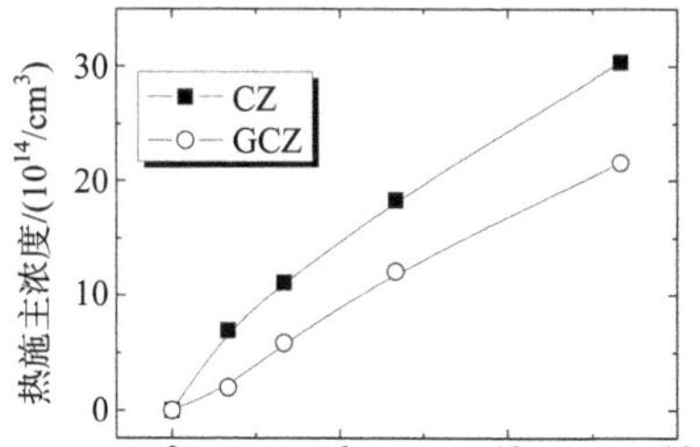

图 1.13 450℃下硅单晶中热施主浓度随热处理时间的变化曲线

CZ：普通硅单晶，GCZ：锗含量为 $10^{18}\,cm^{-3}$ 的硅单晶[30]

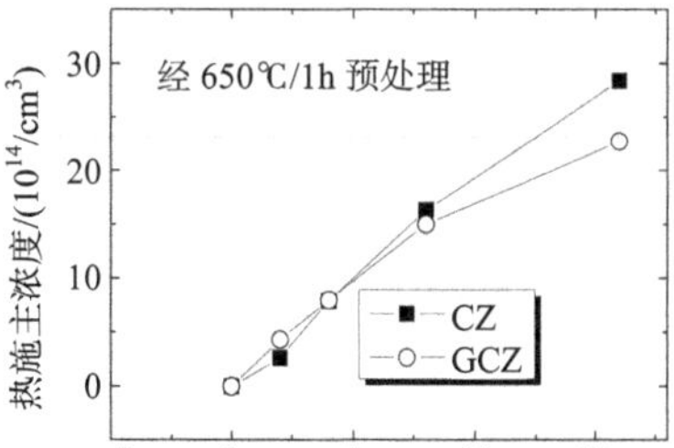

图 1.14 经过 650℃/1 h 的硅单晶样品在 450℃下热施主浓度随热处理时间的变化曲线

CZ：普通硅单晶，GCZ：锗含量为 $10^{18}\,cm^{-3}$ 的硅单晶[31]

2. 用四探针测量硅片外延层的薄层电阻[32]

设外延层的电阻率为ρ_1，衬底的电阻率为ρ_2，在衬底厚度大于大于探针间距 S 的情况下，测量的表观电阻率ρ_0可以表示为

$$\rho_0 = \rho_1\left(1+4\sum_{n=1}^{\infty}\left(\frac{K^n}{\sqrt{1+\left(2nt/S\right)^2}}-\frac{K^n}{\sqrt{4+\left(2nt/S\right)^2}}\right)\right) \tag{1.33}$$

式中，t 为外延层厚度，而变量 K 定义为

$$K=\frac{\rho_2-\rho_1}{\rho_2+\rho_1} \tag{1.34}$$

如果以 ρ_2/ρ_1 作为参变量，ρ_0/ρ_2 与 t/S 的关系如图 1.15 所示。借助于图中的曲线族，根据四探针测量的表观电阻率ρ_0、外延层厚度 t 及探针间距 S，即可求出外延层的电阻率。

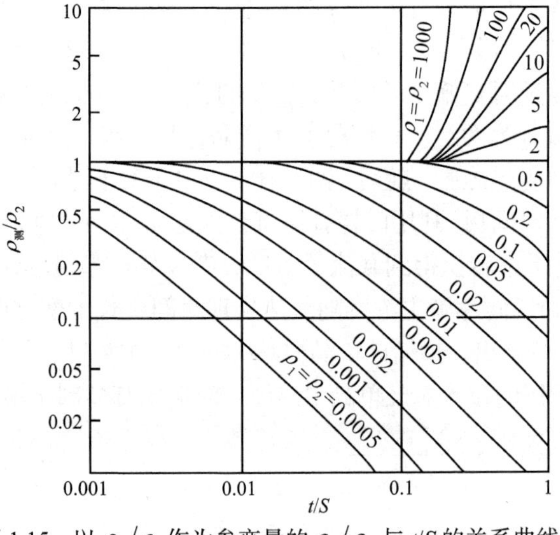

图 1.15　以 ρ_2/ρ_1 作为参变量的 ρ_0/ρ_2 与 t/S 的关系曲线族

1.2　无接触法

直流四探针法的优点在于探针与半导体样品之间不必要求制作欧姆电极，数据处理也比较简便，但是它最大的缺点是会损伤及沾污待测试样，被测试的样品一般不能继续用来制造器件。随着高频小信号测试技术的不断发展和测试自动化技术的不断进步，无接触式测试半导体材料的电阻率的精度得到了很大的提高，自 20 世

纪 80 年代以来逐渐得到了较大的推广[33, 34]。无接触法测量电阻率的方法比较多，主要是利用电容耦合和电感耦合技术，所以波段选择比较广。与接触法相比，不需要制作电极、针尖、控制压力等烦琐的工作步骤，使用非常简便。另外，它也可以和无接触厚度测量技术相结合，可以在同一个设备上实现半导体材料特别是硅片的厚度和电阻率的同步测试。因此，采用无接触法无损检测半导体材料电阻率的技术目前已逐渐成为了微电子工业中常用的在线检测技术。

1.2.1 无接触法测试原理

早在 20 世纪六七十年代，人们就开始探索无电极式技术测试流体或者化学性质活泼物质的电导率，与此同时，半导体材料的无接触式电阻率测试技术也得到了发展。1962 年，Nyberg 和 Burgess 等建立了测量放在正弦激励的螺线管中心的圆柱形或者球形样品电导率的理论基础，并把样品电导率与反射到螺线管的阻抗改变相联系[35]。1973 年，A. J. Hamdani 提出了根据测定放在固定频率的交变磁场中样品的表观磁化率来表征样品电阻率的交流测试法[36]。但是它们的测试精度还比较低，实用意义不大。1977 年，Bauhofer 提出了电容耦合的方法，对于非磁性样品可以得到优于 4%的测试精度[37]。后来，Miller 等首先研制成功了用于半导体电阻率测量的无接触式测量仪，使无接触式电阻率测试进入了实用阶段[38]。

电感耦合的原理，简单说来就是利用高频电场在硅片中产生的涡流使得回路发生调谐损耗，Q 值发生改变。而不同电阻率试样的调谐损耗不同，因此可以利用高频测试技术，通过准确测定 Q 值的变化来测定电阻率的数值[39-41]。

图 1.16 为无接触式电感耦合涡流法测量圆柱形导电样品电阻率的示意图。耦合螺线管之间的互感阻抗 Z 可以表示为

$$Z = R + \mathrm{j}\omega M = R + \mathrm{j}2\pi \nu M \tag{1.35}$$

式中，M 是互感，ω 是角频率，ν 是正弦驱动频率。如果趋肤深度 $\delta \geq 2r$ (r 为圆柱形样品的半径)，则互感线圈中由于放入样品引起的互感的电阻性分量的变化ΔR 可以表示为

$$\Delta R = \frac{\gamma\omega^2 M_0 r^2 \sigma}{8} \tag{1.36}$$

式中，σ 是样品的电导率，M_0 是空心线圈的互感，γ 为空心线圈的填充系数。而 ΔR 和初级线圈中的电流 i_p 同相位，故可以通过测量次级线圈中的电压变化ΔV_r 得到ΔR 值：

$$\Delta R = \frac{\Delta V_r}{i_p} \tag{1.37}$$

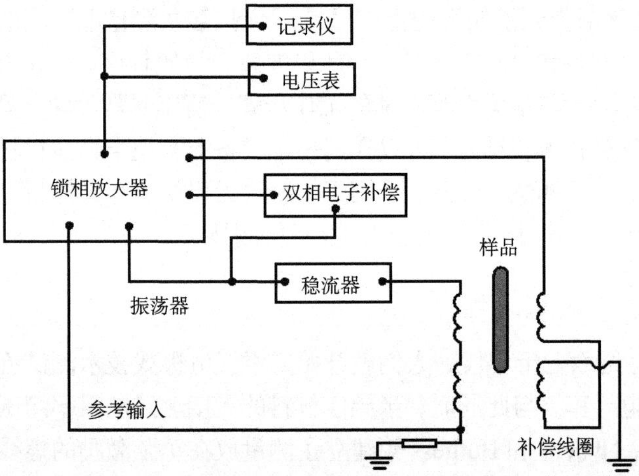

图 1.16 无接触式电感耦合法测量圆柱形导电样品电阻率的示意图

因此，样品中的电导率可以表示为

$$\sigma = \frac{8}{\gamma\omega^2 M_0 r^2} \cdot \frac{\Delta V_r}{i_p} \tag{1.38}$$

由于电阻率是电导率的倒数，故样品中的体电阻率也就可以计算得到了。

电容耦合的原理是利用电容将待测试样与高频源耦合。试样在电路中可以等价为一个 RC 回路，这使得电路的共振条件及 Q 值发生改变，然后利用测定 Q 值的微小变化来推算电阻率的数值[42]。

图 1.17 为射频磁场耦合法测量半导体材料电导率的示意图。如果用一个圆形截面的高磁导率铁氧体磁芯与射频谐振电路耦合，将半导体片状试样插入一对共轴线探头(传感器)之间的固定间隙内，与振荡回路相连接的两个涡流探头之间的交变磁场将在样片上感应产生涡流，谐振回路的 Q 值将由于电路耦合而减小。

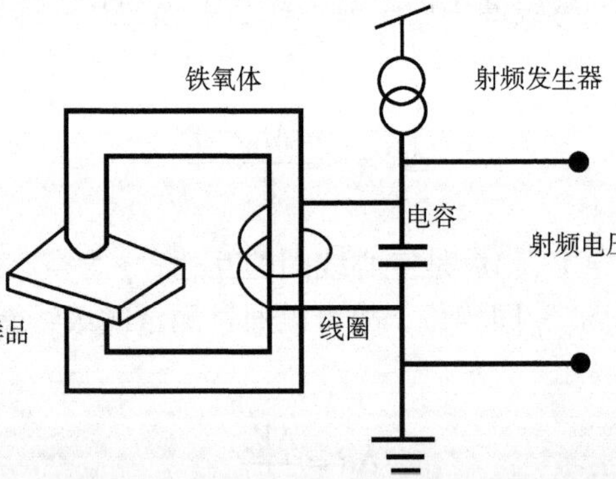

图 1.17 射频磁场耦合法测量半导体样片电导率的示意图

假定没有漏磁通，并且在半导体样品中趋肤效应的影响可以忽略不计，那么被吸收的功率可以表示为

$$P_s = \left(\frac{E_{\mathrm{T}}{}^2}{8\pi N^2}\right)\cdot\sigma\cdot t \tag{1.39}$$

式中，E_{T}为射频电压的有效值，N为在磁芯上线圈的匝数，σ和t分别是样品的电导率和中心厚度。由此可见，如果样品的厚度$t \ll \delta_{\mathrm{s}}$($\delta_{\mathrm{s}}$是趋肤深度)时，吸收功率就正比于$\sigma\cdot t$。

在完全耦合的情况下，$P_{\mathrm{s}} = E_{\mathrm{T}}I_{\mathrm{T}}$，式中$I_{\mathrm{T}}$为同相位射频驱动电流，因此，可以通过监测电流$I_{\mathrm{T}}$来确定输入吸收功率$P_s$。一般，样品和谐振电路之间的耦合并不完全，这样就降低了I_{T}对σt的依赖关系，但它们之间固有的线性关系仍然保持不变，也就是有

$$I_{\mathrm{T}} = K\left(\frac{E_{\mathrm{T}}}{N^2}\right)\cdot\sigma\cdot t \tag{1.40}$$

式中，K为待定常数。

因此，测试过程中为使射频振荡器的电压保持不变，需要增加激励电流，而增加的激励电流值是材料样片电导的函数(式(1.35))。由此，通过测量激励电流的变化即可测得试样的电导。当试样中心厚度t已知时，便可以根据下式计算出试样的电阻率：

$$\rho = \frac{t}{\sigma} \tag{1.41}$$

式中，σ为试样的薄层电导(S)，t为试样中心厚度(cm)。如果测定薄膜的薄层电阻，则要使用薄膜加上衬底的总厚度。

需要特别指出的是，无接触式涡流法测试电阻率适用于任何一种导电材料，包括金属材料和半导体材料。但是这种测量是相对测量，需要定期根据标准样片进行校准，以保证测试的准确性。一般其测量半导体材料体电阻率的范围在1.0×10^{-3}~$2\times10^{2}\,\Omega\cdot\mathrm{cm}$，薄膜薄层电阻测量范围为(2~3)$\times10^{3}\,\Omega/\square$。采用电阻率为$120\,\Omega\cdot\mathrm{cm}$的9个半导体材料试样，在7个实验室的8台设备上进行循环实验，其结果表明无接触式涡流法测试电阻率的实验室精度为±12%[43]。

随着计算机技术及单片机技术的发展，Q值、共振电容与电阻率之间的复杂关系可以通过数字化方法求出，而且可以根据需要进行各种修正，无接触电阻率测试方法的测试精度不断提高，加上其非破坏性的优点，因此它在工业生产中得到了人们的重视[44-46]。

1.2.2　无接触式涡流法测试设备

无接触式电阻率测试仪一般包括了电学测量装置和信号处理器两大单元。

涡流传感器组件一般由探头、支架、样品堆中装置及高频振荡器组成。测试半导体样片的探头一般是一对具有固定间隙的共轴线探头，而半导体材料样品则放置在与探头轴线方向垂直的支架上。传感器一般安装在激励探头内部，可提供与样片电导成正比的输出信号。无接触式电阻率测试仪的涡流传感器组件的示意图如图 1.18 所示。

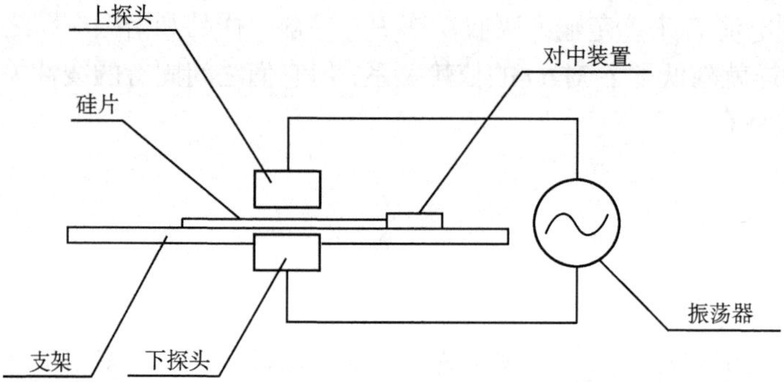

图 1.18　涡流传感器组件示意图

信号处理器一般采用模拟电路或者数字电路进行电学转换，并把薄层电导信号转换成薄层电阻值。当被测试样为硅片时，通过硅片的厚度，再转换为电阻率。处理器一般具有显示薄层电阻和体电阻率的功能，而试样未插入时具有电导清零的功能。目前工业生产过程中使用的无接触式电阻率测试仪一般都是微机联动的，自动化程度比较高。下面我们介绍几种 Semilab 公司生产的仪器。

图 1.19 显示了一种具有两个独立感应探头、适用于测试不规则形状样品电阻率的无接触式测试仪，可以测试晶块、晶锭和锅底料等半导体材料。而图 1.20 显示的是半导体材料片状样品电阻率测试仪器。它们的电阻率测试范围在 0.01~20 Ω · cm，精度都可以达到±3%以内。而图 1.21 则显示了工业生产使用的硅片电阻率在线检测设备，硅片通过传送带直接进入测试区域，硅片对中装置调整硅片放置，然后探头进行无损检测，包括硅片厚度、硅片翘曲度和电阻率等信息在内的数据即被记录保留，测试后合格硅片由传送带流入下一步工序，不合格的硅片即被分拣出来，全部的测试过程均实现了微机控制。该设备的测试范围在 0.3~15 Ω · cm，精度可以达到±5%，重复性达到±2%，测试一个硅片的时间只需要 0.8s，完全满足在线检测的要求。

图 1.22 显示了一种适用于测试外延硅片等片状样品薄层电阻的无接触式测试仪，

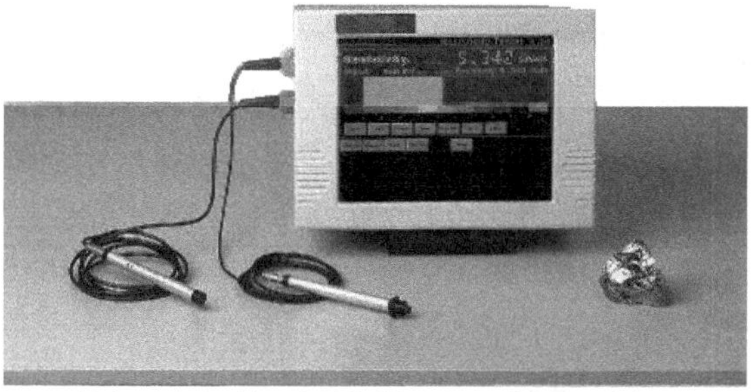

图 1.19 适用于测试不规则形状样品电阻率的无接触式测试仪[47]

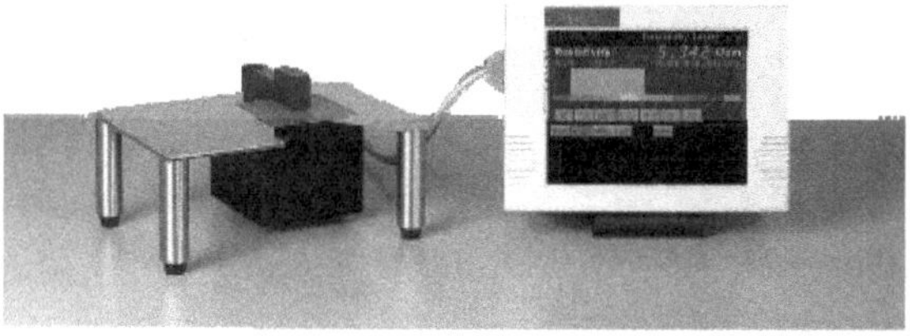

图 1.20 适用于测试硅片等片状样品电阻率的无接触式测试仪[47]

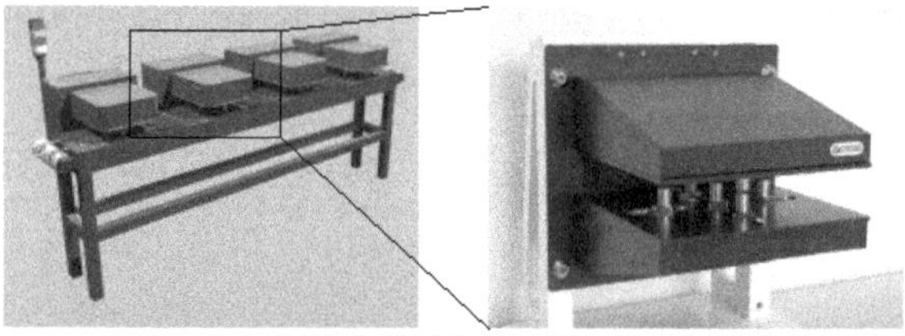

图 1.21 适用于生产线在线检测的无接触式电阻率测试仪[47]

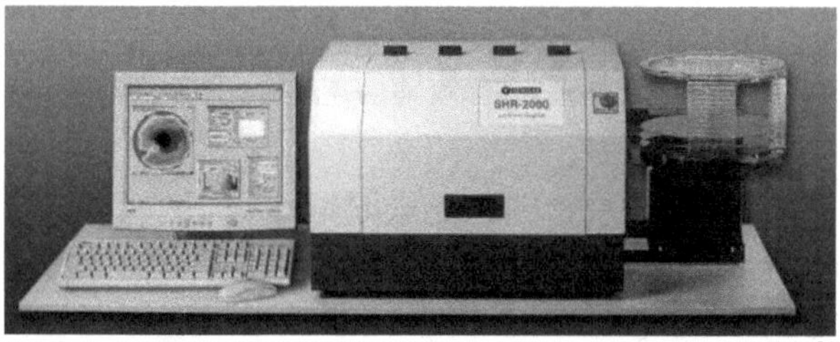

图 1.22 适用于测试片状样品薄层电阻的无接触式测试仪[47]

其薄层电阻的测试范围为 $10\sim1\times10^3\ \Omega/\square$，分辨率在 2%以内，精度可以达到±1%以内。而且该设备具有全片扫描功能，用 1900 点的分辨率扫描一个 8 in 的硅片只需 1.5 min，测试过程也实现了微机控制，适用于在线实时检测和实验室检测。

图 1.23 示意了用无接触式薄层电阻测试仪测试的 8 in①外延硅片的薄层电阻

① 1in = 2.54cm。

分布图。结果表明，硅片外延层的薄层电阻分布可以较好的得以表征，因此，该测试方法可以用于监测硅片外延的质量。

图 1.24 为同一外延硅片分别采用无接触式电阻率仪和四探针仪测试方块电阻率的测试数据比较关系图。从图上我们可以明显看出，两种电阻率测试仪器的测试数据吻合得非常好。因此，外延硅片的无接触式电阻率测试精度已接近四探针精度。

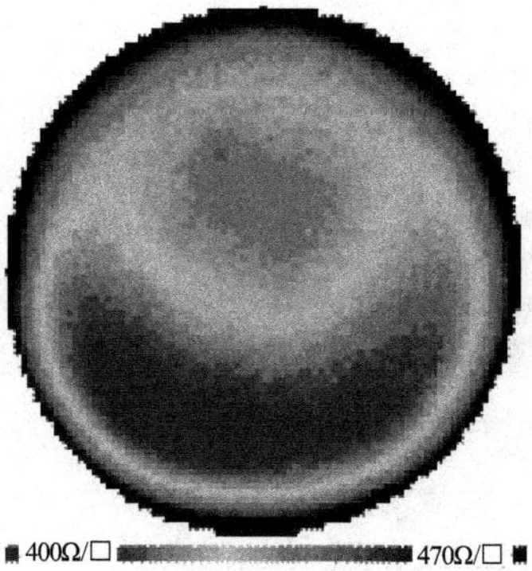

图 1.23　用无接触式薄层电阻测试仪扫描出的外延硅片的薄层电阻分布图[47]

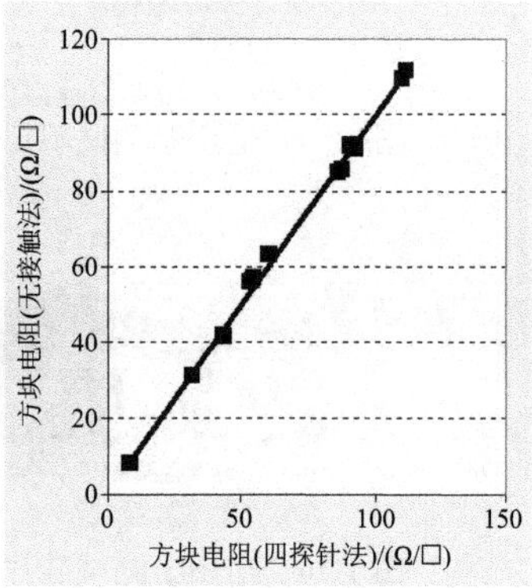

图 1.24　同一硅片无接触式电阻率仪测试数据与四探针仪测试数据关系图[47]

1.2.3　样品制备及测试过程注意事项

在测试过程中需要注意以下几点：

1. 测试样品

无接触式涡流法适用于测量直径或者边长大于 30 mm、厚度为 0.1~1 mm 的半导体材料(特别是硅单晶)切割片、研磨片和抛光片的电阻率以及半导体薄膜的薄层电阻。测量薄膜的薄层电阻时，衬底的有效薄层电阻至少应为薄膜薄层电阻的 10^3 倍。

2. 测试设备

由于该方法为间接测试法，因此要求定期用合适的电阻率标准片校正测量设备，保证设备测试的准确度。一般，电阻率标准片与待测片的厚度偏差应小于±25%。

通常，应尽量降低测试回路中的寄生电容，保证测试重复性。可以通过选用小耦合电容及降低谐振频率等方法，提高高电阻率区域的测试灵敏度，而通过选用优值谐振线圈(高 Q 值)和改进耦合回路、降低分布系数及提高谐振频率，可以提高网络的总谐振阻抗，达到提高低电阻率区域的测试灵敏度的目的。

3. 测试过程

如果测试样片为硅片，则要求硅片试样正面朝上放置在支架上，硅片中心离探头轴线偏差不大于 2 mm，支架要和探头轴线方向垂直。为防止感应产生的涡流在硅片上造成升温，测试时间要求控制在 1s 以内。

4. 测试环境

环境测试温度应该保持在(23 ± 5)℃，湿度保持在 70%以下。测试典型温度值为 23℃，如检测时的环境温度有异于该温度时，需要像四探针测试法一样进行温度修正。仪器使用前需要按规定时间进行预热，待标准定标片和待测样片温度与环境温度平衡后方可进行测量。

测试室要求有电磁屏蔽，测试电源必须经滤波处理，防止交流干扰产生杂散电流，引起测量误差。如果测试高阻材料及光敏材料时，由于试样上的光照可能导致光电导及光压效应诱生光生电动势，会严重影响电阻率测量的准确性，此时应注意光屏蔽。

1.2.4 无接触测试的应用和实例

1. 离子注入 GaAs 的薄层电阻测试

Brophy 等[48]分别利用 VGF 和 LEC 技术生长了两批直径为 100 mm 的商用 GaAs 片，并在上面涂覆层状绝缘材料后，利用离子注入技术注入了硅原子，随后样片进行了快速热处理。他们利用无接触式测试方法，获得了 GaAs 片的薄层电阻率分布图，如图 1.25 所示。

图 1.25(a)和(b)对应的两批样片，采用了 ^{29}Si 离子作为注入源，分别在 140 keV 和 135 keV 电压下注入 $3.5 \times 10^{12}/cm^2$ 和 $8.0 \times 10^{12}/cm^2$ 的剂量。结果显示，平面平均薄层电阻值分别为 840 Ω/□和 332 Ω/□，比较衬底的薄层电阻后，发现经过离子注入和快速热处理的样片其薄层电阻分布偏差甚至优于 LEC 方法制备的衬底样片，仅在 0.5%~1%，表明离子注入后经过快速热处理 GaAs 样片中硅原子分布比较均匀。

进一步研究结果表明，低能离子注入(如 85 keV)在 VGF 方法制备的衬底样片上注入硅离子，其注入活化能比 LEC 衬底低 5%~10%，但是通过薄层电阻测试发现，低的离子活化能容易被离子注入剂量的微变所抵消，因此在 E-FET 和 D-FET 器件制造过程中需要严格控制离子注入剂量。

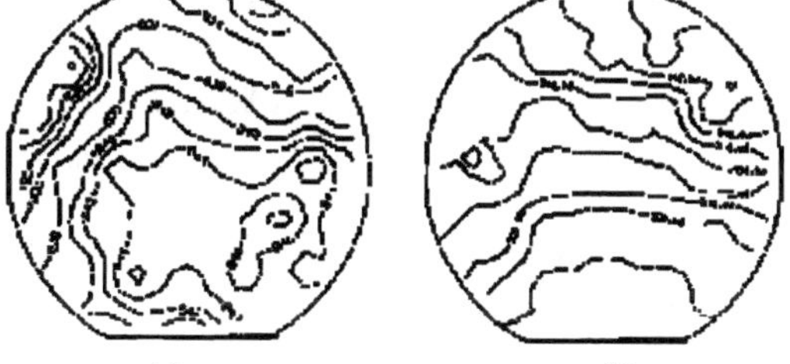

(a) (b)

图 1.25 不同硅离子注入量的 AsGa 样片薄层电阻率分布示意图[48]

(a) 硅注入量 $3.5 \times 10^{12}/cm^2$，注入电压 140 keV；(b) 硅注入量 $8.0 \times 10^{12}/cm^2$，注入电压 135 keV

2. 硅外延片薄层电阻测试

利用无接触式电阻率测试仪器可以对半导体材料的外延层进行薄层电阻分选。例如通过测试，采用高薄层电阻(30 kΩ/□或更高)的 GaAs 外延片制作 HEMT 器件[49]；再如 Lin 等[50]利用无接触式电阻率测试仪对薄层电阻在 270~330 Ω/□的原生硅片进行重复性在 0.5%内的监测。

利用无接触式电阻率测试仪器，通过测量器件的薄层电阻，还可以表征器件质量。图 1.26 显示了一个双面微区轻度掺杂的 p-HEMT 器件的薄层电阻分布图，从图上可见其薄层电阻分布总体偏差仅在 1.2%，表明器件掺杂区掺杂水平具有良好的一致性[51]。

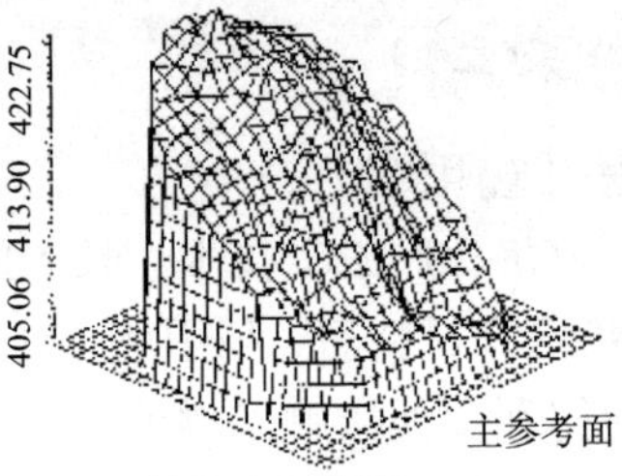

HEMT 结构 (2 in 硅片)
平均方块电阻= 420.5
电阻面分布标准差= 4.94
变化系数= 1.2%

图 1.26　双面微区轻度掺杂的 p-HEMT 器件的薄层电阻分布图[49]

总之，电阻率是半导体材料最直接、最重要的电学参数，是半导体器件器件设计和制备的基础。探针法(包括二探针、三探针和四探针法)以及涡流无损检测法是测试半导体材料电阻率最常用的技术，这两种技术的原理简单，数据处理简便，为科研及生产单位广泛采用；特别是后者，由于测试的精度的不断提高，而且是无损测试，在微电子工业的生产线的在线检测上得到了广泛应用。

参 考 文 献

[1] 高融, 苏明哲译. 硅片加工工艺学. 上海：上海科学技术文献出版社, 1985.

[2] Widerer H H. Laboratory notes on electrical and galvanomagnetic measurements, London: Elsevier Scientific Publishing Company, 1979.

[3] 叶式中, 杨树人, 康昌鹤. 半导体材料及其应用. 北京：机械工业出版社, 1986.

[4] Smith R A. Semiconductors. London: Cambridge University Press, 1978.

[5] 孙以材. 半导体测试技术. 北京：冶金出版社, 1984.

[6] Annual Book of ASTM F 84-73, 1976.

[7] 中华人民共和国国家标准, GB/T 1551—1995, 1995.

[8] Valdes L B. Proceedings of the IRE, 1954, 42: 420.
[9] Uhlir A. Bell System Tech. J, 1955, 34: 105.
[10] Smits F M. Bell System Tech. J, 1958, 37: 371.
[11] GB/T 1552—1995, 1995.
[12] GB/T 14141—93, 1993.
[13] Vaughan D E. Br J Appl. Phys, 1961, 12: 414.
[14] Logan M A. Bell Sys Tech J, 1961, 40: 885.
[15] 中国科学院半导体研究所理化分析中心研究室. 半导体的检测与分析. 北京：科学出版社, 1984.
[16] 苏州电讯仪器有限公司, SZ85 型数字式四探针测试仪技术说明书, 1991.
[17] Swartzendruber L J. National Bureau of Standards Technical Note 199, 1964.
[18] Albert M P, Combs J F. IEEE Trans. Electron Devices, ED, 1964, 11: 148.
[19] Logan M. A. Bell Sys Tech J, 1967, 46: 2277.
[20] Hansen E B. Appl Sci Res, 1960, 8B: 93.
[21] 邱宏, 吴平, 王凤平, 等. 把“四探针测量金属薄膜电阻率”引入普通物理实验. 大学物理, 2004, 23(5): 59.
[22] Catalano S. B. IEEE Trans. Electron. Devices, ED, 1963, 10: 185.
[23] Jandel Engineering LTD, Introduction fro Maintenance and Use of the Multiheight Probe,2005.
[24] Gardner E E, Schnmann P A, E S S. 1965, 8: 165.
[25] Annual Book of ASTM standards F, 1976:108-72.
[26] http://www.lucasLabs.com/.
[27] http://www.four-point-probes.com/.
[28] 刘新福, 孙以材, 刘东升, 等. 半导体技术, 2004, 29(7): 48.
[29] Swartzendruber L J. National Bureau of Standards Technical Note, 199, 1964.
[30] Li Hong, Yang Deren, Yu Xuegong, Xiangyang Ma, Daxi Tian, Liben Li, Duanlin Que. J Phys: Condens. Matter, 2004, 16: 5745.
[31] Yang Deren, Li Hong, Yu Xuegong, Ma Xiangyang, Tian Daxi, Li Liben, lin Duan. Que, In: Symposium K1, High Purity Silicon VIII, the 206th Fall Meeting of The Electrochemical Society in Honolulu, Hawaii, USA, October 3-8, 2004.
[32] Runyan W R. Semiconductor measurements and instrumentation. New York: McGraw-Hill, 1975.
[33] Libby H L. Introduction to electromagnetic nondestructive test methods, New York: Wiley, 1971.
[34] Shimura F. Semiconductor silicon crystal technology. San Diego: Academic Press, 1989.
[35] Nbgerg D W, Burgess R E. Can J Phys, 1962, 40: 1174.
[36] Hamdani A J. J Appl Phys, 1973, 43: 3949.
[37] Bauhofer W. J Phys E Scient Instr, 1977, 10: 1212.
[38] Miller G L, Robinson D A H, Wiley J D. Rev Sci Instr, 1976, 47: 799.
[39] 阙端麟, 陈修治. 硅材料科学与技术. 杭州：浙江大学出版社, 2000.
[40] Gegenwarth H H. Solid State Electronics, 1968, 11: 787.
[41] Marcus A, Oberly J J. IEEE Trans Electron Devices, ED-3, 16.
[42] Buehler M G. Solid State Electronics, 1967, 10: 801.
[43] GB/T 6616-1995, 1995.
[44] Rosenblatt D H. Conference on GaAs Manufacturing Technology, 1995.
[45] Wilson M R, Balda R, Della C, Gilbert J, Huang E, Klingbeil L S. Conference on GaAs Manufacturing Technology, 1995.
[46] Tompa G S, McKee M A, Beckham C, Zawadzki P A, Colabella J M, Reinert P D, Capuder K, Stall R A, Norris P E. The 4th International Conference on Metalorganic Vapor Phase Epitaxy, ICMOVPE, 1988.
[47] http://www.semilab.ug/.

[48] Brophy M J, Liu X, Young T, Helava H I, Young M, Lauterwaser B, Jacobs C. Conference on GaAs Manufacturing Technology, 1995.
[49] Brophy M J. Conference on GaAs Manufacturing Technology, 1995.
[50] Lin B J F, Luechinger H, Kocot C P, Littau E, Stout C, McFarland B, Rohdin H, Kofol J S, Jaeger R P, Mars D E. IEEE, 1988.
[51] Beckham C, Stall R A, Thompson A G, Aina L, Seipel K. Conference on GaAs Manufacturing Technology, 1995.

第 2 章　扩展电阻测试

随着现代半导体技术的不断进步，扩展电阻(spreading resistivity profile，SRP)测试技术已经成为半导体材料、器件研究和生产的必不可少的工具，特别是在硅外延工艺、超大规模集成电路制备工艺中得到了广泛的应用。

扩展电阻法是利用特殊的点接触金属探针，沿着样品的表面，以微小的步进，测出半导体材料或器件表面的每一点的扩展电阻值，由此得到电阻、电阻率和载流子浓度(掺杂杂质浓度)及其分布的一种测试技术。由于探针的有效接触半径仅为微米量级，所以它可反映 $10^{-10}cm^{-3}$ 体积内电阻率、载流子浓度的变化，纵向最小分辨距离可达 20 nm，比常规四探针法的毫米量级的测量范围小 5 个数量级。

扩展电阻测试可覆盖通常的硅材料和器件的杂质浓度范围，有较高的重复精度，因此，它可以对所有硅材料和器件进行电学测量。它不仅适合测量半导体外延薄膜材料的电阻率，比三探针、四探针和 C-V 技术的测量精度高[1]，还可以测量外延层的载流子分布和外延层厚度；而且适合测量体材料的微区电阻率均匀性、pn 结的结深和扩散层的电阻率或电阻率分布等；特别适合分析和测定不同导电类型的多层结构的电阻率及其分布，对多层结构的层数、深度和电阻率几乎没有限制，因此，它也是研究半导体多层器件结构电学性能的主要测试分析技术。

若排除探针压力、探针曲率半径等因素对测试结果的影响，扩展电阻测量的测试误差一般小于 2%，并能在测量电阻率纵向分布的同时获得外延层厚度值，因此，特别在硅材料和器件的制备和研究中，扩展电阻法被广泛地应用。它可以应用在原生硅晶体、离子注入晶体、外延晶体(包括蓝宝石衬底等异质衬底)、杂质扩散晶体、电源器件、太阳电池、双极和 MOS 集成电路等硅材料和器件结构上，进行各种材料和器件的纵向电阻率分布的测试、最佳工艺条件的确定和器件的失效分析等等。

本章首先阐述了扩展电阻测试技术的基本原理，包括单探针、双探针和三探针技术测试原理，然后介绍测试技术、测试仪器，同时介绍测试样品的制备、测试时的注意事项，最后说明扩展电阻测试技术的多种应用。

2.1　扩展电阻测试的基本原理

扩展电阻法测量微区电阻率是利用专用的点接触探针，沿着样品的表面，以很小的距离步进，用金属探针与被测半导体材料点接触处电压与电流曲线，测出样品表面每一点的扩展电阻值，最后转换成电阻、电阻率或载流子浓度的数值。虽然其基本原理早已被人们所熟知，但直到 1966 年，在 Mazur 和 Dickey[2] 采用小信号测试后，扩展电阻技术才得到定量应用。此后，在点接触机理、多层结构的修正因子、测试自动化等方面又做了大量工作，我国也从 1969 年开始进行扩展电阻仪的研制工作[3]，美国材料测试学会(ASTM)于 1977 年制定了扩展电阻法标准，至此，扩展电阻测试技术在半导体材料和器件上开始广泛应用。

扩展电阻法采用的探针结构有单探针、二(双)探针及三探针三种形式，如图 2.1 所示。为了能与硅基材料形成欧姆接触，通常用锇钨合金、铑钨合金作为探针材料。

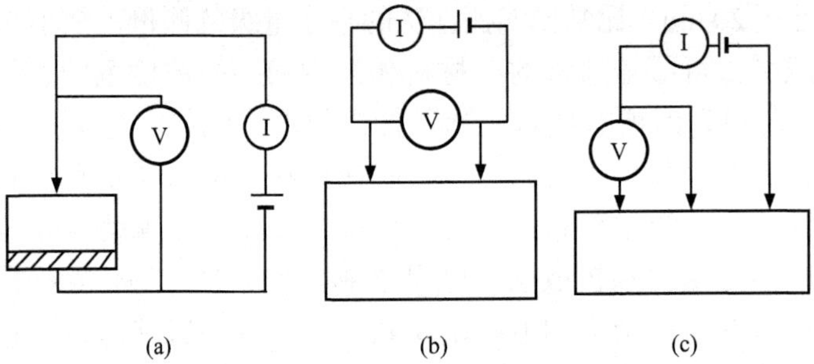

图 2.1　扩展电阻测试技术的探针结构

(a) 单探针；(b) 二探针；(c) 三探针

除了上述常规的扩展电阻测试方法外，点接触电压电流法(PCIV)也可以用来测试微小距离的电阻率和分布，特别适用于 III-V 族化合物半导体材料的测试。它是由一个加正向偏置电压和一个加反向偏置电压的点接触探针组成，通过测试点接触处的 *I-V* 曲线，利用标准曲线校正系统，获得电阻率或载流子浓度分布。

图 2.2　金属探针与半导体材料接触处的电流线分布

2.1.1　单探针结构扩展电阻的测试原理

若将一个完全导电的半球(即金属探针)嵌入一个半无限均匀固体(半导体材料)中(图 2.2)，当有电流 I 从探针流入半导体时，由于半导体的电阻率比金属大几个量级，所以在接触处电流向半导体材料呈辐射状扩展，总接触电

阻为

$$R = \mathrm{d}R_1 + \mathrm{d}R_2 + \cdots + \mathrm{d}R_\infty = \int_0^\infty \mathrm{d}R \tag{2.1}$$

式中 $\mathrm{d}R = \dfrac{\rho}{2\pi r^2}\mathrm{d}r$，其中 r 为电流扩展方向的距离，ρ 为半导体材料的电阻率，积分式(2.1)得

$$R_s = \frac{\rho}{2\pi r_0} \tag{2.2}$$

式中 r_0 是嵌入半球的半径。

从式(2.1)或图 2.2 可知，$\mathrm{d}R_1 > \mathrm{d}R_2 > \cdots > \mathrm{d}R_\infty$，即电阻主要集中在接触点的附近，距探针越远的区域电阻越小，所以称为扩展电阻。

当金属探针与半导体材料呈圆盘状接触，接触半径为 a 时，利用上述原理，通过 Laplace 方程可得总接触电阻为

$$R_s = \frac{\rho}{4a} \tag{2.3}$$

式中 a 是有效接触半径，可按下式求得

$$a = 1.1 \times \left[\frac{F_r}{2}\left(\frac{1}{E_1} + \frac{1}{E_2}\right)^{1/3}\right] \tag{2.4}$$

式中，E_1、E_2 分别是金属探针与半导体材料的杨氏模量，F_r 是加在探针尖的压力。

式(2.2)和(2.3)中的 R_s 是总接触电阻，除扩展电阻外，还包括了材料的体电阻、表面绝缘层电阻及零偏电阻。零偏电阻是由于金属与半导体材料功函数存在差别，二者在接触时形成了接触势垒，该势垒高度与温度、探针材料、探针压力、半导体材料的表面状态等有关。在实际测量中，通过选择适当的探针材料和探针压力，并将半导体表面进行一定的处理，可以使零偏电阻、表面绝缘层电阻远小于扩展电阻，从而使式(2.2)和(2.3)中的 R_s 近似等于扩展电阻。严格来说，由于探针与半导体材料的接触状态是一个应力场的问题，此场与材料电阻率、导电类型及晶向等因素有关，所以零偏电阻很难从理论上计算，迄今尚无合适的理论对它进行描述。因此，一般需要在式(2.3)中引入一个经验修正因子 K，从而得到总接触电阻为

$$R_s = K\frac{\rho}{4a} \tag{2.5}$$

习惯上把金属探针与半导体材料之间的测量出的总接触电阻 R_s 称为扩展电阻。由于难于确定式(2.5)中的 a、K 值，所以先设法建立一条已知电阻率的单晶材料与扩展电阻的校正曲线，再通过校正曲线来实现扩展电阻与电阻率的转换。

2.1.2　二探针和三探针结构的测试原理

对于二探针或三探针结构情形，其测量原理与单探针情形是类似的。这里我们以二探针结构为例，其测量原理简要说明如下：

二个探针之间加上一定电压，测出通过探针的电流，由此求得其局部的电阻值，即扩展电阻 R_s。和单探针相比(式(2.5))，此时测试的扩展电阻值是单探针的两倍，因此，R_s 与局部电阻率 ρ_s 的关系为[4]

$$R_s = \rho_s / 2a = K(\rho)\rho/(2a) \tag{2.6}$$

式中，a 为探针的有效接触半径，理论上可按式(2.4)计算，一般在 5~7.5 μm；$K(\rho)$ 是与 ρ 有关的修正因子，与探针和半导体材料的接触状态、材料的电阻率、导电类型和晶向等因素相关。在实际应用中，一般是在已知电阻率的试样上，测出 R_s 值，然后计算出 a(a 的数值通常在微米量级)。然后，再用根据 a 值，测量出未知电阻率的样品上的局部电阻率 ρ_s，并由下式获得掺杂(载流子)浓度值：

$$\rho_s = (ne\mu)^{-1} \tag{2.7}$$

由以上关于单探针或两探针结构的测量原理可知，扩展电阻实际上就是金属探针与半导体上某一参考点附近的电阻率同流过探针的电流之比值。

需要指出的是，以上理论计算都是基于多层突变结的假设，并且仅考虑了半无限均匀半导体的情形。在材料厚度 t 与探针有效接触半径可以比拟时，例如薄外延层、扩散层、离子注入层及结区附近电阻率测量时，则需进行边界条件修正。此时，真实电阻率值 ρ 与单探针技术的测量值 ρ_0、单探针扩展电阻技术的测量值 R_s 之间满足关系：

$$\rho = \frac{\rho_0}{C} = 4a\frac{R_s}{C} \tag{2.8}$$

式中 C 是修正因子。

现以二探针测量双层结构的情况为例。此时测试的扩展电阻值 R_s 是式(2.8)中单探针测试的电阻值 R_s 的二倍，因此，在二探针测试情况下，真实电阻率公式为

$$\rho = 2a\frac{R_s}{C} \tag{2.9}$$

如果设双层结构的上层材料电阻率为ρ_1、厚度t，衬底电阻率ρ_2、厚度无限，则扩展电阻可表示为

$$R_s = \frac{V}{I} = \frac{\rho_1}{2a}\left[\frac{4}{\pi}\int_0^{\infty}\left(\frac{1+K\mathrm{e}^{-2Hx}}{1-K\mathrm{e}^{-2Hx}}\right)\sin x \times \left(\frac{J_1(x)}{x^2} - \frac{J_0(Sx)}{2x}\right)\mathrm{d}x\right] \tag{2.10}$$

式中，$H = t/a, K = (\rho_2 - \rho_1)/(\rho_2 + \rho_1), S = 2s/a, s$ 是二探针的探针间距，x 是积分参数，J_0, J_1 分别是零级和一级 Bessel 函数。方括号中的表示式即是修正因子 C。

对于导电边界(如 n/n$^+$结材料的边界)，电流进入衬底。由于$\rho_1 > \rho_2$，则$\rho_0 < \rho$，$C < 1$，因而：

$$C = 2 - \exp[nK/(t/a)] \tag{2.11}$$

对于非导电边界(如 pn 结材料)，电流不能进入衬底。由于$\rho_1/\rho_2 \approx 0$，则$\rho_0 > \rho_1$，$C > 1$，因而：

$$C = 1 + 1.4\exp[m(t/a)K^{0.2}] \tag{2.12}$$

式(2.11)和(2.12)中的 n 和 m 是 t/a 的函数，可由计算获得。图 2.3 及表 2.1 分别给出了美国贝尔实验室通过计算得到的修正因子 C 与 t/a 及 K 的关系曲线及数值表。

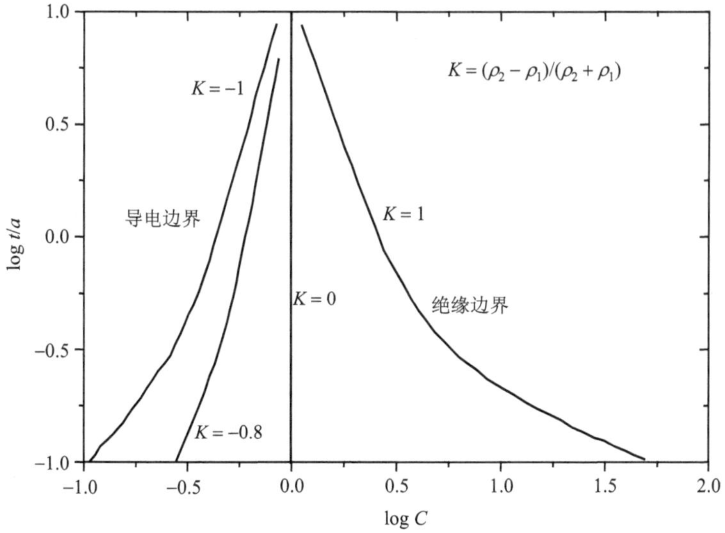

图 2.3 修正因子 C 与 t/a 的关系曲线

由图 2.3 可见，无论是导电边界还是非导电边界，随着薄层厚度的增加，C 都逐渐趋于 1。

表 2.1　修正因子 C 与 t/a 的数值对应表

t/a	绝缘边界“m”	导电边界“n”
0.1	34.32	−0.0637
0.2	13.55	−0.1174
0.3	7.587	−0.1622
0.4	4.905	−0.1955
0.5	3.426	−0.2303
0.6	2.511	−0.2558
0.7	1.899	−0.2767
0.8	1.466	−0.2943
0.9	1.149	−0.3091
1	0.9087	−0.3216
2	0.0248	−0.383
3	−0.1599	−0.4041
4	−0.2169	−0.4142
5	−0.2355	−0.4199
6	−0.2399	−0.4239
7	−0.2372	−0.4277
8	−0.233	−0.4306
9	−0.2267	−0.4331
10	−0.2207	−0.4354
20	−0.1706	−0.4431
50	−0.1381	−0.443
100	−0.1842	−0.4789

以上仅介绍了半无限半导体材料的一维修正(即有限厚度的情况)。事实上，在修正因子 C 中还有二维效应。如在 pn 结结区测量时，则在修正因子 C 上还需乘以 C_{2D}，后者与探针间距及探针与结的距离有关。修正因子 C_{2D} 见表2.2。

表 2.2 有限薄片的二维修正因子(探针间距 = 0.6mm)

距边缘的横向距离 x/μm	$C(2D) = R(x)/R(\infty)$
0	2
10	1.72
20	1.6
30	1.46
40	1.39
50	1.33
60	1.29
80	1.22
100	1.17
120	1.14
140	1.1
160	1.08
180	1.06
200	1.04
1000	1

2.1.3 三种探针结构形式的比较

单探针法：它只有一根提供接触的、可移动的探针，其欧姆电极制备在样品的背面。该方法分辨率高，将样品进行磨角后，能测量材料电阻率的纵向分布。缺点是不能测定异型层的电阻率及其分布。

二探针法：要求二根探针的材料及结构相同并与样品有相同接触状态。该方法得到的扩展电阻值是单探针法的二倍。优点是克服了单探针法的缺点，能检测多层结构；缺点是，要保证二根探针的性质与接触状态完全相同是困难的。

三探针法：引入第三根探针作为电流与电压的共用探针，这样就克服了二探针法的缺点，测量结果与三根探针的间距无明显的关系。该方法可用于多层结构的测量，无须制备欧姆电极，因此是扩展电阻法中较有效和常用的一种。

2.2 扩展电阻测试系统

扩展电阻(SRP)测试系统主要由样品台、防振台、探针、光学显微镜、控制与信号处理系统(计算机)和绘图仪等组成。

我们以 Solid State Measurements 公司生产的 SSM150 型设备(如图 2.4)为例，主要介绍扩展电阻测试系统中的样品台、探针、控制与信号处理单元结构。

图 2.4　SSM150 型扩展电阻测量设备照片

1. 样品台

扩展电阻技术是利用金属探针和半导体材料的点接触处的电流–电压曲线测量微小区域的电阻率的，所以对样品台有两个最基本的要求：一是表面平整、稳定，二是具有可以精确移动微小距离的步进装置。

SSM150 型扩展电阻仪配置了高质量的消振台，可以减小环境振动对测试结果的影响，有效缩小测试数据的分散性。而 SSM150 型扩展电阻仪样品台的最小最小步进距离为 1 μm。

2. 探针

扩展电阻技术中使用的探针非常重要，它不仅能与硅基材料形成欧姆接触，而且需要耐磨、硬度大，通常用锇钨合金、铑钨合金作为探针材料。使用时，每个探针都装在一个绝缘臂端上，臂能绕枢轴转动。探针是靠气动安置的，这样可以免除擦伤，最大限度地减小探针针尖的损坏和样品表面的损伤。一般而言，探针的接触寿命可以超过 35 万次。

SSM150 型扩展电阻仪采用双探针，针尖半径为 25 μm 左右，两针尖的间隔通常为 100 μm。探针的装载重量可以调整为 5g，10g，20g 和 45g 等多种，在实际测试时，探针应尽可能轻缓地放在试样表面，以减少在样品表面造成压痕的可能。

3. 控制和信号处理

扩展电阻仪一般都是采用自动测量，应答快，重复性好，可以迅速测试电阻率分布曲线。

SSM150 型扩展电阻仪利用 C 语言，编制了专用软件，可以分为测试、数据处理和输出 3 个主要单元。其中测试单元包括调节和鉴定扩展电阻探针，进入和编辑校准数据，生成和记录测量的原始扩展电阻；数据处理单元包括：编辑和平滑原始数据，数据的计算统计，编辑原始样片参数等；而输出单元包括：扩展电阻、电阻率和载流子浓度及分布的输出，数据的说明和分析，不同输出数据格式的提供等等。

SSM150 型扩展电阻仪可以将硅晶体、GaAs 晶体的测试数据转化为电阻率、载流子浓度等数值，其电阻率的测试范围在 10^{-4}~$10^{4}\Omega\cdot$cm。

2.3 扩展电阻测试的样品

2.3.1 扩展电阻法样品的磨角

用扩展电阻方法可以测量样品表面和剖面的电阻率和载流子浓度及分布。在测试样品剖面(纵向)电阻率或载流子浓度时，一般需要对样品进行磨角，制造出一个和表面成一定角度的斜面。测试时，实际测量的是斜面的电阻率或载流子浓度，但是根据斜角的角度，可以换算成样品垂直剖面的电阻率或载流子浓度。图 2.5 所示的是具有斜面的样品的扩展电阻测量示意图。

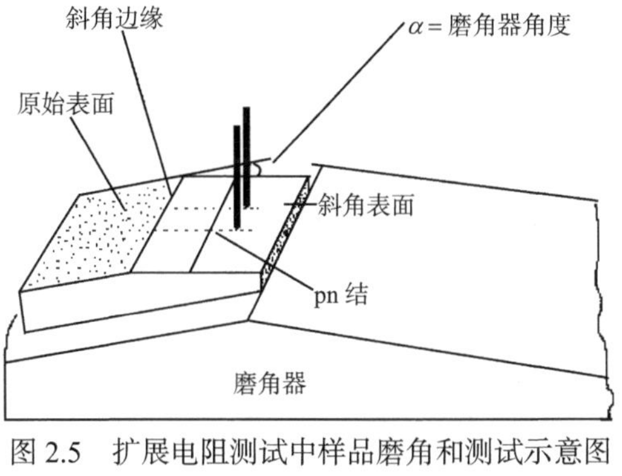

图 2.5 扩展电阻测试中样品磨角和测试示意图

从图中可以看出，在测试样品的纵向电阻率时，需要根据所要测量的剖面，选择一适当角度的磨角器，使样品磨出一抛光斜面，这个斜面和样品的表面具有一定的角度。一般说来，角度愈小，样品的斜面展开愈长，纵向电阻率的分辨率越高。

如果样品斜面与表面的夹角为α，则样品的纵向电阻率ρ与测试出来的斜面上的电阻率ρ_a的关系为

$$\rho = \rho_a \sin\alpha \tag{2.13}$$

SSM150 型扩展电阻仪所配带的标准磨块的斜角通常有 5°43′、2°52′、1°9′、34′和 17′等几种。若使用最小角 17′磨块进行样品磨角，由于探针沿斜面的最小步进为 1 μm，则理论上电阻率测量的纵向分辨率约为 2.5 nm。

2.3.2 扩展电阻法样品的制备

扩展电阻样品的制备，特别是斜面的磨制和斜面的表面状态，对扩展电阻的测试的精度有严重影响。因此，在样品制备时，需要注意到：

(1) 一般选择一组电阻率均匀分布在 10^{-3}~10^{2} Ω · cm 的若干块 n 型或 p 型单晶样品，用四探针法定标后，作为标样。

(2) 标样表面宜采用适当的抛光工艺，制备出镜状、无损伤的表面，然后进行扩展电阻测试。将测量结果在双对数坐标纸上作图，得到定标曲线。在立方晶体结构材料中，电阻率与晶体取向无关，但扩展电阻的定标曲线却与材料的导电类型、掺杂种类及晶向有关，因此定标曲线应根据不同对象分别建立。

(3) 在测量 pn 结时，一般在得到材料中杂质浓度分布的同时，也会获得相应结深。但是，对于扩散结深很浅(< 2 μm)或低能离子注入的样品，为保证测量精度，宜采用小的倾斜角度(如 1°9′、0°34′、0°17′)制备样品为宜。

(4) 在斜面的研磨过程中，若用大角度磨角器研磨样品，研磨斜面边线不容易倾斜，实际得到的斜面角度 α 不会偏离预选的磨角器的角度(如图 2.6 中(a)图)。而用小角度磨角器研磨的样品，由于研磨基座的中心棱边不够明显，常常产生角度倾斜。这样会产生两种情况：一是斜面倾向右下方，如图 2.6 中(b)图所示，它的实际得到的斜面角度就会比研磨基座角度大，此时 $\alpha = \beta + \gamma$；二是斜面倾向右上方，如图 2.6 中(c)图所示，那么它的实际斜面角度就会比研磨基座角度小，此时 $\alpha = \beta - \gamma$。因此在采用小角度研磨器研磨样品后进行扩展电阻测试时，最好实际测量所磨样品的斜面角度，便对扩展电阻测量值加以修正[5]。

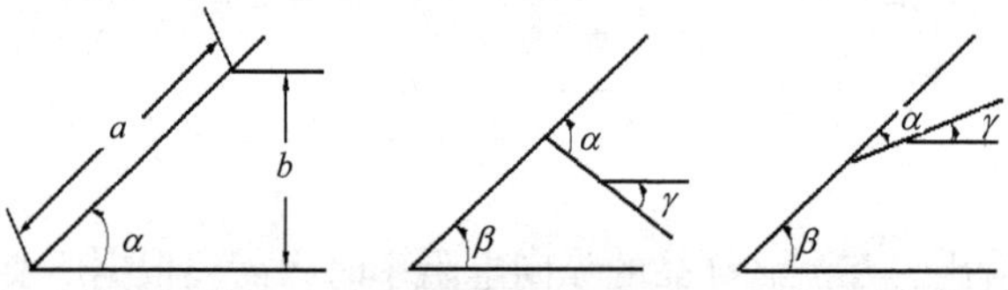

(a) $\sin\alpha = b/a$　(b) $\alpha = \beta + \gamma$　(c) $\alpha = \beta - \gamma$

图 2.6　样品实际倾斜角偏离预选的磨角器角度的示意图

图 2.7 是采用 2°52′研磨器制备的硅样品的扩展电阻率分布图[5]。(▲)是采用 2°52′研磨器的角度($\sin\alpha = 0.05$)得到的分布曲线，此时测得的结深仅为 2.12 μm；(■)是根据实际测得斜面角度($\sin\alpha = 0.057$)而得到的分布曲线，此时测得的结深为 2.42 μm。显然，后者的测得的结深比前者大 0.3μm，更为精确。因此，对小角度

研磨器制备的样品，斜面有必要进行角度的实际测量，以提高扩展电阻的测量精度。目前，也有扩展电阻仪(如 SSM-130 型探针系统)专门配有小角度的测量环，以便精确地测出样品的实际倾角。

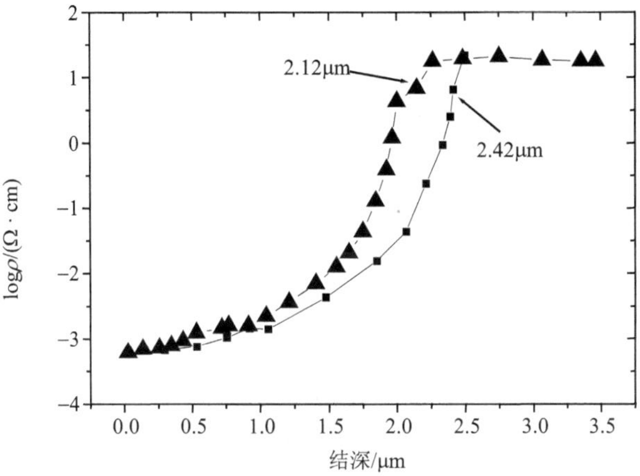

图 2.7 采用 2°52′研磨器的样品的扩展电阻率分布

▲ 是利用研磨器角度($\sin\alpha = 0.05$)得到的分布曲线；

■ 是实际测得斜面角度($\sin\alpha = 0.057$)而得到的分布曲线[5]

可见样品实际角度的测量是保证扩展电阻测量准确的关键之一。在实际测量时，通常采用干涉法，即在光学显微镜观察下，顺时针旋转载物台，使两干涉条纹正好相交，其角度为α_1；然后再继续旋转载物台，得到两干涉条纹左右互换后的角度α_2；通过下式可以得到样品斜面和表面的夹角α[4]：

$$\sin\alpha = \frac{C}{\sin\left(\dfrac{\alpha_1 - \alpha_2}{2}\right)} \tag{2.14}$$

其中 $C = 0.005$，为常数。

2.4 扩展电阻测试的影响因素

2.4.1 扩展电阻法测量过程中应注意的问题

在金属探针与半导体材料接触时，由于二者功函数的差别，形成了接触势垒，其势垒的高度与测试温度、探针材料、探针压力和试样的表面状态等因素有关，这些都影响扩展电阻的测试精度。另外，在实际测量时，磨角器角度、探针步进间距等参数也会直接影响测量的精度。因此，在测量时，要注意到：

(1) 两针尖之间的连线始终平行于斜面与原始表面之间的交线，两针并排步进。

(2) 探针压力(F_r)一般选在 20~50 g，以尽可能减小针尖的磨损及材料的塑性形变。同时，探针针尖的曲率为 45°~50°，半径约 25 μm，针尖要用喷砂吹毛。另外，为保证探针与样品每次具有相同的接触态，要求测试时探针以一定速率下降，一般为 100 μm/s 左右。

(3) 小信号测量。在室温测量时，尽量采用小于 kT/q 值的低电平小信号(其中 k 是玻尔兹曼常数，q 是电子电荷)，即是利用金属–半导体接触处的伏–安曲线原点附近的近似线性特点。小信号测量的好处是：① 可使金属–半导体接触处载流子的注入密度比平衡载流子密度小得多，从而避免了注入效应。② 在接触处产生的电场不超过 10^3 V/cm，因此不会改变接触处载流子的迁移率。③ 测量时产生的焦耳热很小，接触处的温度不会有明显升高。因此小信号测量能保证测量的重复性。

(4) 多层结构薄膜测量的修正[6]。在扩展电阻测量多层结构薄膜材料时，要对所测的结果进行修正才能得到准确值。而选择不同的修正方法会得到不同的测试值，因此必须合理选择修正因子，有时可用多种修正方法进行对比，选择一种最佳的方法，这样才能提高测量精度并获得正确的扩展电阻分布曲线。

根据扩展电阻测试的原理，样品是被看做半无穷大的。但是在测量多层结构样品时，如果被测样品的某层厚度小于 $10a$(a 是探针的接触半径)，样品就不能被视为半无穷大，此时若要得到被测样品的准确电阻率，必须进行薄层修正。图 2.8 所示为两种典型的薄层边界：一种如图 2.8(a)所示，薄层下面是均匀导体(相对于短路层)，例如，n/n^+外延片；另一种如图 2.8(b)所示，薄层下面是绝缘体，如 pn 结。

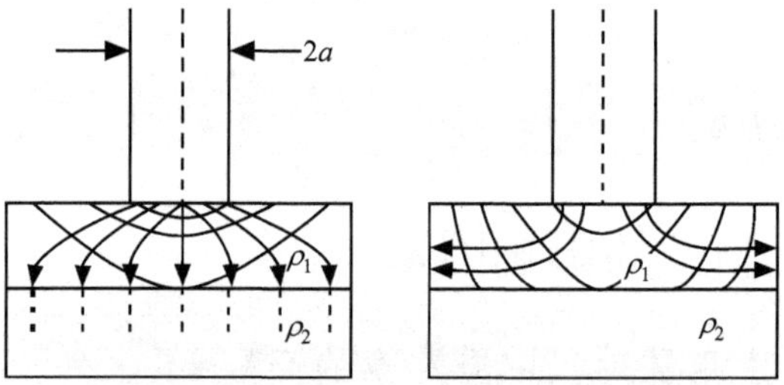

(a) 下层为均匀导体　　(b) 下层为绝缘体

图 2.8　两种典型的薄层边界示意图[6]

除了上述两种典型的薄层边界，根据薄层和下层材料的电阻率的均匀性、导电性等因素，还可以有多种薄层边界，如均匀电阻率、非均匀电阻率的导体边界，和均匀电阻率、非均匀电阻率绝缘体边界等。根据不同的薄层边界，SSM 型扩展电阻仪使用了多种薄层修正方法，包括：

M1：多层一次扫描修正

M2：多层二次扫描修正

U1：把薄层看作均匀电阻率绝缘体边界

UC：把薄层看作均匀电阻率导体边界

N1：把薄层看作非均匀电阻率绝缘体边界

NC：把薄层看作非均匀电阻率导体边界

NO：没有薄层修正

但是选择不同的修正因子会产生不同的结果。例如，图 2.9 是 p 型〈111〉硅片进行磷扩散形成的浅结样品，经扩展电阻测试，通过选择不同的修正因子得出不同的电阻率曲线。显然，从图中可以看出，对于这样 n^-/p 结结构的样品，p 型衬底如果看作均匀(UC)或非均匀(NC)导电边界、均匀(U1)或非均匀(N1)绝缘边界都是不合理的，而利用多层二次扫描修正(M2)修正后的载流子浓度比经 M1 方式修正后所得载流子浓度高，这与实际生产厂家的模拟结果接近，这表明 M2 修正因子最接近实际情况，因此该扩展电阻曲线是准确的。

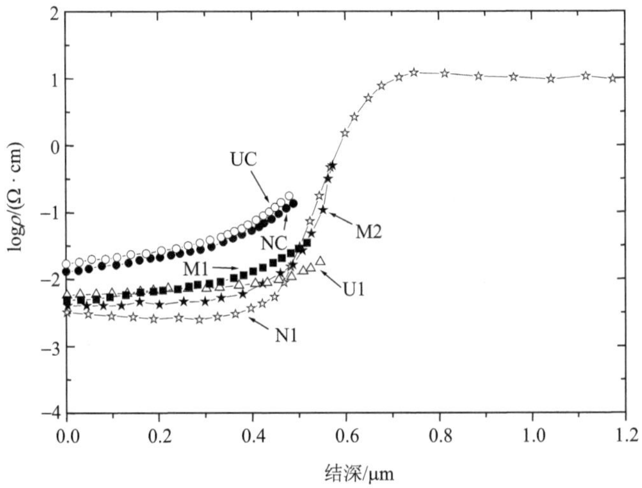

图 2.9　p 型〈111〉硅片上磷扩散的浅结样品在不同修正因子下的扩展电阻率分布曲线[6]

2.4.2　扩展电阻法测量浅结器件结深和杂质分布时应注意的问题

对于浅结器件和低掺杂样品，几何效应和表面电荷将直接影响扩展电阻测量的准确性。因此，一般认为扩展电阻技术适合于测量结深大于 1 μm 的样品。对于浅结器件，在不考虑其他影响因素时，如何减小几何效应，即准确测量斜面的小角度，是影响测量精度的关键。为了提高精度，每次磨角后，必须用显微镜干涉法测量实际角度，其角度计算如公式(2.14)所示。

2.5　扩展电阻测试的应用和实例

2.5.1　硅晶体电阻率微观均匀性的测量[7]

在硅晶体生长时，由于晶体、坩埚的旋转和热场扰动等因素，电阻率在硅晶体的径向分布不是非常均匀的，除了晶体中心部位和边缘部位的电阻率存在不均匀之外，在微观尺度范围内电阻率还会有起伏，体现了掺杂剂分布的均匀性。因此，可以利用扩展电阻技术来对微观电阻率的均匀性进行测量和表征。

中子嬗变掺杂(NTD)是硅晶体掺杂的一种特殊方法，它是利用中子辐照硅晶体，使得硅晶体产生核反应，导致硅的同位素 Si^{30} 转变成 Si^{31}，同时发出 β 射线，然后衰变成 P^{31}，实现了硅晶体的 n 型掺杂。通过中子嬗变掺杂，掺杂剂磷(P)的分布非常均匀，而且掺杂精度很高，前者对大功率器件特别重要，后者对探测器特别重要。图 2.10 所示是 75 mm 直径普通区熔硅和中子嬗变掺杂硅片扩展电阻的径向分布。由图可见，常规区熔硅(即熔体掺杂区熔硅)上的扩展电阻有剧烈的起伏，而中子嬗变掺杂(NTD)区熔硅扩展电阻的起伏就要小得多，表明与熔体掺杂剂分布相比，NTD 的掺杂剂分布要均匀得多。

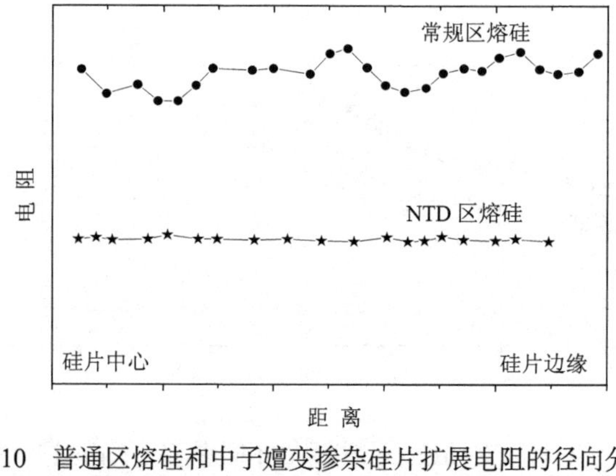

图 2.10　普通区熔硅和中子嬗变掺杂硅片扩展电阻的径向分布[7]

2.5.2　硅晶体中氧浓度及其分布的测量[7]

氧杂质是直拉硅单晶中的主要杂质，来源于直拉硅晶体生长过程中石英坩埚的污染，它通常以自间隙原子形式存在于硅晶格中。由于氧杂质在硅晶体中一般都处于过饱和状态，因此，在硅片制备和器件制造工艺的热处理过程中，间隙氧会发生扩散、沉淀等现象，对硅器件的机械和电学性能产生重要影响。比如，利用高温–低温–高温三步热处理工艺，在硅晶体中形成表面无缺陷、内部多缺陷的内吸杂技术，就是利用氧的扩散和沉淀性能。

如果将含氧的直拉硅晶体在 450℃左右进行热处理，间隙氧将扩散、团聚，形成和氧相关的施主团，称为热施主。热施主能够给硅晶体提供电子，影响硅晶体的电阻率及其分布。由于热施主的浓度和氧浓度有一定的关系，因此，通过测量直拉硅晶体中的热施主浓度及分布，可以测试出相应氧浓度及其分布[13]。

对于 n 型样品，其室温电阻率为

$$\rho = \frac{1}{\mu_n q N_{\mathrm{D}}} \tag{2.15}$$

式中，μ_n 为电子迁移率，q 为电子电量，N_{D} 为施主杂质浓度。由式(2.15)和式 $R_s = \dfrac{\rho}{4a}$(单探针测试技术)，可得

$$N_{\mathrm{D}} = \frac{1}{4a\mu_n q R_s} = \frac{K_0}{R_s} \tag{2.16}$$

式中，$K_0 = 1/4a\mu_n q$ 为常数。

已知在 300~500℃温区，硅片中的间隙氧可以形成热施主；随着热处理时间的延长，热施主浓度逐渐增加，并趋于饱和。当热施主浓度达到饱和时，热施主的浓度 N_{DT} 与初始间隙氧浓度$[\mathrm{O}_i]_0$有如下关系[9]：

$$N_{\mathrm{DT}} = K_m [\mathrm{O}_i]_0^3 \tag{2.17}$$

其中，K_m 为常数，约 $3.1\times10^{-38}\mathrm{cm}^6$。

若热施主形成前样品中原始施主浓度为 N_{D0}，则经热施主形成后样品中总施主浓度 N_{D} 为

$$N_{\mathrm{D}} = N_{\mathrm{D0}} + N_{\mathrm{DT}} \tag{2.18}$$

将式(2.18)代入式(2.16)得

$$N_{\mathrm{D0}} + N_{\mathrm{DT}} = \frac{K_0}{R_s} \tag{2.19}$$

结合式(2.17)可得硅晶体中的氧浓度

$$[\mathrm{O}_i]_0^3 = \frac{K_0}{K_m}\left(\frac{1}{R_s} - \frac{N_{\mathrm{D0}}}{K_0}\right) \tag{2.20}$$

当初始氧分布不均匀时，式(2.20)中氧浓度就为

$$[\mathrm{O}_i]_0^3(x)=\frac{K_0}{K_m}\left(\frac{1}{R_s}-\frac{N_{\mathrm{D0}}}{K_0}\right) \tag{2.21}$$

若不均匀的氧分布是由外扩散造成，而外扩散之前氧呈均匀分布且浓度是 C_0(常数)，则经过外扩散后(如 x 足够大，即已达氧分布曲线中的平台区)：

$$[\mathrm{O}_i]_0(x)=C_0 \tag{2.22}$$

设用扩展电阻探针测得平台区扩展电阻值 $R_{s平}$，而表面(当在惰性气氛中外扩散时，氧浓度为 0)的扩展电阻值为 $R_{s表}$，由式(2.21)可得一方程组：

$$\begin{aligned}&\frac{K_0}{K_\mathrm{m}}\left(\frac{1}{R_{s表}}-\frac{N_{\mathrm{D0}}}{K_0}\right)=0\\&\frac{K_0}{K_\mathrm{m}}\left(\frac{1}{R_{s平}}-\frac{N_{\mathrm{D0}}}{K_0}\right)=C_0^3\end{aligned} \tag{2.23}$$

因此得

$$N_{\mathrm{D0}}=K_0/R_{s表} \tag{2.24}$$

和

$$\frac{K_0}{K_\mathrm{m}}=\frac{C_0^3}{1/R_{s平}-1/R_{s表}} \tag{2.25}$$

将式(2.24)和式(2.25)代入式(2.21)，有

$$[\mathrm{O}_i]_0^3(x)=C_0^3(1/R_s-1/R_{s表})/(1/R_{s平}-1/R_{s表}) \tag{2.26}$$

式(2.26)中，C_0 可用红外吸收光谱法测得，R_s、$R_{s平}$、$R_{s表}$ 均可以扩展电阻探针测得。所以，由实测的 $R_s(x)$ 曲线就可确定 $[\mathrm{O}_i]_0(x)$ 的曲线。实验表明，式(2.26)是与实际结果是相符的。

图 2.11 显示的是普通和中子辐照的 n 型直拉硅单晶在经过 1050℃ 4 h 和 450℃ 100 h 热处理后的载流子浓度分布[12]。从图中可见，从硅片的表面开始，载流子浓度逐渐上升，在 15 μm 以后，达到饱和平台区。这是因为经过 1050℃ 4 h 热处理后，间隙氧产生外扩散，在体内其浓度依然保持原始值，其分布是均匀的，而在近表面区域，从体内到表面氧浓度逐渐降低。再经过 450℃ 100 h 热处理后，饱和的间隙氧产生热施主，氧浓度越高，热施主浓度越高[见式(2.17)]。因此，热

施主浓度在体内是均匀的，在近表面区域，也是体现出从体内到表面的逐渐降低。而 n 型硅单晶的掺杂剂磷的扩散系数较小，此时外扩散不严重，从体内到表面其浓度分布近似直线，因此，此时扩展电阻测试出来的载流子分布曲线的形状实际上代表了热施主的分布曲线，也就是代表氧浓度的分布情况，体现了氧的外扩散性质。如果利用式(2.26)，则可以直接计算出氧浓度的分布曲线。

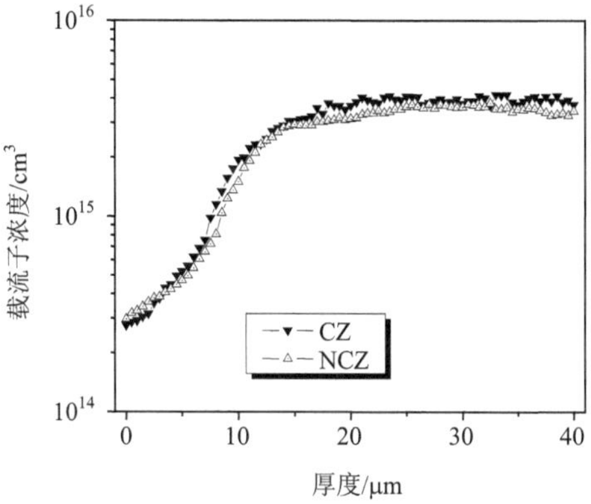

图 2.11 普通(CZ，▼)和中子辐照(NCZ，△)的 n 型直拉硅单晶在经过 1050℃ 4 h 和 450℃ 100 h 热处理后的从表面到体内的载流子浓度分布

2.5.3 硅晶体离子注入层的测试

在集成电路制备过程中，常常会用到离子注入工艺。也就是说，利用离子注入设备，将不同的离子加速，注入硅晶体内，在硅晶体的表面层下形成一个离子注入层(如绝缘层)，作为器件的一个组成单元。扩展电阻法是测量离子注入层的重要技术，它可以测试不同离子注入剂量、能量、注入温度对离子注入层的影响。

图 2.12 是不同剂量 N^{2+}离子注入的 n 型〈100〉硅片的扩展电阻率分布图[10]，此时的离子注入能量为 180 keV。从图中可以看出，当离子注入剂量比较低(~5×10^{14} atom/cm^3)时，扩展电阻率从表面到体内逐渐降低，在 130 μm 左右达到最低点，然后再逐渐上升。这是因为注入的 N^{2+}离子处于替代位置，表现为施主，给硅晶体提供电子，所以离子注入区的扩展电阻率有所降低；另外，由于离子注入的 N 离子分布呈近似“高斯”分布，所以，扩展电阻率从表面到体内呈现出先降低后升高的趋势。当离子注入剂量比较高(~1×10^{16} atom/cm^3)时，扩展电阻率在 110 μm 左右突然上升，于 130 μm 左右形成一个高峰，然后再下降，这说明了 Si_3N_4 绝缘层的形成。同时，扩展电阻率的测试表明，离子注入层的浓度最高处在表面下 130 μm 左右。

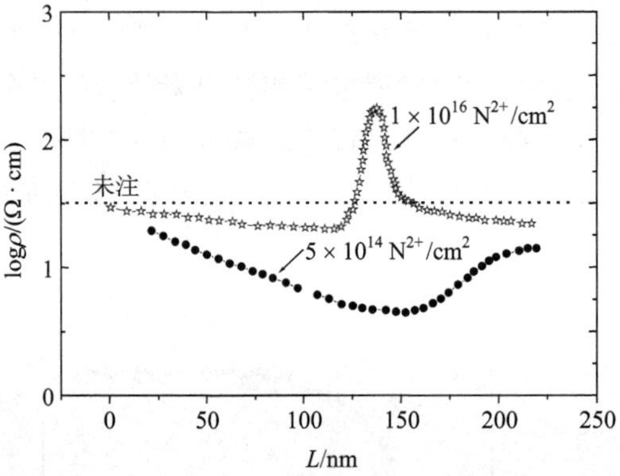

图 2.12　不同剂量 N^{2+}离子注入的 n 型〈100〉硅片的扩展电阻率分布图[10]

图 2.13 是 N^+或 N^{2+}离子注入的硅片在不同温度热处理 60 分钟后的扩展电阻率分布图，此时离子注入能量为 180 keV，离子注入剂量为 1×10^{16} atom/cm。由图可见，对于 N^+离子注入的硅片(☆，★)，扩展电阻率随退火温度的升高而增大，接近未离子注入的硅片的扩展电阻率。对于 N^{2+}离子注入的硅片(○，●)，在 130 nm 附近扩展电阻率随退火温度的升高而增大，半峰宽也随退火温度的增加而变宽，表明随退火温度的增加，单位体积内 Si_3N_4 的数量在增加，Si_3N_4 薄层的厚度也随退火温度的增加而变厚。同时，由图可见，退火温度为 800℃时，Si_3N_4 薄层的厚度为 30 nm。

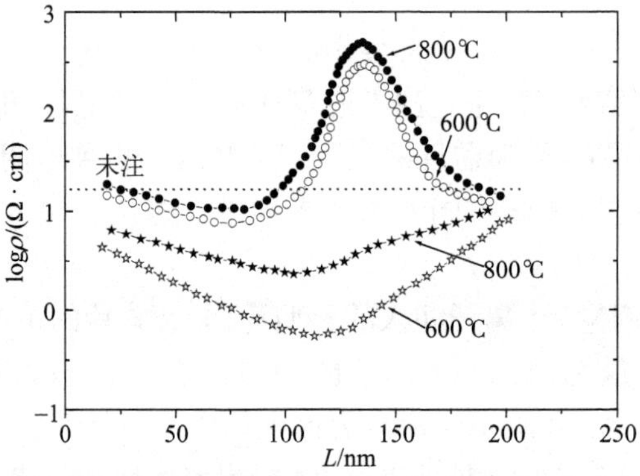

图 2.13　N^+(☆，★)或 N^{2+}(○，●)离子注入的硅片在不同温度热处理后的扩展电阻率分布图[10]

2.5.4　硅外延层厚度和载流子浓度的测试

外延工艺已经成为器件制造过程中极其重要的工艺之一，外延层的质量直接影响到器件的性能、成品率和可靠性。一般来说，评价外延层质量的参数主要有：电阻率及其均匀性、表面缺陷、厚度及厚度均匀性等。其中电阻率值及其均匀性对器件性能的影响尤为明显，是外延片的重要特征参数之一，也是判断外延材料掺杂浓度的一个主要参数，它直接影响到器件的隔离特性、击穿电压、反向漏电流和三极管的 β 值等。

检测外延层电阻率(载流子浓度)的方法有许多，常用的有四探针法、三探针法、*C-V* 法(微分电容–电压法)和扩展电阻法四种测试方法，它们各有优缺点，如表 2.3 所示，因此在不同的情况下可以使用不同测试方法。表中所示的测量误差是指仪器本身的误差，在实际测量中，由于外延片自身的特殊性，其测量误差可能远大于表中所列范围，以致可能出现用不同方法测量的电阻率值无法比较的情况。

表 2.3　四种测试方法的性能比较[1]

方法	优点	缺点	测量误差
三探针	① 装置简单	① 破坏性检测	≥20%
	② 测试方便、快捷	② 误差大	
	③ 人员素质要求不高	③ 测量范围 0.1~5 Ω · cm	
		④ 测量受外延层厚度限制	
四探针	① 装置简单	① 破坏性检测	5%~10%
	② 测试方便、快捷	② 外延层厚度 < 3 μm 时，测量较困难	
	③ 测量精确度高	③ 外延层与衬底之间必须是 pn 结	
	④ 测量范围大	④ 测量值精度受厚度影响	
C-V 法	① 非破坏性测量	① 要求样品尺寸较大	10%
	② 不受结构影响	② 受表面态影响大	
	③ 易获得纵向分布曲线	③ 受杂散电容影响大	
		④ 人员素质要求较高	
扩展电阻	① 测量精度高	① 设备复杂	5%
	② 可获得纵向分布曲线	② 人员素质要求高	
	③ 可同时获得电阻率值浓度分布和外延厚度	③ 报测量值难度大	
		④ 样品制备困难	

探针法测试薄层电阻的技术在第 1 章已经介绍。总的说来，它的设备简单，测试方便。但这种技术也有许多弱点，如四探针法的电阻率测量范围为 10^{-3}~$10^{4}\Omega\cdot$cm，它只能分辨半导体材料在毫米量级范围内的均匀性；再如，在采用四探针法测量相同导电类型、低阻衬底的外延层材料电阻率时，由于流经材料的电流会在低阻衬底中短路，实际得到的是衬底与外延层电阻率并联的综合结果。因此，要精确测量硅片外延层的电阻率、载流子浓度，最好的技术还是扩展电阻；

另外，扩展电阻技术还能同时测定外延层的厚度、衬底的电阻率。

图 2.14 是〈100〉n/n^+硅外延片的纵向载流子浓度分布曲线，此时的探针步进为 5 μm，探针压力为 10 g。从图中可以看出，在表面区域是外延层，载流子浓度约为 $3 \times 10^{14}cm^{-3}$，外延层的厚度约 45 μm，从 41~47 μm 处，存在一个过渡层，而衬底的载流子浓度为 $3 \times 10^{19}cm^{-3}$；进一步地，扩展电阻也可以测出，无论是外延层还是衬底，都是 n 型，体现了一个典型的 n/n^+硅外延片结构。

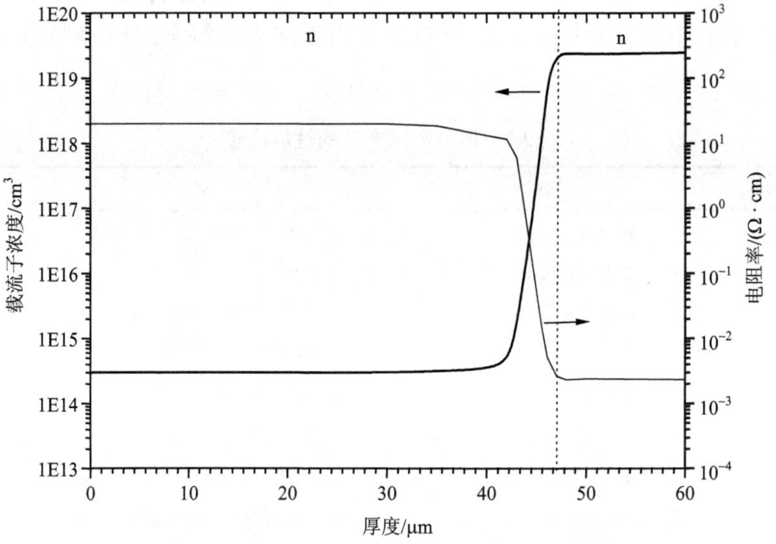

图 2.14　〈100〉n/n^+硅外延片的纵向载流子浓度分布曲线

2.5.5　硅 pn 结和器件结构的测试

扩展电阻也是测量硅 pn 结和其他器件结构的最主要的技术之一，在功率器件、太阳电池、集成电路的制备和分析中起了重要的作用。它不仅可以测试 p 型层、n 型或其他多层结构的电阻率(载流子浓度)的分布，而且可以测试出各层的厚度，对器件结构和质量的诊断具有重要的作用。

图 2.15 是〈100〉n 型硅片通过扩硼形成的 pn 结的载流子浓度分布图，此时的探针步进为 5 μm，探针压力为 10 g。从图中可以看出，在硅片的表面处，载流子浓度约为 $5 \times 10^{14}cm^{-3}$，然后从表面到体内，载流子浓度逐渐降低，这是由于 B 杂质的内扩散造成的，这个区域是 p 型的，载流子为空穴。在 1.65 μm 左右，导电型号开始反型，成为 n 型区域，载流子是硅片的原始掺杂剂 P 提供的电子，此时载流子浓度开始逐渐上升，最终在 4 μm 处达到平台区域，载流子浓度为 $3 \times 10^{15}cm^{-3}$。很显然，这是一个典型的硅 pn 结的载流子浓度分布图，结深约为 1.65 μm。

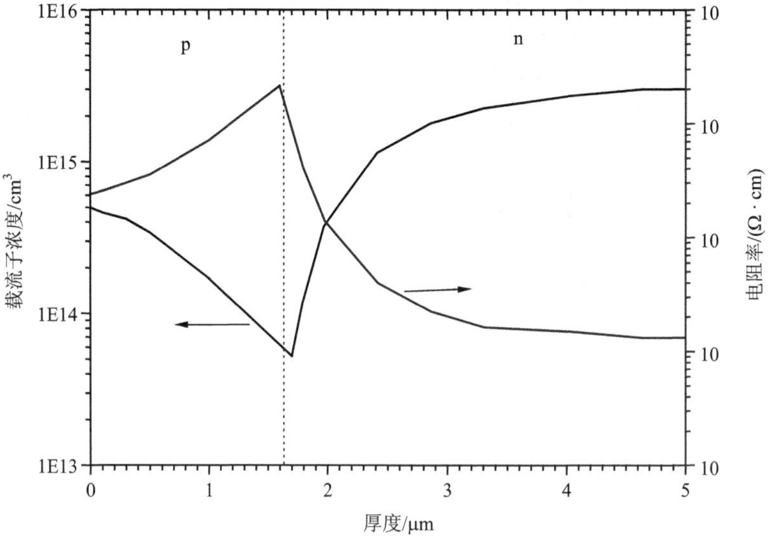

图 2.15 〈111〉n 型硅片通过扩硼形成的 pn 结的载流子浓度分布图

2.5.6 硅晶体中杂质扩散特性的测试[11]

在硅器件制备过程中，杂质的高温扩散是常用的工艺；同时，一些非有意掺杂杂质的扩散行为也会影响器件的性能。因此，利用扩展电阻技术分析杂质在硅晶体中的扩散行为非常重要。

裴素华等[11]利用扩展电阻(SRP)分析方法，研究了掺杂剂 Ga 在硅晶体内的扩散行为。实验采用具有 SiO_2 层的 n 型硅单晶，首先在 1230℃氢保护气下预沉积 Ga，此时掺杂剂 Ga 源的温度为 860℃，预沉积时间为 40 min；然后，在氮气氛下 1230℃再分布热处理 5 h。图 2.16 是 Ga 预沉积 40 min 后扩展电阻测试的

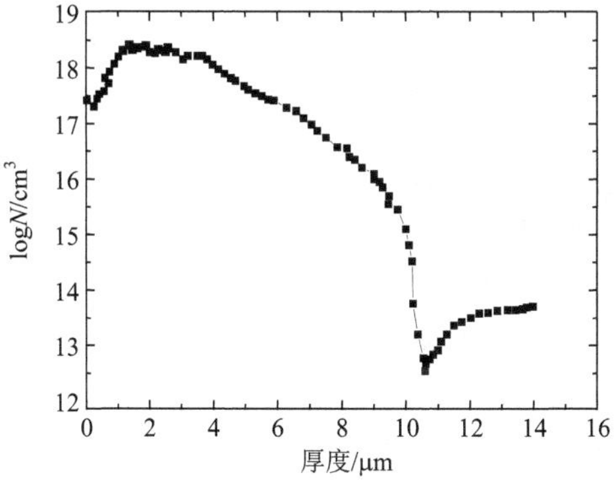

图 2.16 Ga 扩散硅单晶在 1230℃预沉积 40 min 后的载流子浓度分布图[11]

硅单晶载流子浓度分布图，反映了 Ga 在硅中预沉积阶段的浓度分布状态，它与硼、磷的分布不同，表现为 Ga 的最高浓度峰不是位于硅晶体的表面，而是位于硅的内表面(从硅表面向硅内一侧)；进一步地，硅表面($x = 0$)Ga 的浓度值处于相对低位，在硅表面附近出现低 Ga 浓度区；另外，Ga 扩散形成的 pn 结结深约为 10.5 μm。

然后，上述样品在氮气氛下 1230℃进行再分布热处理 5 h，其载流子浓度分布则如图 2.17 所示。对比图 2.16 可以看出，内表面 Ga 的高浓度峰降低并向体内一侧扩展，结深向内推进，约为 20 μm；进一步地，Ga 在硅表面的浓度值下降近 1 个数量级，低浓度区的宽度则增加 1 倍。另外，Ga 的浓度分布服从常规限定源扩散规律：

$$N(x,t) = \frac{Q}{\sqrt{\pi D t}} \exp\left(-\frac{x^2}{4Dt}\right) \tag{2.27}$$

式中，Q 为预沉积的 Ga 杂质总量，x 代表离开硅表面的距离，D 为扩散系数，t 为再分布时间。

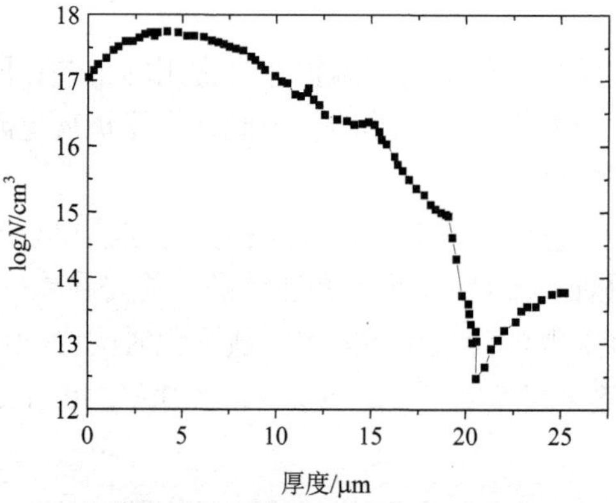

图 2.17　Ga 扩散硅单晶的扩展电阻测试的载流子浓度分布图

硅晶体在 1230℃预沉积 40 min + 再分布热处理 5 h[11]

总之，扩展电阻是测量半导体材料电阻率分布、多层器件结构的主要技术，它不仅可以应用在硅半导体材料和器件的测试上，而且应用在化合物半导体材料和器件的测试上，特别合适于硅晶体材料、外延材料和各种集成电路器件。它不仅可以测试半导体材料，如原生硅晶体、杂质扩散晶体、离子注入晶体和外延晶体(包括蓝宝石衬底等异质衬底)的电阻率及其分布，还可以测试各种器件的电阻率分布，可以分析器件结构，优化集成电路工艺，还可以分析器件的失效机理。

参 考 文 献

[1] 刘学如. 硅外延层电阻率测量值一致性研究, 微电子学, 1996, 26(3)：198.

[2] Mazur R G, Dickey D H. J Electro-Chem Soc, 1966, 113: 255.

[3] 中国科学院半导体研究所理化分析中心研究室著. 半导体的检测与分析. 北京：科学出版社, 1984 年.

[4] 张安康, 李文渊. 扩展电阻法测量亚微米器件的结深和杂质分布. 电子器件, 1998, 21(3)：141.

[5] 吴晓虹, 闵靖. 研磨倾斜角度对扩展电阻测试量值的影响. 功能材料与器件学报, 2001, 7(1)：98.

[6] 吴晓虹, 闵靖. 薄层修正对扩展电阻测试结果的影响. 上海计量测试, 2000, 2: 38.

[7] 李冀东, 施锦行, 佘思明. 扩展电阻探针在硅材料研究上的应用. 半导体技术, 1996, 12(6): 35.

[8] 钟磊, 李冀东, 等. 施主态氧沉淀的微观分布. 中南矿冶学院学报, 1988, 19(3): 307.

[9] Kaiser W, Frisch R H. Mechanism of the formation of donor states in heat-treated silicon. Phys Rev, 1958, 112: 1516.

[10] 王国全, 解英艳. N^+和 N_2^+离子注入硅的材料性能研究. 大连大学学报, 2005, 26(2)：14.

[11] 裴素华, 修显武, 孙海波, 等. Ga 近硅表面连续低浓度分布特性研究. 稀有金属材料与工程, 2005, 34(4): 565.

[12] Cui Can, Yang Deren, Ma Xiangyang, Fan Ruixin, Que Duanlin. Oxygen precipitation in neutron-irradiated Czochralski silicon annealed at elevated temperature. Phys Stat Sol, 202, 2005, 13: 2442-2447.

[13] 杨德仁. 半导体硅材料//中国材料工程大典：11 卷. 北京：化学工业出版社, 2006.

第 3 章　少数载流子寿命测试

少数载流子寿命是半导体材料的一个重要参数，也是评价半导体材料质量的一个基本参数。早在 20 世纪 50 年代，Shockley 和 Hall 等就已经大量研究过少数载流子的复合理论[1-4]，随着半导体材料的广泛应用，其测试分析技术也一直吸引着人们的注意，如直流光电导衰减技术、表面光电压技术、交流光电流的相位技术和微波光电导率的衰减技术等多种技术得到发展并被广泛应用等。但是，由于不同测试技术在光(电)注入量、测试频率、温度等参数上存在差别，同一半导体材料在不同测试设备上的测试值往往相差很大，误差范围甚至达到 100%以上，因此，准确测量半导体材料少子寿命是人们关注的重点。

半导体材料的少数载流子寿命不仅可以表征半导体材料的质量，还可以评价器件制造过程中的质量控制，如集成电路公司利用载流子寿命来表征工艺过程的金属沾污程度，并研究造成器件性能下降的原因。因此，随着半导体器件工艺的发展，半导体材料少数载流子寿命的测试设备要求越来越高，从早期的对块状体材料的接触式测量，逐渐发展到对片状材料的无破坏、无接触和无污染的在线检测。

概括来说，少数载流子寿命的测试及应用经历了一个漫长的发展阶段。理论上，从只简单地应用载流子复合机制到综合考虑测试结果的多种影响因素；应用上，从单纯地用少子寿命值作为半导体材料的一个参数，到利用它监控半导体器件的生产；测试设备上，从设备简陋和操作复杂，到设备精密和操作简单，而且对样品无接触、无破坏和无污染。

本章首先介绍半导体材料少子寿命的基本概念以及少子寿命测试的基本原理，在此基础上，具体阐述了几种常用的少子寿命测试技术及其原理，最后着重介绍微波光电导衰退法测试技术、测试系统、样品制备、测试影响因素及其在半导体材料中的测试应用。

3.1　少数载流子的寿命

3.1.1　非平衡载流子的产生

在一定温度下，处于热平衡状态的半导体材料的载流子浓度是一定的。这种处于热平衡状态下的载流子浓度，称为平衡载流子浓度。通常，用 n_0 和 p_0 分别表示平衡电子浓度和空穴浓度，具体表达式如下：

$$n_0 = N_C \exp\left(-\frac{E_C - E_F}{k_0 T}\right) \tag{3.1}$$

$$p_0 = N_V \exp(\frac{E_V - E_F}{k_0 T}) \tag{3.2}$$

其中，$N_C = 2\frac{(2\pi m_n^* k_0 T)^{3/2}}{h^3}$，$N_V = 2\frac{(2\pi m_p^* k_0 T)^{3/2}}{h^3}$

在非简并的情况下，它们的乘积满足以下条件：

$$n_0 p_0 = N_C N_V \exp(-\frac{E_g}{k_0 T}) = n_i^2 \tag{3.3}$$

显然，本征载流子浓度 n_i 只是温度 T 的函数。因此，在非简并情况下，无论掺杂多少，非平衡载流子浓度 n_0 和 p_0 必定满足式(3.3)，它也是非简并半导体是否处于热平衡状态的判据式。

然而，半导体材料的热平衡状态是相对的、有条件的。如果对半导体材料施加外界作用，破坏了热平衡的条件，这就迫使它处于与热平衡状态相偏离的状态，称为非平衡状态。此时载流子浓度不再是 n_0，p_0，可以比它们多出一部分，这些比平衡状态多出来的载流子称为非平衡载流子。非平衡载流子分为非平衡多数载流子和非平衡少数载流子，如对于 n 型半导体材料，多出来的电子就是非平衡多数载流子，多出来的空穴则是非平衡少数载流子；对 p 型半导体材料则相反。

产生非平衡载流子的方法很多，可以用光照，也可以用电注入或其他能量传递的方式。例如，对于 n 型半导体，当没有光照时，电子和空穴的平衡浓度分别是 n_0 和 p_0，且 $n_0 \geq p_0$。当用适当波长的光照射该半导体时，只要光子的能量大于该半导体的禁带宽度，光子就能够把价带上的电子激发到导带上去，产生电子-空穴对，使导带比平时多出一部分电子Δn，价带比平时多出一部分空穴Δp，Δn 和Δp 分别是非平衡多数载流子和非平衡少数载流子的浓度，其能带结构如图 3.1 所示。对 p 型材料，反之亦然。

用光照产生非平衡载流子的方法，称为非平衡载流子的光注入。光注入时：

$$\Delta n = \Delta p \tag{3.4}$$

当用电的方法产生非平衡载流子时，称为非平衡载流子的电注入。如 pn 结正向工作时外加电场，就是最常见到的电注入方法。此外，当金属探针与半导体接触时，也可以用电的方法注入非平衡载流子。如用四探针测试电阻率时，就是通过探针与半导体接触时在半导体表面注入电子，从而得到样品的电阻率。

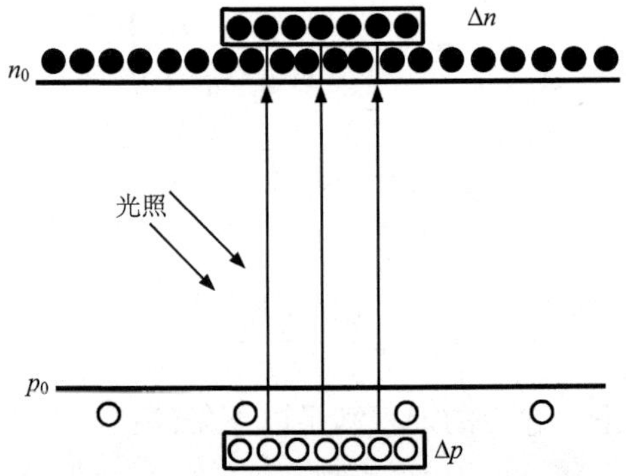

图 3.1　光照产生非平衡载流子的能带结构示意图

在一般情况下，注入的非平衡载流子浓度比平衡时的多数载流子浓度小很多，如对 n 型材料，$\Delta n \leq n_0$，$\Delta p \leq n_0$，满足这个条件的注入称为小注入。如 $1\ \Omega\cdot\text{cm}$ 的 n 型硅中，$n_0 \approx 5.5\times10^{15}\text{cm}^{-3}$，$p_0 \approx 3.1\times10^{4}\text{cm}^{-3}$，若注入的非平衡载流子浓度 $\Delta n = \Delta p = 10^{10}\text{cm}^{-3}$，此时$\Delta n \leq n_0$，$\Delta p \leq n_0$，是属于小注入；但是，此时$\Delta p$ 几乎是 p_0 的 10^6 倍，即$\Delta p \geq p_0$。这个例子说明，即使是在小注入的情况下，非平衡少数载流子浓度也可以比平衡少数载流子浓度大很多，因此它的影响就显得十分重要，而相对来说非平衡多数载流子的影响可以忽略。所以，往往非平衡少数载流子对材料和器件起着重要的、决定性的作用。通常说的非平衡载流子一般都是指非平衡少数载流子，简称少数载流子或者少子。

然而有时，注入的非平衡载流子浓度与平衡时的多数载流子浓度可比，甚至超过平衡时的多数载流子，如对 n 型材料，如果Δn 或Δp 与 n_0 在同一数量级，此时的注入就称为大注入。这时非平衡多数载流子的影响就不可以忽略了，应考虑非平衡多数载流子和非平衡少数载流子的共同作用。

3.1.2　非平衡载流子寿命

非平衡载流子并不能一直稳定地存活下去，当产生非平衡载流子的外界作用撤除以后，它们要逐渐衰减以致消失，最后载流子浓度恢复到平衡时的值。但是非平衡载流子并不是立刻全部消失的，而是有一个过程，即它们在导带或价带有一定的生存时间，有的长些，有的短些，这与半导体的禁带宽度、体内缺陷等因素有关。非平衡载流子的平均生存时间称为非平衡载流子的寿命，用 τ 表示。

载流子的寿命分为两大类，分别是复合寿命和产生寿命。复合寿命 τ_r 应用于多余的非平衡载流子由于复合而发生衰减的情况，如正向偏置的二极管。产生寿命 τ_g 应用于只存在极少量的非平衡载流子产生，但要达到平衡态的情况，如空间电荷区、反向偏置二极管或 MOS 器件等。图 3.2 即为正向偏置时对应的复合寿命以及反向偏置时对应的产生寿命的示意图。

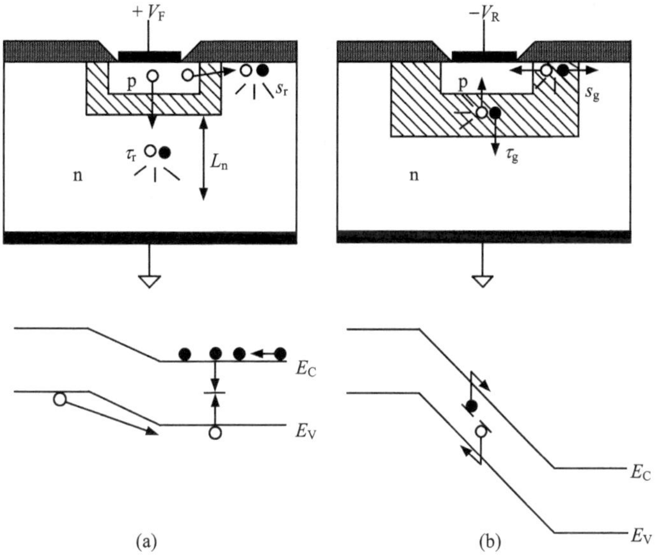

图 3.2

(a) 正向偏置下复合寿命的示意图；(b) 反向偏置下产生寿命的示意图

载流子的复合和产生可发生在体内，此时分别用体复合寿命 τ_r 和体产生寿命 τ_g 表示；也可发生在表面，此时用表面复合速率 s_r 和表面产生速率 s_g 表示，如图 3.2 所示。当然，任何半导体材料和器件都包含体内和表面，因此复合或产生寿命是受体寿命和表面寿命共同影响的，而且往往两者很难区分。

这里，我们讨论的载流子寿命只局限于复合寿命。载流子的复合机制可以分为 SRH 复合、辐射复合以及俄歇复合三大类，而俄歇复合又可以分为直接俄歇复合和间接俄歇复合两种，如图 3.3 所示。

1. SRH(Shockley-Read-Hall)复合或多光子复合，此时电子–空穴对通过深能级复合，复合时释放出来的能量一般被晶格振动或光子吸收，如图 3.3(a)所示。SRH 复合寿命可表示为

$$\tau_{SRH}=\frac{\tau_p(n_0+n_1+\Delta n)+\tau_n(p_0+p_1+\Delta p)}{p_0+n_0+\Delta n} \tag{3.5}$$

其中，p_0，n_0 分别是平衡空穴、电子浓度。Δn，Δp 是多余的非平衡载流子浓度，n_1，p_1，τ_p，τ_n 分别由下式定义：

$$n_1 = n_i e^{(E_T - E_i)kT}, \quad p_1 = n_i e^{-(E_T - E_i)kT}, \quad \tau_p = \frac{1}{\sigma_p v_{th} N_T}, \quad \tau_n = \frac{1}{\sigma_n v_{th} N_T}$$

其中 v_{th} 是载流子迁移速度。

只要半导体内存在杂质或缺陷，SRH 复合总存在。对于间接能带半导体，SRH 复合更为重要。SRH 复合寿命与缺陷能级的密度和俘获截面成反比，而与能级位置没有直接关系。但是若能级接近禁带中心，俘获截面就相对较大。

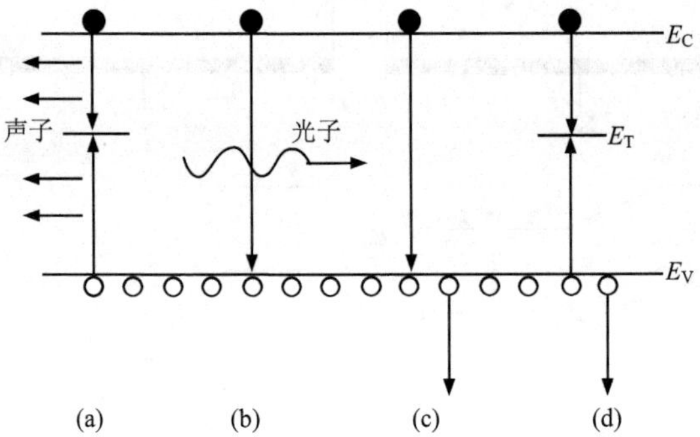

图 3.3　各种复合机制示意图

(a) SRH 复合；(b) 辐射复合；(c) 直接俄歇复合；(d) 间接俄歇复合

2. 辐射复合，如图 3.3(b)所示。此时电子、空穴通过带间复合，复合时释放出来的能量被光子吸收，复合寿命可表示为

$$\tau_{rad} = \frac{1}{B(p_0 + n_0 + \Delta n)} \tag{3.6}$$

其中 B 为复合系数。由上式可知，辐射复合寿命反比于载流子浓度，那是由于辐射复合过程是通过价带上的空穴和导带上的电子复合的。

辐射复合较易发生在直接能带半导体，即导带最低点对应的 k 值与价带最高点对应的 k 值相同，如 GaAs、InP 材料。辐射复合过程不需要光子、声子的参与，也不依赖于杂质浓度，复合时释放出来的能量被光子吸收。但是对于半导体硅这样的间接能带结构的半导体材料，辐射复合几乎不起作用。

3. 俄歇复合，如图 3.3(c)和(d)所示。此时复合所释放出来的能量被第三个载流子吸收，由于复合过程与三个载流子有关，因此俄歇复合寿命反比于载流子浓度的平方。对于 p 型半导体，俄歇复合寿命可表示为

$$\tau_{Auger} = \frac{1}{C_p(p_0{}^2 + 2p_0\Delta n + \Delta n^2)} \tag{3.7}$$

其中 C_p 是俄歇复合系数。

俄歇复合发生在直接或间接能带半导体中，载流子浓度越高，俄歇复合越易发生。对于窄禁带半导体(如 HgCdTe)，俄歇复合也很重要。

当半导体内存在杂质能级时，辐射复合或俄歇复合也同样发生，此时它们可借助于杂质能级。

由上面的复合机制可知，对于半导体硅材料，当载流子浓度较高时，以俄歇复合为主；当载流子浓度较低时，以 SRH 复合为主；辐射复合在任何情形下都不起主要作用。

3.2 少数载流子寿命测试的基本原理和技术

3.2.1 少数载流子寿命的测试

通常，少数载流子寿命测量包括非平衡载流子的注入和检测两个基本方面。最常用的注入方法是光注入和电注入，而检测非平衡载流子的方法很多，如探测电导率的变化、探测微波反射或透射信号的变化等，不同的组合也就形成了多种少子寿命测试的方法，表 3.1 显示了几种主要的少子寿命测试技术。下面将具体介绍几种常用的基本测试方法，微波光电导衰减法将放在下一节重点介绍。

表 3.1 非平衡载流子寿命测试的主要技术

少子注入方式	测试方法	测定量	测量范围	特性
光注入	直流光电导衰退	τ	$\tau > 10^{-7}$s	τ 的标准测试方法
	表面光电压法	$L(\tau_B)$	$1 < L < 500$ μm	吸收系数 α 值要精确
	交流光电流的相位	τ_B	$\tau_B > 10^{-8}$s	调制光的正弦波
	微波光电导率的衰减特性	τ	$\tau > 10^{-7}$s	非接触法
	红外吸收法	τ	$\tau > 10^{-5}$s	非接触法光的矩形波调制
电子束	电子束激励电流(SEM)	$\tau_{B,S}$	$\tau > 10^{-9}$s	适于低阻
pn 结	二极管反向恢复法	τ	$\tau > 10^{-9}$s	适于低阻，测量精度高
MOS 器件	MOS 电容的阶梯电压响应	$\tau_{B,S}$	$\tau_B > 10^{-11}$s	τ_B 和 τ_S 分离
	MOS 沟道电流	τ_B	$10^{-14}\text{s} < \tau < 10^{-3}$s	氧化膜厚度约 5nm
	自反型层流出的电荷	τ_B	$\tau > 10^{-7}$s	测耗尽层层外的区域

3.2.2 直流光电导衰退法

直流光电导衰退(photo conductivity decay, PCD)方法是利用直流电压衰减曲线来探测半导体材料的少子寿命。通常，半导体材料在光注入下，会导致电导率增大，即引起附加电导率：

$$\Delta\sigma = \Delta nq\mu_{\rm n} + \Delta pq\mu_{\rm p} = \Delta nq(\mu_{\rm n} + \mu_{\rm p}) \tag{3.8}$$

其基本测试原理如图 3.4 所示，图中电阻 R 比半导体的电阻 r 大很多，因此无论光照与否，通过半导体的电流 I 几乎是恒定的。因此，半导体上的电压降 $\Delta V = I\Delta r$。设平衡时半导体的电导率为 σ_0，光照引起附加电导率 $\Delta\sigma$，小注入时：$\Delta\sigma + \sigma_0 \approx \sigma_0$，因而电阻率的改变：$\Delta\rho = 1/\sigma - 1/\sigma_0 = -\Delta\sigma/(\sigma\sigma_0) \approx -\Delta\sigma/\sigma_0^{\ 2}$，则电阻的改变 $\Delta r = \Delta\rho l/s \approx [-l/(s\sigma_0^{\ 2})]\Delta\sigma$，其中 l，s 分别为半导体材料的长度和横截面积。由上面的推导可知 $\Delta r \propto \Delta\sigma$，而 $\Delta V = I\Delta r$，故 $\Delta V \propto \Delta\sigma$，因此 $\Delta V \propto \Delta p$。

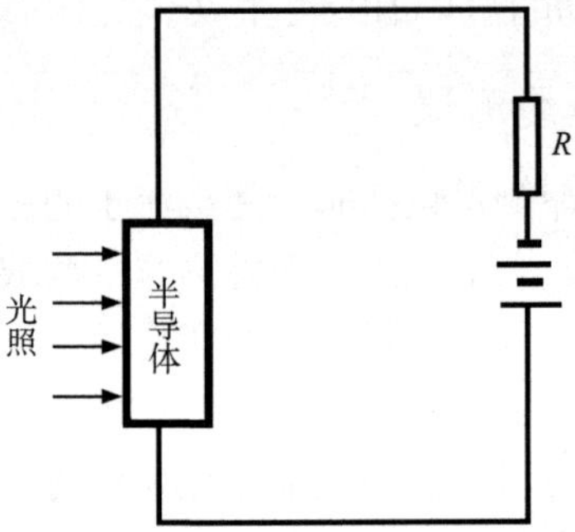

图 3.4　直流光电导测试原理示意图

所以从示波器上观测到的半导体电压降的变化直接反映了附加电导率的变化，也间接检测了非平衡少数载流子的注入和消失。实验表明，光照停止后，Δp 随时间按指数规律减少。τ 是非平衡载流子的平均生存时间，即非平衡载流子的寿命，显然 $1/\tau$ 就表示单位时间内非平衡载流子的复合概率。通常把单位时间单位体积内净复合消失的电子–空穴对数称为非平衡载流子的复合率，$\Delta p/\tau$ 就代表复合率。

假定一束光在一块 n 型半导体内部均匀地产生非平衡载流子 Δn 和 Δp，在 $t = 0$ 时刻，光照突然停止，Δp 将随时间变化，单位时间内非平衡载流子浓度的减少应为 $-{\rm d}\Delta p(t)/{\rm d}t$，它是由复合引起的，应当等于非平衡载流子的复合率，即：

$$-{\rm d}\Delta p(t)/{\rm d}t = \Delta p/\tau \tag{3.9}$$

小注入时，τ 是一恒量，与 $\Delta p(t)$ 无关。上式的通解为

$$\Delta p = C{\rm e}^{-\frac{t}{\tau}} \tag{3.10}$$

设 $t = 0$ 时，$\Delta p(t) = \Delta p_0$，代入上式得 $C = \Delta p_0$，则

$$\Delta p = \Delta p_0 e^{-\frac{t}{\tau}} \tag{3.11}$$

这就是非平衡载流子浓度随时间按指数衰减的规律，如图 3.5 所示。由上图可知，少子寿命标志着非平衡载流子浓度减小到原值的 $1/e$ 所经历的时间。

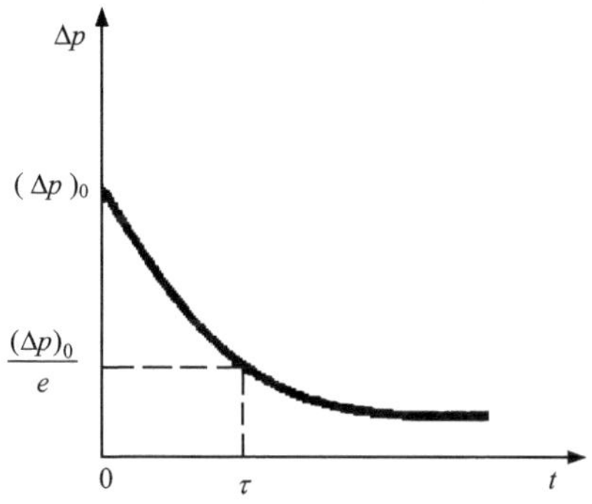

图 3.5　非平衡载流子随时间衰减的示意图

图 3.6 为直流光电导衰退法测试少子寿命的结构框图，主要包括光学和电学两大部分。光学系统包括光源、光阑、透镜和滤光片，它要求能给出一个具有很短切断时间的光脉冲，并需要合适的光强度和波长。

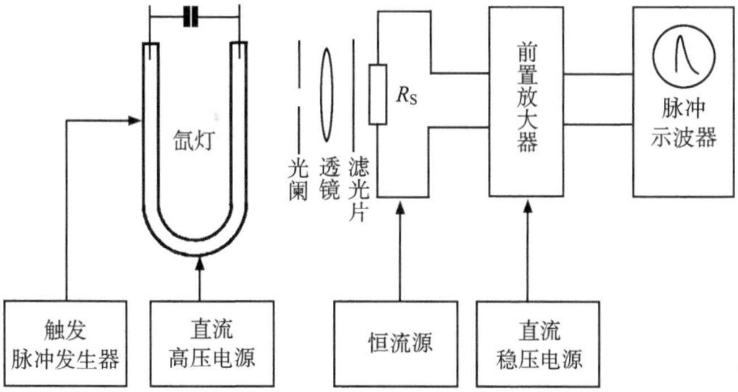

图 3.6　直流光电导衰退法测试的结构框图[5]

比较常用的脉冲光源系统包括：机械斩波器、转镜系统、短持续期的弧光或氙灯闪光灯等。近年来，由于激光的迅速发展，大功率固体激光器也被采用为光源。在上述这些光源中，比较性能优越和常用的是氙灯闪光灯。工作时，通常在氙灯上并联一电容器，用一直流高压将电容器充电到数千伏，然后使用触发脉冲使之通过氙灯放电，这种光源的切断时间一般在几微秒的数量级，且光强很强，频率也较丰富，从可见光到近红外都有，是一种比较理想而方便的光源，已能满足锗和硅材料寿命测试要求。为了增加光强，提高照在样品表面上的光强度，通常使用反射镜和透镜来聚焦，否则信噪比会下降。在光的波长方面，由于大于吸收边的波长的辐射不产生自由的电子–空穴对，只有波长小于 1.1μm(对 Si 材料)或 1.7μm(对 Ge 材料)的光，对载流子的产生率才起决定作用。

光学滤光片是用与样品相同的材料做成的，其厚度一般在 1~2 mm 左右，两面抛光。由于 Ge，Si 材料的高折射率，放置时要注意与样品被照面保持平行，以便有足够的贯穿光照在样品上，使之在样品整个厚度内有一个适当的均匀的吸收。

光栏用来改变光的强弱，以控制样品中产生的光电导信号的大小。

电学系统主要包括恒流源、宽频带前置放大器以及用以显示波形的脉冲示波器等。恒流源是为了达到恒流的目的，其内阻 R_c 应十倍于样品电阻 R_s，而且要求 R_c 是低噪声的。恒流源中的电源用干电池或交流整流电源均可，要能够反向，以便在两种极性的情况下都能够观测光电导信号。在从反向电流取信号时，要注意使显示出来的图形朝上而不是倒立，以便于观测。

放大器和示波器必须合起来考虑，它们应有下列一些特性：

① 放大示波系统的垂直偏转灵敏度应经校准，且应为 2 cm/mV 或者更好。

② 垂直增益和偏转的线性应在 3%以内。

③ 上升时间不大于 0.2 μs。

此外，示波器还应有一标准时间基线，能够由所研究的信号触发或由外信号触发。

直流光电导衰退法测试对样品的放置和制备也有要求。通常，样品必须放在具有电屏蔽作用的金属样品盒内，使样品的中间部分受到均匀的光照，样品两端的电极及其附近部分要避光。而且，被测样品必须先加工成一定形状，如表 3.2 所示：

表 3.2　直流光电导衰退法测试的样品加工尺寸

类型	长度/cm	横截面/cm^2
A	1.5	0.25×0.25
B	2.5	0.5×0.5
C	2.5	1.0×1.0

样品切好后，再用 302*用 303*金刚砂或者用吹砂办法使表面粗糙，这样不但可以进行表面复合的修正，而且也降低了表面沾污和周围气氛的影响。磨好后，在样品两端做上电极，一般涂以金镓合金、镓铟合金或镀镍，形成欧姆接触，其

整流效应应控制在 2%以内。而且，样品横截面的电阻率要比较均匀，最高电阻率与最低电阻率之值应不大于 10%。

另外，用直流光电导衰退法测试时，还需考虑以下影响因素：

1. 电场强度

样品内的电场强度对直流光电导衰退法测量少子寿命有很大影响。在光照激发出非平衡载流子后，非平衡载流子会在体内逐渐复合掉。但是若样品内的电场强度太大，直流电场也会对非平衡载流子产生作用，使它以很高的速度漂移，使得部分少数载流子尚未来得及复合就被电场牵引出半导体外，显然这样测量得到的样品少子寿命值偏低。为此，提出了“临界电场”的概念。所谓临界电场就是非平衡载流子的扩散运动和漂移运动速度一致时的电场强度，为

$$E_{\text{int}} = 300\Big/\sqrt{\mu\tau} \tag{3.12}$$

因此，只要半导体内的电场强度在临界电场以下，就不会影响到测量的准确性。

2. 注入比

测试一般采用小注入，即取 $\Delta V/V_s < 1\%$，其中 ΔV 是所测量的光电导信号的电压，V_s 是加载样品两端的电压。对于信号较大的样品，注入量还可取得更小些；同时，视其测试寿命值有无变化，若有变化，应以注入量数值较小的测试值为准。

若在大注入情况下，由电压衰减曲线得到的衰减时间常数 τ_V 与非平衡载流子寿命 τ 并不相同，两者有关系如下：

$$\tau = \tau_V\left(1 - \frac{\Delta V}{V_0}\right) \tag{3.13}$$

式中，τ_V 为大注入情况下由电压衰减曲线得到的测试寿命值。由上式可以看出，在大注入的情况下，由于 ΔV 与 Δp 不成正比，因此电压衰减曲线得到的寿命值与非平衡载流子实际寿命不同，两者相差一个与注入比有关的系数，需要利用上式进行修正，以免造成较大的误差。

3. 表面复合的修正

当半导体内注入非平衡载流子后，一方面体内的杂质、缺陷可以作为复合中心，另一方面表面能级也可以作为复合中心，使非平衡载流子逐渐衰减。当表面复合作用影响较大时，非平衡载流子的衰减偏离指数曲线，衰减得更快，这样测量得到的寿命值比实际体寿命要短。它们之间的关系为

$$\frac{1}{\tau_{\text{eff}}} = \frac{1}{\tau_{\text{v}}} + \frac{1}{\tau_{\text{s}} + \tau_{\text{diff}}} \tag{3.14}$$

其中，τ_{eff} 是测量得到的有效寿命，τ_{s} 是由于表面复合而产生的表面寿命，τ_{v} 是由

于体内复合而产生的体寿命，和τ_{diff}是载流子从体内扩散到表面的扩散寿命。

表面复合一方面与样品表面的状况有很大关系，另一方面与样品的尺寸和形状有关。经喷砂或粗磨样品表面，其表面复合率一般比较稳定，能保持相对恒定，因此，样品尺寸和形状往往更有重要影响。

对于边长为 a，b，c 的矩形样品(表面粗磨)，表面复合率为

$$R_{\mathrm{s}} = \pi^2 D\left(\frac{1}{a^2} + \frac{1}{b^2} + \frac{1}{c^2}\right) \tag{3.15}$$

对于高为 l，直径为 d 的圆柱形样品(表面粗磨)，表面复合率为

$$R_{\mathrm{s}} = \pi^2 D\left(\frac{1}{l^2} + \frac{1}{4d^2}\right) \tag{3.16}$$

上两式中，D 为双极扩散系数，即

$$D = \frac{n + p}{n/D_{\mathrm{p}} + p/D_{\mathrm{n}}} \tag{3.17}$$

其中 D_{p} 和 D_{n} 分别为空穴和电子的扩散系数。

此外，样品尺寸越小，即其比表面积越大，表面复合作用的影响也越大。因此对尺寸比较大的样品，例如单晶锭进行测试，往往不需要考虑表面复合的影响，近似地直接将测定的寿命作为样品的体寿命。

4. 光源的选择

选择合适的光源波长能减少表面复合影响，一般光源应该使用能贯穿样品的光。对于硅来说，波长约为 1.1μm 的光的光子能量能保证在体内激发出非平衡载流子，波长短的光波往往不易透入半导体内部，只在样品表面激发出非平衡载流子，这时表面复合作用影响就大一点。为了防止短波长的光照射半导体样品，可以在光路上添置一块高阻硅滤光片滤除波长较短的光。

使用激光作为光电导衰减法的光源也有其优越之处，由于它的波长是单色的，避免了滤光这个步骤。此时只要选择波长在 1.1μm 左右的贯穿光就可以了，同时能够增加有用贯穿光的强度。

5. 光照面积

测量时，光一般应照射在样品中央，此时输出信号强度最大。若光照在样品边缘，电极附近的非平衡载流子容易被电场牵引到电极，从而加快非平衡载流子的衰减，导致少子寿命偏低。

6. 高次模的抑制

为了避免高次模的影响，需将信号的初始衰退，大约整个幅度的前 1/3 部分

抛弃不用，测量后 2/3 部分的衰退行为。对于电阻率较大的样品，还要加滤光片。

直流光电导衰退法测试只适用于硅和锗等间接带隙的半导体材料，所测寿命的范围大约在十到几千微秒，上下限决定于光源的切断时间和放大器的频率响应特性，当然示波器的频率响应也应该满足。与其他方法相比，其长处在于读数迅速准确，设备使用方便，缺点是样品必须切割成一定形状，这对工厂使用者来说是很不方便的。

对于每种类型尺寸的样品，可测的最大体寿命值τ_B如表 3.3 所示，决定最大寿命所用的相应的表面复合速率 v_s 值如表 3.4 所示。这里可测的最大寿命值是由条件$\tau_B < 1/v_s$决定的。

表 3.3 各类样品可测最大体寿命τ_B

样品种类	A 类/μs	B 类/μs	C 类/μs
p 型锗	32	125	460
n 型锗	64	250	950
p 型硅	90	350	1340
n 型硅	240	950	3600

表 3.4 各类样品可测最大体寿命τ_B对应的表面复合速率 v_s

样品种类	A 类/s	B 类/s	C 类/s
p 型锗	32300	8130	2150
n 型锗	15750	3960	1050
p 型硅	11200	2820	745
n 型硅	4200	1050	279

上表计算时所用的数据是：

对于 Ge $D_n = 101\ cm^2/s$, $D_p = 49\ cm^2/s$

对于 Si $D_n = 35\ cm^2/s$, $D_p = 13.1\ cm^2/s$

3.2.3 高频光电导衰退法

高频光电导衰退法是在直流光电导衰退法的基础上发展起来的一种方法，它不需要切割样品，测量起来简便迅速。但是此法是用电容耦合的方式，所以它对所测样品的直径和电阻率都有一定的要求。

高频光电导测试的装置和原理基本与直流光电导相同，只是用高频电源代替了直流电源，如图 3.7 所示，阙端麟等研制的红外 LED 高频光电导寿命仪的示意图所示。因此，可以通过样品与电极间的电容耦合，将所得到的光电导信号调制在高频载波上，通过检波将信号取出。一般情况下，光电导信号可以从取样电阻取出，也可以直接从样品两端取出调制，后者的噪声更小。测量时，一般利用 30 MHz 左右高频电源，加载在样品的两端，其高频电压为 $V_0\sin\omega t$，V_0 为高频电压的幅值。然后，光照射到样品上，样品中产生非平衡少数载流子，其电导率增加，同时样品的电阻减小，因此样品两端的高频电压值下降，使得样品两端的高频信号得到调制。为了改善测试效果，样品与电极之间可抹上水以增加两者间的耦合，还可在回路中串入一个可变电容改善线路的匹配情况，增大光电导信号。

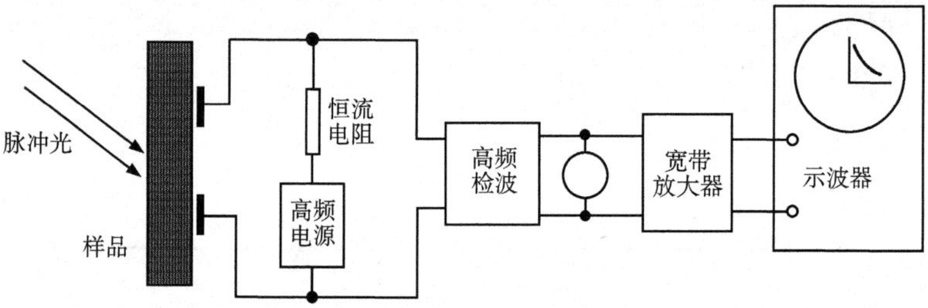

图 3.7　高频光电导衰退法测试的结构框图[6]

当停止光照后，样品中的非平衡载流子就按指数规律衰减，逐渐复合而消失，因此样品两端的高频电压幅值就逐渐回到无光照时的水平。由此可见，高频光电导衰减的工作原理就像调幅广播，只不过调幅广播中的音频信号被光电导衰减信号取代。所以，可以采用与调幅收音机相同的原理对高频光电导信号进行解调，最简单的就是用二极管检波加上电容滤波。

从高频调幅波解调下来的光电导衰减信号很小，必须经过宽频带放大器放大。测量时，一般将放大后的信号加到脉冲示波器的 Y 轴，接上同步信号后即可在荧光屏上显示出一条按指数衰减的曲线，这样便可以通过这条衰减曲线测得样品的少子寿命。

在光学系统方面，它和直流光电导衰退法的光学系统基本相同，也是使用氙灯作为光源，但使用了一个冷阴闸流管作为闸门控制。在触发脉冲产生后，经一脉冲变压器升高电压，然后送到氙灯的控制极。氙灯两端所加的直流电压一般在 3000V 左右，太高了氙灯容易自激放电，使光强变动太大；太低了又使氙灯不易闪光。

除此之外，高频光电导衰退法测试少子寿命时还应注意以下几个问题：

(1) 严格控制在“注入比≤1%”的范围内。特别是对于那些对注入大小很敏感的样品，要注意其寿命值随注入大小的变化，应取减小注入时寿命值已基本不变时的值，以免误读。一般可以近似地按下式计算注入比：

$$注入比 = \Delta V/kV \tag{3.18}$$

式中 ΔV 为示波器上测出的信号电压值，k 是前置放大器的放大倍数，V 是检波器后面的电压表指示值。

对于电阻率很高的样品棒，要特别注意注入比的控制。因为此时光电导信号往往很大，易使所测数据的读数偏大。

(2) 衰退曲线的初始部分为快衰退，在测量过程中要剔除。快衰退常常是由表面复合所引起的，用硅滤光片把非贯穿光去掉，往往可以使之消除。另外，读数时要将信号幅度的头部(大约幅度的前 1/3)去掉，再开始读数比较好。表面复合引起的衰减曲线变化如图 3.8(a)所示。

(3) 陷阱效应。在有非平衡载流子出现的情况下，半导体中的某些杂质能级中所具有的电子数，也会发生变化，导致载流子的积累，这种积累非平衡载流子的效应称为陷阱效应。通常，电子数的增加可看作积累了电子，电子数的减少可看作积累了空穴。一般情况下，落入陷阱的非平衡载流子常常要经过较长时间才能逐渐释放出来，因而造成了衰退曲线的后半部分的衰退速率变慢，即所谓“拖尾巴”，如图 3.8(b)所示，这也会影响少子寿命的准确测量。

(4) 衰减曲线“平顶”现象，如图 3.8(c)所示。造成这种现象的原因有二：一是高频振荡电压过大，此时减小高频振荡器的输出功率即可好转。二是闪光灯的光强比较强，减小闪光灯的放电电压，或者加放硅滤光片，减小光栏的孔径灯皆能把波形矫正过来。

高频光电导衰退法测试少子寿命值的下限是十微秒左右(这是由光脉冲的切断时间决定的)，上限是几千微秒。由于受到脉冲光强度的限制，一般要求单晶棒的电阻率大于 10 Ω · cm，太低的电阻率将使光电导信号微弱到无法观测。

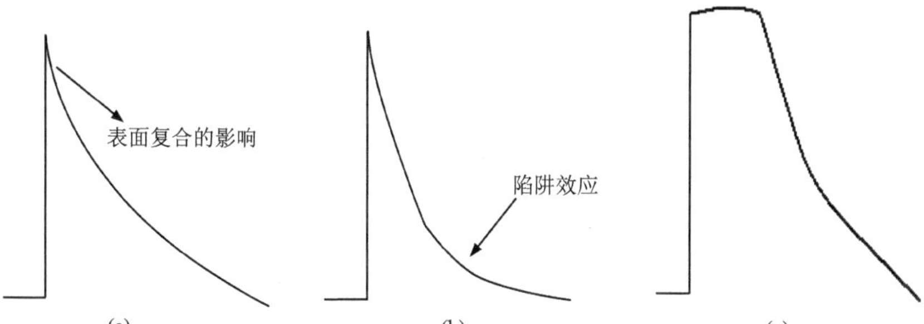

图 3.8 高频光电导衰减曲线的影响因素[5]

(a) 表面复合；(b) 陷阱效应；(c) 信号过强

3.2.4 表面光电压法

当光照射在没有 pn 结的半导体材料时，表面会产生类似于在 pn 结上建立的光电压。用电容耦合表面，可以不直接接触样品而检测这一电压，并用于测量非平衡少数载流子的扩散长度，然后通过公式 $L=\sqrt{D\tau}$ ，计算得到少子寿命。

在采用表面光电压法测量少子寿命时，载流子平衡数目的表示式与光电导法类似，但是只有在离表面距离小于一个扩散长度范围内产生的载流子才对光电压有贡献。理论推导可得扩散长度内产生的载流子浓度为

$$\Delta p=\frac{\beta\phi(1-R)}{D/L+S}\frac{\alpha L}{1+\alpha L} \tag{3.19}$$

其中，R 是反射系数，ϕ 是光强，S 为表面复合速度，β 是光子转化为电子–空穴对的效率，α 为表面光电压的函数。表面光电压 V_s 是作为 Δp 的函数测量的，即 $V_s=f(\Delta p)$，或者反过来 $\Delta p=f(V_s)$。由此，光强 ϕ 可用 V_s 表示，即

$$\phi=f(V_s)M(1+\frac{1}{\alpha L}) \tag{3.20}$$

其中，$M=\dfrac{S+D/L}{\beta(1-R)}$。

对于给定的样品，只要波长的改变不至于显著地影响 β 和 R 的数值，M 可以看成是常数。α 是通过波长改变而变化的，可调节 ϕ 到给出相同的 V_s 值，即 $f(V_s)$ 也保持为常数。在这种情况下，只要在测量中改变波长，作出 ϕ 对于 $1/\alpha$ 的图(如图 3.9 所示)，并外推到 $\phi=0$，就能得到 L，即 $1+1/\alpha L=0$。

图 3.10 是表面光电压法测试的结构框图。在测量时可以用单色仪，也可以用一系列的干涉滤波片来改变光的波长，后者的优点是能够低成本地提供大面积光照。另外，也可以使用波长可调的激光器作为光源。

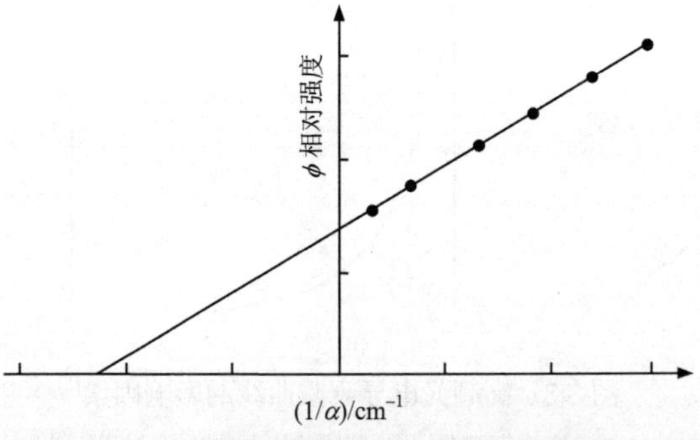

图 3.9 表面光电压法测试曲线示意图

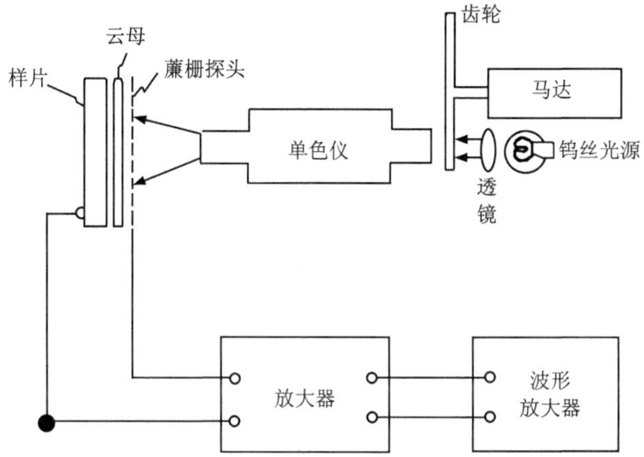

图 3.10 表面光电压法测试的结构框图[5]

表面光电导测试需注意以下几个问题：

(1) 为了使图 3.9 中测得的截距值能代表体扩散长度，外延层或单晶样品的厚度必须大于扩散长度的四倍。如果外延层厚度小于截距值的一半，则截距值代表衬底的有效扩散长度；当外延层厚度在 0.5~4 倍截距值之间时，只能利用截距值估算体扩散长度。

(2) 在图 3.9 中，由于作图时要用到 α 值，所以吸收系数 α 作为波长的函数要已知，而且这个函数值的精确度直接影响着扩散长度测量的质量。值得注意的是：如样品表面受到压力，其吸收系数将与未受压力时不同。

(3) 样品背面要做成欧姆接触，并且要避免光照，否则有可能产生丹倍电势差叠加在表面光电压信号上。但是由于丹倍电势差与光强、吸收系数的关系与表面光电压相同，所以不会影响测量结果。另外，这个电势差也可以通过样品背面研磨或吹砂在某种程度上消除。

(4) 另外，样品–屏栅组合必须是无振动的，否则将在载波频率处发生电容调制。而且，检波电容器板需要用很细的金属网或者用蒸发法沉积的半透明的金属膜，以便能让光通过。

表面光电压法是一种少有的表面复合不影响所测量少子寿命值的方法，这一方法也适用于有大量多数载流子和中等程度少子陷阱的情况。虽然这一方法对于 Δp，Δn 和 n，p 的比例也有一定限制，但一般来说，不像其他几种方法那么严格。最重要的是，这种测量技术要求样品的厚度必须约大于 4 倍的扩散长度。

3.2.5 少子脉冲漂移法

少子脉冲漂移法测试少子寿命很早就被提出，它的基本原理是基于肖克莱–

海恩斯实验，如图 3.11 所示。

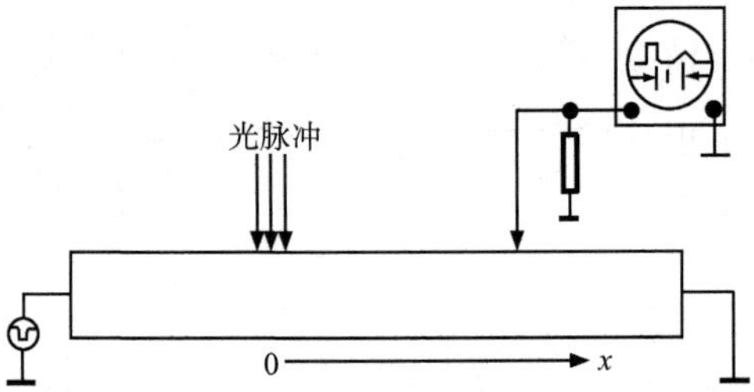

图 3.11　肖克莱–海恩斯实验的结构示意图

在一块均匀的 n 型半导体材料中，用局部的光脉冲照射会产生非平衡子载流子，如果没有外加电场，当脉冲停止后，空穴随时间的变化可由下式表示：

$$\Delta p=\frac{B}{\sqrt{t}}\exp[-(\frac{x^2}{4D_{\mathrm{p}}t}+\frac{t}{\tau_{\mathrm{p}}})] \tag{3.21}$$

其中，D_{p} 为空穴的扩散系数，t 为脉冲停止后经过的时间，x 为相对脉冲注入点的坐标，向右为正。上式对 x 从$-\infty$到∞积分后，再令 $t=0$ 时，就得到单位面积上产生的空穴数 N_{p}，即 $B\sqrt{4\pi D_{\mathrm{p}}}=N_{\mathrm{p}}$。代入式(3.21)，从而得到：

$$\Delta p=\frac{N_{\mathrm{p}}}{\sqrt{4\pi D_{\mathrm{p}}t}}\exp[-(\frac{x^2}{4D_{\mathrm{p}}t}+\frac{t}{\tau_{\mathrm{p}}})] \tag{3.22}$$

上式表明，在没有外加电场时，光脉冲停止以后，注入的空穴由注入点向两边扩散，同时不断发生复合，其峰值随时间下降，如图 3.12(a)所示。

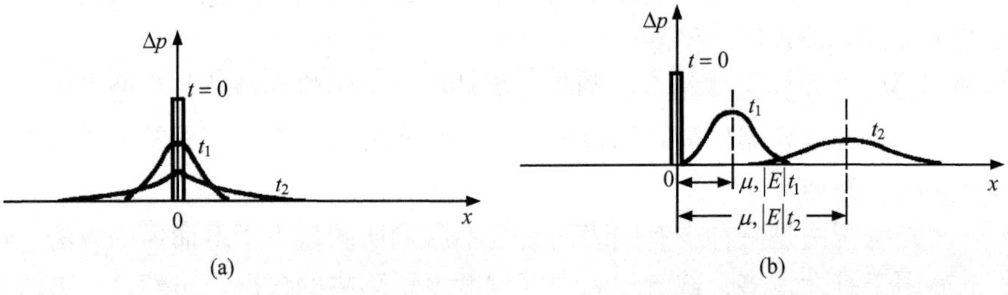

图 3.12　在无外加电场(a)和有外加电场(b)下，非平衡载流子随时间变化的示意图

如果样品加上一个均匀的电场，则：

$$\Delta p=\frac{N_{\mathrm{p}}}{\sqrt{4\pi D_{\mathrm{p}}t}}\exp[-\frac{(x-\mu_{\mathrm{p}}|E|t)^2}{4D_{\mathrm{p}}t}-\frac{t}{\tau}] \tag{3.23}$$

上式表明，加上外电场时，光脉冲停止后，整个非平衡载流子“包”以漂移速度$\mu_p|E|$向样品的负端运动，同时也像不加电场一样，非平衡载流子要向外扩散并进行复合，如图 3.12(b)所示。

而且，由上式可知，脉冲高度与$1/\sqrt{D_p t}\,e^{-\frac{t}{\tau}}$成正比，脉冲宽度与$\sqrt{D_p t}$成正比，脉冲的最大值发生在时刻 $t = x/\mu$。因此，原则上只要测出以上峰型的参数，就可以同时确定扩散系数、漂移迁移率和寿命。

当然，实际情况远非上面叙述的那么简单，由于陷阱的存在会影响曲线的对称性，引起长的拖尾，而且收集极的非线性使得收集电流并不是始终与少数载流子浓度成正比，特别是在低注入水平时。

3.3 微波光电导衰退法

3.3.1 微波光电导测试基本原理

微波光电导衰退法(microwave photoconductivity decay，μ-PCD)测试少子寿命，主要包括激光注入产生电子–空穴对和微波探测信号的变化两个过程。激光注入产生电子–空穴对，导致样品电导率的增加，当撤去外界光注入时，电导率随时间指数衰减，这一趋势间接反映少数载流子的衰减趋势，从而通过观测电导率随时间变化的趋势就可以得到少数载流子的寿命，其原理与直流或高频光电导法相似。而用微波信号来探测电导率的变化，是依据微波信号的变化量与电导率的变化量成正比的原理。

最早提出用微波信号探测半导体中少数载流子寿命的是 A. P. Ramsad 等[7]，他们用探针电注入或光注入的方法在锗内产生非平衡载流子，通过探测微波吸收信号的衰减来反映少数载流子的衰减趋势，从而得到少数载流子的寿命。与传统的直流光电导衰减法相比较，微波探测得到的少子寿命值不但能保证偏差很小，而且可以避免欧姆电极制备困难这个问题，特别是对于那些性能不太了解的半导体材料。因为在传统的直流光电导衰减法中，欧姆电极制备是一个很大的难题。因而他们认为用微波方法探测半导体中的少子寿命，与传统方法相比有很大的优势。

然而，H.A.Atwater[8]通过理论推导，认为这种方法有很大的局限性。他认为要使微波衰减信号正比于载流子的衰减信号，需满足以下条件：首先样品要足够薄，但这将导致表面复合影响增大，使测试寿命偏离体寿命；其次要保证是在小注入的条件下，这主要是根据 Schokley 等[1, 3, 9]的理论，只有在小注入下，少数载流子寿命才按指数形式衰减。可能正是由于 Atwater 对这种方法存在异议，在很长一段时间里，微波探测在少子寿命测试方面的应用并没有引起广泛的研究。之后，Kalikstein 等[10, 11]虽然也曾用微波探测方法研究 ZnS、CdS 等磷光体粉末中多余的载流子，但人们真正开始用微波探测半导体中少数载流子寿命是在 20 世纪 80 年代初，Warman 及其合作者[12, 13]用微波信号探测了低电导率的半导体中载流子的衰减过程，此后，M. Kunst 等根据 Warman 的研究原理，延伸了应用范围，使之能应用于任意电导率的半导体材料[14]。从此，微波光电导测试少子寿命技术得到广泛的应用。

一般，采用微波反射信号来探测样品电导率信号的变化，因为相比与微波透射或吸收信号，微波反射信号不易受样品形状和尺寸的影响，其基本测试结构如图 3.13 所示。

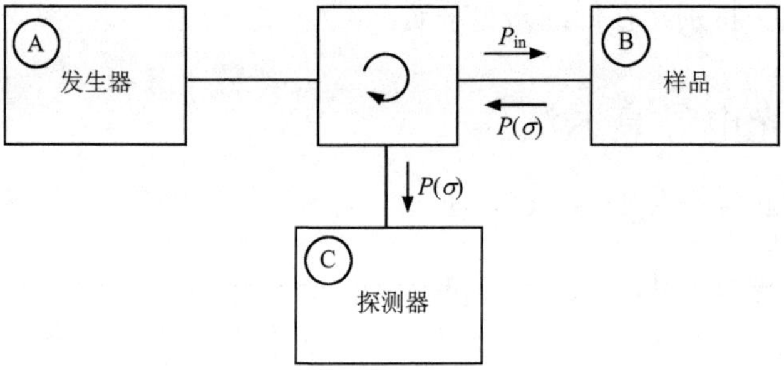

图 3.13　微波反射信号测试的基本结构图[14]

由于微波信号在空气中传播损失极小，可以忽略其影响。那么，假设当样品电导率从 σ 变化到 $\sigma+\Delta\sigma(t)$ 时，微波反射信号将改变 ΔP。则

$$\frac{\Delta P}{P_{in}}=\frac{P(\sigma+\Delta\sigma)-P(\sigma)}{P_{in}}=R(\sigma+\Delta\sigma)-R(\sigma) \tag{3.24}$$

其中，P_{in} 是微波入射强度，$P(\sigma)$是微波反射强度，$R(\sigma)$是反射率。

在电导率变化量很小的情况下，反射率的变化可以用泰勒展开式表示，即

$$\frac{\Delta P}{P_{in}}=[\delta R(\sigma)/\delta\sigma]_{\sigma}\Delta\sigma \tag{3.25}$$

由于在实验中，测量微波反射信号的强度相对方便，则上式可转变为

$$\Delta P/P(\sigma)=A\Delta\sigma \tag{3.26}$$

其中 A 是比例系数。

要使式(3.26)成立，$\Delta P/P(\sigma)$ 不能过大，一般在 $\frac{\Delta P}{P(\sigma)}\le 0.03$ 的条件下。但电导率较大的变化引起微波反射信号的变化是较小的，因此电导率可以在很大的范

围内变化，而且式(3.26)对样品电导率非均匀变化的情况也适用，这时 A 和 $\Delta\sigma$ 就取平均值。

一般情况下，测试时只考虑被样品吸收和反射的微波信号，微波透射信号相对较弱，可以忽略不计。因此，微波信号发射强度为

$$P(\sigma)=P_{\text{in}}-P_{\text{abs}}(\sigma) \tag{3.27}$$

式中 P_{abs} 是样品的微波信号吸收强度。对于任意的电导率 $\sigma(x,y,z)$，微波信号被样品的吸收强度可以用下式表示

$$P_{\text{abs}}(\sigma)=\frac{1}{2}\iiint\sigma(x,y,z)\left|E(x,y,z,\sigma)\right|^2\mathrm{d}x\mathrm{d}y\mathrm{d}z \tag{3.28}$$

其中电场强度 E 是一个与样品位置和电导率有关的量。则式(3.26)可表示为

$$\begin{aligned}\frac{\Delta P}{P(\sigma)}=&\frac{1}{R(\sigma)}\frac{1}{2P_{\text{in}}}(-\Delta\sigma(t)\iiint\left|E(x,y,z,\sigma)\right|^2\mathrm{d}x\mathrm{d}y\mathrm{d}z\\&-\sigma\Delta\sigma(t)\iiint\frac{\delta\left|E(x,y,z,\sigma)\right|^2}{\delta\sigma}\mathrm{d}x\mathrm{d}y\mathrm{d}z)\end{aligned} \tag{3.29}$$

其中比例系数 A 可表示为

$$A=\frac{1}{R(\sigma)}\frac{1}{2P_{\text{in}}}(-\iiint\left|E(x,y,z,\sigma)\right|^2\mathrm{d}x\mathrm{d}y\mathrm{d}z-\sigma\iiint\frac{\delta\left|E(x,y,z,\sigma)\right|^2}{\delta\sigma}\mathrm{d}x\mathrm{d}y\mathrm{d}z) \tag{3.30}$$

由式(3.30)可知，微波反射率的变化来自两个方面，一方面样品电导率的增加导致微波信号被样品吸收增加，反射信号减弱，为负作用，即等号右边括号里的第一项，此时探测到的微波信号衰减曲线如图 3.14(a)所示。另一方面电导率的变化导致电场强度平方项的变化，为正作用，即等号右边括号内的第二项，此时探测到的微波信号衰减曲线如图 3.14(b)所示。

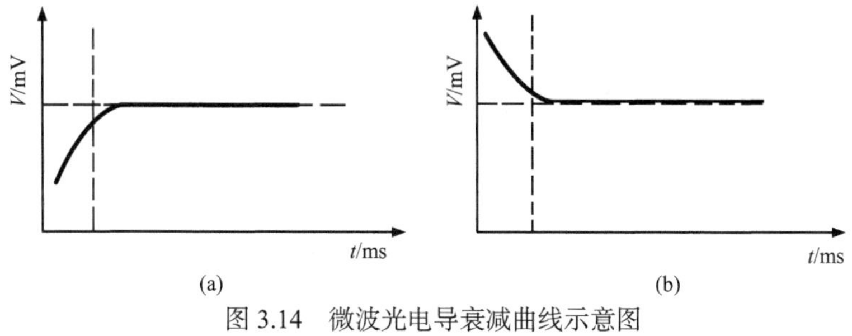

图 3.14　微波光电导衰减曲线示意图

一般对于低电导率的样品，只考虑第一项，即

$$\frac{\Delta P}{P(\sigma)}=\frac{-1}{2P_{\text{in}}R(\sigma)}\iiint\left|E(x,y,z)\right|^2\Delta\sigma\text{d}x\text{d}y\text{d}z$$

此时 A 为负。而对于高电导率的样品，微波信号穿透样品较浅，主要考虑第二项，即：

$$\frac{\Delta P}{P(\sigma)}=\frac{1}{2P_{\text{in}}R(\sigma)}\sigma\Delta\sigma\iiint-\frac{\delta\left|E(x,y,z,\sigma)\right|^2}{\delta\sigma}\text{d}x\text{d}y\text{d}z$$

此时 A 为正。因此随着电导率逐渐变大，比例系数 A 经历从负到正的变化。

一般在测试时，输出信号是电压变化量而不是微波反射率的变化量，而电压与微波反射信号的关系式为

$$P=\text{const}V^n \tag{3.31}$$

因此，当微波信号发生微小变化时，将导致输出电压的微小变化，两者是线性关系，即

$$\Delta P/P=n(\Delta V/V) \tag{3.32}$$

这样就可以通过电压变化趋势来间接反映少子变化趋势。

微波信号探测光电导衰减与一般的直流、交流光电导衰减技术相比，是一种无接触，无破坏的测试手段，可以避免接触带来的影响，尤其对一些性能不是很了解、作欧姆接触比较困难的半导体样品[15]。此外微波探测还可以提高测试频率，一般能达到几至几百 GHz，而普通的光电导衰减法，即便是高频交流法，最多也只能达到几百 MHz。高的频率既可以缩短测试时间，一般测试一个 8 in 的硅片，只需一二十分钟；同时可以提高时间分辨率，分辨率可以达到纳秒数量级。另外，微波探测允许大注入条件，可以扩大少数载流子注入量的范围。

3.3.2 微波光电导测试系统和设备

微波光电导衰退法测试半导体材料少子寿命的基本原理和直流、交流光电导衰退法相似，但其设备有自己的特色。现以 Semilab 公司的 WT-2000 μ-PCD&C-PCD 设备，来具体介绍微波光电导衰退法测试半导体材料少子寿命的原理和应用，其整体结构示意图如图 3.15 所示。

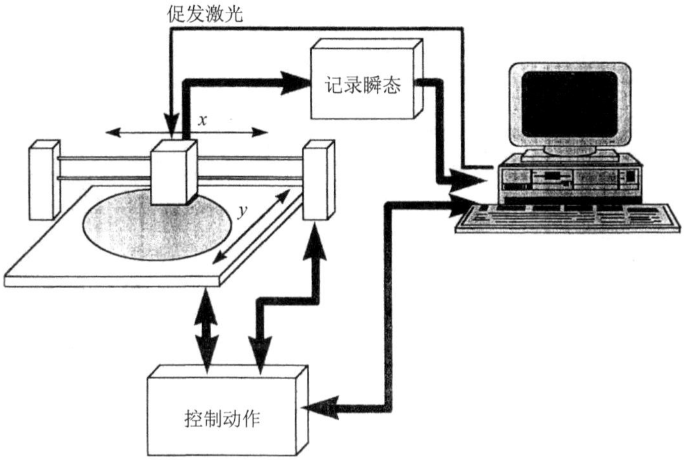

图 3.15 Semilab 的 WT-2000 少子寿命测试仪的整体结构简图[16]

从图中可以看出，测试过程和样品的移动完全由计算机控制，具备快速、无接触和无破坏的优点，而且能够对整个硅片的少子寿命分布进行面扫描，特别适合于半导体内缺陷和工艺沾污的表征。

WT-2000 少子寿命测试仪的光源是采用红外半导体激光脉冲，脉冲波长为 904nm，能够在硅中穿透约 30μm 的深度。如图 3.16 所示，每次脉冲的持续时间为 200ns，两次脉冲之间的时间在几十毫秒以上足以保证上次脉冲产生的电子–空穴对能完全衰减完，否则会对少子寿命的测试产生影响。另外，注入的光脉冲强度在 $1\times10^{11}\sim150\times10^{11}$ 变动。

WT-2000 少子寿命测试仪对于少子衰减信号的探测采用微波反射信号，微波频率在 10~11GHz 波动，图 3.17 为测试探头的结构示意图。样品探测的模式有三

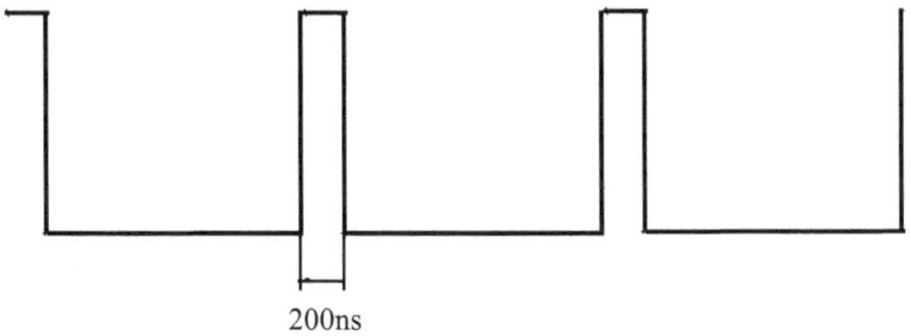

图 3.16 Semilab 的 WT-2000 的红外脉冲激光示意图[16]

种，分别是光学模式、微波模式和电容模式，它们都是在特定模式下根据样品与样品台对信号反应的差异来寻找样品的。实际测试时，一般选取其中的一种模式，但是在特殊情况下，可以用其中两种或三种模式来找样品。

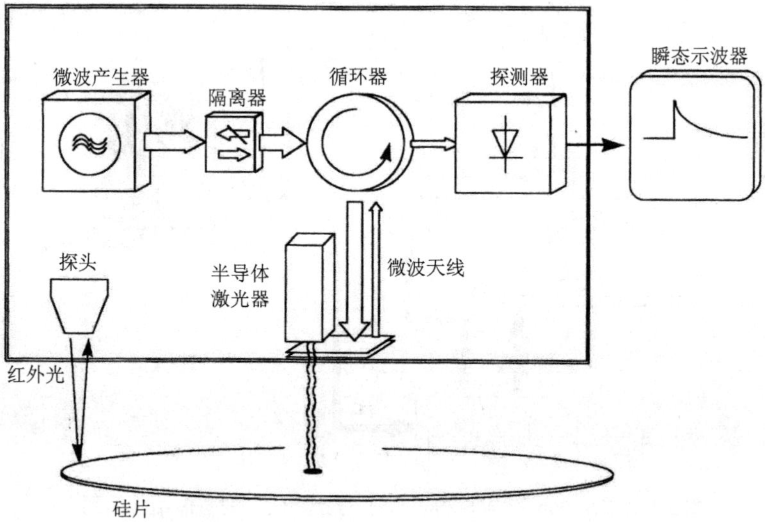

图 3.17　Semilab 的 WT-2000 测试探头的结构示意图[16]

以光学模式为例，它是依据样品与样品台对入射光反射率的差别来寻找样品的，通常设备使用的样品台对于入射光的反射率在 0.3~0.4，只要样品表面对于入射光的反射率低于或高于这个值，用光学模式就可以找到样品。对于半导体硅而言，若表面经化学或机械抛光，对于入射光的反射率可达到 4 左右；若表面镀了氮化硅或氧化硅等减反射膜，对于入射光的反射率就几乎为 0；因此，对于这两类样品可以采用光学模式。对于研磨硅片，表面反射率也在 0.3~0.4，这时就不能使用光学模式，应换用微波模式。而对于制作了电极的太阳电池，采用电容模式则较好。

探头识别样品后，用半导体激光器注入红外脉冲激光产生电子–空穴对，使样品的电导率发生变化，用微波反射信号来探测电导率的变化，从而得到样品的少子寿命。通常，微波信号发生器产生的微波经过隔离器，循环器处理，再通过探头上的微波天线入射到样品表面，微波反射信号也通过微波天线传到探测器，转变为电信号，最后显示电压值随时间变化的衰减曲线。测试时，探头和样品台的运动是通过机械传动控制的。

WT-2000 的探头结构能够使测试达到以下要求：

(1) 金属杂质的探测极限能达到 10^9cm^3，能够用于低浓度金属沾污的样品的测试。

(2) 可扫描 300mm 直径的大尺寸样品，并具有高分辨率(最小扫描步径可达 125μm)和极快的扫描速度，可用于 300mm 硅单晶生产线的在线监测。

(3) 整个扫描过程都是自动控制，不需要人为的干预。电脑自动设置扫描的微波频率和光注入强度，达到最优化设置，可以尽量避免测试参数对少子寿命测试的误差。

(4) 被测样品电阻率的范围为 0.1~1000 Ω · cm，测试寿命的范围为 0.1 μs~30 ms。

3.3.3 微波光电导测试样品

用微波光电导衰减技术(μ-PCD)测试半导体材料少子寿命，对于样品的要求不太严格，不需要制备欧姆接触或肖特基结，适用于除了重掺硅片(电阻率小于 0.01 Ω · cm)外的任何形状的硅片。

对于重掺硅片，由于高的掺杂浓度，入射的微波信号很大比例被样品吸收，使反射信号很弱，信噪比降低，从而造成少子寿命测试不准确。另外，原则上任何形状的硅片都可以做面扫描测试，但由于受程序设计的限制，实际上只有 1/4 圆形、圆形、矩形的样品可以被完整地做全样品面扫描，如图 3.18 所示。

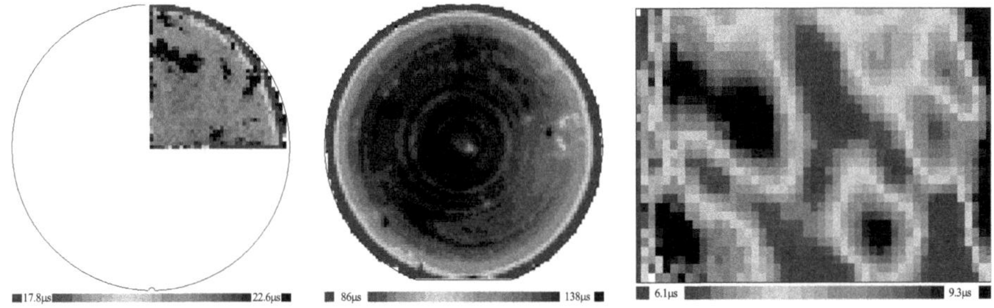

图 3.18 μ-PCD 测试的不同形状样品的少子寿命面分布图

3.3.4 微波光电导测试影响因素

在利用微波光电导衰退法探测半导体材料少子寿命时，样品的电导率、微波频率、探头高度等因素都会对微波反射信号产生作用，影响测试精度，其中电导率的影响最为严重。

1. 电导率的影响

图 3.19 是相对介电常数为 12 的半导体样品在不同频率下，微波反射系数随样品电导率的变化曲线。从图中可以看出，随着电导率的增加，微波反射系数逐渐下降，然后又逐渐上升；另外，频率越高，反射系数下降越厉害。这是由于式(3.30)中显示的比例系数 A 在低电导率下为负数，随着电导率的增加，A 逐渐由负变正，因而导致了微波反射系数随着电导率的增加先变小，到达一个最小值后再升高的现象。这个变化规律就对微波光电导测试技术提出了限制，以微波频率为 9.5GHz 这条曲线为例，若样品原始电导率在 A 点的对应值，注入光生载流子后，样品电导率变为 B 点的对应值，而两者的反射系数是一样的，即电导率的变化没

有导致微波反射系数的变化，此时：

$$R(\sigma+\Delta\sigma)=R(\sigma) \tag{3.33}$$

这时，我们无法通过探测微波反射率随时间的变化来反映电导率随时间变化的趋势，即无法通过微波探测的方法来得到少数载流子寿命，这种测试方法就失效了。

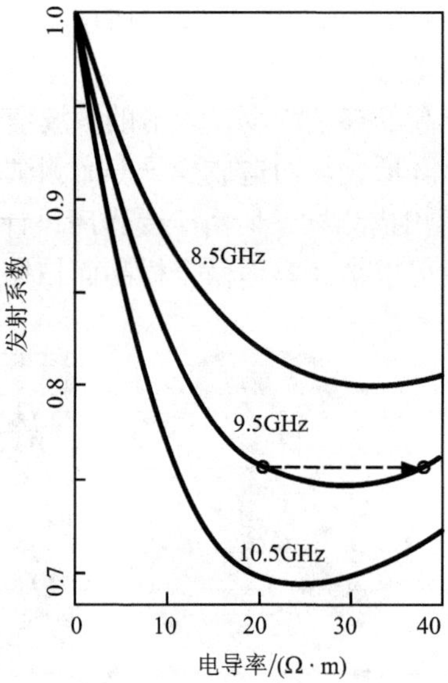

图 3.19　不同微波频率下，反射系数随电导率的变化曲线[17]

样品厚 1mm，相对介电常数为 12

因此微波探测对被测试样品的电导率有一定的要求，被测样品的电导率应离微波反射频率最低点所对应的电导率较远，这样随着电导率变化，反射率不会经过最低值，此时微波反射率的变化始终与电导率的变化成正比，从而保证测试方法不失效。

另外在低电导率一侧，反射率随电导率变化比较敏感，一般微波探测少子寿命对于低电导率的样品比较有效。但是为了保证微波反射系数不经过最低点，必须把注入量限定在一定范围内，而常用的样品、测试设备都能满足这个要求。对于高电导率的样品，则需要比较多的光生载流子注入才能使反射率发生明显的变化，而一般测试设备的注入量往往无法满足，从而测试的信噪比就降低了，测试值就不准确。因此微波光电导衰减法不能用于测试重掺样品的少子寿命，一般样品的电阻率需大于 0.01 Ω · cm

从图 3.19 中还可以发现，在不同的微波频率下，反射系数最低值对应的电导率值是不一样的。因此，对于一定电导率的样品，我们需选择合适的微波频率，使其离微波反射系数最低值对应的电导率较远，这样能尽量避免测试失效。如果电阻率在 1~10 Ω · cm 左右，其对应的电导率值已经比较接近微波反射系数最低值，因此在测试时需非常注意微波频率的选择。

2. 探头距离的影响

此外在测试时，微波探头与样品的距离也会影响测试结果，如图 3.20 所示。从图中可知，改变探头距离，少子衰减规律没有发生变化，只是信号强度随着探头距离的增大而变弱。

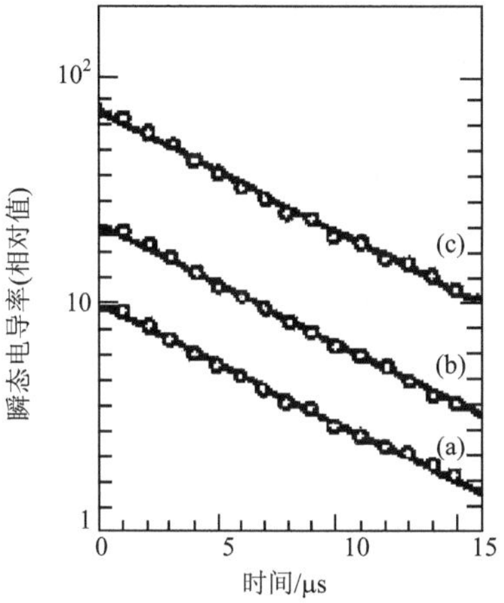

图 3.20 微波光电导信号衰减曲线随探头距离的变化[14]

激光脉冲波长 1064 nm，强度 12 nJ/cm^2

(a) 1.74mm；(b) 0.1mm；(c) 0.07mm

3. 表面复合影响

利用微波光电导衰减法(如 WT-2000 少子寿命测试仪)测试的是半导体材料少子的有效寿命，实际上包含了体寿命和表面寿命两个方面，测试时光生载流子的复合过程如图 3.21 所示。

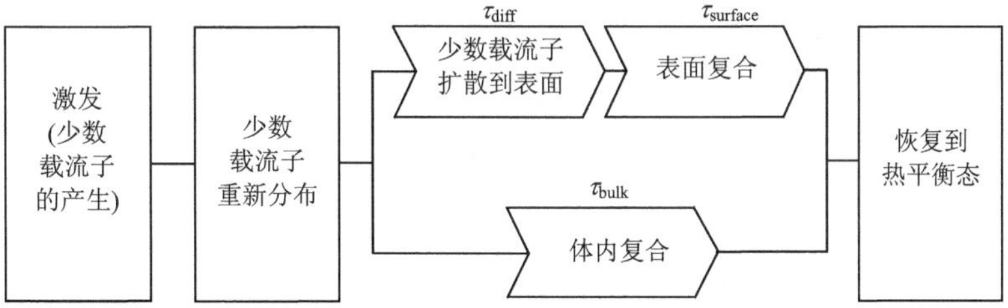

图 3.21 光生载流子复合过程示意图

由图可知，测试的少子寿命可由下式表示

$$\frac{1}{\tau_{meas}}=\frac{1}{\tau_{bulk}}+\frac{1}{\tau_{diff}+\tau_{surf}} \tag{3.34}$$

其中，扩散寿命 $\tau_{\mathrm{diff}}=\dfrac{d^2}{\pi^2 D_{\mathrm{n,p}}}$，为少子从样品体内扩散到表面所需时间；$\tau_{\mathrm{surf}}=\dfrac{d}{2S}$，为由于样品表面复合产生的表面寿命；$\tau_{\mathrm{bulk}}$ 为样品的体寿命。另外，d 为样品厚度，D_{n}，D_{p} 分别为电子和空穴的扩散系数；S 为表面复合速度。显然，表面寿命 τ_{surf} 对测试寿命有很大影响，使其偏离体寿命。

图 3.22 中是不同表面复合速率的情况下，半导体硅材料的体寿命与测试寿命的关系。由图可知，在样品厚度一定的情况下，即扩散寿命(τ_{diff})一定，如果表面复合速率很大，则在测试高体寿命样品时，测试寿命值与体寿命值就会偏差很大；而对于低体寿命的样品，如被高浓度金属沾污的样品，测试寿命还是能反映体寿命。然而，一般工艺上使用的硅片，体寿命都在 100μs 以上，而且金属或其他杂质的沾污量在 $10^{12}\mathrm{cm}^{-3}$ 以下，不会使少子寿命降低很多，因此表面复合寿命对测试寿命值的影响还是比较大的。这时，我们需对样品表面进行钝化，以降低样品的表面复合速率，减小或去除它对测试寿命值的影响。

从图 3.22 中还可以看到，对于表面复合速率 S 为 1 cm/s 或 10 cm/s 的样品，即使体寿命高达 1000 μs 数量级，其测试寿命与体寿命的偏差还是很小。即：当样品的表面复合速率为 10 cm/s 或更小的情况下，对于 1000 μs 数量级高体寿命的样品，测试寿命也能用来表示体寿命。

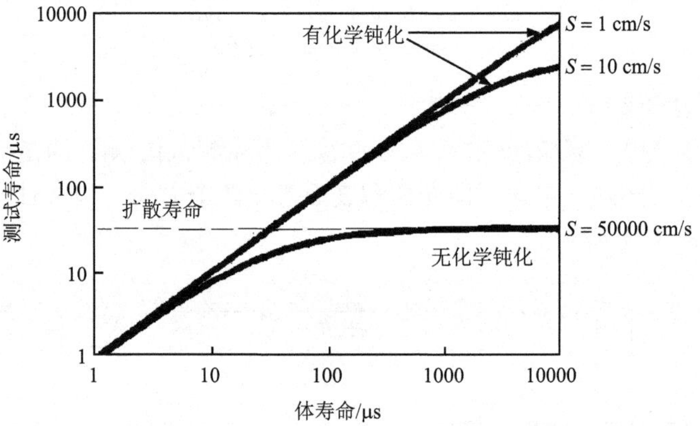

图 3.22　不同的表面复合速率下，体寿命和测试寿命的关系[16]

因此，用μ-PCD 测试少子寿命还需注意以下几个问题：

(1) 光生载流子高次模的衰减会影响最终的衰减曲线，因此必须把衰减曲线的初始部分去掉，一般从衰减信号最大值的 50%开始计算。

(2) 要充分考虑表面复合的影响。当测得的少子复合寿命对应的扩散长度大于被测样品厚度的十分之一，表面复合就起很大作用，这时必须对表面进行钝化。通常，表面钝化技术包括：电荷沉积、化学钝化和热氧化法。在采用热氧化法钝化表面时，必须保证样品体内不形成氧沉淀。而在化学钝化表面时，必须保证表面钝化的均一性和可靠性。

(3) 不适合于测试薄样品，当样品的厚度与入射光在样品中反射系数的倒数可比或更小时，少子衰减就会受到样品形状的影响。

(4) 与一般光电导衰减法一样，微波光电导衰减法只适合于测试 Si，Ge 等间接禁带半导体。对于直接禁带半导体，由于电子、空穴通过能级跃迁能很快复合，少子寿命很低，只有纳秒数量级。受到示波器读数的限制，对这个数量级的少子寿命测试是不准确的。

(5) 样品纵向分布不均匀会影响体寿命测试的准确性。形成 pn 结的样品，p^-/p^+ 或 n^-/n^+ 的外延片以及形成洁净区的样品等，都不太适合用这种方法来测试样品的体寿命。

(6) 少子寿命测试值易受到温度的影响，因此在测试时要避免温度的波动，保持恒温环境。

4. 电荷沉积钝化表面

要去除表面复合的影响，使得测试值接近真实的半导体材料的体寿命，除了利用厚样品外，就是需要对半导体表面进行钝化。

对于半导体硅而言，表面钝化一般可以分为表面热处理和化学试剂钝化法两大类。表面热处理是指通过在不同保护气氛中热处理，硅片表面形成氧化层或氮化层[18-24]；而化学试剂法钝化主要是利用氢氟酸[25]或碘酒[26, 27]，来钝化硅表面的悬挂键，以消除或降低表面复合。近年来，人们还通过硅片表面沉积电荷来抑制电子和空穴在表面复合[28-31]，被称为“表面电荷沉积钝化法”。

一般情况下，硅片表面要形成自然氧化层，在利用电荷沉积钝化硅表面时，沉积的电荷在硅与二氧化硅的界面产生电场，用于吸引异号电荷，排斥同号电荷，这样在表面处电子与空穴的复合就被抑制了。以 p 型硅片为例，若在硅片表面沉积负电荷，产生的电场就吸引多数载流子空穴，排斥电子，这样硅片表面就形成多子的积累层；若在硅片表面沉积正电荷，产生的电场就吸引少数载流子电子，排斥空穴，硅片表面就形成多子的耗尽层。两者都能起到表面钝化作用，一般多子积累的钝化效果好于多子耗尽的效果，如图 3.23 所示，在硅片表面热氧化下，多子积累下测试寿命要高于多子耗尽，而在硅片表面自然氧化下，两者的差别不大。因此，实际测试时一般是在表面积累多子的模式下。

另外，WT-2000 少子寿命测试仪还提供了 C-PCD 功能，用来钝化硅片表面。它的简单原理就是在普通μ-PCD 的基础上，增加了电晕放电，使样品表面沉积电荷，以降低或消除表面复合的影响，从而免除相对复杂的热处理或化学钝化过程。

另外，在具体测试时，硅片氧化层的厚度还会对测试过程和结果产生影响，

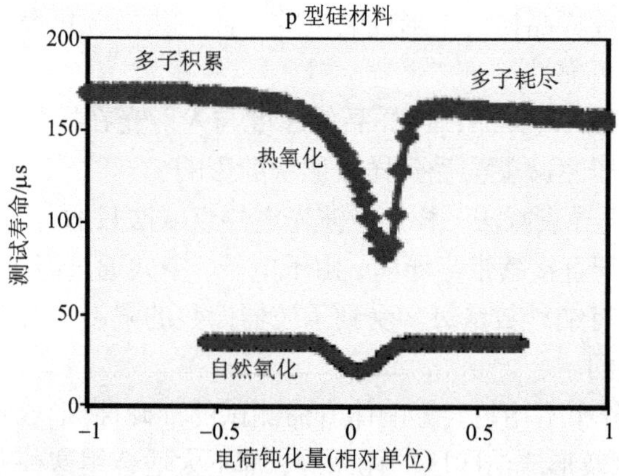

图 3.23　表面多子积累和多子耗尽的效果比较[16]

如图 3.24 所示。对于经过预氧化的硅片，由于氧化层是绝缘层，沉积的电荷能长期保持在硅片表面而不被导走，因此只要在测试前对硅片进行双面放电就足够了；而对于只有自然氧化层或很薄氧化层的硅片，由于沉积的电荷不能保持在硅片表面，因此在测试过程中，需对硅片双面进行持续放电。

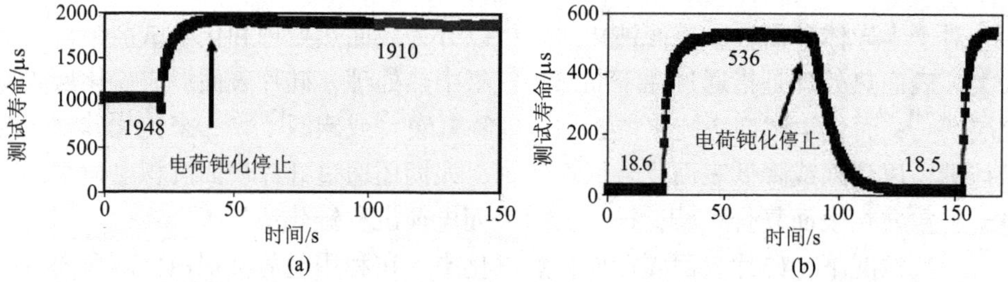

图 3.24　硅片表面有热氧化层(a)和自然氧化层(b)下少子寿命随电荷沉积开关的变化[16]

图 3.25 是用 WT-2000 少子寿命测试仪对 8in p 型硅片在电荷沉积钝化前后测试的少子寿命分布图，从图中可以看到，硅片表面经电荷沉积钝化后，由于表面复合速率显著下降，测试寿命明显上升，接近硅片的真实体寿命。

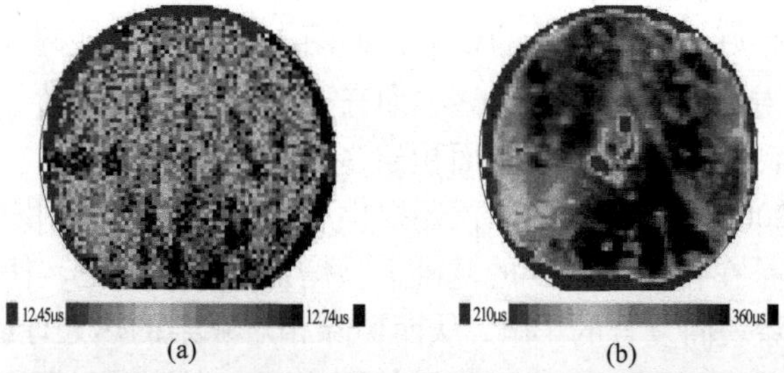

图 3.25　8 in p 型硅片表面电荷钝化前后少子寿命分布图

(a) 钝化前；(b)钝化后

另外，和化学钝化法相比，表面沉积电荷钝化法还具有以下优点：

(1) 表面或界面钝化效率更高，如图 3.26 所示。由图可知，没有经过表面钝化的硅片，测试后的平均少子寿命为 14.6 μs；经过化学方法表面钝化后，其平均少子寿命 953 μs；而经过表面沉积电荷钝化钝化后，其平均少子寿命达到 1091 μs，表面复合的影响基本消除。

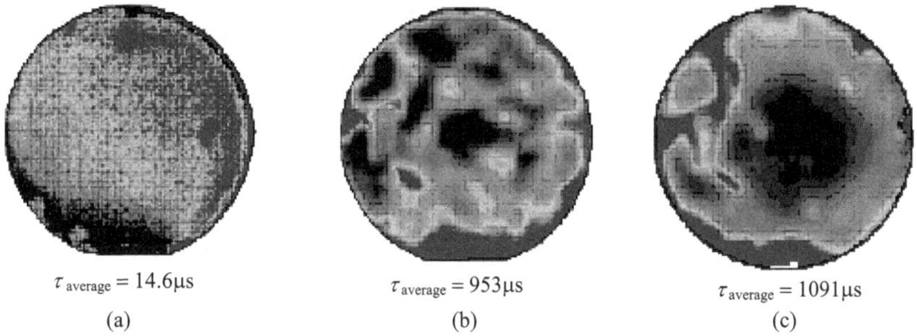

图 3.26 同一硅片表面经不同方法钝化处理后的少子寿命分布图

(a) 原生硅片；(b)表面化学钝化后；(c) 表面电荷沉积后

(2) 表面或界面钝化更均匀，如图 3.27 所示。由图可知，经过化学方法表面钝化后，其少子寿命沿径向分布非常不均匀，范围在 300~1400 μs；而经过表面沉积电荷钝化后，其少子寿命沿径向分布相对均匀，范围在仅在 800~1300 μs。

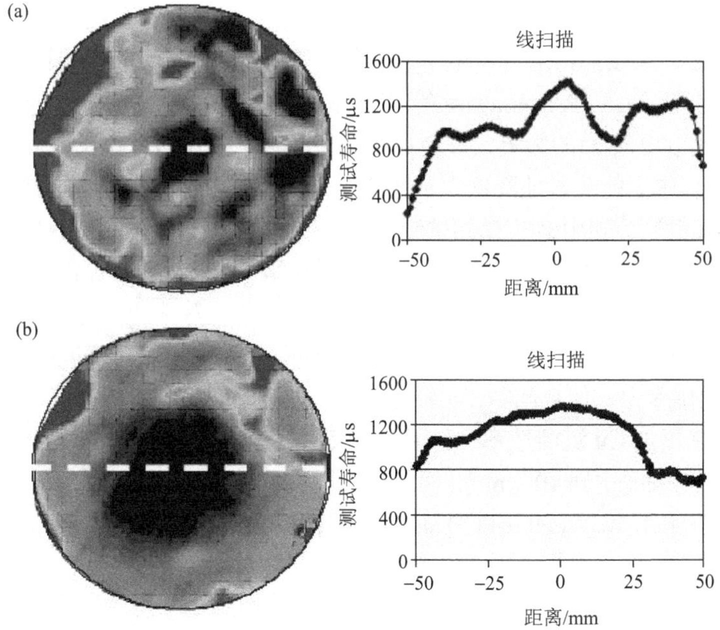

图 3.27 硅表面化学钝化(a)和电荷沉积钝化(b)后少子寿命沿径向分布均匀性比较[16]

(3) 钝化重复性更好，如图 3.28 所示。由图可知，经过化学方法表面钝化后，样品的少子寿命随测量次数的增加而降低；而经过表面沉积电荷钝化后，其少子寿命测试值几乎保持不变。

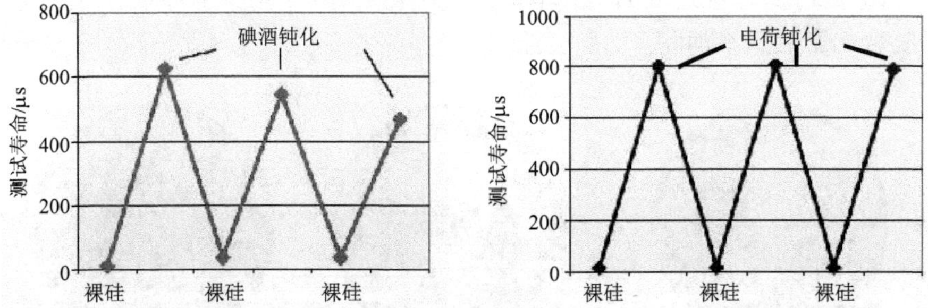

图 3.28　硅片表面化学钝化和电荷沉积钝化后平均少子寿命的重复性比较[16]

3.3.5　微波光电导测试的应用和实例

利用微波光电导衰退法测试少子寿命，可以对半导体材料的性能进行表征，对工艺过程中可能导致的沾污以及缺陷进行检测，直接应用在生产线的监控上。下面以 WT-2000 微波光电导测试仪为例，说明微波光电导衰减技术在微电子和太阳电池工艺中的应用。

1. 金属杂质沾污的测试

只要杂质在硅禁带中引入能级，作为少子的复合中心，就可以通过μ-PCD 测试少子寿命来表征杂质沾污对硅片电学性能的影响，这对于铜、铁、镍等过渡族金属的研究最为有效。A. L. P. Rotondaro 等[32]研究了 10^{10}~10^{14}cm^{-3}Fe 和 Cu 金属沾污对 p 型和 n 型硅片少子寿命的影响，发现衬底类型起着重要作用。相比在 n 型硅片中，Fe 在 p 型硅片中更能明显地降低少子寿命，而 Cu 在不同类型硅片中的作用却相反。Manabu Itsumi 等[33]利用μ-PCD 测试经同种杂质沾污的 p-Si 和 n-Si 的少子寿命，通过两者之间的比例来判断过渡族金属杂质沾污类型，他们发现若比例为 0.67∶1，则是铁沾污，若比例为 1∶0.67，则为铜沾污。H.Väinölä 等[34,35]则利用μ-PCD 探测 p 型硅片中低浓度的 Cu 沾污，他们利用强光照射，克服正电荷自间隙 Cu 和正电荷 Cu 沉淀间的排斥力，使自间隙 Cu 转化为 Cu 沉淀，同时结合氧沉淀作为铜沉淀异质行核中心来增加 Cu 沉淀速率，利用硅片表面沉积正电荷阻止 Cu 外扩散，使金属 Cu 的最低探测浓度达到 10^{10}cm^{-3}，大大提高了探测硅片上 Cu 金属的灵敏度。

我们研究组用 WT-2000 μ-PCD 研究了快速热处理(RTP)过程中，在不同保护气氛下，经 Cu 沾污的 p 型、n 型硅片的复合特性，其结果如图 3.29 所示。从图中可以发现，RTP 热处理气氛对 Cu 在硅片中的复合特性有很大影响，N_2 气氛下，硅片少子寿命降低最多，即此时 Cu 在硅片中的复合强度最大。另外，在 p 型硅片中，Cu 在硅片中的复合强度随 Cu 沾污浓度的变化呈台阶状分布。这与 R.Sachdeva 等[36]用表面光生伏特(SPV)技术研究的在常规热处理下，Cu 在 p 型、n 型硅片中的复合特性趋势基本相同。

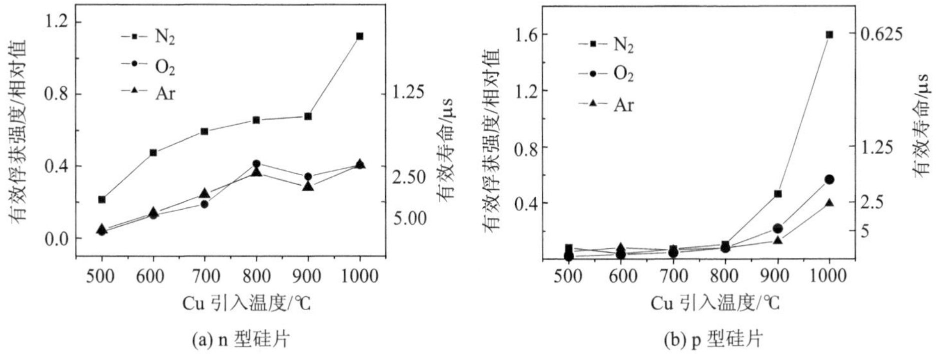

图 3.29 在不同快速热处理气氛下，Cu 污染硅片的有效复合强度和少子寿命随 Cu 沾污浓度的变化趋势

此外，WT-2000 μ-PCD 还可以用来研究铁沾污的铸造多晶硅的磷吸杂和氢钝化工艺的作用，如图 3.30 所示。

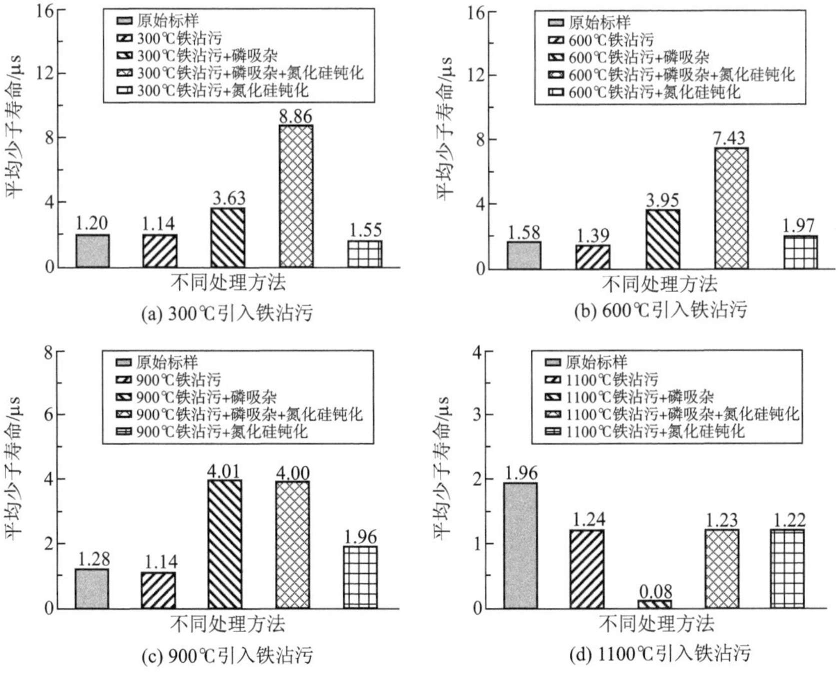

图 3.30 铁沾污的铸造多晶硅片在经过不同磷吸杂或氢钝化工艺之后的少子寿命

从图 3.30 可知，在中、低温(300，600，900℃)下引入铁沾污后，经过磷吸杂或氢顿化处理后，少子寿命都有所回升，并超过原始标样；而其中经磷吸杂后再进行氢钝化处理的工艺，少子寿命增加最多。而在高温(1100℃)下引入铁沾污后，无论经过何种工艺，少子寿命都无法回升。由此我们认为，经磷吸杂后再进行氢钝化处理的工艺可以有效地去除中、低温下引入的铁沾污；而对于高温下引入的铁沾污，吸杂或钝化效果不理想，少子寿命都不能恢复到原先水平。

2. p 型硅片中的 Fe 沾污浓度的测试

铁是硅晶体中的最常见、最重要的金属杂质之一，除了在原料中可能引入外，在晶体生长、加工或运输过程中还可能引入。通过对少子寿命的测试，利用微波光电导衰减技术能够对 p 型硅片中 Fe 的沾污量进行定量测试。其基本原理是：在 p 型硅片中，间隙铁(Fe_i)和掺杂剂 B 作用，主要以 FeB 形式存在。若对硅片进行低温退火(200℃/10min)或强光照射，FeB 对就会分解成间隙态的 Fe_i 和替位态的 B。利用 FeB 和 Fe_i 在硅中对少数载流子具有不同的复合强度，通过测试低温退火或强光照射前后硅片的少子寿命，就可以来计算 p 型硅中的 Fe 沾污浓度。

另外，如图 3.31 所示，存在 FeB 复合体的硅片的少子寿命的测试值和光注入强度没有关系，其随注入强度基本不变，而存在 Fe_i 的硅片的少子寿命的测试值随着注入强度的增大而升高。因此对 SPV 这种小注入设备以及μ-PCD 这种大注入设备，测试结果是不一样的。当硅片有相同浓度的铁沾污时，若用μ-PCD 测试，相比 Fe 以 Fe_i 形式存在的情况，当 Fe 以 FeB 对形式存在时，硅片的少子寿命更小，而用 SPV 测试，情况则刚刚相反。

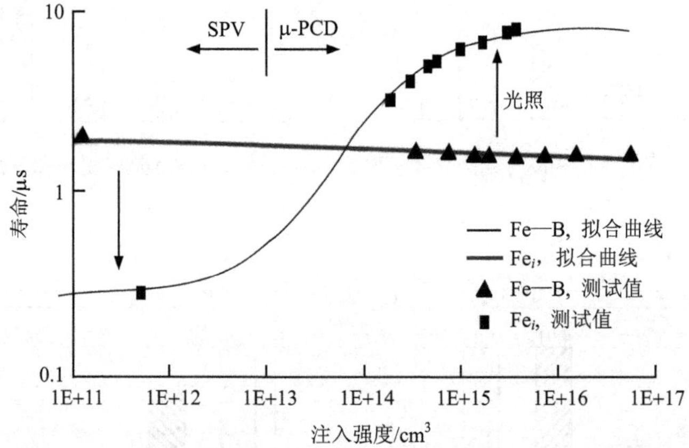

图 3.31　存在 FeB 和 Fe_i 的硅片的少子寿命随光注入强度的变化曲线[16]

通常，在低温退火或强光照射前，硅中 Fe 以 FeB 复合体形式存在，此时μ-PCD 测试的硅片的少子寿命相对较低；在低温退火或强光照射过程中，FeB 分解，铁以间隙态存在，此时少子寿命升高；停止光照后，Fe_i 又会重新和 B 复合生成 FeB 复合体，导致硅片的少子寿命逐渐降低并达到饱和值；如图 3.32 所示。这个 Fe_i 和 B 重新复合过程，可能需要几个小时，也可能需要几天，取决于硅片体内的 B 浓度。

若已知 FeB 对分解前后的硅片的少子寿命,则可通过式(3.34)来求得硅片体内的 Fe 浓度，如下式：

$$N_{\mathrm{Fe}} = C_{\mu\text{-PCD}}\left(\frac{1}{\tau_{\mathrm{before}}} - \frac{1}{\tau_{\mathrm{after}}}\right) \tag{3.35}$$

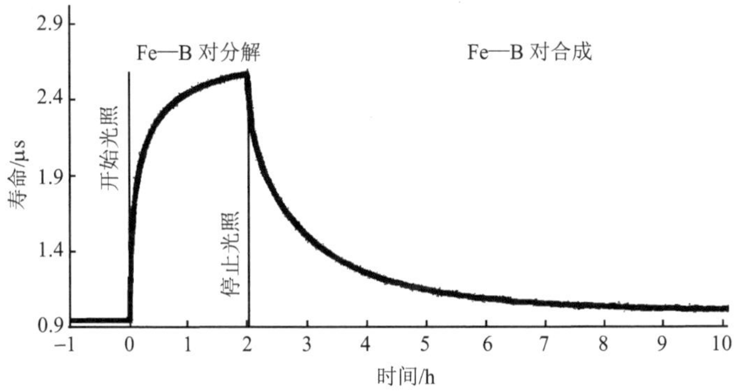

图 3.32 铁沾污硅片光照前后少子寿命的随时间的变化，显示了 FeB 对的分解和合成[16]

其中 $C_{\mu\text{-PCD}} = 3.4 \times 10^{13}\mu\text{s/cm}^3$。

如果将硅片经 900℃/40min 的 Fe 沾污处理并快速冷却，此时铁在硅中基本以间隙态存在，不产生铁沉淀。将样品在室温下放置几天，则自间隙 Fe 将和 B 复合，主要以 FeB 对形式存在，此时用μ-PCD 测试硅片的少子寿命(τ_{before})。然后，经 200℃热处理 10min，将 FeB 完全打散，此时再次测试硅片的少子寿命(τ_{after})。最后，可以根据式(3.34)计算 900℃铁杂质饱和沾污的硅片体内的 Fe 浓度，也就是 900℃时硅中间隙铁的饱和固溶度。

图 3.33 显示了经过上述的一个实验过程后的硅片中间隙铁的浓度，测试时，在同样条件下重复测量 7 次。根据硅中的铁的固溶度：$S = 8.4 \times 10^{25}\exp(-2.86\text{eV}/k_{\mathrm{B}}T)\text{cm}^{-3}$，可以知道，经过 900℃热处理，硅中间隙铁浓度大约为 $4.4 \times 10^{13}\text{cm}^{-3}$，其中允许的理论误差上下限分别为 $7.28 \times 10^{13}\text{cm}^{-3}$ ($S = 8.4 \times 10^{25}\exp(-2.81\text{eV}/k_{\mathrm{B}}T)\text{cm}^{-3}$)和 $2.71 \times 10^{13}\text{cm}^{-3}$，($S = 8.4 \times 10^{25}\exp(-2.91\text{eV}/k_{\mathrm{B}}T)\text{cm}^{-3}$)。从图 3.33 可以看出，测试的硅片内的间隙铁浓度([Fe_i])数量级基本都落在 10^{13}~10^{14}cm^{-3}，处于理论预计范围内。因此，利用μ-PCD 测试间隙铁浓度是可信的。

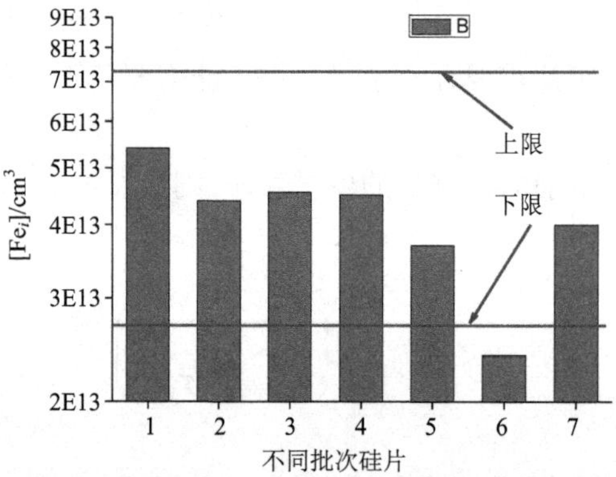

图 3.33　900℃铁沾污处理引入的间隙铁的浓度测试值和理论上下限值

3. 工艺诱生缺陷的表征

由于 WT-2000 微波光电导测试仪能对整个硅片进行面扫描，所以可以利用这种技术监测工艺过程，了解工艺诱生缺陷的产生情况。

1) 本征缺陷的表征

硅晶体生长时，会在体内引入点缺陷和其他原生缺陷，其典型是杂质条纹环，如图 3.34 所示。由图可知，不论在直拉硅单晶(CZ)中还是区熔硅单晶中(FZ)，少子寿命在硅片上都是呈环状分布，反映了杂质条纹的大小与分布。

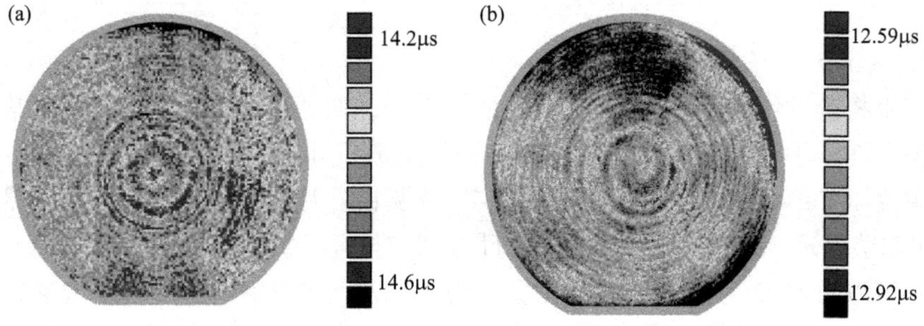

图 3.34　硅片的少子寿命图，反映了硅片的杂质条纹环

(a) CZ 硅；(b) FZ 硅[16]

在器件的热氧化工艺后，由于原生缺陷的作用，硅片表面会出现环状的氧化诱生层错环，环内的点缺陷一般是以空位为主，而环外的点缺陷是以自间隙硅为主。图 3.35 是在晶锭不同部位的硅片的少子寿命的分布图，图中低少子寿命的环是氧化诱生层错环，说明从晶体的上部到下部，环的直径越来越大，而且越来越靠近边缘。

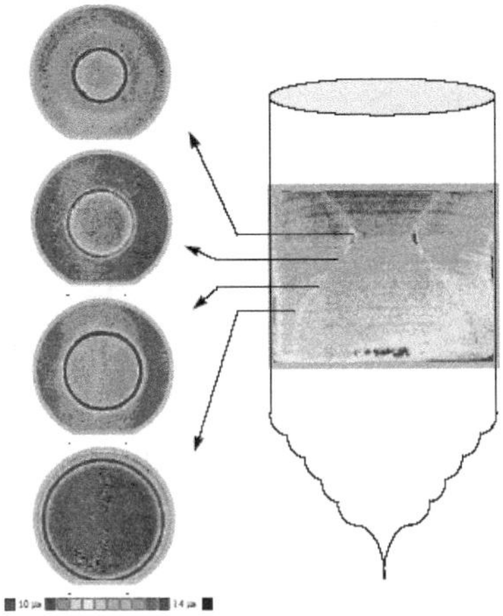

图 3.35　在晶锭不同位置处硅片的少子寿命分布，显示了不同半径的氧化诱生层错[16]

在器件制备过程中，由于热应力不均匀等原因，在硅片内可能引入滑移位错，造成器件失效。图 3.36 显示了〈111〉和〈100〉晶向的两种硅片的少子寿命面分布图，可以看出，在硅片边缘分别存在相差 60°和 90°的低少子寿命区域，这主要由于在(111)晶面上沿〈110〉晶向的滑移位错引起的。

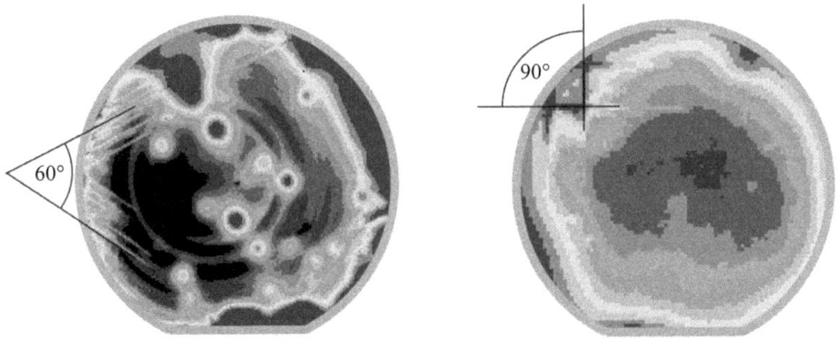

(a)　(b)

图 3.36　具有位错滑移线的硅片的少子寿命分布图

(a)〈111〉晶向；(b)〈100〉晶向[16]

2) 操作工具影响的表征

在器件制备过程中，硅片传送带、硅片夹具的不清洁也可能引起硅片的沾污，影响材料的质量。图 3.37 是被传送带污染的硅片的少子寿命分布图，从图中可以明显看出，有两条几乎平行的低少子寿命线，显示了传送带的影响。而图 3.38 是被真空吸笔污染的硅片的少子寿命分布图，硅片中间区域有一个明显的圆形低少子寿命区，对应了真空吸笔的作用。

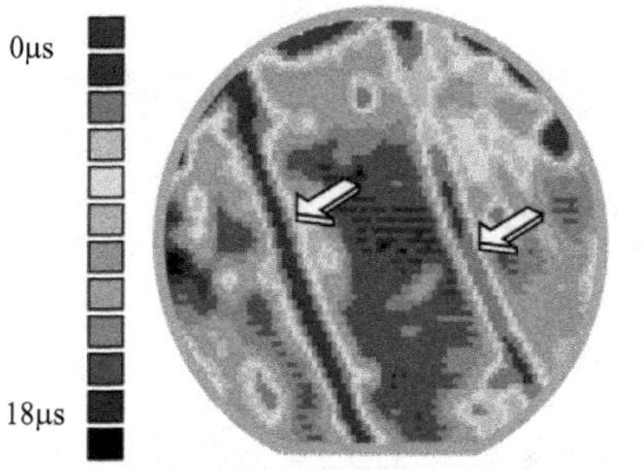

图 3.37　被传送带污染的硅片的少子寿命分布图[16]

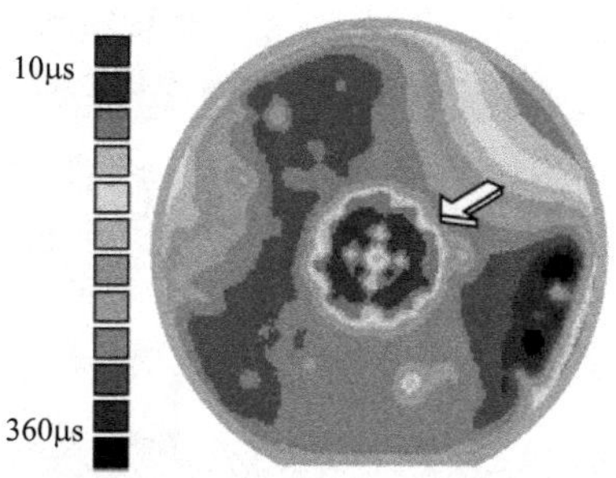

图 3.38　被真空吸笔污染的硅片的少子寿命分布图[16]

图 3.39 是被各种夹持物污染的硅片的少子寿命分布图，低寿命区对应了夹持物的位置和形状。另外，石英或多晶硅容器和硅片接触处，也可能导致硅片少子寿命的下降，如图 3.40 所示。这可能有两个因素引起，一是，容器和硅片接触，导致热应力不均匀，产生滑移位错；二是，容器不洁净，引起金属沾污。

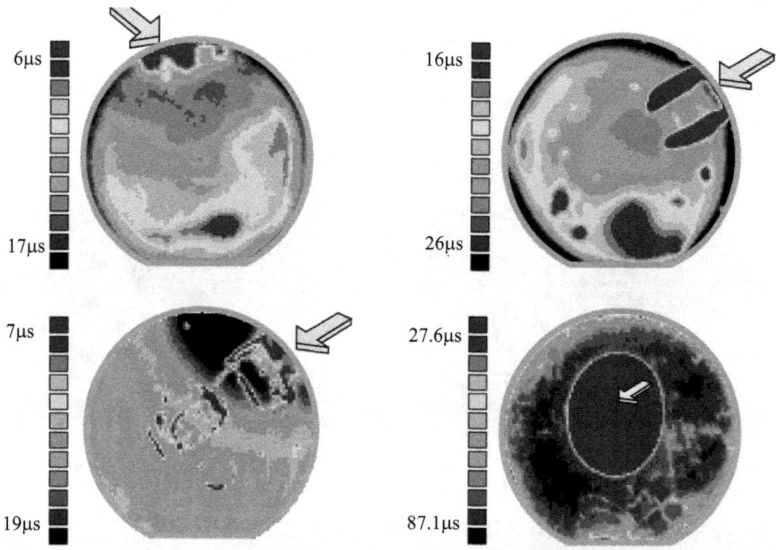

图 3.39　被各种夹持物沾污的硅片的少子寿命分布图[16]

3) 器件质量的表征

利用微波光电导衰减测试少子寿命，还可以用来表征器件的质量，进行工艺监控。图 3.41 显示的是铸造多晶硅和直拉硅单晶制备的太阳电池，从图中可以看出硅片的少子寿命是不均匀的，有低少子寿命区，可以用来判断电池的质量或者失效的原因。

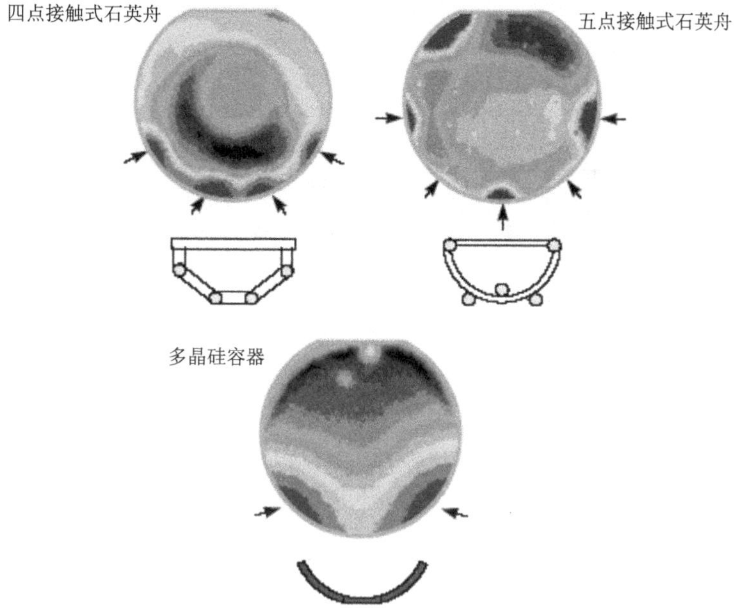

图 3.40 经石英舟或多晶硅容器接触后硅片的少子寿命分布图[16]

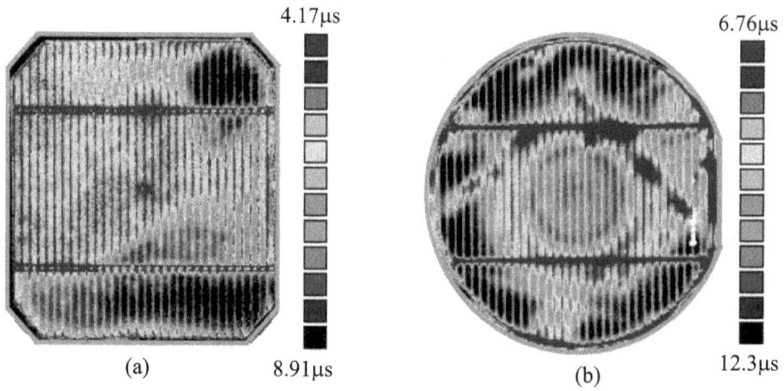

图 3.41 多晶硅太阳电池片的少子寿命分布图(a)和
单晶硅太阳能电池片的少子寿命分布图(b)

总之，少数载流子寿命是半导体材料的一个重要参数，也是评价半导体材料质量的一个基本参数。目前，有多种技术用来测试少数载流子寿命，主要包括直流光电导衰减技术、高频光电导技术、表面光电压技术和微波光电导率的衰减技术等。不同测试技术在光(电)注入量、测试频率等参数上存在差别，因此，测量的精度各不相同，其应用范围也有不同。通过少子寿命的测试，不仅可以了解半导体材料的电学性能，而且还可以测试金属杂质的污染、评判器件的质量和监控的工艺优劣，在半导体领域有广泛的应用。

参　考　文　献

[1] Hall R N. Phys Rev, 1952, 87: 387.
[2] Haynes R, Shoekley W. Phys Rev, 1951, 81: 835.
[3] Shoekley W, Read W T. Phys Rev, 1952, 87: 835.
[4] Hall R N. Proc IEEE, 1960, 106B: 923.
[5] 中国科学院半导体研究所理化分析中心研究室. 半导体的检测与分析. 北京：科学出版社，1984.
[6] 阙端麟, 陈修治. 硅材料科学与技术. 杭州：浙江大学出版社，2000.
[7] Ramsa A P, Jacobs H, Brand F A. J Appl Phys, 1959, 30: 1054.
[8] Atwater H A. J Appl Phys, 1960, 31: 938.
[9] Wertheim G K. Phys Rev, 1958, 109: 1086.
[10] Kalikstein K, Kramer B, Gelfman S. J Appl Phys, 1969, 39: 4245.
[11] Kramer B, Gelfman S, Kalikstein K. Phys Rev B, 1972, 6: 556.
[12] Pierre P I, Matthus P. DeHaas, John M.Warman. Rad Phys Chem, 1997, 10: 353.
[13] DeHaas M P, Warman M John. Chem Phys, 1982, 73: 35.
[14] Kunst M, Beck G. J Appl Phys, 1986, 60(10): 3558.
[15] Kunst M, Werner A. J Appl Phys, 1985, 58(6): 2236.
[16] http://www.semilab.com.
[17] Kunst M, Beck G. J Appl Phys, 1988, 63: 1093.
[18] Schmidt Jan, Aberle Armin G. J Appl Phys, 1997, 81: 6186.
[19] Sumita Mukhopadhyay, Tapati Jana, Swati Ray. J Vac Sci Technol A, 2005, 23: 417.
[20] Narasimha S, Rohatgi A. Appl Phys Lett, 1998, 72: 1872.
[21] Cai L, Rohatgi A, Han S, May G, Zou M. J Appl Phys, 1998, 83: 5885.
[22] Thomas Lauinger, Jens Moschner, A G. Aberle, Rudolf Hezel. J Vac Sci Technol A, 1998, 16: 530.
[23] Thomas Lauinger, Jan Schmidt, Aberle A G, Rudolf Hezel. Appl Phys Lett, 1996, 68: 1232.
[24] Stephens AW, Aberle A G, Green M A. J Appl Phys, 1994, 76: 363.
[25] Yablonovitch E, Allara D L, Chang C C, Gmitter T, Bright T B. Phys Rev Lett, 1986, 57: 249.
[26] Stephens AW, Green M A. Solar Energy Materials and Solar Cells, 1997, 45: 255.
[27] Horányi TS, Pavelka T. Tüttö P. Applied Surface Science, 1993, 63: 306.
[28] Williams R, Woods M H. J Appl Phys, 1973, 44: 1026.
[29] Akishev Yu S, Grushin M E, Karal'nik V B, Trushkin N I. Plasma Physics Reports, 2001, 27: 520.
[30] Richard G S. J Appl Phys, 1989, 66: 2899.
[31] Henson Bob L. J Appl Phys, 1981, 52: 709.
[32] Rotondaro A L P, Hurd T Q, Kaniava A, Vanhellemont J, Simoen E, Heyns M M, Claeys C, Brown G. J Electrochem Soc, 1996, 143: 3014.
[33] Manabu Itsumi, Yoshiyuki Sato, Kazuo Imai. J Appl Phys, 1997, 82: 3250.
[34] Väinölä H, Yli-Koski M, Haarahiltunen A, Sinkkonen J, Electrochem J Soc, 2003, 150: G790.
[35] Väinölä H, Saamilehto E, Yli-Koski M, Haarahiltunen A, Sinkkonen J, Berenyi G, Pavelka T. Appl Phys Lett, 2005, 87: 32109-1.
[36] Sachdeva R, Istratov A A, Weber E R. Appl Phys Lett, 2001, 79: 2937.

第 4 章　少数载流子扩散长度测试

半导体材料的少子扩散长度(L)是从少子寿命(τ)延伸出的概念，它与少子寿命存在着 $L=\sqrt{D\tau}$ 的关系，其中 D 是少数载流子的扩散系数，与半导体材料的性质有关。对于同一块半导体材料，其载流子的扩散系数一般不变。因此，通常情况下，影响半导体少子扩散长度的物理机制与少子寿命的完全相同。在第 3 章中，我们已经详细介绍了测量半导体少子寿命的各种方法，其中也简要介绍了表面光电压(SPV)方法。根据扩散长度与寿命的关系，原则上这些方法都可用来间接测试少子扩散长度。但是，人们最常用的测试少子扩散长度的方法是表面光电压(SPV)方法，它可以直接测量少子扩散长度。

贝尔实验室的 W.H. Brattain 和 J. Bardeen 在 1953 年发表的文献中描绘了表面光电压技术的原型，T.S. Moss 于 1955 年首次提出可以用表面光电压(SPV)方法来表征半导体材料的少子扩散长度，后来，在 1961 年 A.M. Goodman 提出了一种最为实用的计算方法，能够满足低剂量注入条件，可以直接计算低少子寿命半导体材料的少子扩散长度，从而为表面光电压技术用于测试少子扩散长度奠定了理论基础。对于早期的半导体材料而言，本征体寿命较低，所对应的低扩散长度可以较好地满足 Goodman 方法的适用条件，同时这种方法几乎不受表面复合的影响，因而大大优于其他测试方法，在此后的几十年中，表面光电压技术已经发展成为表征半导体材料少子扩散长度的主要方法[1]。

利用表面光电压技术测量少子扩散长度有两大优点：首先，这是一种稳态方法，与时间过程无关，从而避免了非稳态测试中体内和表面复合对结果的影响，其他方法通常受此限制，如光电导衰减技术(PCD)[2]。其次，一般情况下表面复合过程不会影响少子扩散长度的测试结果，表面复合速率(SRV)只对表面光电压的信号强度产生影响。另外，表面光电压测试技术很早就发展成为一种无接触的测量方法，其测试成本低廉，易于操作，不容易受到干扰，而且可以面扫描，因而得到了广泛的应用，并被列入美国材料检测标准(ASTM)[2-10]。

需要指出的是，实际应用的表面光电压与 PCD 方法在表征半导体少子扩散长度或少子寿命时，对应的测试条件和测试的结果是有所区别的，突出体现在：① 表面光电压方法在表征电阻率较低的半导体材料上更具优势，而此时 PCD 方法通常得到的信号强度很弱难以满足测试要求。② 表面光电压与 PCD 测试在光注入强度上差别巨大。表面光电压法是小注入测量，而 PCD 法通常注入的光子密度比 SPV 高 5 到 6 个数量级。近期的研究表明，这样的注入强度差异将导致深能级缺陷的复合特性产生变化，使得通过 PCD 测得的少子寿命和 SPV 测得的扩散长度值不再满足 $L=\sqrt{D\tau}$ 关系。

本章首先阐述了表面光电压技术测量少子扩散长度的基本原理及其理论拓展，介绍了扩散长度测试系统的构成和功能，接着描述了测试样品的制备以及测试工艺，特别强调了影响测试的各种因素及应对措施，最后列出了扩散长度测试的应用和实例。

4.1 表面光电压测试原理

少子扩散长度与半导体材料的少子扩散系数及其寿命存在关系 $L=\sqrt{D\tau}$ ，而相同的半导体材料，其少子扩散系数一般不会变化，因此少子扩散长度仅由少子寿命决定。少子寿命是由多种复合过程所决定的，具体讨论见前面一章。下面我们主要通过建模来讨论少子扩散长度与测试信号之间的关系。

4.1.1 古德曼关系

半导体材料的表面光电压(SPV)与表面载流子浓度存在着一定的函数关系，但是非常复杂，古德曼(Goodman)简化了这一关系，推导出可用来直接获取少子扩散长度的简单关系式。

以 p 型半导体为例，少子为电子。样品受激后少子的分布如图 4.1 所示。图中半导体材料样品的厚度为 d，反射率为 R，少子载流子扩散系数为 D，少数载流子扩散长度为 L，前、后表面的复合速率(SRV)分别表示为 S_F 和 S_B。从正面照射到半导体材料表面的单色光的光子流密度为 Φ，对应波长为 λ，吸收系数为 α。假设半导体材料在吸收光子后透射光只沿 x 方向衰减，y、z 平面无限大，边缘效应

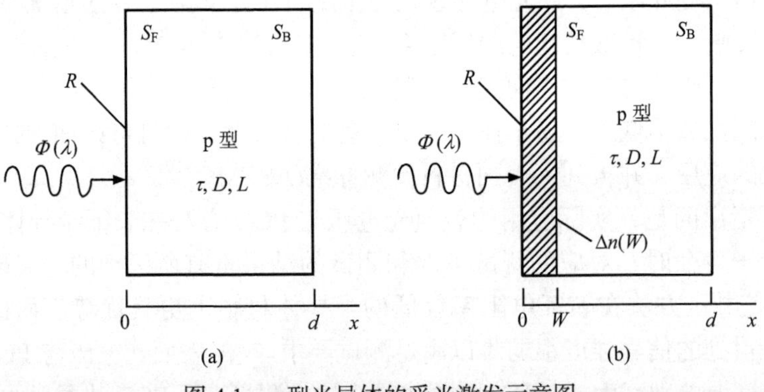

图 4.1 p 型半导体的受光激发示意图

(a) 中性条件；(b) 表面引入空间电荷区 SCR[11]

可以忽略，此时满足一维近似。因此，在入射光激发的非平衡载流子浓度($\Delta n(x)$)远远小于多数载流子浓度时，$\Delta n(x)$的一维稳态连续方程可写为

$$D\frac{\mathrm{d}^2\Delta n(x)}{\mathrm{d}x^2}-\frac{\Delta n(x)}{\tau}+G(x)=0 \tag{4.1}$$

其边界条件为

$$\frac{\mathrm{d}\Delta n(x)}{\mathrm{d}x}\Big|_{x=0}=S_{\mathrm{F}}\frac{\Delta n(0)}{D} \tag{4.2}$$

和

$$\frac{\mathrm{d}\Delta n(x)}{\mathrm{d}x}\Big|_{x=d}=-S_{\mathrm{B}}\frac{\Delta n(d)}{D} \tag{4.3}$$

式中τ为少子寿命，$G(x)$为少数载流子的产生速率，由式(4.4)给出：

$$G(x,\lambda)=\Phi(\lambda)\alpha(\lambda)[1-R(\lambda)]\exp(-\alpha(\lambda)x) \tag{4.4}$$

假设一个光子会相应产生一对电子–空穴。将边界条件式(4.2)和式(4.3)代入式(4.1)，解得[11]

$$\begin{aligned}\Delta n(x)=\frac{(1-R)\Phi\alpha\tau}{(\alpha^2L^2-1)}&\left\{\left[K_1\sinh(\frac{d-x}{L})+K_2\cosh(\frac{d-x}{L})\right.\right.\\&\left.+\mathrm{e}^{-\alpha d}\left[K_3\sinh(\frac{x}{L})+K_4\cosh(\frac{x}{L})\right]\right]\\&\left.\times\left[\left(\frac{S_{\mathrm{F}}S_{\mathrm{B}}L}{D}+\frac{D}{L}\right)\sinh(\frac{d}{L})+(S_{\mathrm{F}}+S_{\mathrm{B}})\cosh(\frac{d}{L})\right]^{-1}-\mathrm{e}^{-\alpha x}\right\}\end{aligned} \tag{4.5}$$

这里有

$$\begin{aligned}K_1&=\frac{S_{\mathrm{F}}S_{\mathrm{B}}L}{D}+S_{\mathrm{B}}\alpha L \qquad K_2=S_{\mathrm{F}}+\alpha D\\K_3&=\frac{S_{\mathrm{F}}S_{\mathrm{B}}L}{D}-S_{\mathrm{F}}\alpha L \qquad K_4=S_{\mathrm{B}}-\alpha D\end{aligned} \tag{4.6}$$

对于存在表面势垒的半导体而言，在样品表面存在着空间电荷区，类似于pn结的空间电荷区。当大于禁带宽度的光照射半导体时，产生的非平衡载流子会受到表面空间电场的影响重新分布，电场会对电子和空穴进行吸引和排斥，使其分离并积累在空间电荷区边缘，而非平衡载流子的积累会产生附加电压，即表面光电压(SPV)，如图 4.1(b)所示。假设空间电荷区的宽度为 W，当产生的 SPV $\ll kT/q$ (其中 k 为玻尔兹曼常数，T 为绝对温度，q 为基元电荷)时，在空间

电荷区边缘的非平衡载流子的浓度($\Delta n(W)$)和 SPV 的关系为

$$\Delta n(W) = n_0\left[\exp(q\mathrm{SPV}/kT) - 1\right] \approx n_0 q\mathrm{SPV}/kT \tag{4.7}$$

这里的 n_0 是热平衡条件下的少子浓度。

为了确定表面光电压的值，我们还需要一个$\Delta n(W)$的表达式。当 $x = W$ 时，表达式(4.5)变成

$$\begin{aligned}\Delta n(W) = A\Bigg\{&\Bigg[K_1\sinh(\frac{d-W}{L}) + K_2\cosh(\frac{d-W}{L})\\&+\mathrm{e}^{-\alpha d}\left(K_3\sinh(\frac{W}{L}) + K_4\cosh(\frac{W}{L})\right)\Bigg]\\&\times\left[\left(\frac{S_\mathrm{F}S_\mathrm{B}L}{D} + \frac{D}{L}\right)\sinh(\frac{d}{L}) + (S_\mathrm{F}+S_\mathrm{B})\cosh(\frac{d}{L})\right]^{-1} - \mathrm{e}^{-\alpha W}\Bigg\}\end{aligned} \tag{4.8}$$

其中 $A = \dfrac{(1-R)\Phi\alpha\tau}{(\alpha^2L^2-1)}$。

通常，空间电荷区宽度 W 远远小于样品厚度 d，因此 $d - W \approx d$；同时，样品厚度一般又远远大于少子的扩散长度，即 $d - W \gg L$；因此，式(4.8)可以简化为

$$\begin{aligned}\Delta n(W) = A\Bigg\{&\Bigg[(K_1+K_2)\left[\cosh(\frac{W}{L}) - \sinh(\frac{W}{L})\right]\\&+\mathrm{e}^{-\alpha d}\left[K_3\sinh(\frac{W}{L}) + K_4\cosh(\frac{W}{L})\right]\Big/\cos(d/L)\Bigg]\\&\times\left(\frac{S_\mathrm{F}S_\mathrm{B}L}{D} + \frac{D}{L} + S_\mathrm{F} + S_\mathrm{B}\right)^{-1} - \mathrm{e}^{-\alpha W}\Bigg\}\end{aligned} \tag{4.9}$$

对于 $W \ll L$ 以及 $\alpha(d-W) \approx \alpha d >> 1$ 的情况，上式可进一步简化得到

$$\begin{aligned}\Delta n(W) = \frac{(1-R)\Phi\alpha\tau}{(\alpha^2L^2-1)}\Bigg\{&\left[(K_1+K_2)\left(1-\frac{W}{L}\right)\right]\\&\times\left(\frac{S_\mathrm{F}S_\mathrm{B}L}{D} + \frac{D}{L} + S_\mathrm{F} + S_\mathrm{B}\right)^{-1} - \mathrm{e}^{-\alpha W}\Bigg\}\end{aligned} \tag{4.10}$$

假设 $\alpha W \ll 1$，会导致：

$$\Delta n(W)=\frac{(1-R)\Phi\alpha L}{(\alpha^2L^2-1)}\left\{\left[(S_F+\frac{D}{L})(\alpha L-1)\left(1+\frac{S_FW}{D}\right)\right]\right.$$
$$\left.\times\left(S_FS_B+\frac{D}{L}(\frac{D}{L}+S_F+S_B)\right)^{-1}\right\}$$
$$=\frac{(1-R)\Phi\alpha L}{(\alpha L+1)}\left\{\left[(1+\frac{D}{S_BL})\left(1+\frac{S_FW}{D}\right)\right]\right.$$
$$\left.\times\left(S_F+\frac{D}{L}(1+\frac{D}{S_BL}+\frac{S_F}{S_B})\right)^{-1}\right\} \tag{4.11}$$

如果背表面对应很高的复合速率，如 $S_B\to\infty$，等式(4.11)变为

$$\Delta n(W)=\frac{(1-R)\Phi\alpha L}{(\alpha L+1)}\left(\frac{1+S_FW/D}{S_F+D/L}\right) \tag{4.12}$$

通常 $S_FW/D\ll 1$，将 $L=\sqrt{D\tau}$ 关系代入式(4.12)整理后得到

$$\Delta n(W)=\frac{(1-R)\Phi}{(S_F+D/L)}\frac{L}{(\alpha^{-1}+L)} \tag{4.13}$$

将上式代入式(4.7)，得到

$$\mathrm{SPV}=C_1\frac{(1-R)\Phi}{(S_F+D/L)}\frac{L}{(\alpha^{-1}+L)} \tag{4.14}$$

这里 $C_1={kT}/{n_0q}$，同时 $1/\alpha$ 也被称为透射深度，单位为μm。

当然，如上所述，要使等式(4.14)成立，至少需要满足 5 个基本边界条件，分别是

$$\begin{gathered}1/\alpha\gg W\\ L\gg W\\ 1/\alpha\ll d\\ L\ll d\\ \Delta n(W)\ll p_0\end{gathered} \tag{4.15}$$

这里，p_0 为多数载流子浓度，上述 5 个关系式都有其物理意义，将在 4.1.3 节中具体讨论。

4.1.2　少子扩散长度

从式(4.14)可以看出，SPV，Φ 以及 $(\alpha^{-1}+L)$ 三项存在着简单关系，由于 L 存在于第三项中，因此第三项中的吸收系数必须作为变量。分别将 SPV 和 Φ 值固定，就可以得到两种测试扩散长度的基本方法："恒定表面光电压法"和"线性表面光电压法"；在此基础上，人们结合电化学原理还发展出了一种"液结表面光电压法"。

1. 恒定表面光电压法

从式(4.14)出发，Goodman 发现[12]：如果表面光电压保持和对应波长下的非平衡载流子浓度成线性关系，就可以通过调节光子流，控制表面光电压的信号强度不变，即 SPV = 常数，此时式(4.14)变形后得到关系：

$$\frac{\Phi}{(\alpha^{-1}+L)}=\frac{\text{SPV}}{C_1}\frac{(S_{\text{F}}+D/L)}{(1-R)L} \tag{4.16}$$

在整个测试过程中，由控制反馈保持 SPV 恒定，而 S_{F}，D，L，R，C_1 都是与材料性质或环境相关的参数，通常保持恒定，上式可写成

$$\Phi(\lambda)=C_2(\alpha^{-1}+L) \tag{4.17}$$

其中 $C_2=\frac{\text{SPV}}{C_1}\frac{(S_{\text{F}}+D/L)}{(1-R)L}$ 为常数。

式(4.17)表明，改变入射光波长并绘制出 $\Phi(\lambda)$ 与 $\alpha(\lambda)^{-1}$ 的关系图，拟合直线在 x 轴上的截距值就是$-L$，少子扩散长度就此可以得到，利用 $\Phi(\lambda)$ - $\alpha(\lambda)^{-1}$ 关系得到的扩散长度外推图被称为 Goodman 图。Goodman 图是扩散长度外推图的总称，另一种常见的 Goodman 图是利用 $\Phi(\lambda)/\text{SPV}(\lambda)$ - $\alpha(\lambda)^{-1}$ 关系，将在线性表面光电压法一节中有具体阐述。

图 4.2 显示了具有不同表面复合速率的 InP 样品在不同表面光电压下(SPV)条件下的 Goodman 图。从图中可以看出：SPV 和 SRV 作为两项可变参数，不同参数下 Goodman 图中对应的拟合直线在 x 轴上的截距始终相交于一点，这表明 SPV 信号强度对少子扩散长度测试结果没有影响，同时样品的表面复合速率也不影响测试寿命值。实际上，当 SPV 和 SRV 值突破某临界时，线性假设已经不满足，因此将影响扩散长度的测量，在后面的章节中将分别讨论。

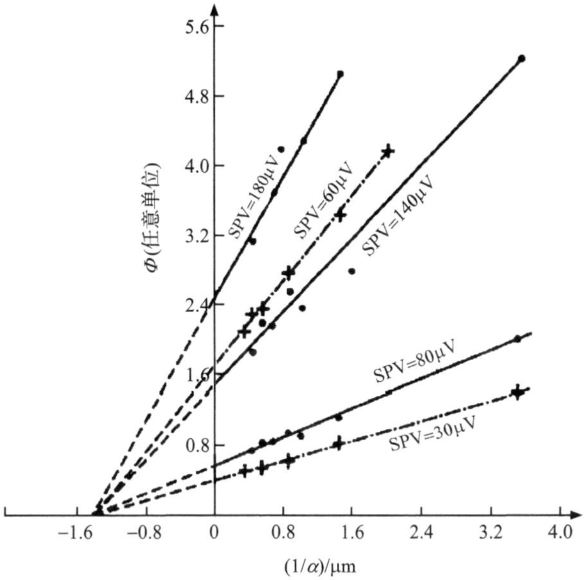

图 4.2 恒定表面光电压法对应的扩散长度外推图(亦称为 Goodman 关系图)，以及表面复合速率(SRV)和 SPV 信号强度对扩散长度测试的影响[13]

圆点(●)对应于较低 SRV 的 InP 样品，加号(+)对应于较高 SRV 的 InP 样品。虽然 SRV 和 SPV 会影响拟合直线的斜率，但都不会改变外推得到的扩散长度值

2. 线性表面光电压法

由于调整 SPV 保持恒定的过程耗费时间，Quilliet 和 Gosar[14]将“恒定表面光电压法”进行改造，用固定入射光子流来替代固定 SPV 值，发展出一种“线性表面光电压法”。它利用的仍是 SPV-Δn 关系中满足线性的区域。将式(4.16)中的 SPV 参数移到等式左侧可得到

$$\frac{\varPhi}{(\alpha^{-1}+L)\mathrm{SPV}}=\frac{1}{C_1}\frac{(S_{\mathrm{F}}+D/L)}{(1-R)L} \tag{4.18}$$

这里的 SPV 不再保持恒定，而其他参数仍为常数，因此上式可改写为

$$\frac{\varPhi}{\mathrm{SPV}}=C_3(\alpha^{-1}+L) \tag{4.19}$$

其中 $C_3=\dfrac{1}{C_1}\dfrac{(S_{\mathrm{F}}+D/L)}{(1-R)L}$ 为常数。

等式(4.19)与式(4.17)相比，只是将比值 $\varPhi/\mathrm{SPV}(\lambda)$ 取代 $\varPhi$ 值，L 可以通过同样方法线性拟合得到，与图 4.2 的结果类似(如图 4.3)。

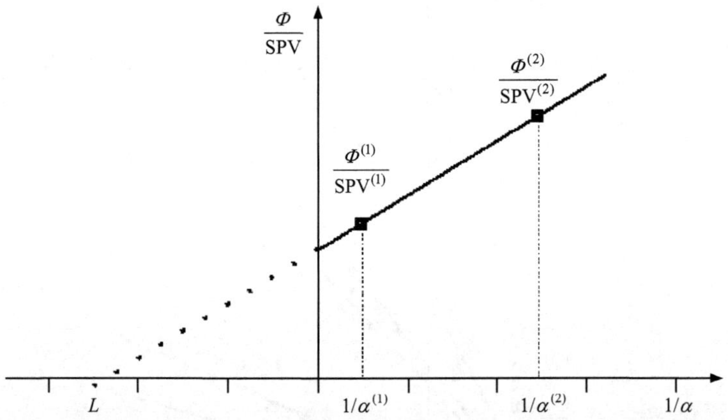

图 4.3　线性表面光电压法对应的扩散长度外推图(亦称为 Goodman 关系图)[15]

3. 恒定和线性表面光电压法比较

无论是恒定表面光电压法还是线性表面光电压法，测试时都需要表面光电压和对应波长下的非平衡载流子浓度呈线性关系，其测试结果才有效。图 4.4 对比了两种方法在 SPV 设值上的差异。通常，恒定 SPV 法是在测试过程中调整 SPV 值为预设值，它可以通过对任一波长光Φ-1/α线性关系的预测而得到，并可以保证在后续测试中其他波长的光也满足Φ-1/α线性条件。同时，预设 SPV 值越大，得到的测试结果越精确。

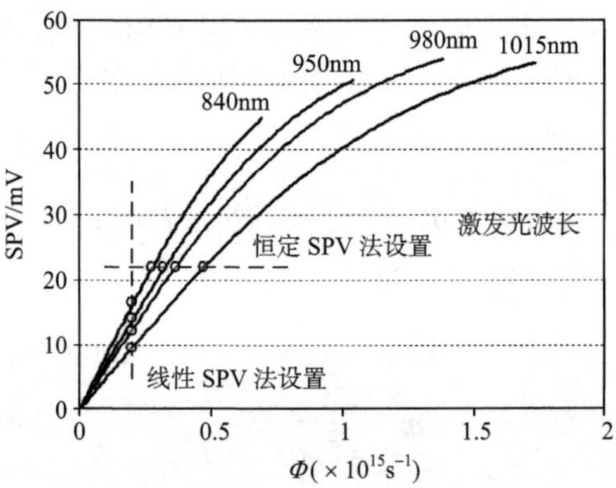

图 4.4　不同波长光照情况下，表面光电压和光子流密度的关系，显示了恒定和线性表面光电压技术的控制特点[15]

而线性 SPV 方法是固定不同波长的光子流密度(Φ)，通过测量 SPV 值，利用Φ/SPV 的比值来绘制Φ/SPV-1/α外推图的。以硅单晶为例，在相同光子流密度Φ

下，短波光(吸收系数较大)对应的 SPV 值较大，通过对预测短波光的Φ-1/α线性关系可以确定Φ值上限；当Φ值设定小于该极限值时，可以保证所有波长都满足Φ-1/α线性条件；但对于长波光(吸收系数很小)，其 SPV 值很小，使得测试误差增加，会导致Φ/SPV-1/α外推图中直线拟合偏差较大。

Howland 和 Fonash 等比较了两种 SPV 方法在肖特基接触条件下的测试结果差异[16]。结果表明：当 SPV 信号足够小时，两种方法得到的结果完全一致。然而，当其信号强度超出 kT/q 的 0.61%后，线性 SPV 方法将出现异常，获得的扩散长度值偏离真实值。

虽然线性 SPV 的测试误差可能大些，但是它能够进行快速测试。与恒定 SPV 方法不同，它不需要通过反馈来控制得到恒定的 SPV 值，只需测出光子流密度下不同波长光对应的 SPV 值，从而大大提高了测试速率。目前，线性 SPV 方法已经成为了生产线监控的主要选择[17, 18]，特别是在铁杂质的测量中，SPV 测试必须在 Fe—B 复合体被光照打散后的几分钟内完成，只有利用线性 SPV 技术才能满足速度要求，否则 Fe—B 将重新复合。

4. 液结表面光电压法

半导体和电介质溶液接触时会由于化学势不同而产生能量梯度，这种能量梯度会改变半导体表面的载流子分布，从而产生势垒，类似于肖特基结，称为“液结”。在线性表面光电压技术的基础上，利用液结特性，人们发展出了一种“液结表面光电压方法”。当光透过液体进半导体材料时，其回路电流和少子扩散长度的关系式可用 Gartener 方程描述[19]。对硅而言，当单色入射光的波长在 1.1 μm > λ > 0.8 μm 范围时，该方程可简化为

$$I_0 / I_{ph} = \frac{1}{L+W}(L+\alpha^{-1}) \tag{4.20}$$

其中，I_0 和 I_{ph} 分别对应为无光照和有光照条件下的回路电流，W 为界面势垒宽度。因此，在样品电位恒定的情况下，如确定了 I_0 值，改变入射单色光波长，测得不同光波长对应 I_{ph} 值从而计算出 I_0/I_{ph} 比值，通过 I_0/I_{ph}-1/α关系外推可以得到少子扩散长度 L 值，如图 4.5 所示。此时，式中 W 可近似取作 1~2 μm，它对计算结果影响较小。该方法类似于线性表面光电压法，没有反馈过程，因而测试速度较快。

液结表面光电压法主要适用于无表面势垒层的半导体材料，并且液结容易去除，不会破坏样品表面，但该方法是一种接触式测试，对样品的沾污较为严重。而恒定和线性表面光电压技术都是无接触测试，近年来应用了电晕放电技术之后，这两种技术也适用于无表面势垒层的半导体，但制结和电晕放电也都会对半导体材料表面进行破坏。

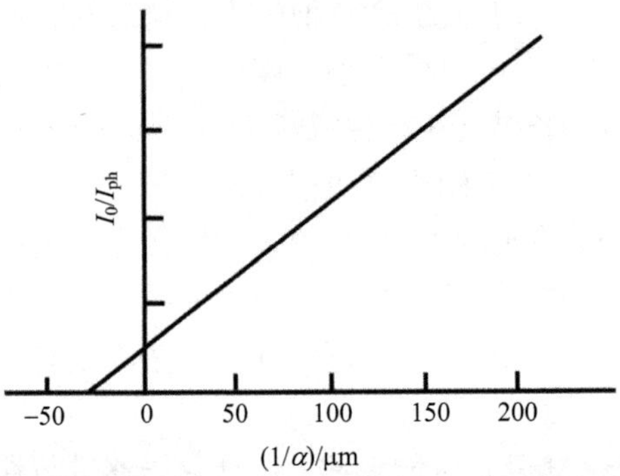

图 4.5　液结表面光电压法的 I_0/I_{ph}-α^{-1} 关系曲线[20]

被测样品采用 n-Si/CH_4CN+$(CH)_4NCl$ 液结结构

4.1.3　理论修正

由于表面光电压技术测试少子扩散长度是建立在 Goodman 关系的基础之上，因此，要保证其测试结果的有效性，必须满足其基本假设，即等式(4.14)中所列的 5 个边界条件。即

$$1/\alpha \gg W \tag{4.21a}$$

$$L \gg W \tag{4.21b}$$

$$1/\alpha \ll d \tag{4.21c}$$

$$L \ll d \tag{4.21d}$$

$$\Delta n(W) \ll p_0 \tag{4.21e}$$

最初的两个条件是指穿透深度$1/\alpha$和扩散长度 L 必须远远大于空间电荷区宽度 W，这样才能忽略空间电荷区相关过程的影响。其后的两个条件是指穿透深度$1/\alpha$和扩散长度 L 要远远小于样品厚度，这样就使得光子和非平衡载流子都不会到达样品的背面，因此背面接触的影响可以忽略。最后，第五个条件是指测试过程需满足小注入条件。

然而，在很多情况下，上述条件不能同时全部满足。如果对测试条件不加分析，可能导致测得的扩散长度($L_{测试}$)严重偏离真实的扩散长度 L。因此，需要针对不同不满足假设条件的情况，对表面光电压测试少子扩散长度的理论进行修正。

1. 不满足条件$1/\alpha \gg W$时

在不满足$1/\alpha \gg W$条件时，Φ-$1/\alpha$外推图中在穿透深度较小区间会出现明显非线性，表现为一个小小的翘起，如图 4.6 中所示。这是因为测试过程中，光生非平衡载流子大部分位于势垒层中，这些非平衡载流子将流向表面，形成复合电流[21]。这种情况下，表面光电压(SPV)信号将会减弱，需提供更大的光子流密度才能保持非平衡载流子浓度的一致，从而导致曲线上翘。当然，在穿透深度较大时，如果 $1/\alpha \gg W$ 能成立，扩散长度 L 仍然可以测量，只需利用大穿透深度时光子流和 $1/\alpha$ 的曲线的线性区域即可。

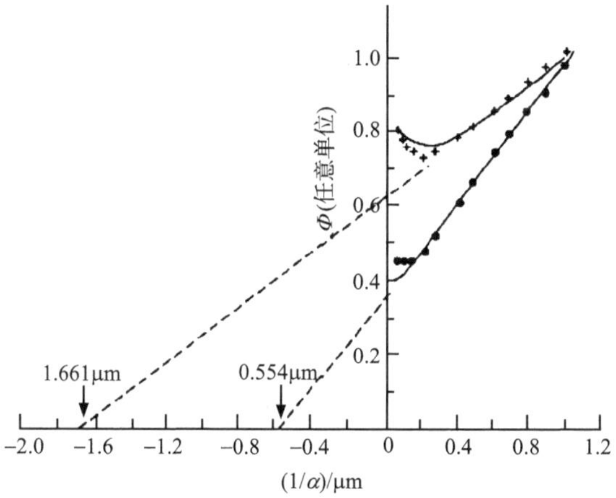

图 4.6 a-Si:H 的光子流和 $1/\alpha$ 的曲线图(Goodman 图)[21]

由于 a-Si:H 中的载流子浓度较低，对应的表面空间电荷区宽度较大，通过施加光照增加载流子浓度可以减小表面势垒区宽度。圆点(●)对应于 1 个太阳常数的光照，加号(+)对应无光照条件，前者在短波区域的翘曲现象明显弱于后者

2. 不满足条件 $L \gg W$ 时

对于大多数半导体材料，少子扩散长度 L 值至少有 1 μm，都能满足 $L \gg W$ 条件，但也有例外，如 a-Si:H。由于 a-Si:H 的有效载流子浓度很低，使得 W 值常常很大，甚至可以与 L 相比；同时，a-Si:H 高密度的陷阱对非平衡载流子的俘获会导致 L 值很小，从而使 $L \gg W$ 条件难以满足。通过数值模拟计算，人们发现：在条件 $L \gg W$ 不满足时，实际测得的少子扩散长度反映了一种场增强的少子收集长度[22]，它粗略地等于扩散长度 L 与空间电荷区宽度 W 的和。

早期，在不满足 $L \gg W$ 条件下测量扩散长度，主要通过引入高强度偏光来实现。通常，高强度光照能增加有效载流子浓度，导致 W 随光强增大而减小，从而可满足 $L \gg W$ 条件[22-24]。

3. 不满足条件 $1/\alpha \ll d$ 时

若样品很薄，将不满足条件 $1/\alpha \ll d$，此时入射光在样品中会出现多次反射，因此式(4.4)中非平衡载流子的产生速率就不能再用这样简单的表达式来表示，浓

度 $\Delta n(W)$ 与穿透深度 $1/\alpha$ 近似关系遭到破坏，导致 Φ-$1/\alpha$ 外推图中出现非线形。

通常背面存在器件结构或表面层时，样品背面会形成势垒层，另外背表面裸露的样品与测试台之间的接触也可能形成势垒层，这些势垒层对应着空间电荷区。如果前后表面同时存在空间电荷区，就会形成势垒串接，在不满足条件 $1/\alpha \ll d$ 时，这种势垒串接就会导致 Goodman 图中曲线产生非线性。例如，对于 a-Si:H 薄膜，这种情况就比较显著。

为了消除样品背面空间电荷区影响，Chiang 等提出了一种微分 SPV 方法，其原理是利用光子能量刚好等于禁带宽度值的光来照射样品，由于这种光具有很大的穿透深度，其产生的非平衡载流子使得贯穿整个样品的载流子浓度都得到增大，从而能够同时减小正面和背面空间电荷区造成的能带弯曲，这使得在任何条件下能保证测准扩散长度值[25]。这种构思虽然简练，但是要结合复杂的偏光变换过程才能实现。另外，在背面加载浅入射深度的光照(前提是背电极至少半透明)，也能消除背面的能带弯曲；或者通过背面喷砂处理[26]，增强背面复合，也可以消除背面空间电荷区的影响。

4. 不满足条件 $L \ll d$ 时

如果样品相对扩散长度较薄，将导致测试不再满足 $L \ll d$ 条件。此时，样品正表面附近区域产生的非平衡载流子会到达背表面，半无限假设不再成立，仍然使用常规方法来测量扩散长度会引入较大的误差。

近年来，由于工业用硅晶体质量的提高，其扩散长度已经达到几百微米量级，甚至超出了的硅片厚度，有可能使得条件 $L \ll d$ 难以满足，从而导致测量的少子扩散长度低于实际的扩散长度。图 4.7 所示的是，不同背表面复合速率(S_B)条件下，

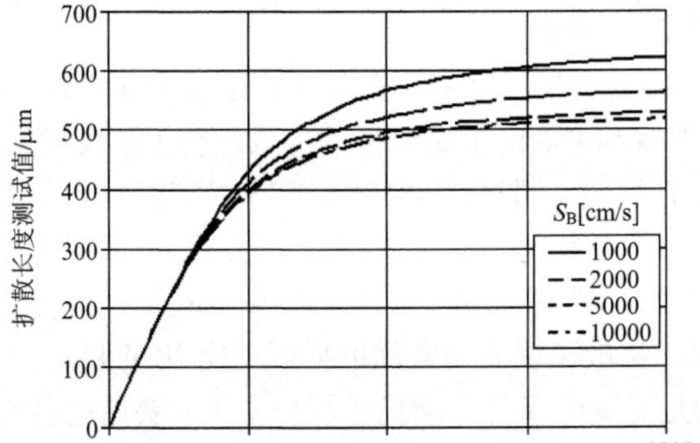

图 4.7　在不同背表面复合速率(S_B)条件下，线形表面光电压法测得的扩散长度与真实扩散长度的关系

对于 650 μm 厚度的硅片，当材料的真实扩散长度超过硅片厚度的 1/3 时，测得的扩散长度值开始偏离真实值，并受到背表面复合速率的影响[15]

线形表面光电压法测得的扩散长度与真实扩散长度的关系。从图中可以看出，在测试厚度 650 μm 的硅片时，如果扩散长度在 300 μm 以下，测试的扩散长度和真实的扩散长度相同，几乎没有测量误差；当扩散长度逐渐增大，接近样品厚度时，测量拟合的少子扩散长度就会远远低于真实的扩散长度，并始终小于 650 μm(样品厚度)。进一步地，由于中性区域内产生的光生载流子将进入背面的空间电荷区，样品的背面特性对也将对 SPV 测试产生较大影响，从图中也可以看出，当背面复合速率从 1000cm/s 增加到 10000cm/s，测试的扩散长度就会更加偏离真实值，而且，扩散长度越大，偏离越严重。理论计算表明，只有当 S_B 与体内复合速率满足一定关系时，样品厚度不足的影响才有可能会消失。

利用半无限边界条件：

$$D\frac{d\Delta n(x)}{dx}\Big|_{x=d} = -S_B\Delta n(d) \tag{4.22}$$

代入连续性方程(4.1)求解。当 S_B 满足 $S_B = D/d$ 时，扩散长度的测试范围将被大大拓展，如图 4.8 所示[27]。

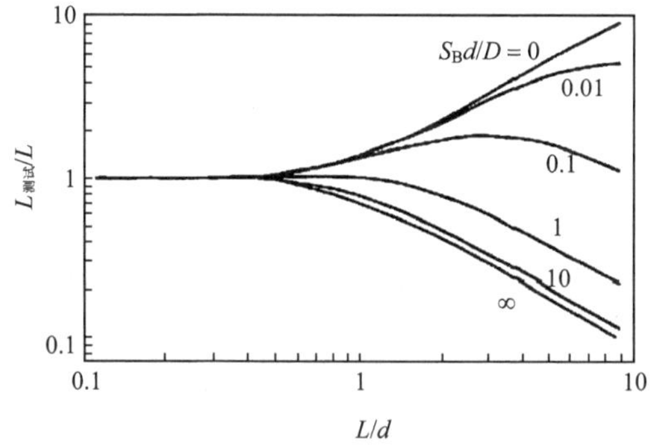

图 4.8 随着材料扩散长度与样品厚度比值的不断减小，SPV 方法测得的扩散长度与真实值的偏离度同背表面复合速率的关系[27]

$S_B\,d/D$ 的比值定义为的背表面非平衡载流子的复合电流与扩散电流的比值

实际上，精确控制 S_B，使其满足 $S_B = D/d$ 的条件是不可能实现的。Anttila 和 Hahn 提出了一种折中方法[26]，即在很高和很低的 S_B 情况分别测试扩散长度，再进行几何平均。鉴于样品厚度对少子扩散长度测试精度的严重影响，为了获得半导体材料少子扩散长度的真实值，通常实现需要对材料的扩散长度进行预测，当测试值接近材料厚度时，应该选取较厚的样品来进行测试。

5. 不满足条件 $\Delta n(W) \ll p_0$ 时

在测量少数载流子扩散长度时，必须满足非平衡载流子浓度远远小于多数载流子浓度，即满足小注入条件。如果注入剂量不是足够小，那么贯穿中性区域会产生新的电场，如丹倍(Dember)电场。此时，光注入产生的非平衡载流子浓度$\Delta n(x)$的一维稳态连续方程改写为

$$\mu_{\mathrm{a}} E(x)\frac{\mathrm{d}\Delta n(x)}{\mathrm{d}x}+D_{\mathrm{a}}\frac{\mathrm{d}^2\Delta n(x)}{\mathrm{d}x^2}+G(x)-R(x)=0 \tag{4.23}$$

其中μ_{a}和D_{a}分别为偶极迁移率和扩散系数，分别为

$$\mu_{\mathrm{a}}=\frac{(n-p)\mu_{\mathrm{a}}\mu_{\mathrm{p}}}{n\mu_{\mathrm{a}}+p\mu_{\mathrm{p}}},\qquad D_{\mathrm{a}}=\frac{(n+p)D_{\mathrm{n}}D_{\mathrm{p}}}{nD_{\mathrm{n}}+pD_{\mathrm{p}}} \tag{4.24}$$

显然，如果小注入条件，使得丹倍电场(E)效应可以忽略，式(4.23)就和式(4.1)相同。如果注入剂量居中，那么测得的扩散长度为少子扩散长度和偶极化扩散长度的综合，难以分辨。因此，对于轻掺半导体而言，需预先测定其载流子浓度，并调整激发光强以满足小注入条件。

4.2　表面光电压测试系统

表面光电压测试的基本原理是用大于半导体材料禁带宽度的能量照射半导体材料，在其内部将产生电子–空穴对。这些非平衡的电子–空穴在浓度梯度和电场的作用下将会分离、迁移，在表面空间电荷区边缘处的积累，最终导致了表面光电压的形成。然后，采用电容耦合的方法，无须和样片表面直接接触，即可将表面光电压信号耦合到锁相放大器进行放大、测量。

因此，通常表面光电压测试系统都由四大部分组成，分别是光源系统、样品台、SPV 信号探测系统以及数据处理系统，如图 4.9 所示。

光源系统是由卤素灯、单色仪或滤光片、斩波器、波形分析器以及光子计数器或光探测器构成。光源必须能提供光强可控的、不同波长的单色光，常用的波长范围为 0.8~1.0 μm(能量范围 1.55~1.24eV)，这可通过使用单色仪加载滤光片(图 4.9)或利用几个具有不同波长的激光器来实现。然后，单色光经斩波器变成一定频率的交变光，以便将信号进行放大。一般要求斩波频率要足够低，以满足稳态测试条件。随后，交变光通过波形分析器，它起着窄带检出器的作用。最后，利用光纤、聚光镜或透镜对交变光进行聚焦，可以通过光子计数器或光探测器探测光子流密度。

样品台要求能够与样品背面进行电容耦合，并且能够透光，所以通常用透明的导电 ITO 玻璃来制作。

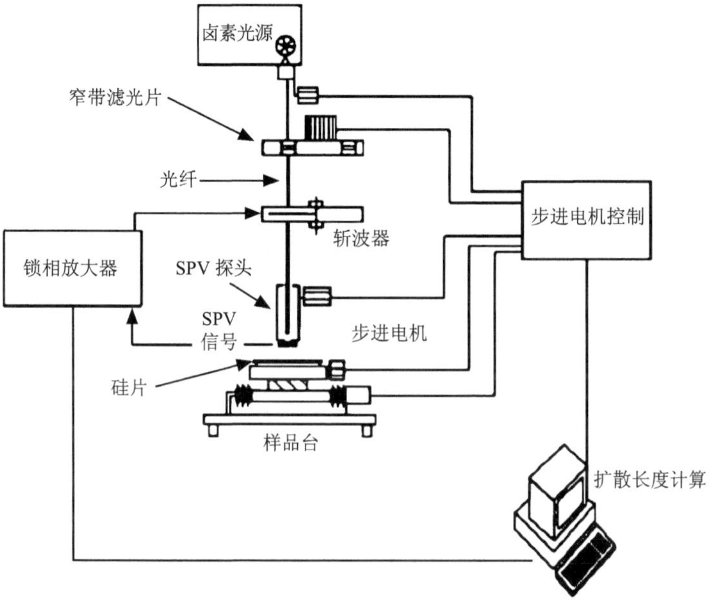

图 4.9 SPV 设备的结构示意图[17]

SPV 信号探测系统主要是利用锁相放大器,它与光源系统之间存在信息反馈。另外，作为传感器的电容板(即帘栅探头)必须透光，一般由高性能的金属线网、半透明的金属薄膜构成，其探头结构如图 4.10 所示。

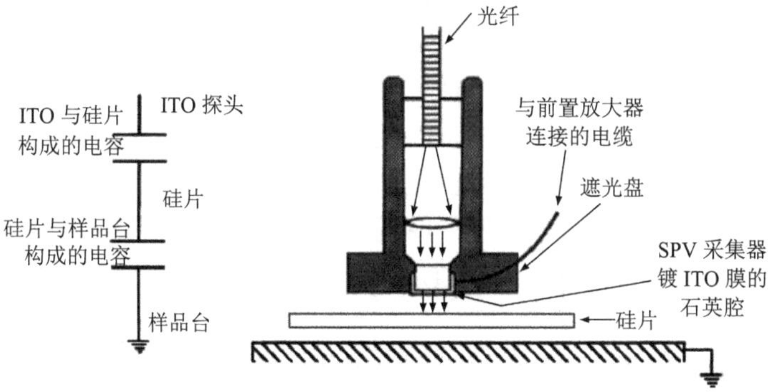

图 4.10 表面光电压测试探头的结构[17]

液结 SPV 装置和标准 SPV 法测试装置基本相同，由于该方法不要求样品输出信号恒定，所以信号反馈系统可以省去。另外，实验中样品需要与电解质接触形成液结，然后利用铂金电极与样品电极构成测试回路，其结构示意图如图 4.11 所示。

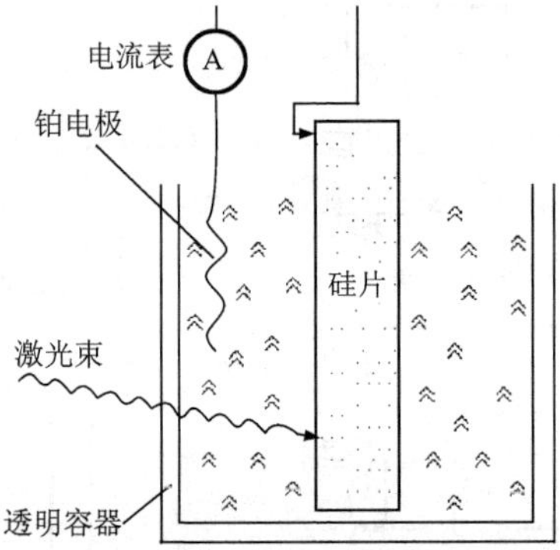

图 4.11　液结 SPV 系统中探头的结构示意图

4.3　表面光电压测试样品和测试工艺

4.3.1　测试样品

为尽量减小分析难度，直接、准确地获取少子扩散长度，样品的选取、正面制结和背面处理应满足以下要求：

1. 样品厚度

为了使测得的 Goodman 图中直线的截距值能代表半导体材料的体扩散长度，外延层或单晶样品的厚度(d)必须大于扩散长度(L)的三倍，即 $L < d/3$。在一些定性测量或引入校准方法之后，可以将扩散长度值的测试范围延伸到 $L < 0.7d$，超过此极限时，测试值将受背表面复合速率的影响并趋于饱和。

例如，在测试重掺硅片上薄外延层的扩散长度时，通过表面光电压测试得到的是表观扩散长度，它是外延层扩散长度和衬底扩散长度的综合，主要取决于低扩散长度的衬底，而薄外延层的扩散长度很难直接测出。如果外延层厚度小于扩散长度的一半，则测出的扩散长度仅仅代表衬底材料的有效扩散长度，而不是外延层真实的扩散长度；如果外延层的厚度是扩散长度的 0.5~4 倍，此时可以对比外延层去除前后的有效扩散长度，通过计算得到外延层扩散长度的真实值。

2. 样品掺杂浓度

在测试之前，需要大概知道半导体材料的掺杂浓度，以便控制光照而产生的电子–空穴对的浓度，使得最终满足小注入条件。

3. 正面制结

为了提高测试精度，通常样品要有平整的表面，同时正面还必须存在强势垒层。一般具有表面势垒层的器件可以直接测量 SPV 信号，如 MOS 器件和太阳电池片。而对于普通硅片，则需要进行表面抛光，并制备表面势垒层。

表面势垒是形成表面光电压，并通过控制光照强度使其满足线性条件的重要前提。如果不存在表面势垒，或者表面势垒很小，在光照条件下很容易就达到所谓的“平带状态”，使表面光电压饱和。因此，高性能的测试需要有足够强度的表面势垒层。

形成强势垒层的方法有制备固定结和可去除结两种：固定结常通过沉积透明或半透明电极形成肖特基势垒(MS 或 MIS 结构)来实现。如果是半透明电极，在测试前还必须测试其透光率，用于修正光子注入密度。而可去除结的形成方法通常是将硅片浸入溶液，n 型硅采用 $CH_4CN+(CH)_4NCl$ 混合液，p 型硅可采用 NaOH 水溶液，由于硅原子和溶液阳离子化学电位不同，在硅片表面就会形成势垒层。

形成弱势垒层的方法主要利用硅片表面的氧化层。如果硅片表面具有厚氧化层，由于界面态的存在，硅片表面也会产生一定的势垒层。若硅片表面只有自然氧化层，则表面势垒一般较弱，测试中对应的 SPV 信号也会很弱，导致测试误差很大。在实际工作中，也可以利用电晕放电技术，在硅片的自然氧化层上沉积电荷，通过正负电荷的偶极作用，从而在硅片表面得到较强的势垒，使得 SPV 测试信号得到增强。以 p 型硅片为例，研究发现：p 型硅片表面势垒随着沉积在氧化层的电荷的增加而逐渐增强(如图 4.12(a)所示)，且沉积的电荷可长时间稳定存在。

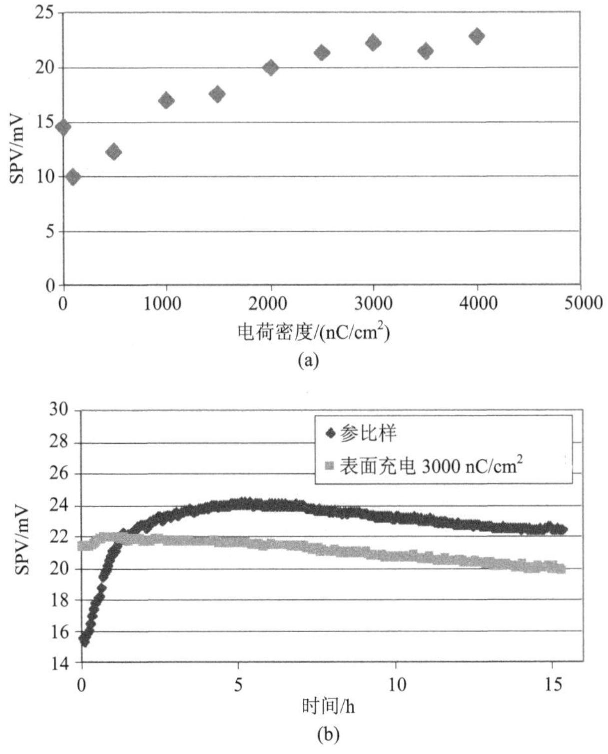

图 4.12

SPV 信号强度与表面电荷密度的关系(a)；氧化层电荷相关的 SPV 信号稳定性(b)：深色(◆)对应 p 型裸硅片，浅色(■)对应表面电荷密度为 3000 nC/cm^2 的 p 型硅片[15]

为保证良好的 SPV 信号，较为理想的表面电荷密度约为 3000 nC/cm^2，如图 4.12(b)所示。从图中可以看出，如果硅片表面具有电荷密度为 3000 nC/cm^2，其 SPV 值随测试时间的延长能基本保持稳定。

4. 背表面处理

在标准测试过程中，样品背面通常需要制备欧姆接触，并要避免光照，否则有可能产生丹倍电势差叠加在表面光电压信号上。但是，由于丹倍电势差与光强、吸收系数的关系与表面光电压相同，如果测试满足了式(4.20)五项条件时，它就不会影响测量结果。另外，将样品背面研磨或喷砂，也可在某种程度上消除丹倍电势差。

4.3.2　测试工艺

1. SPV 测试

样品制备完成后，将其放置在样品台上，背面加载负压，此时需要固定样品并保证样品与样品台有良好接触。在测试固结样品时，电晕放电和测试可以同时进行。另外，在测试前通常需对测试参数进行预设和调整，尽量调整数据点，使之在 Goodman 图中呈线性关系。

2. 液结 SPV 测试

在测试液结 SPV 信号时，要注意选择合适的入射光强等参数。图 4.13 显示了液结 SPV 测试的光电特性[20]，从图中可以看出，当电位小于−1.3V 时，光电流与入射光强成严格的正比关系，且随电位的变化很小。因此，在实际测量时，样品的电位通常需要预测以确定临界值，在测试过程中选取该临界值可以保证光电流信号既大又稳，而且受测试回路中各种串联电阻的影响极小。

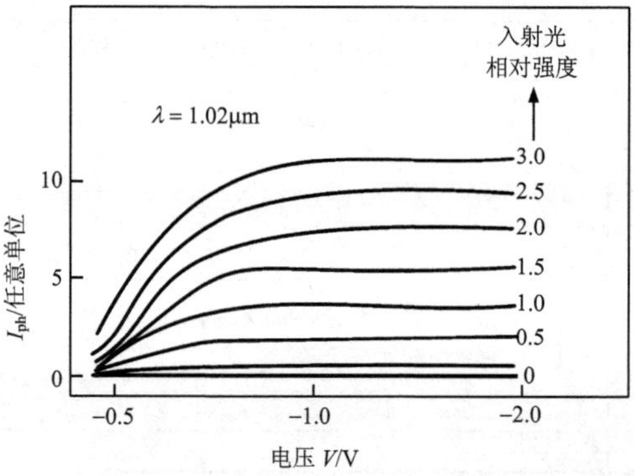

图 4.13　(12±3)Ω · cm p-Si/1M KOH 液结的 I_{ph}-V 关系[20]

4.4　表面光电压测试影响因素

利用 Goodman 图测量半导体材料的少子扩散长度时，需要满足一定的边界条件，如式(4.15)所示。因此，在进行高精度测试时，除了上节提到的对样品有一定的基本要求外，还需要对下列因素加以注意。

4.4.1 吸收系数

在 Goodman 图中，通过光子流密度(或者光电压倒数)与吸收系数倒数的线性关系，可以得到少子的扩散长度。因此，在测试中，吸收系数的稳定是非常重要的，希望不受其他因素影响。事实上，吸收系数会受到光波长的影响。研究已经发现，利用不同的吸收系数，得到的扩散长度的结果也明显不同[26, 28, 29]。M. A. Green 等建议采用 0.7~1.1 μm 范围内激发光，对应的关系式为[30]

$$\alpha = \left(\frac{83.15}{\lambda} - 74.87\right)^2 \tag{4.25}$$

其中，α 是吸收系数(cm^{-1})，λ为波长(μm)。

另外，半导体材料中的应力也是影响吸收系数的因数之一。有较大内应力的硅片，和无应力的硅片相比，其吸收系数会产生明显的差别，导致扩散长度的测试误差。

4.4.2 反射率

通常，利用表面光电压技术测试扩散长度时，人们都会忽略样品反射率的影响。但是，也有研究者认为反射率对扩散长度的测试结果会有影响[23, 31]，尤其在扩散长度值较小时更为显著[29]。

一般情况下，在入射光强度一定时，透射进入样品的光强取决于反射率。对没有氧化层的裸硅而言，通常认为其反射率为常数。但是，当氧化层存在时，其反射率会随着薄膜厚度和入射光的波长而变化，0.7~1.1 μm 范围内其关系式如下[32]：

$$R = 0.3214 + \frac{0.03565}{\lambda} - \frac{0.03149}{\lambda^2} \tag{4.26}$$

其中，R 是反射系数，λ为波长(单位μm)。

因此，在利用表面光电压技术测量扩散长度时，光子流密度必须被修正，去除反射率的影响。此时的光子流密度称为有效光子流密度：$\Phi_{\text{eff}} = (1-R)\Phi$ 。

4.4.3 探针及光斑直径

在表面光电压测试扩散长度时，光斑直径的大小也会影响测量精度。研究证明，对于大扩散长度的样品，如果光斑直径等于探针直径，测得的扩散长度值会小于真实扩散长度值，造成测量误差[33]。例如，光斑和探针的直径同为 6 mm，1500 μm 的扩散长度将被测试为 675 μm，而 750 μm 的扩散长度将被测试为 525 μm，误差相当大。一般认为，当光斑直径和探针直径之差大于两倍真实扩散长度值时，即 $d_{\text{light}} - d_{\text{probe}} \approx 2L$，光斑大小造成的测试误差才可以忽略[34]。另外，如果光斑足够大，还可以减小侧向扩散的影响[35]。在实际测量时，要检验光斑尺寸是否引入误差，可以通过对比光斑照射和全部光照情况下的测试结果来实现[36]。

当然，增加光斑直径是改善测量误差一方面，而减小探针直径则是另一方面。研究发现，减小探针直径不仅也能增加扩散长度 L 值的测试精度，还能够提高扫描图中的侧向分辨率。

4.4.4 温度

温度会导致半导体禁带宽度的改变，从而影响吸收系数，最终导致扩散长度测量误差的出现。一般而言，随着高温升高，半导体禁带宽度会变窄，导致对应的吸收系数增大。因此，如果测试温度高于室温，会导致测得的扩散长度偏大，这主要是其吸收系数发生了改变。

4.4.5 表面复合

半导体材料的表面复合会导致复合电流，通常比较小，因此在计算扩散长度时，这部分电流在理论模型中已经忽略。但是在极恶劣的情况下，如果正面空间电荷区中由于强的表面复合使得复合电流达到了与少子扩散电流相同的数量级，就会导致扩散长度测量的严重误差，因此可以通过表面钝化来减小表面复合速率。

4.4.6 陷阱

半导体材料中的杂质和缺陷能够形成不同形态、不同性质的电学陷阱，这些陷阱的作用在于捕获半导体中的载流子。当光照半导体产生电子–空穴对的时候，除了电子、空穴的直接复合，一些电子会被各种陷阱暂时捕获，稍后又被重新发射进入导带，最终完成与空穴的复合。很明显，陷阱的存在会使测试出的扩散长度偏大。

在实际测量时，可以通过加载稳定的背景光照来减少陷阱的影响[37]。背景光能连续产生电子–空穴对，使得陷阱被充满，而额外的电子–空穴对将可以在陷阱减小的条件下复合，从而减小陷阱的作用，但背景光的应用也会改变注入参数，从而引起测试误差。

4.4.7 扫描方式

恒定表面光电压技术和线性表面光电压技术的扫描方式是不同的。一般认为，恒定 SPV 法需要的时间很长，在线测试时只能测量少数位置点，且侧向分辨率不高；少子扩散长度的高速在线测试主要通过线性 SPV 技术来实现的。

但是，线性 SPV 法的应用也受到多种条件制约。一般而言，它的测试精度较差，为了得到可信的结果，必须对测试过程和样品本身提出更多的要求。例如，只有当注入信号足够小时，恒定 SPV 法和线性 SPV 法得到的结果才完全一致；如果信号太小，在线性 SPV 测试过程中，测试结果更容易受到 SRV 的影响，因此，常常需要非线性校准。

另外，在线性 SPV 方法测试时，样品表面的钝化必须尽可能一致、均匀。如果表面钝化不均匀，会导致不同的表面复合速率，就将引入测试误差[4, 38, 39]。

4.5 表面光电压测试的应用和实例

4.5.1 硅片中的 Fe 浓度测试

铁(Fe)是半导体硅晶体中最常见的金属杂质，也是微电子工业中使用的化学药品中含有的最常见杂质[40]。一般认为，Fe 在硅晶体中处于间隙位置，随着热处理工艺温度的升高，在硅晶体中体现出高的固溶度和快的扩散特性，因此，在微电子硅材料和器件的制备过程中，Fe 十分容易被引入到硅片中。研究已经证明，Fe 的引入会造成集成电路性能的严重下降，如 Fe 的沾污会导致 MOS 型集成电路的漏电流增加[41, 42]，击穿电压下降[17, 43, 44]，以及产生辐射硬化[42]；它还会导致双极型器件性能下降[17, 45]，以及功率器件的击穿电压下降[46]。

研究发现，对于 p 型掺硼的硅单晶，掺杂剂 B 可以和 Fe 复合，形成 FeB 复合体，一种带正电的缺陷，其反应方程式如下：

$$Fe_i^+ + B^- \leftrightarrow FeB \tag{4.27}$$

一般认为，在室温下，如果硼的浓度大于 $10^{14}cm^{-3}$ 时，Fe 可以全部和 B 作用形成 FeB 复合体。当温度大于 200℃时，这些 FeB 复合体又被分解，重新成为间隙的 Fe(Fe_i)和替位的 B。因为 Fe_i 引入的能级位置比 FeB 复合体的能级更接近禁带中部，为更有效的复合中心，因此热处理后，硅片的少子寿命、扩散长度将降低。

在第 3 章的 3.3.5 节，已经介绍了利用微波光电导技术，通过测量热处理或光照前后的 p 型硅片的少子寿命，可以测量 Fe 的浓度。而在这里，主要介绍通过表面光电压技术，测量热处理或光照前后的 p 型硅片的少子扩散长度，同样也能测量 Fe 的浓度，其探测极限能够达到 10^9~$10^{11}cm^{-3}$ 数量级。

图 4.14 显示了利用表面光电压技术测试的硅晶体中的 Fe 杂质浓度分布图，从图中可以看出，Fe 的浓度在 4.9×10^9~$6.7\times10^9 cm^{-3}$ 范围内，并且硅片边缘的 Fe 浓度稍高。

热处理时，只需将样品在 200℃下保温 10 min，然后快速淬火冷却至室温就可以了。此时 Fe 浓度由下式给出[40]：

$$[Fe] = 常数 \cdot (1/L_1^2 - 1/L_0^2) \tag{4.28}$$

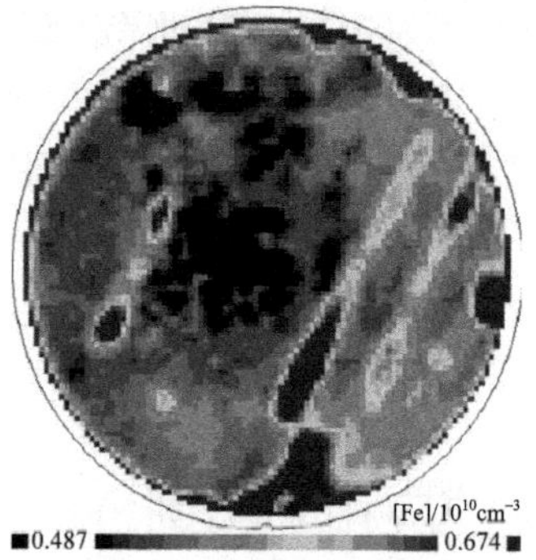

图 4.14　低浓度 Fe 沾污后硅片的 Fe 浓度分布图

对应的硅片平均扩散长度为 500 μm，测试设备的重复性误差小于 2%[15]

L_0 和 L_1 是热处理前后对应的扩散长度。Zoth 和 Bergholz 利用深能级瞬态谱仪(DLTS)校准了计算常数[40]，为 $10.6 \times 10^{16}\ \mu m^2/cm^3$。

Lagowski 等的关于硅中 Fe 杂质的研究结果如图 4.15 所示[47]，图 4.15(a)和(b)分别显示了 200℃热处理前后(即 FeB 复合体分解前后)的少子扩散长度图，图 4.15(c)

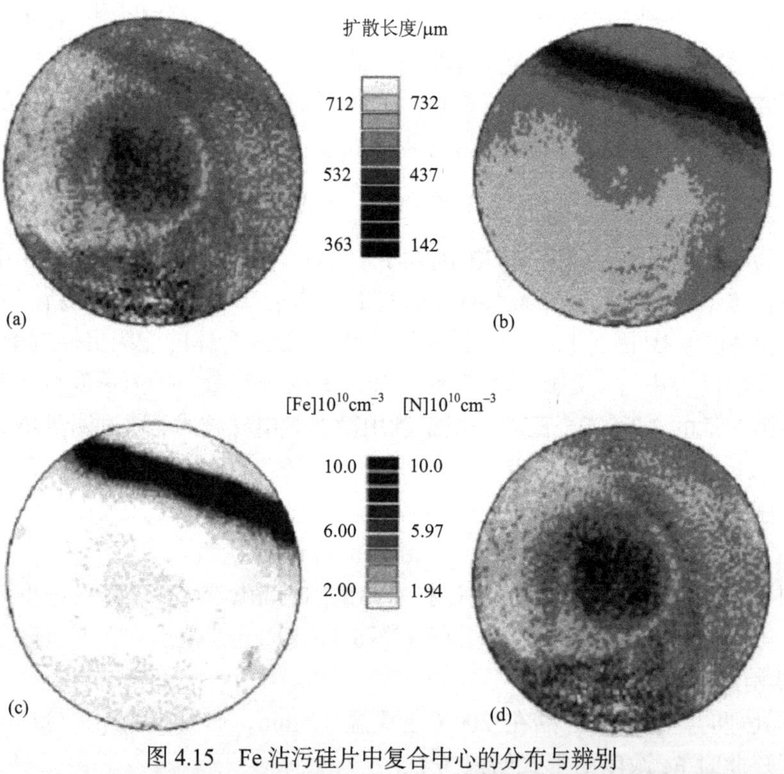

图 4.15　Fe 沾污硅片中复合中心的分布与辨别

(a) FeB 复合体在 200℃热处理前的扩散长度分布图；(b) FeB 复合体打散后(热处理后)的扩散长度分布图；(c) Fe 浓度分布图；(d) 其他复合中心的浓度分布图[47]

则是通过公式计算后得到的 Fe 浓度分布图，在除去 Fe 相关复合缺陷的影响后，最后还得到了其他复合缺陷的密度分布图 4.15(d)。

但是，当 Fe 浓度低于 10^{10}~$10^{11}cm^{-3}$ 时，上述方法就不能应用来测试其浓度，主要是因为此时热处理引入的其他缺陷会对扩散长度的测量产生较大的影响，例如，热处理也常常会打散其他的微量的金属—硼对。

另外，如果利用引入大于禁带宽度的能量的光照，来打散 FeB 复合体，同样可以测试硅晶体中 Fe 的浓度，光照的作用与热处理基本相同[48]。这一方法的优点在于它具有很强的选择性，只对 FeB 复合体有强烈的打散作用，而对其他复合体的影响很小。利用光照，理论上可以将 Fe 浓度的探测灵敏度提高到 $10^7 cm^{-3}$ 量级，但目前还没有能达到这个灵敏度的商用设备。

利用表面光电压技术除了可以测试硅晶体中痕量杂质 Fe 的浓度之外，也可以用来表征硅片中 Fe—Si 沉淀的特性[15, 49]。对应于 Cr[50]、Cu[51]等杂质的 SPV 技术也在快速发展，如果结合快速热处理[52, 53]、内吸杂[52, 54, 55]、等离子体处理[56]等工艺，表面光电压技术还可以表征工艺诱生的结构缺陷。

4.5.2 多晶硅薄膜性能表征

在利用表面光电压技术测试多晶硅(p-Si)薄膜的少子扩散长度时，研究发现，其 Goodman 图中的点不是像直拉硅单晶(Cz—Si)一样，呈现单一的线性关系，而是出现两个线性区域，其结果如图 4.16 所示[57]。如果从这两个线性区域分别外推，那么就会出现两个不同的扩散长度值。

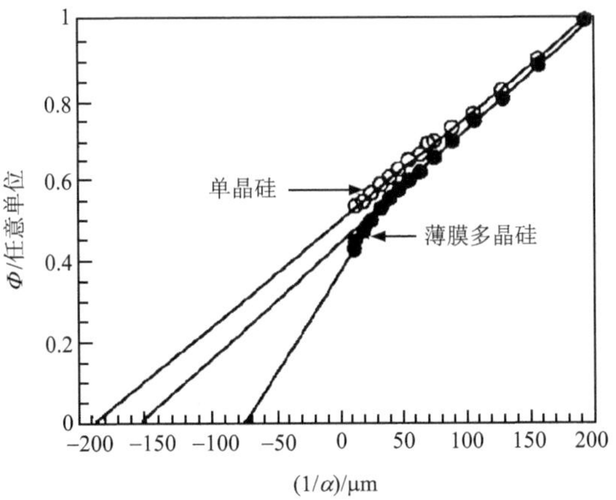

图 4.16 单晶硅和薄膜多晶硅的 Goodman 关系图，实线是理论拟合结果[57]

Hwang 和 Schroder[57]利用附加的光谱响应和短路电流，实验指出短波光区间的直线外推出的截距是真实的扩散长度。他们认为，多晶硅中的内应力导致了在长波范围内的吸收率系数的变化(对应于大的穿透深度)，引起了扩散长度的测量误差，而在短波光区间则没有这个问题。

4.5.3　化合物半导体 InP 性能表征

虽然表面光电压技术主要应用在硅晶体上，但实际上它是一种通用方法，适用于大多数半导体材料。Gouskov 等在具有表面损伤层的 InP 材料的研究中，通过结合电子束诱生电流(EBIC)等技术，利用表面光电压技术测试发现：在 InP 表面 3 μm 以内的表面层有大量缺陷，虽然该深度大大小于 InP 材料的体扩散长度，但是会导致在 Goodman 图中出现各种非线性[58-60]。如图 4.17 所示，图中实验值点随着透射深度的减小呈现上翘的趋势，而理论模拟值是在固定表面损伤厚度 z 为 5 μm 的情况下，通过代入不同的扩散长度 L 以及计算得到的；同时，理论计算还表明，表面损伤减少了半导体的量子效率，从而导致 Goodman 图中曲线出现非线性。

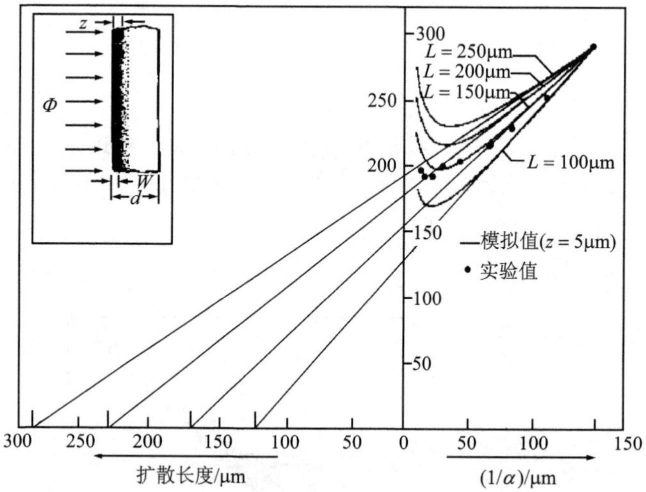

图 4.17　表面光电压技术测试的 InP 材料 Φ-α^{-1} 关系曲线[60]

图中插图为材料的表面损伤模型，其中 z 为表面损伤深度

除硅以外，表面光电压技术是目前表征其他半导体材料少子扩散长度(或计算少子寿命)最主要的手段，由于半导体材料的扩散长度范围(1~10^3 μm)远远小于其寿命范围(10^{-8}~10^{-3} s)，因此 SPV 技术设备的测试能力大大超过了光电导技术，能够覆盖大多数直接或间接禁带半导体。文献报到的已被 SPV 技术研究过的半导体材料有：GaAs[3, 4, 12, 61-63]，AlGaAs[64]，InGaAs[8]，InP[6, 13, 65-68]，CdS[69]，CdSe[68, 70]，ZnSe[71]，CdMnTe[72]，甚至是 WSe_2[73]，Cu(In,Ca)Se_2[74]，以及 CdP_2[75]，这里不再赘述，有兴趣者可参看相关文献。

总之，表面光电压技术是测试半导体材料少数载流子扩散长度的主要技术，特别适用于除硅之外的其他化合物半导体材料。通过测试扩散长度，利用其和少子寿命的关系，还可以获得半导体材料的少子寿命，在研究化合物半导体材料方面具有重要作用。和其他测试半导体材料少子寿命的技术一样，表面光电压技术能够能够表征半导体材料的电学特性，在器件工艺过程中实施监控，还可以直接反映工艺缺陷和沾污的情况。

参 考 文 献

[1] Kronik L, Shapira Y. Surface Science Reports, 1999, 37: 5-206.
[2] Lile D L, Davis N M. Sol State Electr, 1975, 18: 699.
[3] Castaldini A, Cavallini A, Fraboni B, Mendez B, Piqueras J. J Appl Phys, 1994, 76: 87.
[4] Castaldini A, Cavallini A, Gombia E, Mosca R, Tarricone L. Appl Surf Sci, 1991, 50: 485.
[5] Bailey J, Kalejs J P, Keaveny C. Proc. 1st World Conf. on Photovoltaic Energy Conversion, IEEE, New York, 1994: 1356.
[6] Tarricone L, Don E, Pearsall N M, Coutts T J. Solar Cells, 1982/83, 7: 281.
[7] Bugajski M, Edelman P, Ornoch K, Wesolowski M, Lewandowski W, Kucharski K. Mater Sci Eng, 1993, B20: 186.
[8] Edelman P, Henley W, Lagowski J. Semicond Sci Technol, 1992, 7: A22.
[9] Ostapenko S S, Jastrzebski L, Lagowski J, Sopori B. Appl Phys Lett, 1994, 65: 1555.
[10] Chu T L, Stokes E D. J Electron Mater, 1978, 7: 173.
[11] Schroder D K. Measurement Science & Technology, 2001, 12: R16-31.
[12] Goodman A M. J Appl Phys, 1961, 32: 2550.
[13] Li S S. Appl Phys Lett, 1976, 29: 126.
[14] Quilliet A, Gosar M P. J Phys Radium, 1960, 21: 575.
[15] Semilab presentation, "Incoming wafer inspection by laser based SPV measurements wt-2000 SPV".
[16] Howland W H, Fonash S J. J Electrochem Soc, 1995, 142: 4262.
[17] Lagowski J, Edelman P, Dexter M, Henley W. Semicond Sci Technol, 1992, 7: A185.
[18] Lagowski J, Edelman P, Faifer V. SEMI/ASTM Lifetime Characterization Workshop, Santa Clara, 1997.
[19] Ronald H, Micheels R, David Rauh, J Electrechem Soc, 1984, 131: 217.
[20] 骆茂民. 半导体学报, 1989, 10: 313-316.
[21] Moore A R. J Appl Phys, 1983, 54: 222.
[22] Goldstein B, Dresner J, Szostak D J. Phil Mag, 1982, B40: 63.
[23] Hack M, McGill J, Czubatyi W, Singh R, Shur M, Madan A. J Appl Phys, 1982, 53: 6270.
[24] Moore A R. Appl Phys Lett, 1982, 40: 403.
[25] Chiang C L, Schwartz R, Slobodin D E, Kolodzey J, Wagner S. IEEE Trans Electron Dev, 1986, 33: 1587.
[26] Boit C, Heindl E. Archiv Fuèr Elektrotech, 1989, 72: 141.
[27] Anttila O J, Hahn S K. J Appl Phys, 1993, 74: 558
[28] Bell R O, Freedman G M. Proc. 13th Photovoltaic Specialists Conf IEEE, New York, 1978: 89.
[29] Saritas M, McKell H D. Sol State Electr, 1988, 31: 835.
[30] Green M A, Keevers M J. Prog Photovolt, 1995, 3: 189-192.
[31] Chu T L, Stokes E D. Proc 13th Photovoltaic Specialists Conf IEEE, New York, 1978: 95.
[32] ASTM Standard, 1996: F391-396.

[33] Lagowski J, Faifer V, Edelman P. Proc Electrochem Soc, 1996, 96-13: 512-522.
[34] Lagowski J, Edelman P, Faifer V, Present status of the surface photovoltage method (SPV) for measuring minority carrier diffusion length and related parameters Recombination Lifetime Measurements in Silicon ASTM, STP 1340, Gupta D C, Bacher F R, Hughes W M. 1998: 125-144.
[35] Sopori B L, Gurtler R W, Lesk I A. Sol State Electr, 1980, 23: 139.
[36] Eetemadi S M, Braunstein R. J Appl Phys, 1985, 58: 3856.
[37] Zoth G, Geyer S, Schulze H J, Silicon contamination control by lifetime measurements Analytical and Diagnostic Techniques for Semiconductor Materials, Devices, and Processes ECS 99-16, ed B O Kolbesen et al (Princeton, NJ: Electrochemical Society), 1999: 5-20.
[38] Lile D L. Surf Sci, 1973, 34: 337.
[39] Choo S C, Anderson A C, Sol State Electr, 1970, 13: 609.
[40] Zoth G, Bergholz W. J Appl Phys, 1990, 67: 6764.
[41] Jastrzebski L, Soydan R, Elbad H, Henry W, Savoye E. J Electrochem Soc, 1990, 137: 242.
[42] Ipri A C, Jastrzebski L, Peters D. IEEE Electron Device Lett, 1989, 10: 571; Jastrzebski L, Cullen G, Soydan R. J Electrochem Soc, 1991, 137: 303.
[43] Henley W B, Jastrzebski L, Haddad N F. J Non-Cryst. Solids, 1995, 187: 134.
[44] Henley W B, Jastrzebski L, Haddad N F. Proc 31st Reliability Physics Conf IEEE, New York, 1993: 22.
[45] Nakao K, Matsuda Y, Inomaki Y, Mizukami K, Enomoto M. Proc IEEE/UCS/SEMI Int'l Symp. on Semiconductor Manufacturing, IEEE, New York, 1995: 64.
[46] Schulze H J, Deboy G. Proc SPIE, 1995, 2638: 234.
[47] Lagowski J, Edelman P. Electrochem Soc Proc, 1996, 96: 5523.
[48] Lagowski J, Edelman P, Kontkiewicz A M, Milic O, Henley W, Dexter M, Jastrzebski L, Hoff A M. Appl Phys Lett, 1993, 63: 3043.
[49] Ramappa D A, Henley W J. Electrochem. Soc, 1997, 144: 4353.
[50] Mishra K. Appl Phys Lett, 1996, 68: 3281.
[51] Istratov A A, Flink C, Hiselmair H, Heiser T, Weber E R. Appl Phys Lett, 1997, 71: 2121.
[52] Hartiti B, Slaoui A, Muller J C, Siffert P. Appl Phys Lett, 1993, 63: 1249.
[53] Quat V T, Eichhammer W, Siffert P. Appl Phys Lett, 1989, 54: 1235.
[54] Kirscht F G, Furukawa Y, Seifert W, Schmalz K, Bjuczkowski A, Kim S B, Abe H, Koya H, Bailey J. Mater Sci Eng, 1996, B36: 230.
[55] Moens P, Dobbelaere W, Colpaert T. Solid State Phenom, 1997, 149: 57-58.
[56] Nauka K. Proc. Int. Conf. on Semiconductor Characterization, AIP, 1996: 231.
[57] Hwang I, Schroder D K. Sol. State Electr, 1993, 36: 1147.
[58] Goodman A M, Goodman L A, Gossenberger H F. RCA Review, 1983, 44: 326.
[59] Nartowitz E S, Goodman A M. J Electrochem Soc, 1985, 132: 2992.
[60] Goodman A M. J Appl Phys, 1982, 53: 7561
[61] Vilms J, Spicer W E. J Appl Phys, 1965, 36: 2815.
[62] Tarricone L, Gombia E. Solar Energy Mater, 1979, 2: 45.
[63] Liu Q, Chen C, Ruda H. J Appl Phys, 1993, 74: 7493.
[64] Loo R Y, Kamath G S. Proc. 20th Photovoltaic Specialists Conf IEEE, New York, 1988: 635.
[65] Chiang C L, Wagner S, Ballman A A. Mater Lett, 1983, 1: 145.
[66] Chiang C L, Wagner S, Ballman A A. Appl Phys Lett, 1983, 43: 1113.
[67] Gouskov L, Luquet H, Soonckindt L, Oemry A, Bustani M, Nguyen P H. J Appl Phys, 1982, 53: 7014.
[68] Pal A K, Sanyal I, Ghosh S, Mondal A, Chaudhuri S. Proc. 1stWorld Renewable Energy Congress, Pergamon, Oxford, 1990: 438.
[69] Mora S, Romeo N, Tarricone L. Nuovo Cimento, 1980, B60: 97.

[70] Storr G J, Haneman D. J Appl Phys, 1985, 58: 1677.
[71] Mora S, Romeo N, Tarricone L. Solid State Commun, 1980, 33: 1147.
[72] Placzek-Popko E, Szaro L. Sol. State Electr, 1992, 35: 1451.
[73] Jakubowicz A, Mahalu D, Wolf M, Wold A, Tenne R. Phys Rev, 1989, B40: 2992
[74] Chakrabarti R, Maity A B, Maiti B, Dutta J, Chaudhri S, Pal A K. Vacuum, 1996, 47: 1371.
[75] Dmitruk N L, Kryuchnko Yu V, Litovchenko V G, Popov V G, Stepanova M A. Phys Stat Sol(a), 1991: 124: 183.

第 5 章　霍尔效应测试

1879 年，美国霍普金斯大学 24 岁的研究生霍尔(Edwin H. Hall)发现通电的导体在磁场中出现横向电势差，这就是所谓的霍尔效应(Hall effect)。之后人们又发现半导体的霍尔效应比导体大几个数量级，从而引起人们对它的重视和深入的研究。

霍尔系数和电导率的测量已经成为研究半导体材料的主要方法之一。通过测量半导体材料的霍尔系数和电导率，可以得到材料的导电类型、载流子浓度和载流子迁移率等主要参数。若能测得霍尔系数和电导率随温度变化的关系，还可以得出半导体材料的杂质电离能、禁带宽度和杂质补偿度。

霍尔效应测试有三个突出的优点——设备相对简单、测试结果容易解读、动态范围宽。如果只是为了满足最低的要求，只需要一个电流源、一个电压表和一个尺寸合适的磁体，就可以进行基本的霍尔效应测试了。通过霍尔效应测试计算得到的载流子浓度，精度在 20%以内，测试范围是 10^{14}~10^{20}cm^{-3}。同时，通过霍尔电压的极性可以明确地确定半导体的导电类型(n 型或 p 型)。

与霍尔效应用途相近的测试方法有：电容–电压(C-V)测试——决定载流子浓度，热电探针(TEP)测试——决定载流子类型，磁阻(MR)测试——决定迁移率。这几种方法相比较，C-V 测试的优点是可以提供样品深度分布信息，缺点是需要形成肖特基势垒；TEP 测试需要形成温度梯度，并且其最终结论有时是不确定的；MR 测试的信号随 μ^2B^2 变化(而霍尔效应测试的信号是随着 μB 变化)，因此 MR 测试只能用于在高迁移率 μ 或者强磁场强度 B 的情况下的测量[1]。

本章主要介绍了霍尔效应的原理和实际测试技术，以及影响霍尔效应测试准确性的因素等，并在此基础上通过 3 个具体的例子介绍了霍尔效应测试的实际应用(其中包括利用霍尔效应测试硅和氧化锌中的杂质补偿度，以及利用微分霍尔效应分析硅超浅结中载流子浓度的深度分布)。

5.1　霍尔效应的基本理论

5.1.1　霍尔效应的基本原理

某一导体或者半导体材料处在互相垂直的磁场和电场中时，会在样品中产生一个横向的电势差，这个电势差的方向与电流和磁场方向垂直，这种现象称为霍尔效应。显然，霍尔效应的产生与带电粒子在电场和磁场作用下的运动密切相关。

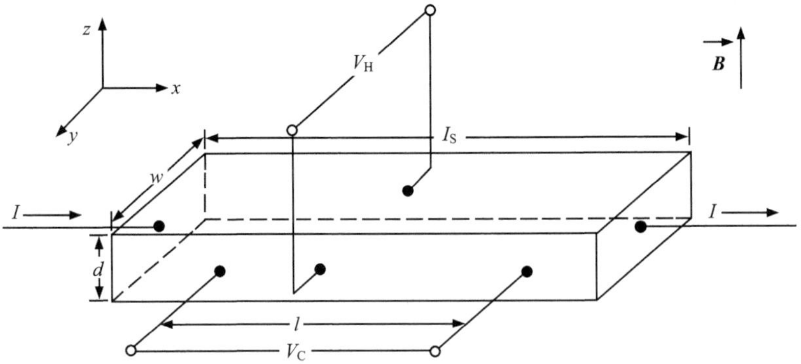

图 5.1 霍尔条样品的电阻和霍尔效应测试示意图

如图 5.1 所示，互相垂直的电场($\boldsymbol{E}_{\mathbf{ex}} = E_x$)和磁场($\boldsymbol{B} = B_z$)同时施加在一个矩形半导体样品上。为讨论问题方便，仅考虑杂质完全电离的情况，此时样品中参与导电的主要是多数载流子，对于 n 型半导体来说是电子，而对 p 型半导体来说是空穴。在外加电场的作用下，半导体中的载流子做定向漂移运动，并且假设所有载流子的漂移速度相等。因此，当载流子在互相垂直的电场和磁场中运动并形成电流时，将受到沿着 y 或者$-y$ 方向的洛仑兹力的作用，载流子会在与 y 方向垂直的两个面上积累，从而在 y 方向上建立起霍尔电场。显然，该霍尔电场对载流子产生的电场力与洛仑兹力的方向是相反的，最终，这两种力会达到平衡状态，意味着已经建立起稳定的霍尔电场，并且在 y 方向上不再有电流。需要注意的是，此时半导体中的电场已不再沿着 x 方向，而是向 y 方向偏离一定的角度，这个电流和电场之间的夹角称为霍尔角。霍尔电场强度 E_H 与电流密度 J 和磁感应强度 B 的乘积成正比，即：

$$E_H = R_H JB \tag{5.1}$$

式中的 R_H 称为霍尔系数。在定义了霍尔电场的正负方向后，霍尔系数将有正负之分。

在图 5.1 中，若电流沿着 x 轴的正方向，磁场沿着 z 轴的正方向，则对于 p 型半导体来说，霍尔电场沿着 y 方向(定义为正方向)，此时的 $E_H > 0$，与此对应的 $R_H > 0$；与之相反，对于 n 型半导体来说，此时的 $E_H < 0$，$R_H < 0$。因此，从霍尔系数的正负可以判断半导体材料的导电类型。

以 p 型半导体为例，设空穴浓度为 p，运动速度为 v，则在稳态情况下，有：$qE_H = qvB$，而 $v = J/qp$(其中，J 是电流密度，q 是电子电量)，因此：

$$E_H = JB/qp \tag{5.2}$$

将式(5.2)与(5.1)比较，可得

$$R_{\mathrm{H}} = 1/qp \tag{5.3}$$

同样的，对于 n 型半导体来说，有

$$R_{\mathrm{H}} = -1/qn \tag{5.4}$$

上面得到的关于 n 型和 p 型半导体的霍尔系数，是在基于半导体材料中的载流子都具有相同的速度的假设上推导出的。如果考虑了载流子速度的统计分布，则需要在式(5.3)和(5.4)中引入霍尔因子γ_{H}，因此 p 型和 n 型半导体材料的实际霍尔系数应为

$$R_{\mathrm{H}} = \gamma_{\mathrm{H}}/qp \qquad (\text{p 型}) \tag{5.5}$$

$$R_{\mathrm{H}} = -\gamma_{\mathrm{H}}/qn \qquad (\text{n 型}) \tag{5.6}$$

需要指出的是，霍尔因子与载流子散射机理及半导体的能带结构有关。在弱磁场条件下，对球形等能面的非简并半导体材料有如下结果：长声学波散射时，$\gamma = 1.17$；电离杂质散射时，$\gamma = 1.93$；混合散射的情况比较复杂，一般取实验值。而对于简并半导体和强磁场条件下，$\gamma = 1$。

因此，有了霍尔因子值，并测定了霍尔系数后，就可以得到载流子浓度值。进一步地，结合无磁场下测到的电导率σ，根据下式可以算出霍尔迁移率μ_{H}：

$$\mu_{\mathrm{H}} = |R_{\mathrm{H}}|\sigma \tag{5.7}$$

5.1.2　范德堡测试技术

以图 5.1 中的样品(霍尔条)为例，从图中可知，$E_x = V_{\mathrm{C}}/l$，$E_y = V_{\mathrm{H}}/w$，$J_x = I/wd$，其中 V_{C} 是外加电压，V_{H} 是霍尔电压，l、w 和 d 分别是霍尔条的长度、宽度和厚度，通过下面的公式可以非常方便地得到霍尔系数(在国际单位制中的霍尔系数用 R 表示)、霍尔迁移率和载流子浓度：

$$\sigma = \rho^{-1} = \frac{J_x}{E_x} = \frac{Il}{V_{\mathrm{C}}wd} \tag{5.8}$$

$$R_{\mathrm{H}} = \frac{E_y}{J_x B} = \frac{V_{\mathrm{H}}d}{IB} \tag{5.9}$$

$$\mu_{\mathrm{H}} = R\sigma = \frac{V_{\mathrm{H}}l}{V_{\mathrm{C}}wB} \tag{5.10}$$

$$n_{\mathrm{H}}=(eR)^{-1} \tag{5.11}$$

上面讨论的霍尔条是最简单的几何结构，但并不是最常用的。在实际应用中，半导体材料的形状可能不是那么规范，因此上述的公式需要进一步修正。1958年范德堡提出了一种非常方便的技术，解决了任意形状的薄层霍尔效应测试的问题[2]。范德堡技术的特点在于：在计算薄膜电阻或薄膜载流子浓度时不需要测量样品的尺寸，只要求样品为片状、平整、均一、各向同性和单一整体(无孤立孔洞)。

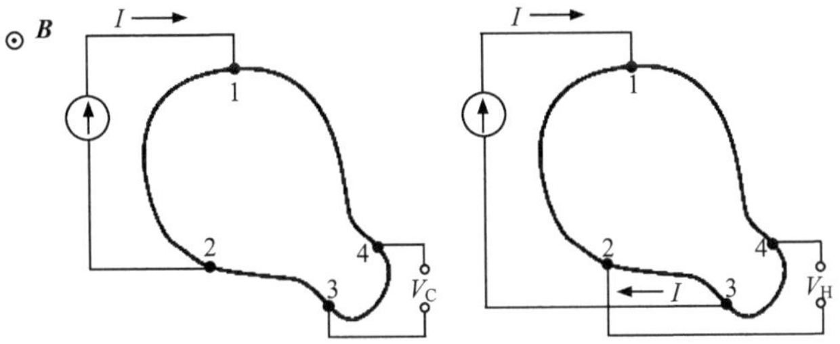

图 5.2 任意形状样品范德堡测试

(a)电阻；(b)霍尔效应

范德堡技术首先应用在测试半导体材料的电阻率上，以图 5.2(a)中的样品为例。这里，在接触点 1 和 2 之间加电流 I，在接触点 3 和 4 之间测量电压 V_C。令电阻 $R_{ij,kl}\equiv V_{kl}/I_{ij}$，其中电流从接触点 i 进入，从接触点 j 流出，并且 $V_{kl}=V_k-V_l$。当 $B=0$ 时，可以得到电阻率为

$$\rho=\frac{\pi d}{\ln 2}\left(\frac{R_{21,34}+R_{32,41}}{2}\right)f \tag{5.12}$$

其中 f 可以从下面这个超越方程中求得

$$\frac{Q-1}{Q+1}=\frac{f}{\ln 2}\operatorname{arccosh}\left[\frac{1}{2}\exp\left(\frac{\ln 2}{f}\right)\right] \tag{5.13}$$

其中，如果 $R_{21,34}>R_{32,41}$，那么 $Q=R_{21,34}/R_{32,41}$；如果 $R_{21,34}<R_{32,41}$，那么 $Q=R_{32,41}/R_{21,34}$。范德堡在 1958 年给出了精确到约 2%的 f-Q 曲线，如图 5.3 所示[2]。

1979 年 Weider 提出了一种计算 f 的更简单的方法。该方法建议首先由下面公式计算 α：

$$Q=\frac{\ln(1/2-\alpha)}{\ln(1/2+\alpha)} \tag{5.14}$$

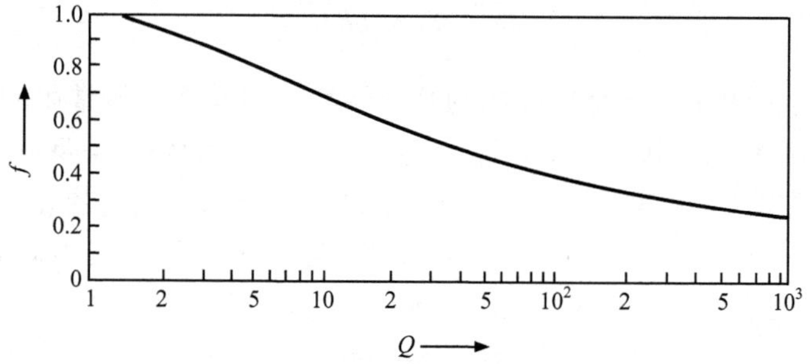

图 5.3　用于校正不对称样品的范德堡测试结果的 f-Q 曲线[2]

然后计算 f:

$$f = \frac{\ln(1/4)}{\ln(1/2+\alpha)+\ln(1/2-\alpha)} \tag{5.15}$$

这里，要求 $-1/2 < \alpha < 1/2$，其范围应包括 Q 从 0 到∞的所有值。例如，当 $Q = 4.8$ 时，$\alpha \approx 0.25$，$f \approx 0.83$。从而可以得到更精确的电阻率值。

在测试时，保持接触的顺序不变，同时在所有的接触中加反向电流，从而可以得到平均电阻率：

$$\rho = \frac{\pi d}{\ln 2}\left[\frac{(R_{21,34}-R_{12,34}+R_{32,41}-R_{23,41})f_A}{8} + \frac{(R_{43,12}-R_{34,12}+R_{14,23}-R_{41,23})f_B}{8}\right] \tag{5.16}$$

其中 f_A 和 f_B 可以从 Q_A 和 Q_B 中得到，而 Q_A 和 Q_B 则可以从下列公式中得到

$$Q_A = \frac{R_{21,34}-R_{12,34}}{R_{32,41}-R_{23,41}} \tag{5.17}$$

$$Q_B = \frac{R_{43,12}-R_{34,12}}{R_{14,23}-R_{41,23}} \tag{5.18}$$

然后，用图 5.2(b)中的结构，范德堡技术还可以测得半导体材料的霍尔系数。如图所示，在这种结构中电流和电压接触是交叉的。此时霍尔系数：

$$R_H = \frac{d}{B}\left(\frac{R_{31,42}+R_{42,13}}{2}\right) \tag{5.19}$$

一般情况下，为了减少磁阻效应和其他效应带来的误差，应该在电流和磁场极性上取平均值，那么霍尔系数：

$$R_{\mathrm{H}} = (d/B)[R_{31,42}(+B) - R_{13,42}(+B) + R_{42,13}(+B) - R_{24,13}(+B) + R_{13,42}(-B) - R_{31,42}(-B) + R_{24,13}(-B) - R_{42,13}(-B)]/8 \tag{5.20}$$

知道霍尔系数后，通过式(5.5)或(5.6)可以得到半导体材料的载流子浓度；结合之前得到的电阻率，通过式(5.7)就可以获得半导体材料的霍尔迁移率。

5.2 霍尔效应的测试系统

5.2.1 霍尔效应测试仪的结构

图 5.4 所示的是一个应用范德堡技术的霍尔效应测试仪的系统示意图[1]。从图中可以看出，霍尔效应测试仪大致包括高阻抗扫描器、低阻抗扫描器、电压计、电流计、电源、控制和数据处理等单元。

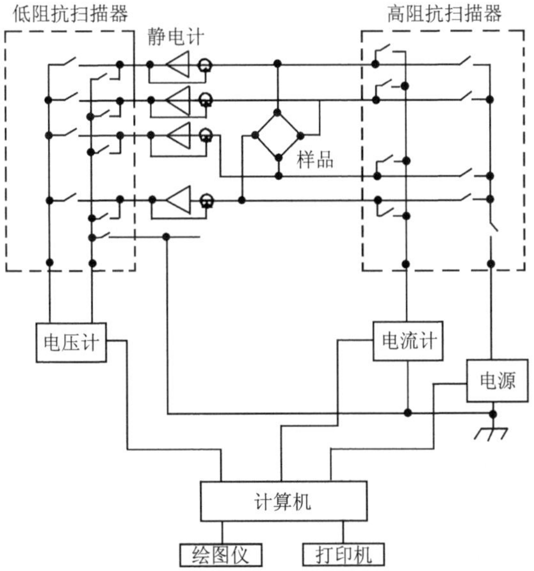

图 5.4 高阻抗自动化霍尔效应测试系统示意图[1]

在测试系统中，高阻抗扫描器是一个重要的单元，其阻抗最高可达 $10^{12}\Omega$。而且，高阻抗扫描器的配线要允许电流源和电流接收器可以分别单独应用于任何样品触点。

低阻抗扫描器主要用于低温补偿(如电压为几毫伏)的测试情况。需要注意的是，尽管为了能够测量非常低的电流，需要将电流表设计成静电计，但对电压表并没有这样的要求，这是由于静电计的输出阻抗只有几千欧姆。在实际测试中，静电计也可以用高阻抗、单一增益缓冲放大器替代。

测试系统中的电流源应该具有大约为 $10^{12}\Omega$的有效输出阻抗，并且能够调节电流到 10^{-10}A。在高阻情况下，电流调制将会转换成电压调制，电流也将变小。在这种情况下，只要同时测量电流和电压，测试数据仍然会非常精确。

电压表的高输入端和低输入端可以通过低阻抗扫描器连接到任一静电计增益输出单元。需要注意的是，对于电阻非常小的样品，由于其典型的噪声值太高，有时需要绕过静电计。

在霍尔效应测试系统中，设备需要内部、外部屏蔽。通常，外部屏蔽要接地。而高阻抗扫描器的输入和输出以及电流表和静电计的输入被设计成三轴的，这样可以使内部屏蔽仅仅被静电计的单一增益输出所控制，能够有效地减少电缆的充电效应[1]。

图 5.5 是 Accent 公司的 HL5500PC 霍尔效应测试仪的照片。该设备具有 AC/DC 两种测量模式，可以对范德堡样品、霍尔条和桥形样品进行测量，其电阻率测量上限为 $10^{11}\Omega/\square$，而且测试温度是可调的。

图 5.5　HL5500PC 霍尔效应测试仪(Accent 公司)

5.2.2　霍尔效应仪的灵敏度

在霍尔效应测试中，最常用的磁场强度是 0.5T，标准样品厚度 d 一般为 10^{-5}~10^{-1}cm。对于典型的半导体材料(如 GaAs)而言，受本征因素以及杂质和缺陷浓度的影响，一般其电阻率范围为 10^{-4}~$10^{9}\Omega\cdot$cm。

如果在最高阻的情况下，设$\rho = 10^9\Omega\cdot$cm，$d = 10^{-5}$cm，$l/w \approx 1$；在这种情况下，可以加上 100V 的电压，那么电流将是 1pA(用静电计测得)；如果半导体材料

的迁移率为 $\mu_H \approx 10^3 cm^2/(V \cdot s)$，那么霍尔系数 $R = 10^{12} cm^3/C$，霍尔电压 $V_H = 5V$。相反，如果在最低阻的情况下，设 $\rho = 10^{-4} \Omega \cdot cm$，$d = 10^{-1} cm$，此时，电阻约为 $10^{-3}\Omega$，为了避免样品热效应，加的电压将不能大于 $10^{-3}V$，此时将产生 1A 的电流，如果迁移率仍然为 $\mu_H \approx 10^3 cm^2/(V \cdot s)$，那么可以测得其霍尔电压约为 $V_H = 50\ \mu V$。当然，如果 $\mu_H \approx 1 cm^2/(V \cdot s)$，那么 $V_H \approx 50 nV$，此时如果噪声比较低，这个值也是有可能被探测到的。有报道，用标准设备在实验室中可以得到的半导体材料的最低迁移率大约为 $0.1\ cm^2/(V \cdot s)$[1]。

5.3 霍尔效应的样品和测试

5.3.1 霍尔效应测试的样品结构

制备霍尔效应测试的样品时，可以采用几种不同的几何结构。在决定应该采用哪种结构时，要考虑以下几个因素：① 样品的有效尺寸；② 实用的制备技术；③ 测试时间的限制；④ 所需要的精确度；⑤ 磁阻测量的需要。图 5.6 给出了 6 种最常用的结构[1]。其中(a)和(b)是霍尔条结构，(c)~(f)属于范德堡技术测试样品结构。

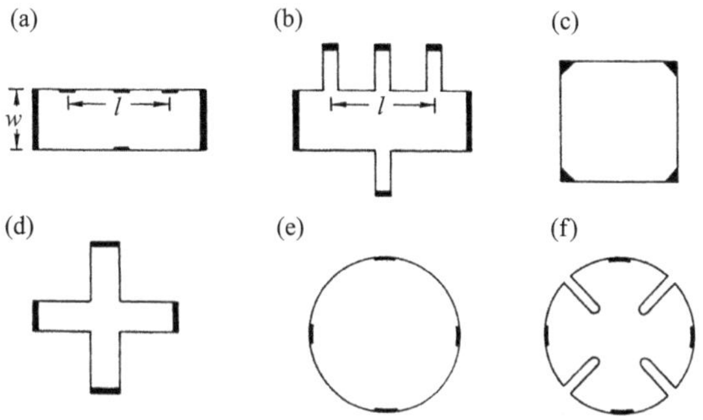

图 5.6 霍尔测试常用的样品形状和电极结构

(a) 霍尔条；(b) 带接触臂的霍尔条；(c) 正方形；(d) 四臂长度相等的十字架；(e) 圆；(f)苜蓿叶形[1]

通常，采用何种几何结构取决于样品的尺寸和形状。对小样品来说，最好的工艺是在其周边制备 4 个非常小的接触电极，并且应用标准范德堡技术分析。如果块状样品非常小，一般就不使用简单的霍尔条结构(a)，因为此时还需要测量样品的尺寸 l 和 w，由此会导致很大的误差。

对于大的块状样品，可以选择的结构就比较多了，如结构(b)、(d)、(e)和(f)，这些结构各具优点，在这里做一个简要说明：

跟其他的结构相比，(b)结构的样品容易碎。如果样品必须从一个晶片上切下，那么其结构基本上就限制在(a)或(c)了。其中，经常使用的是(c)结构，尺寸大小为 6mm × 6mm，然后在 4 个角制备尺寸为 1mm 或更小的接触电极。如果要制备(b)、 (d)和(f)这些比较复杂的样品结构，一般就需要利用光刻技术。

通过比较式(5.8)和(5.12)，式(5.9)和(5.19)，可以发现标准范德堡测试的时间基本上是霍尔条测试的两倍。因此，如果要在同一个样品上要进行多次测试(比如温度相关性研究)，那么霍尔条结构明显比其他结构有优势。此外，如果在设备上没有接触开关网络，那么应用范德堡样品结构就不是很方便了。

进一步地，实验发现，结构(b)、(d)和(f)比较适用于高精度的霍尔效应测试，因为接触的尺寸效应对霍尔效应数据的影响要比对电阻数据影响大得多。如果要求 μB 必须比较大，那么应该应用(a)结构，因为结构(c)和(c)中 V_H 和 B 之间不具备良好的线性关系。如果考虑散热的话，结构(a)和(b)是最不好的，因为这两种结构又长又窄；由于 V_H 正比于 w，所以这样的结构会导致在给定的电流下霍尔电压相对太小。

最后，还要考虑到是否要对样品进行磁阻测试。如果需要，则结构(a)和(b)是最好的。因为在进行磁阻分析时，霍尔条结构比范德堡结构更简单，并且对于范德堡结构，很难找到简单的磁阻公式。

此外，在霍尔效应测试中，电极与半导体材料的欧姆接触是非常重要的。一般情况下使用 In/Ga 合金，它与大多数半导体材料都可以形成良好的欧姆接触。表 5.1 给出的是几种常见的半导体采用的欧姆接触电极材料及烧结条件。

表 5.1　常见的半导体材料采用的欧姆电极材料及烧结条件

半导体材料	欧姆接触合金	烧结温度/℃	烧结时间/min
n-Si	Au/Sb	400	3
p-Si	Au/Ga	400	3
n-GaAs	Au/Ge	450	2.5
p-GaAs	In	425	3

注：n-Si, p-Si 和 n-GaAs 的欧姆接触合金还可采用 In/Ga 合金(In 的重量百分比为 25%)。

5.3.2　霍尔效应测试的测准条件

(1) 接触尺寸和位置效应

接触尺寸和位置效应对(a)、(c)和(e)结构的测试影响比较大，需要格外小心；而对于(b)、(d)和(f)结构，大接触或错位接触几乎不会引起误差。一般来说，应该保持接触点到外围的距离小于样品最小边长的 10%，而对于接触覆盖边缘的霍尔条结构(a)和(b)，应该保证 $l/w > 3$。

(2) 热电误差和热磁误差

在霍尔效应测试时，电流通过半导体材料会引起一些特殊的效应，造成测试的误差。通常，爱廷豪森效应(Etinghausen effect)会引起热电误差，能斯特效应

(Nernst effect)和里纪–勒杜克效应(Righi-leduc effect)会引起热磁误差。这些副效应会导致虚假的电动势，影响霍尔电压的测量。这些效应中的大部分(如热磁误差或结构(b)中的错位接触)所引起的附加电势差的正负与电流或磁场的方向有关，因此在测量时可以通过改变电场和磁场的方向，并运用式(5.16)和(5.20)来消除除了爱廷豪森效应以外的其他几个误差。而爱廷豪森效应所引入的误差一般是很小的(在样品有良好散热的情况下尤其如此)，可以忽略。

(3) 导电衬底

如果薄膜半导体材料生长在导电衬底上，那么衬底的电导率可能会超过薄膜的电导率，这时测量薄膜半导体材料的霍尔效应需要通过复杂的公式以消除衬底的影响，这里不作赘述。如果衬底和薄膜导电类型不同(比如一层 p 型薄膜生长在 n 型衬底上)，那么将建立起一个电流势垒(pn 结)，此时衬底的影响可以忽略，不需要进行校正。但是，需要注意的是，在这种情况下，测试时接触电极不能同时覆盖薄膜和衬底。

(4) 非欧姆接触

一般情况下，用于霍尔电压测量的接触只需要通过很小的电流，所以大的接触电阻一般不会导致严重的问题。但是，在某些情况下，不良的接触可能会形成 pn 结并且严重地扭曲电流，使得测量值随着电流强度和极性而变化。因此，为了达到最可靠的霍尔效应测试，应该保证测量值不随电流和磁场的强度和极性的变化而变化[1]。

(5) 光电导和光生伏特效应

光电导和光生伏特效应会严重影响电阻率的测量值(在测量接近本征材料的电阻率时尤其如此)，最终影响霍尔系数的测量。所以，除非证明所测的材料对光照不灵敏，否则霍尔效应测试必须在暗室中进行。

(6) 少数载流子注入

在测量过程中，电场的作用会引起少数载流子的注入。对高寿命和高阻材料，这种注入往往会使注入点附近的电阻率下降。在施加很低电压的情况下，对样品进行重复测量就可以确定是否存在少数载流子的注入。测量时，在保证所需要的精确度的情况下，应尽可能选用低的电压。

(7) 电阻发热现象

由于半导体的电阻率温度系数很大，所以在测量时要知道样品的温度。此外，所用的电流要小，以防止电流流过样品时产生较大的热量。在施加电流的同时，观察电阻率读数是否随时间变化，从而确定是否有电阻发热现象存在。

(8) 高频影响

当霍尔测试设备的附近存在高频发生器时，在霍尔测试电路中会产生感应的虚假电流。此时必须对高频电磁波加以适当的屏蔽[3]。

(9) 各向异性材料

对于各向异性的材料(如 n 型 Ge，Si)来说，测量时需要注意电流、磁场与晶轴的取向关系。

(10) 表面处理

霍尔效应是体效应，但对于高阻材料，仍需注意降低表面漏电。而且不同的表面处理也会影响电阻率与霍尔系数的测量值，尤其对于薄层材料影响更为严重。

5.3.3 霍尔效应测试步骤

以图 5.5 所示的 HL5500PC 霍尔效应测试仪为例，下面说明霍尔效应测试技术的一般步骤和注意事项：

(1) 将做好电极的样品放入样品室，并且将 4 个探针分别与 4 个电极接触。

(2) 在测试系统中设定需要的测试模式，其中包括：样品的形状(范德堡结构、霍尔条和桥形结构)、磁场强度和缓冲放大器参数(滞后时间、积分时间和循环次数)。

(3) 设定在测试过程中所使用的电流。电流设定可以通过手动或者自动完成(注意：当使用自动设定电流时，要求样品和电极的接触必须为欧姆接触)。

(4) 选择要进行测试的半导体材料，并输入样品的厚度(如果不输入厚度，在最终测试结果中只能显示材料薄层信息，而不能显示体信息)。

(5) 设定测试温度：室温或 77K。

(6) 由于电极对半导体材料的霍尔效应测试非常重要，要取得测试成功，必须要求电极与半导体是欧姆接触。HL5500PC 硬件提供了用电击形成欧姆接触的电路系统，可以使用这项功能来形成欧姆接触(只有当半导体层不是太薄并且其电阻不是太高时，这个系统才是有效的)。

(7) 测量各个可能电极对的接触电阻。

(8) 测量电极对 1-2 和 3-4 的 I-V 曲线。如果得到的曲线是直线，则说明是欧姆接触。如果两条曲线的斜率不一样，说明其中一对电极的串联电阻比较大，但是，如果在电阻率测试(见下一步)时得到的对称性因子 Q 小于 1.5，那么即便两条曲线的斜率不一致也是可以接受的。

(9) 测量相邻电极之间的电阻率。对于范德堡结构，通过在两个相邻电极之间施加设定电流，然后测量其相对电压，从而进行电阻率测试。所有四个电极组合都要在正反两个电流方向上进行测量。对于一个正方形的理想样品，其对称性因子 $Q = 1$；而实际中只要 Q 不大于 1.5，则测试结果就是可以接受；但是，好的样品的 Q 应该小于 1.2；对于长方形样品，则不能用对称性因子来考察样品质量。

(10) 进行霍尔效应测量。测量过程中会分别给出当不存在磁场的情况下，施加电流在电极对 1-3(或 2-4)时测量得到的 2-4(或 1-3)的电压值，在正反两个电流方向上进行测量，并给出其平均值。这个电压作为误差，将从 Hall 电压的测量值中自动扣除。之后，自动测试南北两极分别向上时的电压值，对测量值扣除误差并取平均值，两个电极对 2-4 和 1-3 的平均值的差别越小越好(5%之内)。

(11) 当霍尔效应测量完成后，系统就会自动得到方块电阻、霍尔系数、载流子浓度和迁移率，以及体电阻和载流子浓度。

(12) 当进行体电阻和体载流子浓度计算时，需要先确定薄膜样品的厚度。在测量时，输入的厚度通常只是样品的实际厚度，但是在进行计算时，应该要减去存在于样品表面和与衬底界面处的耗尽区的厚度，而耗尽区的厚度又与载流子浓度、表面势垒以及材料的介电系数有关。对于 HL5500PC 系统，它通过材料的介电系数和界面势垒，会计算出耗尽区厚度，从而得到校正后的体电阻和体载流子浓度等参数。

5.4 霍尔效应测试的应用和实例

5.4.1 硅的杂质补偿度测量

严格地说，任何半导体材料中都存在杂质补偿的情况。对于最常用的半导体材料硅晶体而言，由于作为原料的多晶硅中存在磷、硼等杂质，而且石英坩埚中通常含有硼、铝等杂质，因此用直拉法生长硅单晶时，会产生杂质补偿，补偿严重的情况时，甚至会发生晶体导电类型转变。显然，用补偿度大的硅材料制造的器件难以达到设计指标，而且器件的性能参数分散、反向电流增大以及反向耐压降低。因此，半导体材料的杂质补偿度的测量具有重要意义。

p 型和 n 型半导体材料的杂质补偿度一般表示为

$$\text{p 型材料：} N_D/N_A \ \text{或} \ (N_A+N_D)/(N_A-N_D) \tag{5.21}$$

$$\text{n 型材料：} N_A/N_D \ \text{或} \ (N_D+N_A)/(N_D-N_A) \tag{5.22}$$

利用低温霍尔效应可以测量 p 型硅的补偿度；而 n 型硅的补偿度可以用低温霍尔效应和低温霍尔迁移率进行测量。

1. p 型硅杂质补偿度的测量

若在 p 型硅单晶中含有一种受主杂质和一种施主杂质，它们的能级分别位于禁带中靠近价带顶和导带底处。在任何温度下，施主杂质完全电离，而受主杂质的电离程度则与温度相关。此时，价带中空穴浓度与温度的关系可以用下式表示：

$$\frac{p\left(N_D+p\right)}{N_A-N_D-p}=\frac{N_V}{4}\exp\left(-\frac{E_A}{k_0T}\right) \tag{5.23}$$

上述方程称为质量作用方程，其中 k_0 为玻尔兹曼常数；N_A 和 N_D 分别为受主和施主杂质浓度；E_A 为受主杂质的电离能；N_V 是价带的有效状态密度，由下式给出

$$N_V = 2\frac{\left(2\pi m_p^* k_0 T\right)^{3/2}}{\hbar^3} \tag{5.24}$$

其中，m^*_p为空穴态密度有效质量，对于 p 型硅，$m^*_p = 0.56m_0$，m_0是自由电子静止质量；$\hbar$ 为普朗克常数。

用同样方法，可以推导出 n 型硅中存在补偿杂质受主(其浓度为 N_A)时的质量作用方程：

$$\frac{n\left(N_A + n\right)}{N_D - N_A - n} = \frac{N_C}{2}\exp\left(-\frac{E_D}{k_0 T}\right) \tag{5.25}$$

其中，E_D是施主电离能；N_C是导带的有效状态密度，由下式给出

$$N_C = 2\frac{\left(2\pi m_n^* k_0 T\right)^{3/2}}{\hbar^3} \tag{5.26}$$

其中，m^*_n为电子态密度有效质量，对于 n 型硅，$m^*_n = 1.08m_0$。

下面将分为 p 型硅中受主电离能 E_A是已知或未知两种情况来进行讨论。

1) 已知受主杂质电离能 E_A

从室温霍尔效应测量可以得到室温下样品的空穴浓度，即$(N_A–N_D)$；再用霍尔效应测试测得某一低温 T_1(如 55 K)下样品的空穴浓度 p_1；那么，将得到的$(N_A–N_D)$、p_1以及已知的 E_A代入利用式(5.23)，即可求出补偿的施主杂质浓度：

$$N_D = \left[\frac{\left(N_A - N_D\right) - p_1}{4p_1} N_V \exp\left(-\frac{E_A}{k_0 T_1}\right)\right] - p_1 \tag{5.27}$$

得到 N_D后，结合已经测得的$(N_A–N_D)$，就可以求得 N_A，从而求出 p 型硅中的杂质补偿度 N_D/N_A。

2) 未知受主杂质电离能 E_A

在受主杂质电离能 E_A未知的情况下，最重要的是求得 E_A。

在低温下，式(5.23)可表示为

$$p = \frac{N_A - N_D}{4N_D} N_V \exp\left(-\frac{E_A}{k_0 T}\right) \tag{5.28}$$

将 N_V的表达式(5.24)代入上式后，两边取自然对数，得到

$$\ln\left(p/T^{3/2}\right)=\ln\left[\frac{\left(2\pi m_{\mathrm{p}}^{*}k_0\right)^{3/2}}{\hbar^3}\frac{N_{\mathrm{A}}-N_{\mathrm{D}}}{2N_{\mathrm{D}}}\right]-\frac{E_{\mathrm{A}}}{k_0}\left(\frac{1}{T}\right) \tag{5.29}$$

如果可以得到 $\ln(p/T^{3/2})$-$1/T$ 的关系曲线，其斜率 K 可表示为

$$K=\frac{d\left[\ln\left(p/T^{3/2}\right)\right]}{d\left(\frac{1}{T}\right)}=-\frac{E_{\mathrm{A}}}{k_0} \tag{5.30}$$

$$E_{\mathrm{A}}=-k_0K \tag{5.31}$$

通过以上的分析可知，如果受主杂质电离能 E_{A} 未知，则需要从低温到室温范围内测出一组空穴浓度数据，然后作 $\ln(p/T^{3/2})$-$1/T$ 的关系曲线。从这根曲线的低温杂质电离区的线性部分的斜率 K，通过式(5.31)就可以求得受主杂质电离能 E_{A}。

计算出 E_{A} 后，就可以按照受主杂质电离能 E_{A} 已知的情形进行处理了，由式(5.27)得到 N_{D}，再结合(N_{A}–N_{D})求得 N_{A}，从而求出杂质补偿度 $N_{\mathrm{D}}/N_{\mathrm{A}}$。

2. n 型硅单晶杂质补偿度的测量

与 p 型硅单晶相比，如果不考虑施主基态分裂和激发态的影响，n 型硅单晶的杂质补偿度的测量和 p 型硅相似。但是如果考虑施主基态分裂和激发态的影响，n 型硅单晶的质量作用方程就比较复杂，如下式所示

$$\frac{n\left(n+N_{\mathrm{A}}\right)}{N_{\mathrm{D}}-N_{\mathrm{A}}-n}=\frac{N_{\mathrm{C}}\exp\left(-\frac{E_{\mathrm{D}}}{k_0T}\right)}{2+6\exp\left(\frac{-D_0}{k_0T}\right)+4\exp\left(-\frac{D_0+d_0}{k_0T}\right)+\exp\left(-\frac{E_{\mathrm{D}}}{k_0T}\right)\sum_i g_i\exp\left(\frac{E_i}{k_0T}\right)} \tag{5.32}$$

式中，E_{D} 为施主杂质的基态电离能，D_0 和 d_0 为基态分裂能距，E_i 和 g_i 分别表示施主杂质激发态的电离能和简并度。由于硅单晶中的施主有三组主要的激发态，它们的电离能分别约为 10.2eV，5.8eV 和 2.9eV，于是有

$$\sum_i g_i\exp\left(\frac{E_i}{k_0T}\right)=24\exp\left(\frac{0.0102}{k_0T}\right)+36\exp\left(\frac{0.0058}{k_0T}\right)+24\exp\left(\frac{0.0029}{k_0T}\right) \tag{5.33}$$

与 p 型硅单晶补偿度的测量类似，在室温下的霍尔效应测量中得到(N_{D}–N_{A})，然后在低温(如 55K)下的霍尔效应测量中得到载流子浓度 n，若 E_{D} 已知，再由表 5.1 查得 D_0 和 d_0，则可通过公式(5.23)求得受主杂质浓度 N_{A}，进而可以得到施主

杂质浓度 N_D，从而求得 n 型硅中杂质的补偿度 N_A/N_D。如果施主杂质的基态电离能 E_D 未知，则需要先从 $\ln(n/T^{3/2})$-1/T 的关系曲线的低温杂质电离区的线性部分斜率求得电离能 E_D。

需要指出的是，在温度很低的情况下，施主基态分裂和激发态的影响可以忽略，因而可以运用简单的质量作用方程来处理，如公式(5.25)所示。

关于硅中不同施主基态的分裂能距 D_0 和 d_0，如表 5.2 所示[4]。

表 5.2　硅中施主基态的分裂能距[4]

施主/meV	锑	磷	砷
D_0	9.94	11.85	21.15
d_0	2.50	1.35	1.42

5.4.2　ZnO 的载流子浓度、迁移率和补偿度测量

宽禁带半导体在短波长发光器件、高密度存储、海底光通信、光催化等方面有着广泛的应用。近十年来，GaN 作为宽禁带半导体最突出的代表，已经在短波长发光二极管(LED)和激光器上得到了很好的应用，并形成了基于 GaN 的光电产业。近年来，ZnO 由于具有 3.37eV 的宽直接带隙和 60meV 的高激子束缚能，以及湿化学腐蚀容易、抗辐照能力强、外延和晶体生长温度低等优点引发了人们极大的研究兴趣，希望用其替代 GaN 作为短波长发光器件的基础材料。但是，ZnO 的电致紫外发光二极管以及激光二极管很难实现。因为，要制备二极管，必须得到高载流子浓度的 n 型和 p 型半导体材料，ZnO 是天然 n 型的，并且可以通过掺入 Al 或者 Ga 等元素很容易地提高其电子浓度；但实现高空穴浓度的可重复性 p 型掺杂存在相当的困难。所以，ZnO 的 p 型掺杂成为国际上研究的热点，目的是要实现 p 型、高空穴浓度和高迁移率的 ZnO 半导体材料，而霍尔效应测试可以很方便地同时得到这 3 个参数，成为测试 p 型 ZnO 电学性能的最主要手段。

A. Tsukazaki 等[5]利用重复温度调制技术制备了 ZnO 同质 p-i-n 结，其中，衬底是绝缘并且晶格匹配的 $ScAlMgO_4$(SCAM)。首先，用掺 Ga 的 ZnO 陶瓷和高纯 ZnO 单晶陶瓷作为靶材，分别制备 n 型和本征 ZnO 薄膜。然后，为了得到 p 型 ZnO，在沉积过程中通入氮气，从而实现 N 掺杂(目前，理论和实验证明，ZnO 最有效的 p 型掺杂剂是 N,并且可以通过共掺杂(如 Al—N 共掺)来增强掺杂剂活性)。

这 3 种薄膜的电学性能，都要通过霍尔效应测试来进行检验，从而确定是否得到了较好的 n 型、i 型和 p 型 ZnO 材料。制备霍尔测试样品时，3 种薄膜分别沉积在 SCAM 衬底上，然后切割成 220μm × 60 μm 的霍尔条。对于 n 型和本征 ZnO，用 Au/Ti 作为电极；对于 p 型 ZnO，用 Au/Ni 作为电极。电极的尺寸为 400 × 400 mm^2，

并且都表现出了很好的欧姆接触特性。在磁场为 65T 下进行霍尔效应测试。测试得到，在室温下，ZnO:Ga 薄膜为 n 型，电子浓度为 $2\times10^{19}\text{cm}^{-3}$，迁移率约为 10 $\text{cm}^2/(\text{V}\cdot\text{s})$；本征 ZnO 薄膜为 n 型，电子浓度为 $2\times10^{16}\text{cm}^{-3}$，迁移率约为 300 $\text{cm}^2/(\text{V}\cdot\text{s})$；ZnO:N 薄膜为 p 型，空穴浓度为 $2\times10^{16}\text{cm}^{-3}$，迁移率约为 8 $\text{cm}^2/(\text{V}\cdot\text{s})$。

同时，用霍尔效应测试得到了 p 型 ZnO:N 薄膜的补偿度。此时受主电离能 E_A 是未知的，由 5.1.3 节介绍所知，需要从室温到低温范围内测出一组霍尔系数数据，然后作 $\ln(p/T^{3/2})$-$1/T$ 的关系曲线，如图 5.7 所示[5]。由于 $E_A=-k_0K$，所以从这条曲线的低温杂质电离区的线性部分的斜率，可以求得受主电离能 E_A 约为 100meV。对于 ZnO 来说，$m^*_p=0.59m_0$，由此可通过公式(5.24)求得 N_V。然后，利用 350K 和 300K 下测得的空穴浓度，通过公式(5.27)就可以得到 N_D 和 N_A，从而得到补偿度 $N_D/N_A\approx0.8$。此补偿度大于之前报道的用 MBE 方法得到的 p 型 ZnO 薄膜的补偿度 0.1，由此得知，空穴浓度还可以有很大的提高空间，这可以通过改进实验工艺来实现。

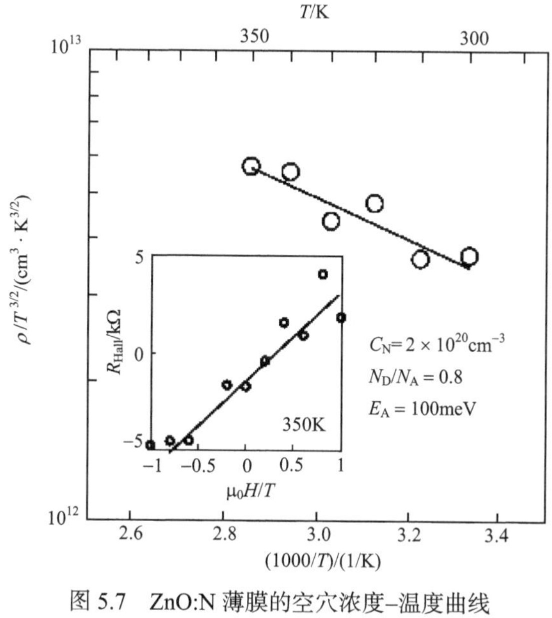

图 5.7 ZnO:N 薄膜的空穴浓度–温度曲线

其中插图是在 350K 下的霍尔系数与磁场强度曲线[5]

5.4.3 硅超浅结中载流子浓度的深度分布测量

对半导体材料或器件进行表征时(如测量 pn 结的结深)，有时需要对样品中载流子浓度或掺杂浓度的深度分布进行分析。目前，一般用二次离子质谱(SIMS)、扩展电阻(SRP)、微分霍尔效应等方法对掺杂浓度的深度分布进行测试。其中，SIMS 有较好的分辨率和精确度，但设备昂贵，并且测试得到的是总杂质浓度，而不是电活性杂质的浓度；扩展电阻可以获得电活性杂质的浓度深度分布，但要求精细的样品准备、探针选择以及数据提取与校正，掺杂浓度分布的表征依赖于校正因子和迁移率的选择，且其测量精度受到了磨角度数和探针半径的限制。利用微分霍尔效应测试也可以获得电活性杂质的浓度深度分布，辅之以优良的剥层技术，其测量精度可达几纳米。

微分霍尔效应测试即是对样品进行霍尔效应的逐层测量。为达到此目的，需要借助化学刻蚀或阳极氧化后氧化物刻蚀等技术，将样品表面薄层剥离掉，然后再进行霍尔效应测试，从而得到霍尔系数 R_H 和方块电阻 R_{sh}。在一次测试完成后，再剥离、再测试，如此重复多次。这样实现霍尔效应逐层测量后，通过比较相邻两层之间的测量结果，就可以得到迁移率及载流子浓度的深度分布。

假设样品厚度为 d，剥层的厚度为 x，那么剥离后样品厚度为$(t-x)$，其方块电阻可表示为

$$R_{sh}=\frac{1}{q\int_x^t\left[n(x)\mu_n(x)+p(x)\mu_p(x)\right]\mathrm{d}x} \tag{5.34}$$

由此可以得到

$$\frac{\mathrm{d}\left[1/R_{sh}(x)\right]}{\mathrm{d}x}=-q\left[n(x)\mu_n(x)+p(x)\mu_p(x)\right]=-\sigma(x) \tag{5.35}$$

根据上述公式可知，做出 $1/R_{sh}$ 与 x 的曲线，就可根据曲线的斜率得到电导率 $\sigma(x)$。而电阻率 $\rho(x)=1/\sigma(x)$，因此可知：

$$\rho(x)=-\frac{\mathrm{d}x}{\mathrm{d}\left[1/R_{sh}(x)\right]}=\frac{R_{sh}^2(x)}{\mathrm{d}R_{sh}(x)/\mathrm{d}x}=\frac{R_{sh}(x)}{\mathrm{d}\left[\ln R_{sh}(x)\right]/\mathrm{d}x} \tag{5.36}$$

由此就得到了电导率 $\sigma(x)$ 和电阻率 $\rho(x)$ 的深度分布曲线，再结合测量得到的霍尔系数 R_H 的深度分布曲线，按照公式：

$$p(x)=\frac{r(\mathrm{d}\sigma/\mathrm{d}x)^2}{q\mathrm{d}\left(R_H\sigma^2\right)/\mathrm{d}x} \tag{5.37}$$

就可以得到载流子的浓度分布曲线[6]。

如今，随着微电子器件尺寸的持续缩小，MOSFET 器件的特征尺寸进入纳米尺度。如此小的尺寸给集成电路制造技术提出了严峻的挑战。根据 2005 年版的国际半导体技术发展规划对结技术的要求，65nm 节点时 MOS 器件源漏区的结深将减小至 27.5nm，而 45nm 节点时将减小至 19.8nm。因此，MOS 器件超浅结的制

备与表征对未来集成电路的发展变得越来越重要。其中，掺杂浓度分布对器件特性尤其是小尺寸器件特性有重要影响(如栅边缘漏结的掺杂浓度梯度对控制短沟道效应和热载流子效应非常重要)。而且器件特性从本质上来说是依赖于电活性杂质的浓度和分布的，因此器件中电活性杂质的浓度深度分布显得尤为重要。随着技术的进步，微分霍尔效应测试的工艺也在不断完善，它可以对超浅结中的掺杂浓度的深度分布进行分析。

T. Alzanki 等[7]在电阻率为 2~10Ω · cm 的 p 型(100)Si 片中进行 Sb 离子注入，然后在氮气氛下对 Si 片进行 600~1100℃快速热处理 10 s，从而形成超浅结。进行霍尔效应测试时，采用苜蓿叶形结构，并以 In/Ga 合金为欧姆接触电极。他们在发展了本征氧化层生长和剥离技术的基础上，利用微分霍尔效应测试方法，并结合二次离子注入技术，得到了测试精度约为 2 nm 的载流子浓度的深度分布，如图 5.8 所示(图中同时给出了样品的 SIMS 结果)[7]。微分霍尔效应测试的结果与 SIMS 结果相吻合，并且，从图中可以获知此超浅结的结深(即载流子浓度降到 $10^{18}cm^{-3}$ 时的深度)大约为(22±1)nm。

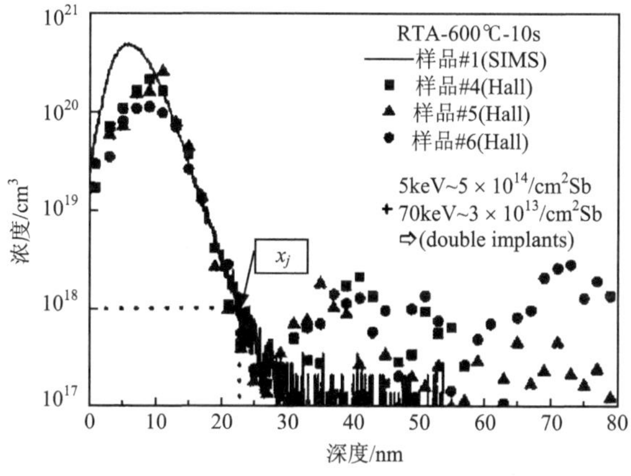

图 5.8 微分霍尔效应测试得到的 Sb 离子注入 Si 样品的载流子浓度的深度分布曲线，图中实线为 SIMS 测试结果[7]

总之，利用霍尔效应技术可以测量半导体材料的霍尔系数、电导率、导电类型、载流子浓度和载流子迁移率等主要电学参数。结合变温测试，可以测得霍尔系数和电导率随温度变化的关系，从而得到半导体材料的杂质电离能、禁带宽度和杂质补偿度。因此，霍尔效应在半导体领域已经广泛应用，成为一种重要的半导体材料和器件测试技术。

参考文献

[1] Elton N. Kaufmann. Characterization of materials. Hoboken, New Jersey: John Wiley & Sons, Inc (US), 2003.
[2] van der Pauw. A method of measuring specific resistivity and Hall effect of discs of arbitrary shape. Philips Research Reports, 1958, 13: 1-9.
[3] 孙以材, 等. 半导体测试技术. 北京：冶金工业出版社, 1984.
[4] 孙恒慧, 包宗明. 半导体物理实验. 北京：高等教育出版社, 1985.
[5] Tsukazaki A, Ohtomo A, Onuma T, Ohtani M, Makino T, Sumiya M, Ohtani K, Chichibu S F, Fuke S, Segawa Y, Ohno H, Koinuma H, Kawasaki M. Repeated temperature modulation epitaxy for p-type doping and light-emitting diode based on ZnO. Nature Materials, 2005, 4: 42.
[6] Dieter K. Schroder, semiconductor material and device characterization, New Jersey John Wiley & Sons, Inc(US), 1998.
[7] Alzanki T, Gwilliam R, Emerson N, Sealy B J. Differential Hall effect profiling of ultrashallow junctions in Sb implanted silicon. Applied Physics Letters, 2004, 85: 1979.

第 6 章　红外光谱测试

红外光谱(IR)分析技术广泛地应用在石油、化工、医药、环保、材料科学、公安和国防等各个领域，可以测试物质的组分、结构和红外光学性质等，是科研、生产、教学不可缺少的分析测试技术。在半导体领域，红外光谱也有重要应用，是常用的半导体材料测试分析技术之一。

在半导体材料和器件制备过程中，红外光谱仪可以用来测试硅、砷化镓、锗、氮化镓等材料中的杂质的浓度和结构形态，以及对材料在制备和处理过程中产生的一些缺陷的进行表征等等。与其他测试技术相比，红外测试技术有许多优点，首先它是无损检测技术，与被测试样品的接触很少；另外对于很多半导体材料而言，都有标准的图谱数据库存在，所以红外光谱的图谱分析相对比较简单、直观。而在多种红外测试技术中，傅里叶变换红外光谱(FTIR)是最重要和最常用的一种，在半导体材料和器件的测试中广泛使用。

本章首先介绍了红外光谱(特别是傅里叶变换红外光谱)的测试原理，然后阐述了红外光谱仪的结构和红外光谱测试过程中样品的制备要求以及测试的影响因素，最后重点介绍了红外光谱技术在半导体材料领域的应用实例。

6.1　红外光谱测试原理

6.1.1　红外光谱测试的基本分类

当连续的红外辐射光通过物质后，其中某些频带的光会被物质所吸收，如果将通过物质的红外辐射按波长或波数分离开来，逐一测量其透过率，并记录下来，就得到了红外光谱。红外光谱仪是用来分析红外光谱的仪器，可以用来测量气体、固体和液体样品的吸收光谱和反射光谱。根据红外光谱，可以区分半导体材料的组分，测量相对含量，并可以帮助确定材料的结构。

红外光谱仪可分为色散型和傅里叶变换型两大类，而色散型又分为主要包括棱镜型和光栅型两种，下面做简单的说明：

(1) 棱镜光谱仪采用棱镜作色散元件，其单色器一般由平行光管、色散棱镜和出射光管组成。一束光射过狭缝，经过准直镜变成平行光束投射到棱镜上，经棱镜分解为单色的平行光束，通过出射平行光管的物镜聚焦在焦平面上。因为棱镜的折射率随入射光波长的增加而减小，因此，当复合光经过棱镜之后，便分解成按波长顺序排列的单色光。如果出射狭缝正好在出射平行光管物镜的焦平面上，转动棱镜，便可以使不同波长的光通过狭缝，这样便达到了分光的目的。除了单色器，棱镜光谱仪还要有红外辐射源、样品测试室、检测器、信号处理和光谱显示及记录系统。棱镜型红外光谱仪结构比较简单，但因使用 NaCl 等卤化物作棱镜，对仪器所放置的环境温度和湿度有比较严格的要求。此外，棱镜型红外光谱仪的分辨率较其他光谱仪低。

(2) 光栅型红外分光光度计使用的光栅都是反射式的，而且大部分是价格低廉的复制光栅。光栅表面刻有一系列等间距的三角形线槽，因为形状像小阶梯，故又称阶梯光栅。当复色光以同样的入射角射到光栅，由于光栅衍射后产生亮条纹的衍射角随波长不同而异，因此不同波长的亮条纹，被光栅衍射到不同的方向上依次排列，形成光谱。这就是衍射光栅的分光原理。光栅单色器的结构和棱镜单色器的结构相似，也是由入射平行光管(包括入射狭缝和准直镜)、色散元件、出射平行光管(包括物镜和出射狭缝)三部分组成的，差别在于用光栅代替了棱镜作色散元件。光栅型红外光谱仪与棱镜式红外光谱仪一样，也有红外辐射源、样品测试室、检测器、信号处理和光谱显示及记录系统。

(3) 傅里叶变换红外光谱仪是最新一代的红外光谱仪，它有极高的分辨率和扫描速度，对弱信号和微小样品的测定具有很大的优越性，尤其合适半导体材料的测试分析。因为，新型的红外光谱仪都是建立在傅里叶变换的基础上，而且半导体材料的测试基本都用傅里叶变换的红外光谱，因此，本章重点介绍其原理、结构和应用。

6.1.2　傅里叶变换红外光谱测试的基本原理

棱镜型红外光谱仪和光栅型红外光谱仪都是色散型红外光谱仪，存在两个方面的缺陷。一是耗时，色散型光谱仪是借助于依次测定从出射狭缝出射的“单色光”而得到的样品光谱的，在通常的光谱仪中，要得到一张可用的红外谱图(波数范围 4000~650 cm^{-1})至少需要 2 min 时间；二是应用有限，色散型光谱仪必须使用狭缝，因此进入单色器的光能不能太低，否则探测困难，这使得测定诸如反射光谱、常温样品的发射光谱和光源能量小的远红 p 外光谱等都受到限制。而傅里叶变换红外光谱仪使用的是干涉计分光装置，因此克服了上述这些缺点。

傅里叶变换红外光谱仪主要由迈克尔孙干涉仪和计算机组成。迈克尔孙干涉仪的功能是使光源发出的光分成两束后造成一定的光程差，再使之复合以产生干涉，所得到的干涉图函数包含了光源的全部频率和强度信息。用计算机将干涉图函数进行傅里叶变换，就可计算出原来光源的强度按频率的分布。如果在复合光束中放置一个能吸收红外辐射的试样，由所测得的干涉图函数经过傅里叶变换后与未放试样时光源的强度按频率分布之比值，即可得到试样的吸收光谱。实际上干涉仪并没有把光按频率分开，而只是把各种频率的光信号经干涉作用调制为干涉图函数，再由计算及通过傅里叶变换计算出原来的光谱。

傅里叶变换红外光谱仪的数据处理过程如下：

根据傅里叶积分原理，如果函数 $F(x)$具有以下形式：

$$F(x)=\int_{-\infty}^{+\infty}A(\xi)\mathrm{e}^{-\mathrm{i}2\pi\xi x}\mathrm{d}\xi=F^{-1}\{A(x\xi)\} \tag{6.1}$$

知道了 $F(x)$要求 $A(\xi)$时，则有

$$A(\xi)=\int_{-\infty}^{+\infty}F(x)\mathrm{e}^{+\mathrm{i}2\pi\xi x}\mathrm{d}x=F\{F(x)\} \tag{6.2}$$

第二个积分称作傅里叶变换，而第一个积分称作反傅里叶变换。其充分必要条件是：① $F(x)$在任何地方是有限的，不连续性在大小和数目上是有限的；② 除在有限数的点外，$F(x)$和 $A(\xi)$的微商必须存在，因而左右微商必须存在；③ $\int_{-\infty}^{+\infty}|F(x)|\mathrm{d}x<\infty$，即 $F(x)$绝对可积。

对于双光束干涉仪，如果入射光是单色光，其波数为 v，光强为 $B(v)$，则在干涉图的某一点的光强为

$$I\propto B(v)\cos^2\pi v\delta\propto B(v)+B(v)\cos 2\pi v\delta \tag{6.3}$$

其中δ为两相干光束的光程差。若入射光为白光，并且在光谱间隔(v，v+dv)内光强为 $B(v)\mathrm{d}v$，则在干涉图某点在(v，v+dv)间隔内的光强为

$$\mathrm{d}I\propto B(v)\mathrm{d}v+B(v)\cos 2\pi v\delta\mathrm{d}v \tag{6.4}$$

而在干涉图某点的总光强 $I_R(\delta)$为

$$I_R(\delta)\propto\int_0^{\infty}B(v)\mathrm{d}v+\int_0^{\infty}B(v)\cos 2\pi v\delta\mathrm{d}v \tag{6.5}$$

当光程差$\delta=0$ 时，总光强 $I_R(0)$为

$$I_R(0)\propto\int_0^{\infty}B(v)\mathrm{d}v \tag{6.6}$$

故式(6.5)可写成

$$I_R(\delta)-\frac{1}{2}I_R(0)\propto\int_0^{\infty}B(v)\cos 2\pi v\mathrm{d}v \tag{6.7}$$

由此可见，干涉图函数 $I_R(\delta)-\frac{1}{2}I_R(0)$ 是光源光谱分布 $B(v)$的傅里叶余弦变换。它表明，当光程差δ按时间做匀速改变时，白光的干涉图是与光源光谱相对应的不同振幅和频率的余弦曲线的总和。而不同的光谱元得到的具有不同频率的干涉图函数是这一干涉调频过程的特点。

对上式进行傅里叶变换得到

$$B(v)\propto\int_0^{\infty}[I_R(\delta)-\frac{1}{2}I_R(0)]\cos 2\pi v\delta \mathrm{d}\delta \tag{6.8}$$

此式是傅里叶变换光谱学的基本方程。它表明，如果记录下干涉图，并作出傅里叶余弦变换，就能得到在任何波数处的光强。

由于干涉图函数实际上非常复杂，不能写出简单的解析式，所以计算光谱时需将傅里叶积分变为加和公式，用电子计算机完成数值计算。由傅里叶变换红外光谱仪取得光谱的一般步骤是：① 当干涉仪可动臂随时间做匀速移动时，记录相应的信号，测量出 $I_R(\delta)$(等间隔取样)；② 由实验测定光程差$\delta=0$ 时的 $I_R(0)$；③ 将 $I_R(\delta)-\frac{1}{2}I_R(0)$ 代入方程(6.8)，对于选定的一个波数 v 计算积分；④ 对于每一个波数完成方程(6.8)的积分，即得到了 $B(v)$对 v 的曲线，亦即光谱曲线。

6.1.3　傅里叶变换红外光谱测试的特点

傅里叶红外光谱测试有很多优点。首先，它具有很高的分辨能力。一般棱镜式红外光谱仪的分辨能力达到 1 cm^{-1} 已经很不容易，光栅式仪器也只是在个别光谱范围(如 1000 cm^{-1})能达到 0.2 cm^{-1}，但傅里叶变换红外光谱仪在整个光谱范围内分辨能力达到 0.1 cm^{-1} 并不困难，实验室自己制造的仪器的分辨能力甚至可以达到 0.005 cm^{-1}。

傅里叶红外光谱测试具有极高的波数准确度。因为可动镜的位置是用 He-Ne 激光准确测定出来的，因此光程差可以测定得非常精确，从而计算的光谱的波数一般可准确至 0.01 cm^{-1}。

傅里叶红外光谱测试具有极低的杂质辐射。因为具有某些波长的杂质辐射到达探测器之后，将产生不同的干涉环纹，但变换为光谱之后，它们可鉴别出来，通常在全光谱范围杂质辐射造成的误差可低于 0.3%。

傅里叶红外光谱测试具有极快的扫描时间。一般棱镜式或者光栅式红外分光光度计在单位时间内只能记录所研究的一个光谱元，记录全部的光谱元就需要较长的时间，例如，3~5 min(4000~400 cm^{-1})。而傅里叶变换红外光谱仪，记录全部光谱元与记录一个光谱元的时间相等，一般在 1 s 内即可完成全光谱范围的扫描。

因而，其扫描速度可比一般分光光度计提高数百倍。这一优点使傅里叶变换红外光谱仪特别适于与气液色谱、高速液体色谱联机使用，也可用来观测瞬时反应。

傅里叶红外光谱测试可研究很宽的光谱范围。使用棱镜式红外分光光度计，研究 4000~400 cm^{-1} 的光谱要使用 LiF、NaCl 和 KBr 三个棱镜，使用光栅式红外分光光度计至少也得两块光栅和若干滤光片。要研究 400~10 cm^{-1} 的远红外光谱，就需要另添置一台远红外分光光度计。而用傅里叶变换红外光谱仪仅仅改变分束器和光源，就可以研究整个红外区 10000~10 cm^{-1} 的光谱。

傅里叶红外光谱测试具有极高的灵敏度。通常的红外分光光度计为了保证一定的分辨能力，需用合适宽度的狭缝截取一定的辐射能。经分光后，单位光谱元的能量相当低。而傅里叶变换红外光谱仪可在单位时间内测量全部的(M 个)光谱元，因此探测器所获得的光流比一般仪器高 M 倍，而信噪比也就提高 $\sqrt{M}$ 倍($\sqrt{M}$ 通常大于 100)。由于此一优点，傅里叶变换红外光谱仪特别适于测量弱信号光谱。

傅里叶红外光谱测试适于微少试样的研究。因为傅里叶变换红外光谱仪光束截面甚小(可约 1 mm)，因此不需要一般红外分光光度计的显微镜和聚光器等特殊装置，即可研究单晶、单纤维一类物质，对于微量及痕量分析这一点甚为重要。

最后，傅里叶红外光谱测试仪器结构简单，体积、重量均很小，因而它几乎已经取代棱镜式和大部分光栅式红外分光光度计。

6.2 傅里叶变换红外光谱的测试系统

傅里叶变换红外光谱仪(FTIR)主要由光源、干涉仪、探测器和数据处理系统四部分组成，其测试系统示意图见图 6.1。

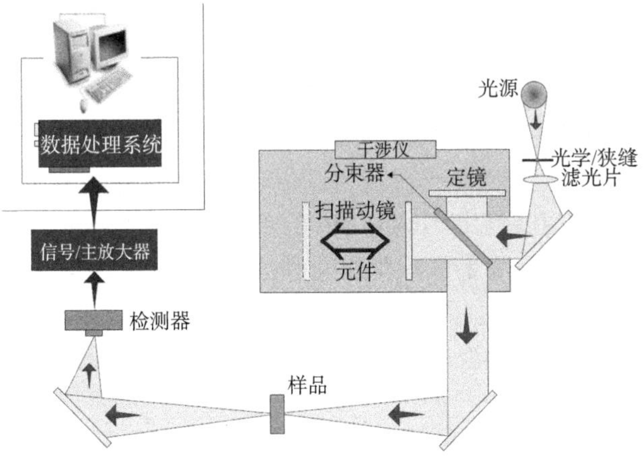

图 6.1 傅里叶变换红外光谱仪结构图

1. 光源(source)

傅里叶变换红外光谱仪为了能测定不同范围的光谱而设置有多个光源。通常用的光源是钨丝灯或者碘钨灯(近红外)、碳硅棒(中红外)、高压汞灯及氧化钍灯(远红外)。

2. 干涉仪(interferometer)

干涉仪是傅里叶变换红外光谱仪的心脏，如图 6.2。入射到干涉仪的光束被分束器(beamsplitter)分成两束，一束透射(*T*)到动镜(moving mirror)上，另外一束反射(*R*)到定镜(fix mirror)上。透射的部分射向动镜(在那里它被按照动镜的移动速度调制)，然后回到分束器，在那里再一次发生透射和反射，它的透射部分(*TT*)射向光源，而反射部分(*TR*)则射向样品。

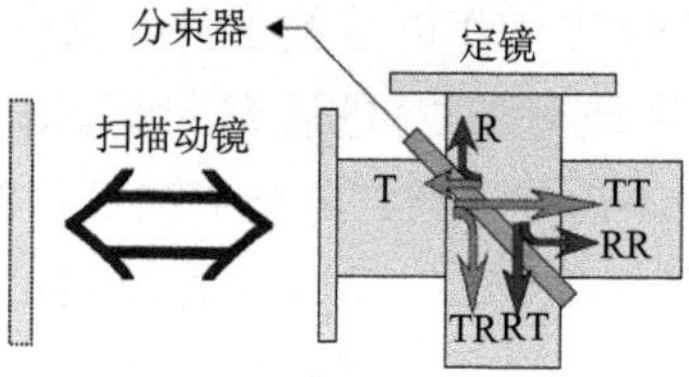

图 6.2 迈克尔孙干涉仪

反射回来的光束在定镜上反射，然后回到分束器，在那里它也被分成两束，一部分(*RR*)被反射回光源，另一部分(*RT*)则透射到样品。这就是说在干涉仪的输出端，射向样品的光是两束光的混合：$TR + RT$。根据动镜的位置，这两束光会相干加强或者相干减弱，这样就产生了干涉图谱。

分束器(beam splitter)是迈克尔孙干涉仪的关键元件。其作用是将入射光束分成反射和透射两部分，然后再使之复合，如果可动镜使两束光造成一定的光程差，则复合光束即可造成相长或相消干涉。

对分束器的要求是：应在波数 v 处使入射光束透射和反射各半，此时被调制的光束振幅最大。根据使用波段范围不同，在不同介质材料上加相应的表面涂层，即构成分束器。

扫描动镜的扫描速度是由 He-Ne 激光器产生的 632.8 nm 的单色激光精确控制。激光光束被传送到分束器，在那里它和红外光束一起被调制。干涉仪的输出端成 90°放置的两个检测器会探测到两束 90°相变的激光光束，这些信号通过干涉电路板(interferometer board)被送到扫描控制电子元件(scanner control)，如图 6.3 所示。

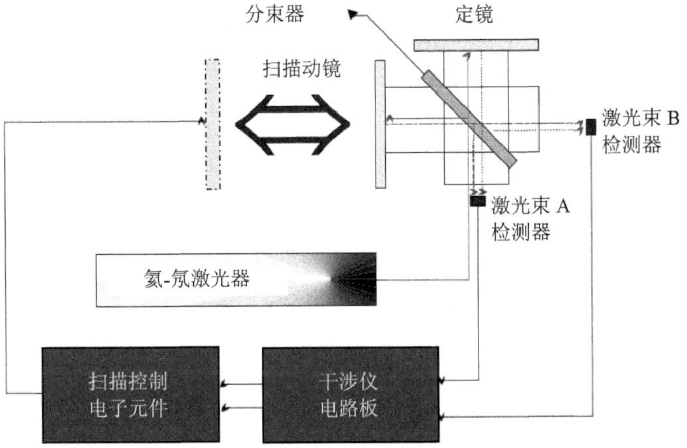

图 6.3 扫描器扫描原理图

3. 检测器(detector)

傅里叶变换红外光谱仪所使用的检测器与色散型红外分光光度计所用的检测器无本质的不同，常用的检测器有 DTGS、铌酸钡锶、碲镉汞和锑化铟等。

根据需要测量的光谱范围，可以选用不同的光源、分束器和检测器的组合，具体可参看图 6.4：

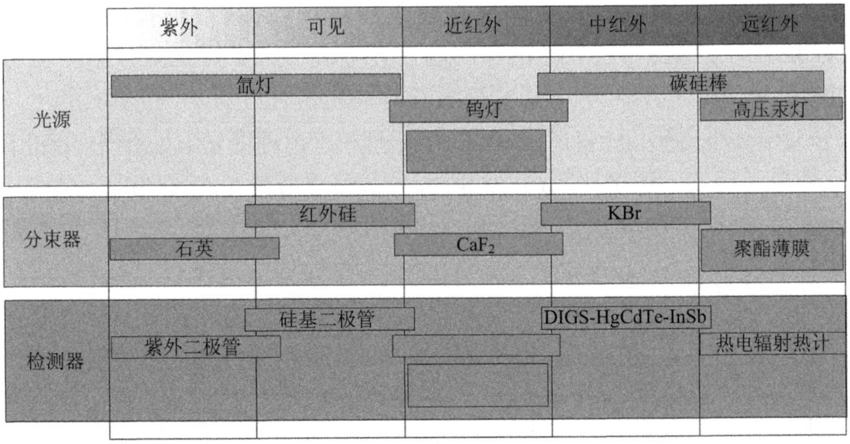

图 6.4 不同的光源、分束器和检测器在的应用范围

4. 数据处理系统(acquisition processor)

傅里叶变换红外光谱仪数据处理系统的核心是一台计算机，功能是控制仪器的操作，收集数据和处理数据，特别是进行傅里叶变换计算。

6.3　红外光谱测试的样品和影响因素

6.3.1　测试样品制备

对于半导体材料和其他一些在红外波段透光性能比较好的固体材料，为了获得优质的吸收光谱和反射光谱，样品应该有良好的光学表面，因此对样品表面需要进行适当的研磨和抛光。对于吸收光谱的测量，样品需经过双面抛光；而对于反射谱测量，样品只需单面抛光。一般而言，抛光后样品表面的不平度应小于 5 分弧度。

在固体样品抛光前，样品通常需要研磨。根据不同的技术和测量的不同要求，样品的研磨可以分为手工研磨和机械研磨，平面研磨和旋转研磨，单面研磨和双面研磨。在研磨时，采用的磨料也有多种，主要有 3003#，305#和 306#金刚砂。

样品的抛光可分为机械抛光和化学抛光。机械抛光时，被抛光的样品粘在抛光托盘的粘板上，在抛光盘上覆盖一层抛光布，由马达转动做旋转运动，从而带动抛光托盘旋转，使样品做星式运动，同时在样品和抛光布之间不断加入抛光液，通过样品与抛光液之间的化学和机械作用，达到抛光的目的。对于化学抛光，应该首先用清洗剂除去样品上的油、蜡等物质，抛光时，必须控制溶液的质量、温度、抛光时间和溶液的使用次数，并搅拌溶液。如果样品比较多，应尽可能采用适宜的装片花篮。对于硅单晶样品，化学抛光液配方可为 $HF : HNO_3 : CH_3COOH=2 : 5 : 2$；对于砷化镓样品，化学抛光液配方可为 $H_2O : H_2O_2 : H_2SO_4=1 : 1 : 3$。

另外，样品厚度视其吸收系数α值而定，一般使样品厚度 d 满足条件：$d\alpha=0.22\sim1.6$ 为宜。如果光谱的分辨率比较高，同时样品又是双面抛光的薄样品，测试时有可能得不到样品的红外光谱，而是得到入射光在样品正、反表面反射光所形成的干涉图谱。

6.3.2　测试影响因素

影响红外测试结果的因素很多。一般地，对于半导体材料而言，测试的温度、红外仪器所采用的分辨率、被测样品的厚度、表面状况和平整度等都会对测量结果产生影响。

在测试红外光谱时，温度对测试结果有很大影响，相同的样品在不同的测试温度下所得到的结果是不一样的，因此，红外光谱测试时应该尽量恒定测试温度。这是因为：温度不同，半导体材料的本征晶格吸收不同，温度越高，材料的本征吸收越严重，有可能掩盖所需要的信息。因此，要得到半导体材料的精细信息，红外光谱的测试常常在低温下测试。例如，对于半导体硅单晶材料中氧的含量的测试而言，一般标准的测试过程是在常温下进行的。但是在某些特殊的情况下，比如硅单晶中有很多氧沉淀，氧沉淀的红外吸收峰会叠加在氧的红外吸收峰上面；又比如因为区熔硅中的氧含量非常的低，用常温测试条件根本不可能检测到氧的吸收峰；在这些特殊情况下，就需要在低温(一般在 10~80K)条件下测试氧的红外吸收峰。因为在低温测试条件下，硅材料中的载流子吸收得到了很大程度的抑制，所以在常温条件下不能被观测到的吸收峰就可以在低温测试条件下被清楚的观测到。

红外仪器的分辨率对测试结果也是有影响的。比如测试硅晶体中的氧含量的国家标准中，就要求仪器在 1107 cm^{-1} 的分辨率应该小于 5 cm^{-1}。一般而言，分辨率太低，会导致半导体材料的精细信息丢失。但是，分辨率太高，虽然可以得到更加准确和精细的信息，但是耗时会大幅度增加；同时还有可能得不到样品的红外光谱，而得到入射光在样品正、反表面反射光所形成的干涉光谱。

另外，被测样品的厚度、表面状况和平整度以及载流子浓度等都会对测量结果产生影响。如果样品太厚，半导体材料的晶格吸收可能很严重，得不到所需的样品的红外光谱；样品太薄，也可能仅仅得到入射光在样品正、反表面反射光所形成的干涉光谱。表面太粗糙，入射光在样品表面会发生漫发射，降低测试精度。如果半导体材料的掺杂浓度过高，载流子会对红外光产生严重吸收，从而得不到所需的材料的信息。

6.4 傅里叶红外光谱的应用和实例

在固态电子器件制备的过程中，半导体材料中的各种杂质和缺陷，如氧、碳、氢、氮、硅，以及空位缺陷等，对材料和器件的性能有着重要的影响。因此，人们通常需要用傅里叶红外光谱仪(FTIR)定量或者半定量的测量这些杂质的浓度和结构形态。

6.4.1 硅晶体中杂质和缺陷的测量

1. 硅中氧

氧是直拉硅中最主要的杂质，以间隙态存在，其浓度一般在 10^{17}~10^{18} cm^{-3} 数量级。直拉硅中的氧是在晶体生长过程中引入的，氧的引入可以提高硅片的机械强度，但是在随后的器件制造工艺过程中，由于硅晶体经历了各种温度的热处理，过饱和的间隙氧会在硅晶体中偏聚和沉淀，形成氧施主、氧沉淀及其诱生的二次缺陷。这些缺陷一方面可以结合器件工艺，形成内吸杂结构，吸除硅片中的金属杂质；另外一方面，过量的氧沉淀又会导致硅片的翘曲，而且氧沉淀诱生的二次缺陷对硅材料和器件的电学性能也有破坏作用。而硅中氧缺陷的产生与氧的浓度有着紧密的关系，所以为了控制硅片在处理工艺中氧缺陷的行为，我们首先要控制其中间隙氧原子的浓度。

硅中氧浓度的测量方法主要有四种。第一种是气相熔化分析(GFA)，这种方法主要用来测量重掺单晶中的整体氧浓度。第二种方法是带电粒子活化分析(CPAA)，这种方法也是测量硅中总的氧浓度，但测试步骤繁杂，费用昂贵。第三种是二次离子质谱法(SIMS)，这种方法能测量硅(包括重掺硅片)中所有形态氧的总含量，但是测量精度比较低，一般在 10^{15} cm^{-3} 数量级。再就是这里我们将重点介绍的傅里叶红外光谱(FTIR)，这种方法属于无损探测的方法，试样制备比较简单，但是由于载流子吸收的影响，这种方法在测量重掺硅样品中氧浓度时受到限制。

当波数大于 4000 cm^{-1} 的时候，红外光基本上可以无吸收的透过硅晶体。在中红外光谱段(400~4000 cm^{-1})，由于杂质引起的晶格振动(通常也称为局域模振动，LVM)，红外光在某些波数范围会被吸收。相应地，硅单晶中氧原子与硅原子也有键的振动，在红外光谱中也会对应一系列的红外吸收峰。表 6.1 总结了硅晶体中对应的不同 Si—O 振动模式的红外吸收峰的位置。

表 6.1 室温下(20℃)氧原子在硅晶体中的一系列特征红外吸收峰[1]

氧原子形态	Si—O 振动类型	波数/cm^{-1}	波长/μm	备注说明
O_i	对称伸缩	514	19.45	温度相关
O_i	反对称伸缩	1059	9.44	同位素相关
O_i	反对称伸缩	1107	9.03	测氧浓度用
O_p	氧沉淀	1226	8.16	片状氧沉淀相关
O_i	反对称伸缩和转动	1227	8.15	氧沉淀相关
O_i	反对称伸缩和声子	1720	5.81	硅–声子耦合

在硅中，氧原子的一系列室温红外吸收峰中 1107 cm^{-1} 峰最强，如图 6.5 所示，其半高宽约为 32 cm^{-1}。该峰被认为是 Si—O—Si 的反对称伸缩局域振动模式吸收峰，通常用来计算硅中间隙氧原子的浓度，计算公式为

$$[O_i] = C \times \alpha \times 10^{17}\ \mathrm{cm}^{-3} \tag{6.9}$$

其中，C 为转换系数(或转换因子，cm^{-2})，α为红外吸收系数。

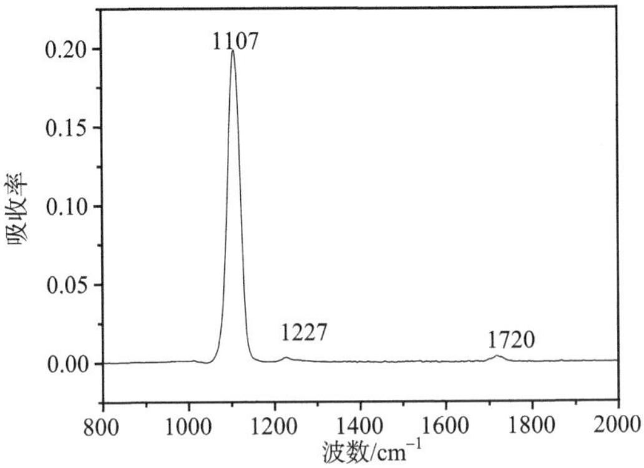

图 6.5　硅单晶的室温红外光谱图

1107 cm^{-1} 峰是间隙氧的吸收峰

自 1957 年 Kaiser 和 Keck 首先发现硅中氧浓度和 1107 cm^{-1} 红外吸收峰强度之间的线性关系后，已经报道了多种转换系数[2]。而且，不同的国家的标准中采用了不同的转换系数，美国较早的 ASTM-79 标准是采用 4.81，以后修改为 2.45 (ASTM-83)，德国的 DIN 标准也是采用 2.45，日本的 JEIDA 则采用 3.01，我国国家标准采用的转换系数是 3.1[3]。后来，Boghdadi 等研究者利用国际间的合作，在多个实验室对此转换系数进行了精确的测量，建议其为 3.14 ± 0.09[4]。目前，美国的 ASTM 标准也已经采用 3.14 作为测量间隙氧浓度的红外吸收转换系数。

硅中氧浓度的红外吸收系数α是由 1107 cm^{-1} 峰的高度决定的，在室温下，硅晶体在室温下对红外光的吸收遵守 Beer 定律，即

$$\alpha = -(1/d)\ \ln\ (T_{\min}/T_{\max}) \tag{6.10}$$

其中，d 为样品的厚度(单位为 cm)，$T_{\min}$ 是 1107 cm^{-1} 处的透射率，$T_{\max}$ 是基线处的透射率。一般，$T_{\max}$=100%=1，所以α=-(1/d)ln$T_{\min}$。而 $T_R=10^{-AB}$，其中 T_R 表示透过率，AB 表示吸收率，所以公式(6.10)也可以表示成

$$\alpha = -(1/d)\ln 10^{-AB} = (AB/d)\ln 10 \tag{6.11}$$

在红外光入射硅片时，由于硅晶格点阵的多声子吸收，在 500~1500 cm^{-1} 的波数范围之间会出现一系列的吸收带，这些晶格吸收峰会与间隙氧的 1107 cm^{-1} 峰部分重叠，因此要精确测量硅中氧浓度，需要利用无氧的硅单晶作为参比样品，以便去除晶格吸收的影响。通常情况下，采用氧浓度比较低、电阻率比较高的区熔(FZ)硅单晶作为参比样。图 6.6 显示了直拉硅和区熔硅样品的红外吸收光谱以及两个光谱的差谱。

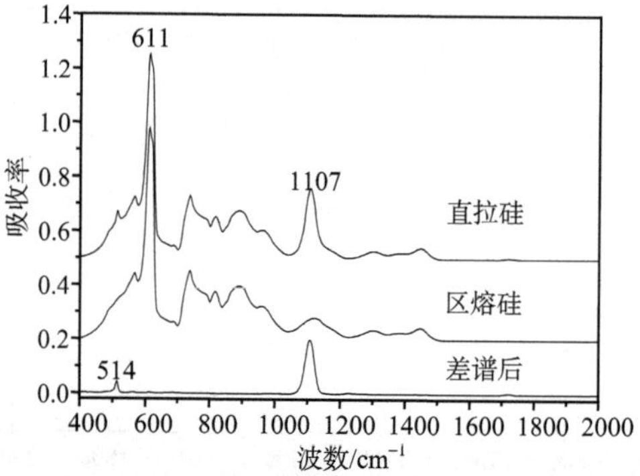

图 6.6　直拉硅和区熔硅的室温红外光谱图以及差谱处理后的谱线

为了精确测量间隙氧吸收峰的强度，基线校准范围的选择也是很重要的。因为在间隙氧吸收峰 1107 cm^{-1} 峰附近通常还有 1013 cm^{-1} 峰和 1227 cm^{-1} 峰存在，这些红外吸收峰会影响到 1107 cm^{-1} 峰的基线，因此必须消除这些峰线的影响。美国的 ASTM 标准 F-1188(ASTM, 1988a)建议：基线的截取范围一边是在 900~1000 cm^{-1}，另一边在 1200~1300 cm^{-1}，而且应该包含 1227 cm^{-1} 峰。在 ASTM-1189 (ASTM，1988b)标准中，基线的范围选择被建议在 1010~1060 cm^{-1} 和 1200~1260 cm^{-1}。这个标准相对于 ASTM-1188 标准的范围更小一些，但是同样包括两个氧相关的小红外吸收峰。而在德国的 1993 年 DIN 测试方法中，却建议基线两端选取的范围更小，在 1025~1040 cm^{-1} 和 1180~1195 cm^{-1}，可以看到这个选择范围刚好处于两个氧相关的红外吸收峰之间。

为了减少表面红外光的散射，样品是需要双面化学机械抛光。但是通常使用的硅片都是单面化学机械抛光的，另一面是腐蚀面。腐蚀面的粗糙程度取决于腐蚀方法，如果是白酸腐蚀则表面比较光滑，如果是碱腐蚀的表面则非常粗糙，粗糙的背表面会散射光束，降低了测量样品的光透过率。这会导致以下几种不良的测量效果：首先，如果散射足够大的话，测量的信号将减少，会降低光谱的信噪比；其次，散射跟波数有关系，会导致测量光谱基线的弯曲，如果采用相对大波段范围的线性基线的话，则测量的氧浓度会偏高；最后，严重的背散射存在的情况下，无论是考虑多重反射还是忽略多重反射，都会影响到氧浓度的精确测量，考虑多重散射影响则低估氧浓度，而忽略多重反射则会高估氧浓度。

为了研究不同的背散射对硅中氧浓度测量的影响，研究者们进行了大量的实验研究。Series 在一个窄波数范围内采用曲线拟合的方法，大大地减少了由于背散射而引起的基线弯曲的影响[5]。使用积分面积的方法也可以把测量的系统误差减小到 5%，这里的测量差异主要来自于在透射光谱转换吸收光谱过程中多重反射的忽略。后来，一个多实验室合作的测试表明，当 1100 cm^{-1} 波数处的透射率大于 5%的时候，使用窄波数范围的基线校准的方法，可以获得相当好的测量结果，这时候多重反射的影响可以认为是硅片体内额外的吸收。这些研究的结果可以用表6.2来总结。

表 6.2 不同背表面处理对硅中间隙氧浓度测量的影响(T%表示 1100 cm^{-1} 处基线的透射率)[6]

背表面处理	高氧直拉硅 $[O_i] = 14.85 \pm 0.23$ ppma		高氧直拉硅 $[O_i] = 14.85 \pm 0.23$ ppma		低氧直拉硅 $[O_i] = 10.62 \pm 0.17$ ppma	
	T%	偏差 ppma	T%	偏差 ppma	T%	偏差 ppma
化学机械抛光	51	-0.05 ± 0.06	50	0.00 ± 0.11	44	0.01 ± 0.10
白化学抛光	49	-0.05 ± 0.08	42	-0.14 ± 0.12	41	-0.27 ± 0.06
多晶硅薄膜(1 μm)	18	0.00 ± 0.09	18	0.07 ± 0.24	18	-0.06 ± 0.19
深度 KOH 腐蚀	12	-0.05 ± 0.08	12	0.10 ± 0.17	13	0.06 ± 0.13
切割原片(双面)	8	-0.10 ± 0.12	6	0.21 ± 0.26	5	0.15 ± 0.27
深度酸腐蚀	6	0.12 ± 0.16	13	0.01 ± 0.19	3	0.92 ± 0.28
浅度 KOH 腐蚀	5	0.17 ± 0.20	6	0.38 ± 0.33	3	1.69 ± 0.45

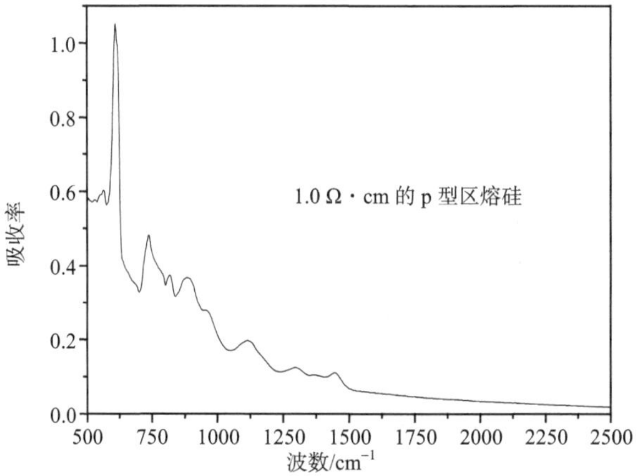

图 6.7 电阻率为 1.0 Ω · cm 的 p 型区熔硅的室温红外光谱

另外，自由载流子吸收也是影响红外测量的一个因素。Spitzer 和 Fan 发现在 n 型硅中，载流子吸收随着载流子浓度和波长的增加而增加。Hara 和 Nishi 在后续研究中发现 p 型硅中也存在类似的结果。图 6.7 显示了电阻率为 1.0 Ω · cm 的 p 型区熔硅 (FZ) 样品的 FTIR 光谱，可以看到在低波数范围基线上扬，表明载流子吸收随着波数减小而增强。同时，研究者们还发现在近红外波段 p 型硅的载流子吸收要比n型硅的强，并且给出了在波长范围1000~2500 cm^{-1}内，掺杂浓度在10^{16}~10^{19}范围内的吸收系数与自由载流子的关系近似公式：

n 型硅中 $$\alpha_n = 1\times10^{-10} n/\nu^2 \tag{6.12}$$

p 型硅中 $$\alpha_p = 2.7\times10^{-10} p/\nu^2 \tag{6.13}$$

其中，α为自由载流子吸收系数，n和p分别是电子和空穴的浓度，ν是波数。

Koster 和 Bittersberger 等进一步研究了在掺杂范围 1×10^{14}~4×10^{17} 的不同厚度 (0.4~2 mm)n 型和 p 型区熔硅单晶，其在 1107 cm^{-1} 波数的自由载流子吸收为

n 型硅中 $$\alpha_n = 3.19\times10^{-17} n \tag{6.14}$$

p 型硅中 $$\alpha_p = 2.7\times10^{-16} p \tag{6.15}$$

图6.8显示了1107 cm^{-1}处n型和p型硅中载流子吸收系数与掺杂浓度的关系[7]，可以看出，在相同的掺杂浓度下，p 型掺杂的样品中载流子吸收大约是 n 型硅中四倍。

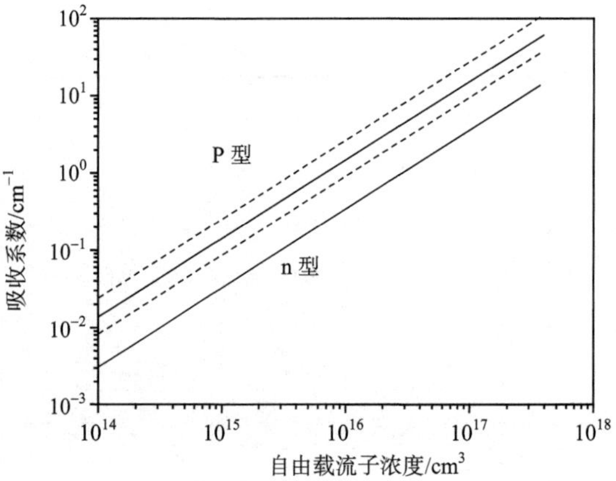

图 6.8 n 型和 p 型硅中 1107 cm^{-1} 处自由载流子吸收[7]

因此，为了减少载流子吸收的影响，p 型硅片的电阻率应在 0.2 Ω · cm 以上，而 n 型的硅片电阻率应在 1.0 Ω · cm 以上。并且对于电阻率较低的样品，参比样品的厚度和电阻率需要与测量样品一致。

在重掺的样品中，由于严重的载流子吸收的影响，很难测量硅的红外吸收光谱，有研究认为可以通过液氦温度下测量或中子辐照后测量氧空位(A 中心)复合体浓度的方法间接测量间隙氧浓度[8]。

测量样品的温度对红外测量也有重要的影响。在低测量温度下(如液氦温度)间隙氧的红外吸收峰的峰位相对室温下有一定的偏移，而且半高宽变窄。图 6.9 显示了在不同温度下测量的间隙氧红外吸收峰。可以看出，在 160K 以下，间隙氧的吸收发会分裂成两个峰，而在 80K 以下的温度，会出现更多的间隙氧吸收峰的精细结构。低温测量适合探测氧浓度很低的区熔硅单晶中的氧浓度，Pajot[9]建议将温度降低到 10K 以下，这时候室温下的 1107 cm^{-1} 将偏移到 1136 cm^{-1} 的位置，半高宽为 0.6 cm^{-1}，另外还有两个伴峰 1134.5 cm^{-1} 和 1132.7 cm^{-1} 出现。另外，为了减少干涉信号影响、提高测量的精度，低温 FTIR 的测量通常需要厚的样品和高的分辨率。

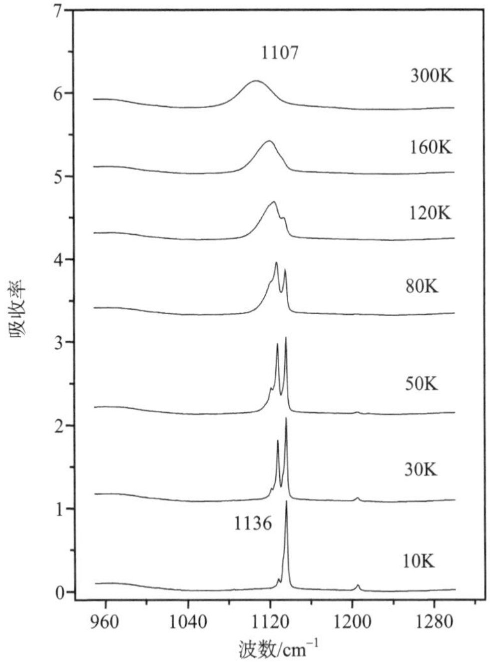

图 6.9 不同温度下测量的直拉硅红外光谱图

还有一些研究者利用各个实验室之间的合作测量，发现精确测量硅中氧浓度不但跟硅片的厚度、背表面的粗糙程度有关，还跟测量的方法、测量的仪器都有关系，因此建议比较不同红外吸收光谱应该在同一台仪器上测量，并且样品的制备方法也要一样。

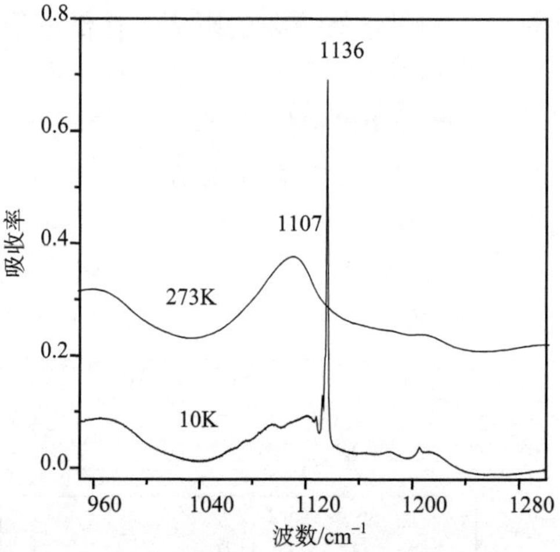

图 6.10　室温(273K)和液氦温度(10K)下测量的直拉硅的红外光谱图

其中 1107 cm^{-1} 是室温下间隙氧的红外吸收峰，1136 cm^{-1} 是液氦温度下测量的间隙氧红外吸收峰[10]

以上介绍的测量适用于大多数条件下原生硅样品中氧浓度的测量。但是，当硅片经过一系列的热处理后，过饱和的间隙氧会聚集，形成氧沉淀。一般情况下，通过测量热处理前后的间隙氧浓度的变化，就可以计算出氧沉淀的量。

另外，在室温下，红外吸收光谱中 1124 cm^{-1} 的吸收峰与氧沉淀相关，被认为是氧沉淀的 LO 吸收峰，而且氧沉淀的红外吸收峰会随着氧沉淀的形貌发生偏移。但是，氧沉淀峰在室温下通常比较宽，会影响到间隙氧峰的基线。而且在有氧沉淀存在的情况下，间隙氧的红外吸收峰半高宽会变宽，不再局限在 32 cm^{-1}，这种情况下氧含量不再与吸收系数α成正比，因此在有大量氧沉淀的硅片中很难精确测量间隙氧的浓度。这时可以选择在液氦温度下测量，因为低温下间隙氧的峰会变得非常的精细，能够与氧沉淀的峰明显的区分开。图 6.10 显示了含有大量氧沉淀的硅片在室温和液氦温度下测量的红外吸收光谱，可以看出，在低温下间隙氧的吸收峰由 1107 cm^{-1} 偏移到 1136 cm^{-1}，并且在 1136 cm^{-1} 的边上出现 1112 cm^{-1} 和 1230 cm^{-1} 两个峰，分别对应着不同形态的氧沉淀[10]。

2. 硅中碳

碳也是硅单晶中一种很重要的杂质，它主要存在于直拉硅单晶中，浓度为 10^{16} 数量级;在区熔硅单晶中偶尔也能观测到，浓度约在 10^{15} 数量级。研究已经证明，碳的存在会使硅器件的击穿电压大大降低，漏电流增加，对器件的质量有负面的作用。因此，在晶体生长时，人们努力降低硅晶体中碳的浓度，在目前的高纯区熔单晶硅和集成电路用的直拉硅单晶中，碳的浓度已经能够控制在 $5\times10^{15}\ cm^{-3}$ 以下。

接近熔点时，液态硅中碳的溶解度约为 3~4 × $10^{18}\ cm^{-3}$，固态硅中溶解度约为

$5.5\times10^{17}\ cm^{-3}$。另外，碳的分凝系数比较小(0.07)，导致直拉硅单晶生长时，熔体中碳含量逐渐增加，最终使得碳浓度在直拉硅单晶的头部低、尾部高。而且，碳在硅单晶中呈条纹状分布的倾向比较严重。

硅中的碳杂质主要处于替位位置，属于非电活性杂质，和替位碳相联系的红外吸收峰在室温下位于 605 cm^{-1} 处，在此光谱范围硅晶格的吸收(611 cm^{-1})很强烈，因此，在测量碳浓度的时候需要使用无碳的硅标样(通常使用区熔硅)仔细的去除硅晶格吸收的影响。一般，使用 FTIR 测量碳浓度的有效范围是 5×10^{15}~$3\times10^{18}\ cm^{-3}$。

图 6.11 显示的是使用无碳的区熔硅差除硅晶格 611 cm^{-1} 吸收峰后的高碳浓度直拉硅单晶的室温红外光谱图，605 cm^{-1} 峰是替位碳的吸收峰，而 514 cm^{-1} 峰是间隙氧的吸收峰。根据图中 605 cm^{-1} 吸收峰的强度，可以计算直拉硅中碳浓度，计算公式是

$$[C_s] = C\times\alpha\times10^{17}\ cm^{-3} \tag{6.16}$$

式中，C 为转换系数(cm^{-2})，通常采用的是 1.0，α 为最大吸收系数(其计算方式和氧 1107 cm^{-1} 峰的吸收系数的方法相同，见(式 6.11))。

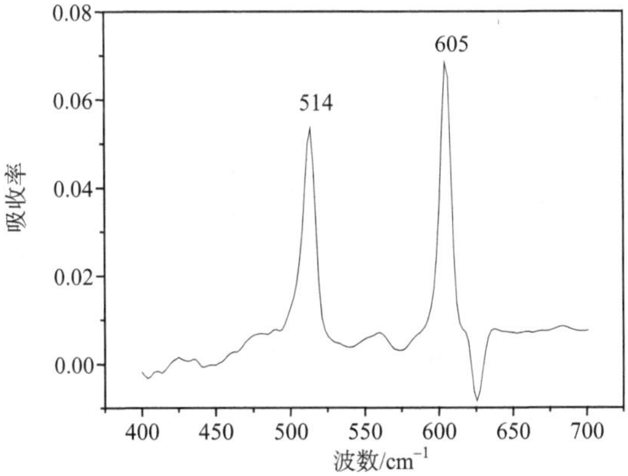

图 6.11 硅单晶的室温红外光谱图

605 cm^{-1} 峰是替位碳的吸收峰，514 cm^{-1} 峰是间隙氧的吸收峰

3. 硅中氮

氮的测量是目前硅材料界的一个热点课题。对于区熔硅单晶中的氮的测量，一般利用以下公式：

$$[N] = C\times\alpha\times10^{17}\ cm^{-3} \tag{6.17}$$

C 为转换系数，通常采用的是 $1.83\times10^{17}\ cm^{-2}$，$\alpha$为 963 cm^{-1} 红外吸收峰处最大的

吸收系数。

用傅里叶红外测量掺氮直拉硅(NCZ)中的氮远比掺氮区熔(NFZ)硅要复杂得多，因为氮在 NFZ 硅中只有 N—N 对一种存在方式，而在 NCZ 硅中不但有 N—N 对，而且还会以复合体的形式存在[11]，甚至作为核心存在于氧沉淀的内里。

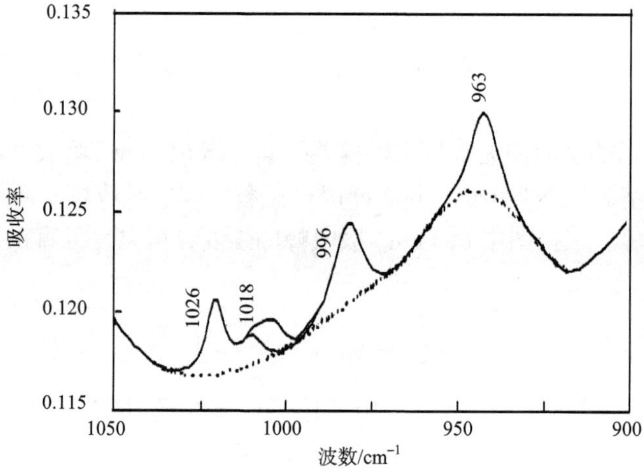

图 6.12　NCZ 硅中氮在中红外区的各个吸收峰

图 6.12 显示了在 930~1050 cm^{-1} 的波数范围观察到的在 NCZ 硅中由氮引起的吸收峰，其中 963 cm^{-1} 吸收峰是由于 N—N 对的局域振动模引起的，另外在 766 cm^{-1} 处也有一个 N—N 对相关的吸收峰。有研究建议，996 cm^{-1} 和 1018 cm^{-1} 两个吸收峰分别是由 NNO 和 NNO_2 复合体的局域振动模引起的[11,12]。如果不考虑 NCZ 硅中原生氧沉淀形核所消耗的氮浓度，那么氮的总浓度可以用这三种主要氮关复合体的总和来近似表示。N—N 对的吸收峰对氮浓度的转换因子是 $1.83\times10^{17}/cm^2$(这可以从 NFZ 硅的测量结果得到)，然而对于 NNO 和 NNO_2 复合体吸收峰对氮浓度的转换因子分别选用 $3.04\times10^{17}/cm^2$ 和 $0.84\times10^{17}/cm^2$。而且对于低氮浓度的 NCZ 样品，这些氮关复合体的吸收峰都很小，很难在 FTIR 谱上显示出来。为了解决这些问题，可以将 NCZ 硅样品的测试厚度增加到 10 mm，远远大于通常的 2 mm，以提高氮关复合体的吸收峰强度。

图 6.13 显示了含不同氮浓度的原生硅样品中由 FTIR，二次离子质谱(SIMS)测量得到的氮浓度与理论计算值的关系，可以看出，由 SIMS 测量得到的氮浓度与理论计算浓度几乎是相同的，然而 FTIR 测量得到的氮浓度要高于理论计算值，这可能是由于测试时来自谱线背底或样品中其他杂质吸收峰干扰的结果。

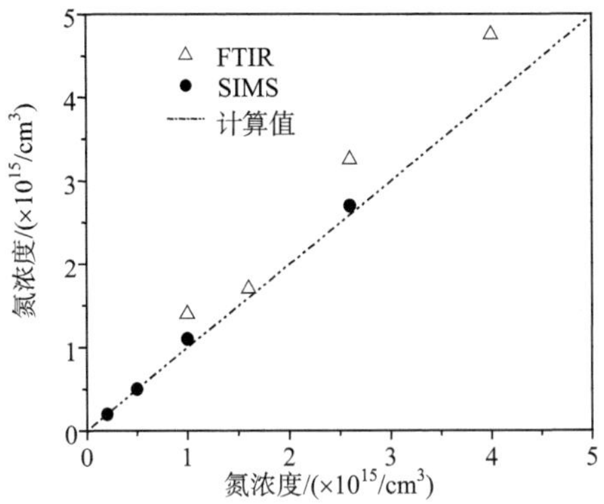

图 6.13 FTIR、SIMS 测量值与计算值的关系

4. 直拉硅中的氮氧复合体

直拉硅中掺氮可以提高硅晶体的质量，已经在产业界广泛应用。众所周知，直拉单晶硅中含有间隙氧，其浓度范围为 10^{17}~10^{18} cm^{-3}，当氮掺入直拉硅单晶中时，氮会和氧作用，形成氮氧复合体。

目前，具体的氧与氮的原子数量比和氮氧复合体的微观结构目前还不是很清楚。但是，氮氧复合体会引起红外的局域模振动吸收和电子跃迁吸收，可以被红外吸收技术探测到。在室温测试时，在中红外范围内，氮氧复合体的峰位为 801，996 和 1026 cm^{-1}，如图 6.12 所示。有研究认为，1026 cm^{-1} 是连接氮对的 Si—O 伸缩振动引起的，而 801 和 996 cm^{-1} 分别是氮对附近的氧原子干扰氮对的振动的吸收峰，但实际的结构仍然有待进一步的研究和确认。

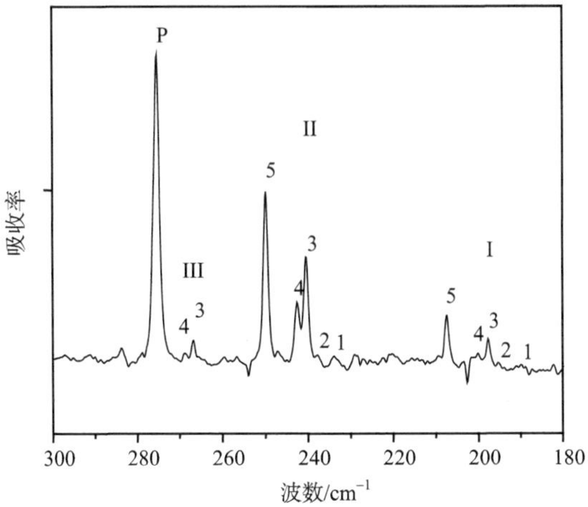

图 6.14 氮氧复合体的远红外吸收图谱

分辨率为 0.5 cm^{-1}，测试温度为 10K

在低温(10K 左右)的测量条件下，氮氧复合体在远红外波段有一系列由于电子跃迁产生的吸收峰。这些吸收峰可以用有效质量理论(EMT)来解释。目前，已经报道了 6 种氮氧复合体[13]，如图 6.14 所示。通过研究这些电子跃迁的吸收峰的热退火的变化规律，可以研究氮氧复合体的微观构成。

5. 晶体硅的基硼、基磷的测试

硅单晶中最重要的掺杂剂就是硼(B)和磷(P)，硼和磷的浓度也可以用低温红外技术测试。如果被测样品中除了我们关注的掺杂剂不含有其他的带电的电活性中心(比如掺 B 的样品中 P 的浓度很低或者相反)，那么室温下测到的样品的载流子浓度与样品中的掺杂剂(这里主要指 B 或 P)浓度是相对应的。标准的计算载流子浓度的方法是测试样品的电阻率，然后根据 ASTM-F 723 等标准把电阻率换算成载流子浓度。如果我们用电阻率换算的载流子浓度与 B 或者 P 的红外吸收峰比较，就可以确定硅单晶中 B 或 P 的红外吸收峰的转换系数，这些数据都可以在 ASTM-F 1630 和 DIN 标准中都可以查到。对于直拉单晶硅和区熔单晶硅来说，上述的 B 和 P 的红外吸收峰的转换系数是一致的[14]。

单晶硅中的 B 在低温(10K)时有 3 个主要的吸收峰：245 cm^{-1}，278 cm^{-1} 和 320 cm^{-1}。单晶硅中的 P 也有 3 个主要的吸收峰：275 cm^{-1}，316 cm^{-1} 和 323 cm^{-1}。由于单晶硅内部的应力，B 或者 P 的红外吸收峰会出现宽化(即红外吸收峰半高宽变宽)现象，如图 6.15，所以通常采用 B 或者 P 的吸收峰的面积(单位是 cm^2)而不是采用 B 或者 P 的吸收峰的峰高来计算其浓度。晶体硅中 B 和 P 的红外吸收峰的转换系数列在表 6.3 中。

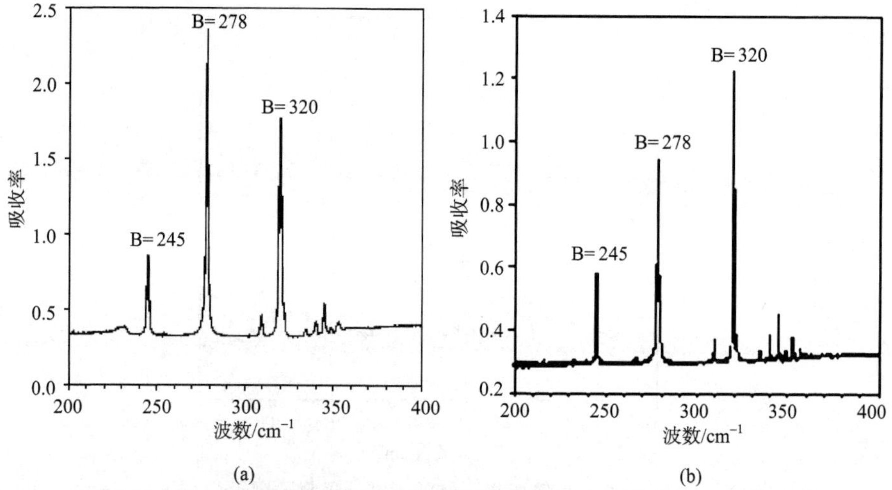

图 6.15　掺 B 直拉单晶硅的低温红外吸收谱，其中 B 浓度为 7×10^{14} cm^{-3}

(a) 掺 B 区熔硅的低温红外吸收谱，其中 B 浓度为 1×10^{14} cm^{-3}；(b)[14]

表 6.3 晶体硅中 B 和 P 的红外吸收峰的转换系数[14]

吸收峰/cm^{-1}	转换因子/cm^{-1}
B(245)	6.8×10^{13}
B(278)	1.5×10^{13}
B(320)	1.7×10^{13}
P(275)	4.2×10^{13}
P(316)	1.2×10^{13}
P(323)	2.3×10^{13}

6. Fe—B 对的红外测试

另外，在晶体硅中，金属 Fe 杂质可以和掺杂剂 B 作用，形成 FeB 复合体，会影响硅晶体的载流子浓度，造成新的俘获中心，降低硅晶体的电学性能。因此，确定和测量硅晶体中 Fe 对 B 杂质浓度就很有意义。在第 3、第 4 章中，曾经介绍利用少子寿命、少子扩散长度可以测量 FeB、Fe 的浓度，本节介绍利用红外光谱技术定性测量它们。

图 6.16 和图 6.17 显示了不同 Fe 浓度下掺 B 多晶硅的低温远红外光谱图(15K)[15]，图中峰线是 B 的电子跃迁激发峰线，从图中可知，当 Fe 浓度从 25 ppmw(ppmw 为浓度单位，按质量计的百万分之一)增加到 500 ppmw，图中 B 的激发峰的高度明显降低，峰线的宽度增加。说明了高浓度的 Fe 和 B 作用，形成 FeB 复合体，降低了具有电活性的 B 浓度。因此，可以通过测试 Fe 污染前后的 B 的浓度，来确定 Fe 的浓度。

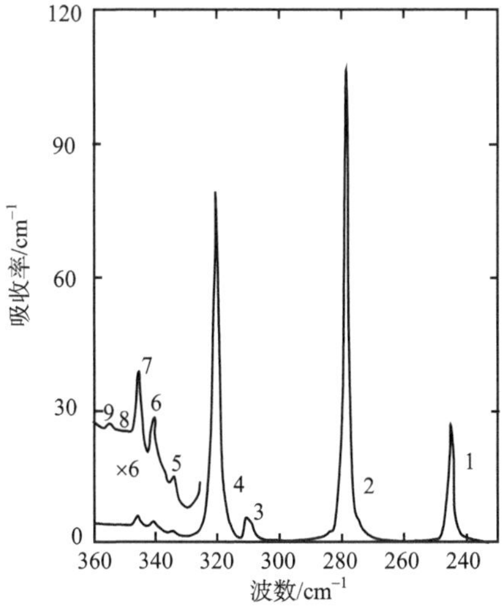

图 6.16 低温 15K 掺硼多晶硅样品的红外吸收谱

样品的 Fe 浓度为 25 ppmw，左边×6 谱线为相应部分谱线的 6 倍放大图谱[15]

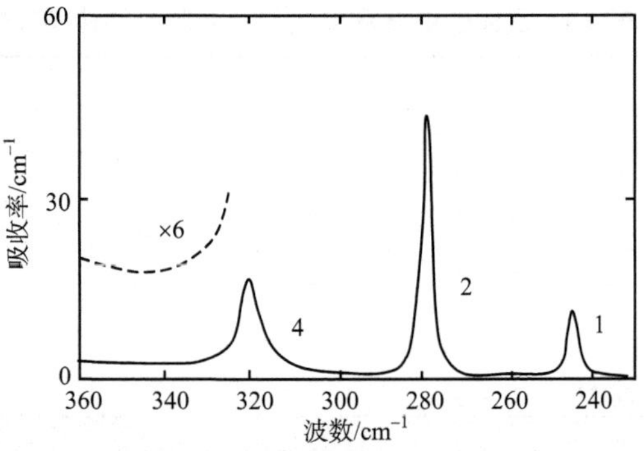

图 6.17　低温 15K 掺硼多晶硅样品的红外吸收谱

样品的 Fe 浓度为 500 ppmw，虚线为相应部分谱线的 6 倍放大图谱[15]

7. 硅中氧–空位复合体

在电子、中子辐照的直拉硅中，注入损伤产生的空位会跟氧原子结合形成氧–空位(V—O)复合体，这种复合体又称为“A 中心”，在红外光谱中的 835 cm^{-1} 位置会引起一个吸收峰[16]。此外，在离子注入硅中，伴随着自间隙硅原子的出现，也会产生 V—O 复合体[17]。研究认为，在 V—O 复合体中，氧原子轻微偏离晶格替代位的中心位置，与相邻的两个硅原子结合[16,18]，其氧原子的伸缩振动峰为 835 cm^{-1}，其结构则如图 6.18 所示。

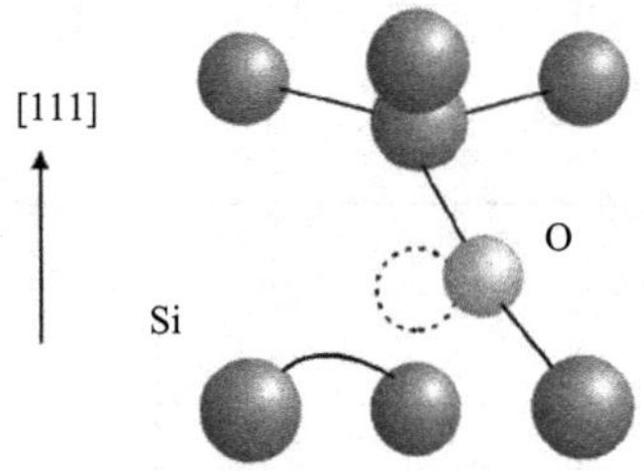

图 6.18　直拉硅中“A 中心”偏离晶格替代位中心的结构模式示意图[16]

V—O 复合体具有电活性，在导带下面 0.18 eV 有一个受主能级。当这个能级被电子占有后，V—O 复合体带负电，标记为(V—O)$^{-1}$，其局域模振动频率为 885 cm^{-1}。由于电子波动方程的空间局域性导致在成键处存在较高的电子密度，因此，其局域模振动的频率受到了电荷态的强烈影响。

V—O 复合体在硅晶体退火的时候是不稳定的，在约 300℃下退火就转化为 VO_2 复合体，反应方程式为

$$VO + O_i \longrightarrow VO_2 \tag{6.18}$$

VO_2 复合体的局域模振动频率为 895 cm^{-1}[19]，相对于 V—O 复合体的局域模

振动频率要高，很可能是因为其更加复杂的结构。VO_2 复合体在 450℃下退火会转变为 VO_3 复合体，VO_3 复合体在红外吸收光谱的 900~1000 cm^{-1} 有一系列的吸收峰。图 6.19 显示了中子辐照直拉硅中的 VO、VO_2 和 VO_3 的室温红外吸收光谱。

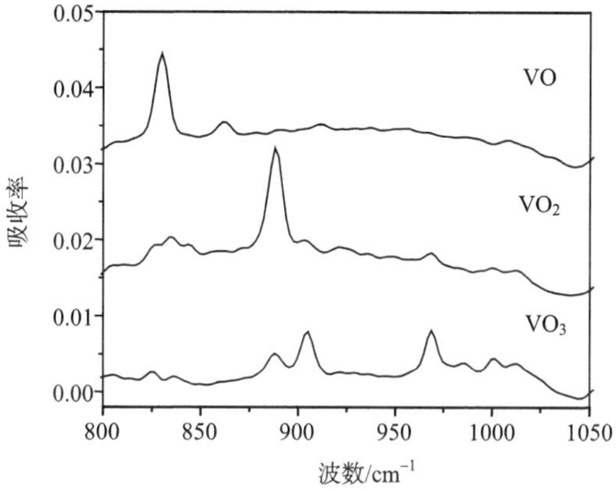

图 6.19 中子辐照直拉硅中 VO、VO_2 和 VO_3 的室温红外吸收光谱

8. 硅中热双施主

在半导体硅材料研究中，热施主微结构的确认是个古老的课题，但是到目前为止仍然没有得到彻底地解决。通常，含有氧的硅单晶在 300~850℃温度范围内热处理时，会产生两种不同的类施主的缺陷或者缺陷族，分别称为“热施主”(thermal donor)和“新施主”(new donor)。虽然这两种施主都和氧杂质有关，可以统称为“氧施主”，但是这两种施主的组成、结构和性质都有所不同。早在 1954 年，含氧直拉硅单晶中热施主就已经被发现，这种热施主在 300~550℃温度范围热处理时产生，在大于 550℃热处理时被消除。这类施主是有着不连续的 EMT(effective mass theory, 有效质量理论)[20]激发态和稍微不同的基态电离能的一族双施主，因此，这类施主又被称为热双施主(TDD)。第二类氧施主是在 650~850℃温度范围热处理时产生的，但是它们是单施主，它们的电离能比 TDD 要深。

硅晶体中的热双施主的红外谱线通常处在 200~1200 cm^{-1} 范围内，这些谱线的峰强和波数随着热处理的时间和温度的变化而变化。迄今为止，16 种中性态施主(neutral state，电离能 50~69 meV)[21]和单电离态施主已经被确定(singly ionized state，电离能 114~156 meV) ,它们的电离能的差别很小。通常，热双施主按能级的深浅编号为 TDD1~TDD16，其中，TDD1 能级最深，电离能最大，它们在远红外光谱图中的波数位置和能量如表 6.4 所示。另外，TDD 谱线的峰的强度和半高宽对于不同的中性态施主来说是相似的，而对于单电离态施主来说，它们则有很大的不同。而且，单电离态施主的吸收谱线只能在适度补偿的样品中才能被观察到。

表 6.4 (a)　不同的中性态的热施主的红外吸收峰位 ν(cm^{-1})和电离能 E_B(meV)。电离能 E_B 由 $3_{p\pm}$态或 $2_{p\pm}$态的电子跃迁来计算决定。光谱分辨率为 1 cm^{-1}[21]

	TDD1	TDD2	TDD3	TDD4	TDD5	TDD6	TDD7	TDD8	TDD9	TDD10	TDD11	EMT
$\nu(2_{p0})$	461	442	423	405	388	372	357	343	330	(319)	(307)	—
$E_B(2_{p0})$	12.1	12.0	12.2	12.0	12.0	11.9	12.2	12.0	12.1	11.9	11.9	11.51
$\nu(2_{p\pm})$	507	488	470	451	434	417	404	388	376	(363)	(351)	—
$E_B(2_{p\pm})$	6.36	6.34	6.34	6.34	6.34	6.34	6.40	6.40	6.40	6.40	6.40	6.40
$\nu(3_{p0})$	—	494	475	456	441	(423)	412	(395)	(383)	—	—	—
$E_B(3_{p0})$	—	5.60	5.72	5.72	5.47	5.60	5.41	5.53	5.53	—	—	5.48
$\nu(3_{p\pm})$	533	514	496	477	460	443	(429)	—	—	—	—	—
$E_B(3_{p\pm})$	3.12	3.12	3.12	3.12	3.12	3.12	3.30	—	—	—	—	3.12
$\nu(4_{p\pm})$	541	522	503	485	—	—	—	—	—	—	—	—
$E_B(4_{p\pm})$	2.14	2.13	2.25	2.13	—	—	—	—	—	—	—	2.19
$\nu(5_{p\pm})$	—	528	509	—	—	—	—	—	—	—	—	—
$E_B(5_{p\pm})$	—	1.38	1.51	—	—	—	—	—	—	—	—	1.44
E_B(gs)	69.2	66.8	64.6	62.2	60.1	58.0	56.5	54.5	53.5	51.4	49.9	31.27H

表 6.4 (b)　不同的单电离态的热施主的红外吸收峰位 ν(cm^{-1})和电离能 E_B(meV)。电离能 E_B 由 $3_{p\pm}$态或 $2_{p\pm}$态的电子跃迁来计算决定。光谱分辨率为 1 cm^{-1}

	TDD1	TDD2	TDD3	TDD4	TDD5	TDD6	TDD7	TDD8	TDD9	EMT
$\nu(2_{p0})$	854	806	763	713	678	645	613	585	(559)	—
$E_B(2_{p0})$	50.4	49.8	49.2	49.8	48.9	48.3	47.7	46.8	46.7	46.04
$\nu(2_{p\pm l})$	1044	991	945	889	846	804	769	(729)	(700)	—
$E_B(2_{p\pm l})$	26.9	26.9	26.6	28.0	28.1	28.6	28.3	28.9	29.2	25.60
$\nu(2_{p\pm h})$	1048	998	951	904	862	825	791	(756)	(729)	—
$E_B(2_{p\pm h})$	26.4	26.0	25.9	26.1	26.1	26.0	25.6	25.6	25.6	25.6
$\nu(3_{p\pm l})$	1156	1105	1057	1011	968	931	—	—	—	—
$E_B(3_{p\pm l})$	13.0	12.8	12.8	12.9	13.0	12.9	—	—	—	12.48
$\nu(3_{p\pm h})$	1160	1107	1059	1014	972	934	—	—	—	—
$E_B(3_{p\pm h})$	12.5	12.5	12.5	12.5	12.5	12.5	—	—	—	12.48
$\nu(4_{p\pm})$	1187	—	1090	—	—	—	—	—	—	—
$E_B(4_{p\pm})$	9.13	—	8.66	—	—	—	—	—	—	8.76
E_B(gs)	156.3	149.7	143.8	138.2	133.0	128.3	123.6	119.3	116.0	126.8

6.4.2　砷化镓中杂质和缺陷的测量

1. 砷化镓中氧杂质

跟硅晶体中类似，砷化镓(GaAs)中氧原子可以打开一个 Ga—As 键，占据一个间隙位置，其红外吸收的纵波吸收峰在 845 cm^{-1}[22]。从高分辨的傅里叶红外吸收谱中可以看出，845 cm^{-1} 吸收峰其实包含着两个尖锐的吸收峰，如图 6.20 所示，分别为 845.45 cm^{-1} 和 845.82 cm^{-1}，是由 Ga 的同位素造成的 ^{71}Ga—^{16}O—^{75}As 和 ^{69}Ga—^{16}O—^{75}As 复合体引起的。而在掺入 ^{18}O 的 GaAs 中，845 cm^{-1} 吸收峰将偏移到 802 cm^{-1}[23]。另外，氧原子在 GaAs 中的纵向局域模振动频率还与晶体所受的压力有关系，随着[111]晶向引起的偶极子而发生分裂。

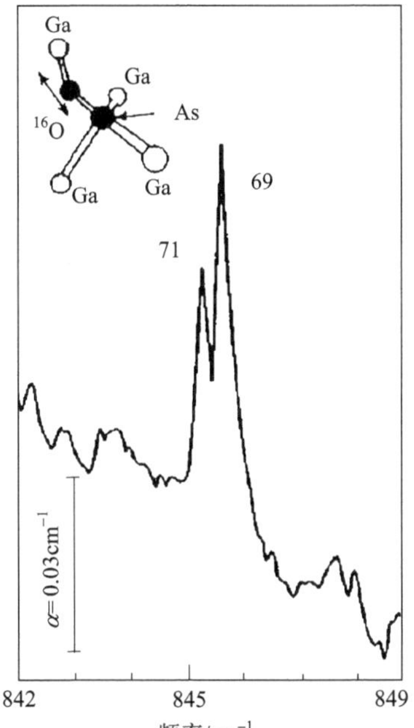

图 6.20　GaAs 中间隙氧的红外吸收光谱

其中 Ga 的同位素原子量也在对应红外吸收峰的附近标出[23]

2. 砷化镓中氧–空位复合体

除了在间隙位置，GaAs 中的氧原子还可以占据偏离中心的替代位置(O_{As})，形成类似于硅中“A 中心”的复合体结构。在这个复合体中，氧原子优先与相邻的两个 Ga 原子结合，并且偏离其他两个 Ga 原子的方向。替代位的氧对应着三个红外吸收峰，分别是 731、714 和 715 cm^{-1}[24]。进一步研究表明，这三个频率的振动吸收对应着三种电荷态的缺陷：中性、–1 价和–2 价。其中–1 价态的缺陷是亚稳态的，位置在 714 cm^{-1}；由于受到同位素的影响，该峰还分裂成三个峰，如图

6.21 所示，分别对应着 $^{71}Ga—^{16}O—^{71}Ga$、$^{71}Ga—^{16}O—^{69}Ga$ 和 $^{69}Ga—^{16}O—^{69}Ga$ 三种复合体。

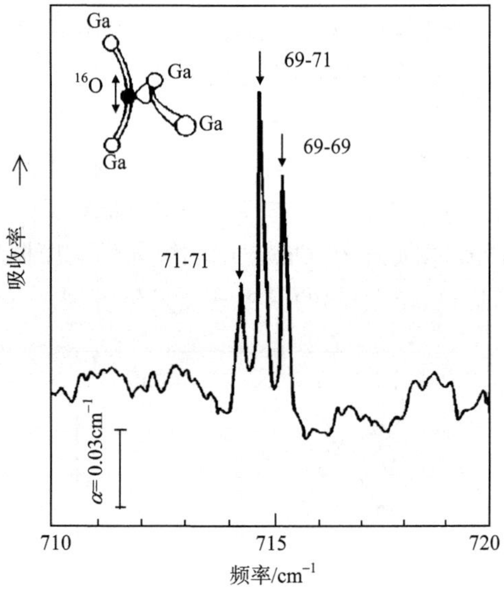

图 6.21　GaAs 中氧–空位复合体的红外吸收光谱

其中 Ga 的同位素原子量也在对应红外吸收峰的附近标出[23]

3. 砷化镓中硅杂质

硅原子在 GaAs 中根据其占据的位置，可以是施主(Si_{Ga})或者受主(Si_{As})[25]。在轻掺的 GaAs 样品中，硅杂质通常是施主态。而在液相外延方法生长的 GaAs 晶体中，硅受主的浓度超过硅施主的浓度[26]。通常，$^{28}Si_{Ga}$施主会在红外吸收光谱中产生一个频率为 384 cm^{-1}，半高宽为 0.4 cm^{-1} 的局域模振动峰。在重掺硅(~10^{18} cm^{-3})的样品中，硅的同位素 $^{29}Si_{Ga}$(自然储量为 4.7%)和 $^{30}Si_{Ga}$(自然储量为 3.0%)将分别产生 379 cm^{-1} 和 373 cm^{-1} 两个局域模振动吸收峰。另外，$^{28}Si_{As}$ 受主会产生 399 cm^{-1} 的振动吸收峰，并且会因为近邻的 ^{69}Ga 和 ^{71}Ga 原子产生同位素的精细结构。

除了间隙位的杂质，在重掺 GaAs:Si 样品中还存在着 $Si_{Ga}—Si_{As}$ 的近邻对[27]。尽管替代的施主和受主都是 T_d 对称的，$Si_{Ga}—Si_{As}$ 对却是 C_{3v} 对称。较低的对称性导致了反对称的横波和纵波模式的振动，振动频率分别为 464 和 393 cm^{-1}。到目前为止，对称的振动模式没有观察到，可能是它们的频率包含在声子带中。在含有较高浓度 ^{30}Si 的 GaAs:Si 样品中，横波振动模式分裂成四个单独的吸收峰，分别对应着不同的同位素结果：$^{30}Si_{Ga}—^{30}Si_{As}$、$^{28}Si_{Ga}—^{30}Si_{As}$、$^{30}Si_{Ga}—^{30}Si_{As}$ 和 $^{28}Si_{Ga}—^{29}Si_{As}$[27]。

重掺 GaAs:Si 样品中测量到的和硅相关的 369 和 367 cm^{-1} 红外吸收峰通常标

记为“Si—X”和“Si—Y”，这两种缺陷被认为是与 Si、Ga 的空位相关。研究认为，“Si—X”中心由硅受主和一个近邻的 Ga 空位形成，标记为 Si_{As}—V_{Ga}；“Si—Y”中心由硅施主和一个近邻的 Ga 空位形成，标记为 Si_{Ga}—V_{Ga}。

4. 砷化镓中硅–氢复合体

电学测试表明，氢可以和 GaAs 中的硅施主作用，钝化其电活性，同时 Si_{Ga} 在 384 cm^{-1} 处的局域模振动吸收减弱。这是因为在 GaAs 中，氢与硅结合生成了 Si—H 复合体，这种复合体在室温红外吸收光谱的 890 cm^{-1} 处有一个摇摆模式的吸收峰[28]。在液氦温度下，氢和其同位素氘(D)的摇摆模式红外吸收峰分别为 896 和 647 cm^{-1}，伸缩振动模式红外吸收峰分别为 1717 和 1248 cm^{-1}[29]，如图 6.22 所示。进一步地，硅同位素与氢原子结合形成的 ^{29}Si—H 和 ^{30}Si—H 复合体会在 ^{28}Si—H 吸收峰的低能量端产生小的吸收峰。

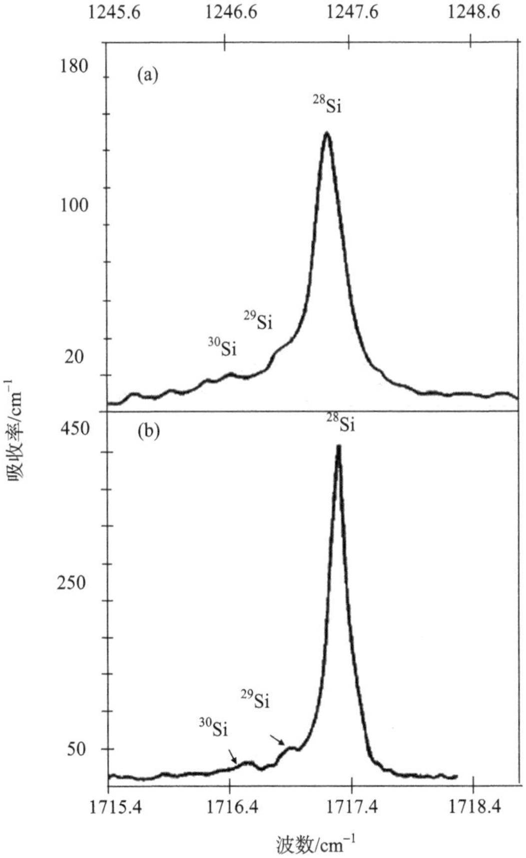

图 6.22 GaAs 中(a)Si—D 和(b)Si—H 的液氦温度红外吸收光谱

其中 Si 的同位素引起的红外吸收峰也在谱中标出[29]

5. 砷化镓中碳

GaAs 中碳在原理上应该是两性的，和 Si 杂质一样，但在实验中只发现了碳受主(C_{As})。碳在 GaAs 中倾向于作为 p 型掺杂剂，这是因为碳在 GaAs 中有高的固溶度和低的扩散系数。如果没有主同位素的影响，C_{As} 杂质是 T_d 对称的。由于同位素的原因，GaAs 中碳杂质在红外光谱中有一个局域模振动的峰，频率为 582 cm^{-1}；对于同位素 $^{13}C_{As}$，其红外吸收频率为 561 cm^{-1}[30]。高分辨率的傅里叶光谱检测到了和碳相关的 582 cm^{-1} 峰的精细结构[31]，由于 As 是单一同位素的，所以精细结果只可能来自两个近邻的同位素 ^{69}Ga(自然储量的 39.5%)和 ^{71}Ga(自然储量的 60.5%)，其可能的结合方式如下[32]：

(1) 所有的近邻位置都是同一种同位素。这种情况下，对称性是 T_d，因此有三个简并的 T_2 模式。

(2) 一个位置是一种同位素，其他三个位置是另一种同位素。这种情况下，有一个特殊的[111]键，所以对称性是 C_{3v}，有两个简并的 E 模式和一个 A_1 模式。

(3) 两个位置是一种同位素，其他两个位置是另一种同位素。这种情况下，对称性最低，是 C_{2v} 对称，有三个非简并态：A_1、B_1 和 B_2。

这些结构共可以产生九个红外吸收峰，都归纳在表 6.5 中，其中 p=0.605，是 ^{71}Ga 同位素的自然储量。假设所有的模式具有相同的振动强度，则一个峰的相对强度取决于这种结构的可能性与模式的简并度的乘积。

表 6.5　GaAs 中杂质取代 As 位置可能出现的主元素结构的可能性[32]

^{69}Ga	^{71}Ga	可能性	对称性	峰的数目
0	4	p^4	T_d	1
1	3	$4p^3(1-p)$	C_{3v}	2
2	2	$6p^2(1-p)^2$	C_{2v}	3
3	1	$4p(1-p)^3$	C_{3v}	2
4	0	$(1-p)^4$	T_d	1
总和	9			

p=0.605，是 ^{71}Ga 同位素的自然储量[32]。

为了拟合 Theis 等研究者报道的精细结构[31]，研究者建立了一个四面体的 CGa_4 的分子结构的理论模型，并且可以调整伸缩和振动的系数[32]，其模拟结果和实验数据符合很好，如图 6.23 所示。

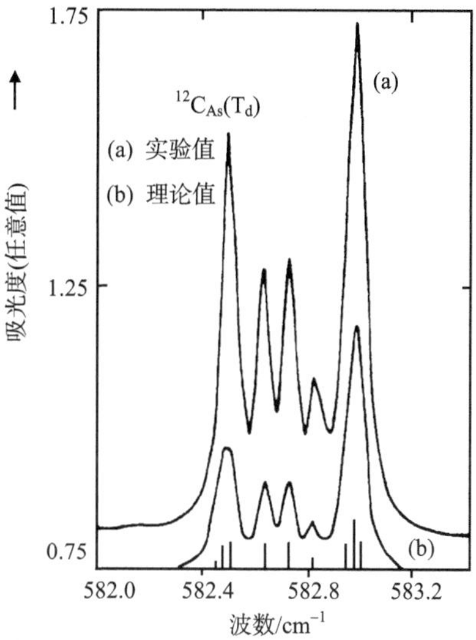

图 6.23 (a)实验和(b)理论计算的 GaAs 中碳局域模振动红外吸收光谱[32]

当温度超过 240K 的时候,在含碳的 GaAs 晶体的红外光谱图中,在 576.5 cm^{-1}处出现了一个热活性的红外吸收峰[33]，其强度随着温度的升高而增强，而同时碳杂质相关的 580 cm^{-1} 峰的强度则减弱。这个额外的峰来源于碳杂质从 N=1(T_2)至 N=2(T_2)的跃迁。当温度升高的时候，N=1 的能级增加，导致了这个峰的增强。

另外，C_{As}的局域模振动的二次谐波跃迁($N=0\rightarrow N=2$)还导致了 1162 cm^{-1} 红外吸收峰的出现。除了同位素的精细结构，二次谐波同样会因为不同的波函数对称而表现出红外吸收峰的分裂。经过详细的计算，Leigh 和 Sangster 等得到了与实验结果符合的很好的谱线(图 6.24)[34]。

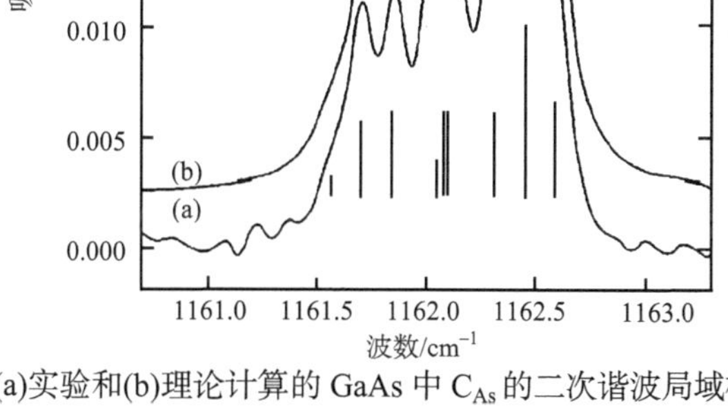

图 6.24 (a)实验和(b)理论计算的 GaAs 中 C_{As} 的二次谐波局域模振动[34]

6.4.3　锗中杂质的测量

跟直拉硅晶体中一样，氧也是在直拉锗晶体生长的过程中引入的一种杂质。与硅晶体相比，锗具有更低的熔融温度，与石英坩埚的作用也较少，所以在直拉锗晶体生长的过程中引入的氧的浓度也就比较低。Kaiser 等发现在锗的红外吸收光谱中有一个处于 855 cm^{-1} 的峰与氧浓度有关系[35]，这个峰是由 ^{16}O 的 v_3 振动引起的。在富含 ^{18}O 的锗样品中，这个峰将偏移到 818 cm^{-1} 处。另外，氧在锗中形成的 Ge_2O "准分子"结构，有点类似硅中 Si_2O 结构，尽管 Ge—O 键长很长。根据分光光谱的数据，可以计算出 Ge—O—Ge 的键角为 $2\alpha=111°$[36]，而 Si—O—Si 的键角为 162°。

在液氦温度下，在直拉锗单晶的红外吸收光谱的 862.5 cm^{-1} 附近会出现一系列和氧相关的复杂的红外吸收峰[36]，这些红外吸收峰的精细结构来自 Ge 的同位素和氧的不同振动模式两个方面。首先，锗有数目众多的同位素，在自然界中共有五种锗的同位素，分别是 ^{70}Ge(储量 21.23%)，^{72}Ge(储量 27.66%)，^{73}Ge(储量 7.73%)，^{74}Ge(储量 35.94%)和 ^{76}Ge(储量 7.44%)。这些锗的同位素导致了锗的平均原子量有 11 种，而每种平均原子量对应着一个 v_3 模式的振动频率(图 6.25)。其次，v_3 振动模式和横向 v_2 振动模式的非线性耦合，可以形成多种振动吸收。

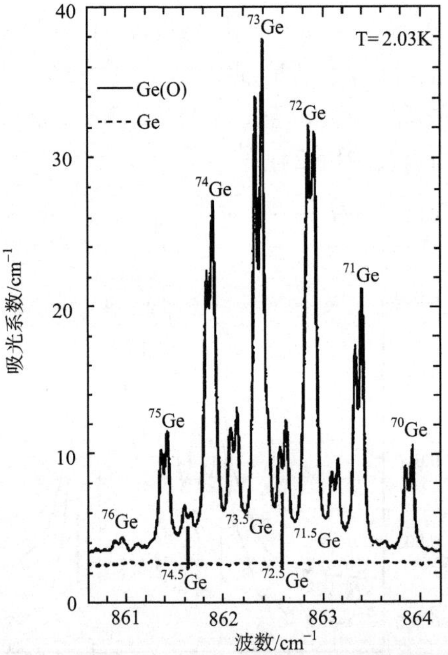

图 6.25　液氦温度(2.03K)下测量的锗中自间隙氧的红外吸收光谱

不同的锗平均原子量对应着不同的红外吸收峰，而每个峰的分裂是由 v_2 和 v_3 振动模式的非线性耦合引起[36]

为了研究锗中氧的红外吸收光谱，可以生长掺氧的单元素 ^{70}Ge，^{73}Ge，^{74}Ge 和 ^{76}Ge 晶体，然后再利用红外光谱进行测试。图 6.26 显示了不同测试温度下 ^{70}Ge 晶体中氧的红外吸收光谱，由图可知，当测试温度升高的时候，在氧的主峰低频率的一侧出现了三个新的和氧相关的红外吸收峰(II，III 和 IV)，分别对应着一个伸缩振动耦合着一个、两个或者三个横向的振动。

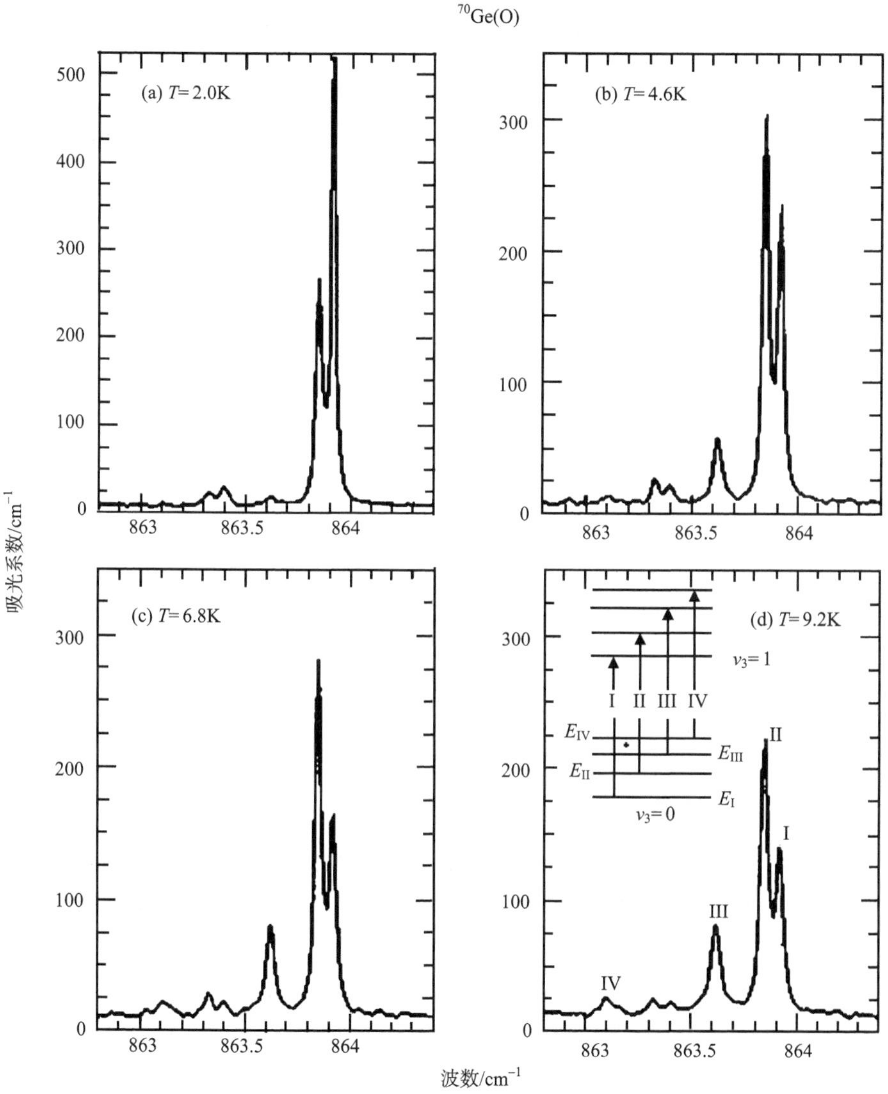

图 6.26 低温下测量的 ^{70}Ge 中自间隙氧的红外吸收光谱[36]

6.4.4 氮化镓中杂质的测量

氮化镓(GaN)是制备蓝光发光器件的优良材料，通常使用金属有机物气相外延(MOCVD)的方法生长，此法会在 GaN 的外延层中引入氢。而镁(Mg)又是 GaN 中最常用的 p 型掺杂剂，外延生长的过程中 Mg 很容易与 H 结合，生成 Mg—H 复合体，这时候 Mg 就失去了受主特性。因此。通常生长的 GaN 要在 600℃氮气氛下退火，以分解 Mg—H 复合体，而红外吸收光谱可以直接研究 GaN 中的 Mg—H 复合体的变化[37]。

在硅和 GaAs 中，H^+通常占据键中心的位置，但计算显示在 GaN 中 H^+更倾向于处在氮原子附近的反键位上[38]，即如图 6.27 所示，氢在 Mg—H 复合体的反键方向与一个氮原子结合。

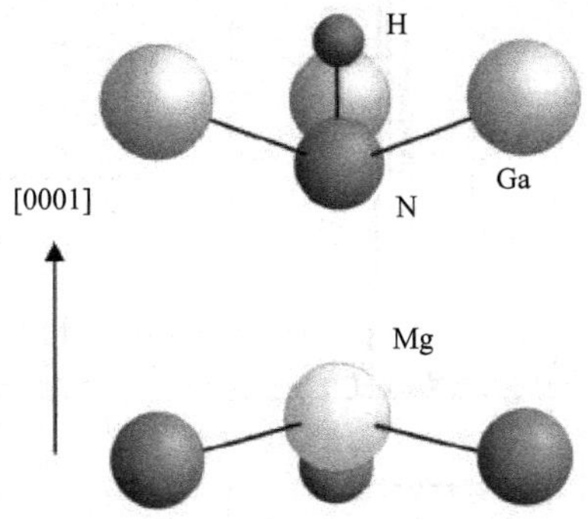

图 6.27　GaN 中 Mg—H 复合体的反键模型

在使用 MOCVD 方法生长的 4 μm 厚的 GaN:Mg 外延层中，用红外光谱仪在低温下(液氦)检测到了 Mg—H 的伸缩振动吸收峰，峰位在 3125 cm^{-1}[37]。这个检测到的频率与理论计算得到 3360 cm^{-1} 符合的很好[38]，并且与其他的化合物半导体材料中的 N—H 键的伸缩振动频率相似。热处理后，Mg—H 复合体分解，3125 cm^{-1} 峰的强度下降(图 6.28)，而相应的材料的电导率增加了。图 6.31 还显示，当热处理后的样品继续在氘等离子体(D^+)中处理后，测量的红外吸收光谱中出现一个 2321 cm^{-1} 的峰。这个峰被认为是氢的同位素氘与 Mg 结合的复合体的伸缩振动峰，同位素的频率比率 $r = \nu_H / \nu_D = 1.346$，与 NH_3 中 $r = \nu_H / \nu_D = 1.342$ 非常的接近，进一步证明了 H 在 GaN:Mg 中 N—H 结构的模式。但是，至于氢原子是处于反键位置或者键中心位置，还没有足够的实验证据。

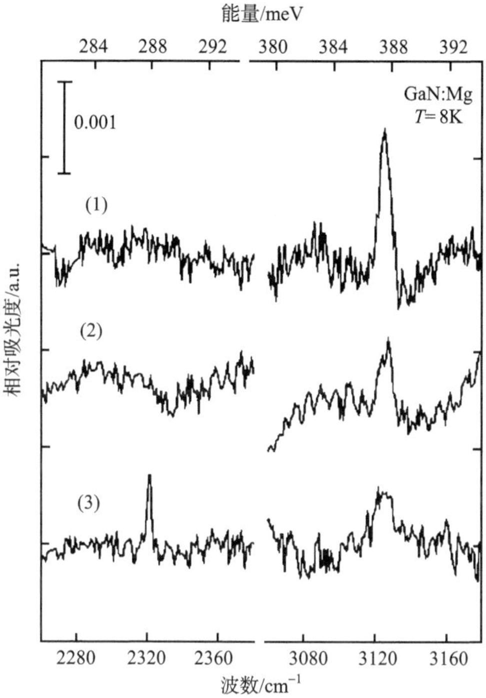

图 6.28 MOCVD 制备的 GaN:Mg 的红外吸收光谱[37]

(1) 原生样品；(2) 热处理后样品；(3) 热处理后再经过氘等离子体(D^+)处理的样品

红外光谱(特别是傅里叶变换红外光谱)是常用的半导体材料测试分析技术之一，它属于无损检测方法，对半导体材料几乎没有破坏。红外测试技术主要应用来探测半导体材料的组分，特别是可以定性、定量地测量半导体材料中的微量杂质及其浓度，研究杂质和相关复合体的精细结构，其图谱分析相对比较简单、直观，在半导体材料和器件的测试中广泛应用。

参 考 文 献

[1] Shaffner T J, Schroder D K. In Semiconductors and Semimetals (42): Oxygen in Silicon. Shimura F. New York: Academic Press, 1994: 55.

[2] Kaiser W, Keck P H. Appl J Phys, 1957, 28: 882.

[3] 阙端麟, 陈修治. 硅材料科学与技术. 杭州: 浙江大学出版社, 2000: 493.

[4] Baghdadi A, Bullis W M, Croarkin M C, Zheng L Y, Scace R I, Series R W, Stallhofe P, Watanabe M. J Electrochem Soc, 1989, 136: 2015.

[5] Series R W, RSRE Memorandum No. 3479, Royal Signals and Radar Establishment, Malvern. Worcs, U.K.

[6] Bullis W M. In Semiconductors and Semimetals (42): Oxygen in Silicon. Shimura F, New York: Academic Press, 1994: 124.

[7] Bullis W M. In Semiconductors and Semimetals (42): Oxygen in Silicon. Shimura F, New York: Academic Press, 1994, 134.
[8] Wang W, Cai T, Yu Y, Lin L. Semicond. Sci Technol, 1997, 12: 464.
[9] Pajot B. Analusis, 1977, 5: 293.
[10] Sassella B, Borghesi A, Geranzani P, Borionetti G. Appl Phys Lett, 1999, 75(8): 1131.
[11] Jones R, Oberg S, Rasmussen F B, Nielsen B B. Phys Rev Lett, 1994 ,72: 1882.
[12] Jones R, Ewels C, Goss J, Miro J, Deak P, Oberg S, Rasmussen F B. Semicond Sci Technol, 1994, 9: 2145.
[13] Suezawa M, Sumino K, Harada H, Abe T. Jpn. J Appl Phys, 1986, 2 (25): L859.
[14] Porrini M, Pretto M G, Scala R, Batunina A V, Alt H C, Volf R. Appl Phys A, 2005, 81: 1187.
[15] Borghesi A, Geddo M, Stella A, Chen Chen-Jia. J Appl Phys, 1987, 63: 2864.
[16] Corbett J W, Watkins G D, Chrenko R M, McDonald R S. Phys Rev, 1961, 121: 1015.
[17] Stein H J. Mater Res Soc Symp Proc, 1987, 92: 341.
[18] Watkins G D, Walker J W. Phys Rev, 1961,121: 1001.
[19] Corbett J W, Watkins G D, McDonald R S. Phys Rev, 1964, 135: 1381.
[20] Kohn W, Luttinger J W. Phys Rev, 1955, 98: 915.
[21] Götz W, Pensl G, Zulehner W. Phys Rev B, 1992, 46: 4312.
[22] Akkerman Z L, Borisova L A, Kravchenko A F. Sov Phys Semicond, 1976, 10: 590.
[23] Schneider J, Dischler B, Seelewind H, Mooney P M, Lagowski J, Matsui M, Beard D R, Newman R C. Appl Phys Lett, 1989, 54: 1442.
[24] Alt H Ch. Phys Rev Lett, 1990, 65: 3421.
[25] Newman R C. Semicond Sci Technol, 1994, 9: 1749.
[26] Spitzer W G. In Advances in Solid State Physics. Madelung O. New York: Pergamon, 1971: 1.
[27] Theis W M, Spitzer W G. J Appl Phys, 1984, 56: 890.
[28] Jalil A, Chevallier J, Pesant J C, Mostefaoui R, Pajot B, Murawala P, Azoulay R. Appl Phys Lett, 1987, 50: 439.
[29] Pajot B, Newman R C, Murray R, Jalil A, Chevallier J, Azoulay R. Phys Rev B, 1988, 37: 4188.
[30] Newman R C, Thompson F, Hyliands M, Peast R F. Solid State Commun, 1972, 10: 505.
[31] Theis W M, Bajaj K K. Litton C W, Spitzer W G. Appl Phys Lett, 1982, 41: 70.
[32] Leigh R S, Newman R C. J Phys C, 1982, 15: 1045.
[33] Alt H Ch, Dischler B. Appl Phys Lett, 1995, 66: 61.
[34] Leigh R S, Sangster M J L. Phys Rev B, 1996, 54: 5562.
[35] Kaiser W, Keck,P H, Lange C F. Phys Rev, 1956, 101: 1264.
[36] Mayur A J, Dean Sciacca M, Udo M K, Ramdas A K, Itoh K, Wolk J, Haller E E. Phys Rev B, 1994, 49: 16293.
[37] Gotz W, Johnson N M, Bour D P, McClusey M D, Haller E E. Appl Phys Lett, 1996, 69: 3725.
[38] Neugebauer J, Van de Walle C G. Appl Phys Lett, 1996, 68: 1829.

第 7 章　深能级瞬态谱测试

半导体器件的性能严重受到半导体材料中缺陷行为的影响，这些缺陷主要是晶体中的有害杂质原子(如金属杂质)、点缺陷(如空位和各种间隙原子)和一些扩展缺陷(如位错、层错和晶界)等。如果某个有害杂质或晶体缺陷能在半导体材料的禁带中引起深能级，它们就能够俘获电子或空穴，从而促进载流子的复合，缩短了器件中少数载流子的寿命，降低了多数载流子的迁移率，因此这类缺陷通常被称为复合中心或者陷阱中心。在器件制备时，有时会有意引入某些深能级陷阱，以增加基体材料的电阻或者作为复合中心增快器件的开关速度。但是，在大部分情况下，如果在器件制造过程中无意引入了这些深能级陷阱，它们通常将对器件产生致命的影响。所以，研究深能级缺陷的本质和控制它们在半导体材料生长、加工及半导体器件制造过程中的浓度，对提高半导体器件的成品率具有非常重要的意义。

在目前的半导体材料中，特别是硅单晶材料中，这些缺陷的浓度非常低。一般的微观分析方法的检测灵敏度都太低，像电子能谱(EDS)和二次离子质谱(SIMS)，很难用于深能级缺陷的检测。而阴极发光谱(CL)和光致发光谱(PL)尽管具有较高的灵敏度，但它们只能检测具有辐射复合性质的陷阱中心。

目前，检测半导体材料中深能级杂质和晶体缺陷的最有用的一种方法就是深能级瞬态谱(DLTS)。它是 1974 年由 Lang 等发明的[1]，并且率先用于半导体材料中深能级缺陷的检测，其检测灵敏度通常是半导体材料中掺杂剂浓度的万分之一甚至更低。它可以得出少数载流子或多数载流子陷阱的诸多信息，如陷阱浓度和其深度分布、陷阱上载流子的激活能以及陷阱中心对自由载流子的俘获截面等。简单地说，普通 DLTS 测试系统包含有一个高灵敏度的电容测试仪，可以比较好的反映电容瞬态变化的行为；一个单脉冲或双脉冲发生器，用于快速变化施加在样品上的偏压；一个双门的信号收集器和一个温度可变化的样品台。每种深能级陷阱在 DLTS 的温度扫描谱中表现为一个正值或负值的信号峰，正值和负值信号可用于判断陷阱的类型是少数载流子陷阱还是多数载流子陷阱。这些峰的强度与陷阱的浓度成正比，峰的位置是由 DLTS 测试系统事先设定的率窗值和陷阱本身对载流子的发射速率决定的。通过选择不同的操作参数，可以得到陷阱中心上载流子的发射速率、激活能以及陷阱中心浓度的深度分布和其对自由载流子的俘获速率。

在本章中，首先介绍 DLTS 测试技术的基本原理，然后在此基础上详细介绍目前正在运用的几种主要的 DLTS 测试技术，还阐述建立在电子束激发基础上的 DLTS 成像技术，并且给出了 DLTS 测试技术在半导体材料中应用的实例。

7.1　深能级瞬态谱测试的基本原理

7.1.1　陷阱中心的基本电学性质

在目前实际应用的半导体材料中，总是存在着一定的杂质和缺陷。这些杂质可能是被人为地故意掺入以改变材料的特性(如硅中的掺杂剂)，也可能是在半导体器件制造过程中被无意引入的有害金属。而半导体材料中的缺陷一般是在材料生长过程或器件制造过程中形成的，可以简单分成两大类：① 点缺陷，如空位、各种间隙原子；② 扩展缺陷，如位错(环)、层错或晶界。由于杂质和缺陷的存在，会使晶体材料中严格按周期性排列的原子所产生的周期性势场受到破坏，因而可能在半导体材料的禁带中产生能级，根据能级位置的不同可分为浅能级缺陷和深能级缺陷两种。能级位置接近于导带底或价带顶的缺陷，通常被称为浅能级缺陷；而能级位置远远偏离导带底或价带顶的缺陷，则称为深能级缺陷。无论是浅能级缺陷还是深能级缺陷，都能够作为陷阱中心，具有俘获自由载流子的作用，其俘获能力一般用俘获截面来表示。

根据陷阱中心俘获载流子类型的不同，可以把陷阱分为多数载流子陷阱和少数载流子陷阱两种，如在 n 型半导体材料中俘获电子的陷阱就是多数载流子陷阱，而俘获空穴的陷阱就是少数载流子陷阱。被俘获的载流子如果吸收一定的能量，可以从陷阱中心被发射出来，跃迁到导带或价带上重新成为自由载流子，这个过程所需的能量通常称为某个陷阱上束缚载流子的激活能。激活能的大小 E 事实上就是电子(或空穴)跃迁到导带(或价带)上自由能的变化，即

$$
\begin{aligned}
E &= E_{\mathrm{C}} - E_{\mathrm{T}} \qquad (\text{电子陷阱}) \\
&= E_{\mathrm{T}} - E_{\mathrm{V}} \qquad (\text{空穴陷阱}) \qquad (7.1)
\end{aligned}
$$

对于浅能级陷阱，其束缚载流子的激活能一般小于 100 meV，通常在室温甚至在 100K 以下的温度，陷阱和所束缚的载流子系统都是处于电离状态。而深能级陷阱对自由载流子的俘获能力远远大于浅能级陷阱，其束缚载流子的激活能一般大于 100 meV，所以我们通常将深能级陷阱定义为真正的陷阱中心。深能级陷阱通常是带电态的，载流子和陷阱中心之间的库仑力作用将影响束缚载流子的结合能。例如，电子束缚在带正电的陷阱中心上的结合能，要大于它在电中性或带负电的陷阱中心上的结合能。如果一个带负电的陷阱中心发射出一个电子形成电中性的陷阱，那么这种陷阱通常称为单受主型陷阱，可表示为(–/0)；一个带正电的陷阱

中心发射出一个空穴形成电中性的陷阱，那么这种陷阱称为单施主型陷阱，可表示为(+/0)。以此类推，可以有多施主陷阱和多受主型陷阱。

7.1.2　陷阱对自由载流子的俘获和发射

要理解 DLTS 测试技术的基本原理，必须先要了解空间电荷区中陷阱中心对自由载流子的俘获和发射行为。如果存在于 n 型半导体材料中的某个陷阱中心的体密度为 N_T，其在禁带中产生的能级为 E_T，那么这个陷阱中心将可能通过俘获或释放自由载流子的方式与导带或价带进行电荷的转移，一般包括四种微观过程，如图 7.1 所示。

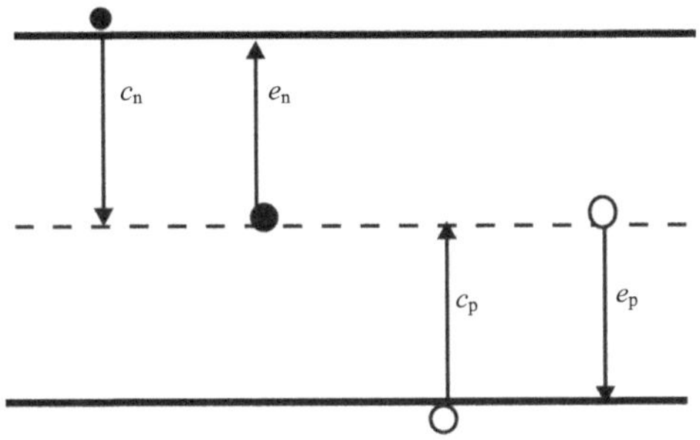

图 7.1　深能级陷阱中心与导带和价带进行电荷转移反应的四个微观过程

① 陷阱中心从导带俘获电子的过程，俘获率为 c_n；
② 陷阱中心发射电子到导带的过程，发射率为 e_n；
③ 陷阱中心从价带俘获空穴的过程，俘获率为 c_p；
④ 陷阱中心发射空穴到价带的过程，发射率为 e_p。

通过以上四个过程的反应，被自由电子填充的陷阱中心的体密度 N_t 可以表达为

$$\frac{dN_t}{dt} = -(e_n + c_p p)N_t + (c_n n + e_p)(N_T - N_t) \tag{7.2}$$

式中，p 是自由空穴的浓度，n 是自由电子的浓度。在平衡状态下，即 $\frac{dN_t}{dt}=0$ 时，被电子填充的陷阱中心的浓度为 N_∞，则此时陷阱中心被电子占据的概率可表示为

$$\frac{N_\infty}{N_T} = \frac{c_n n + e_p}{e_n + c_n n + e_p + c_p p} \tag{7.3}$$

由于空间电荷区中自由载流子 n 和 p 的浓度通常很小(自由载流子的耗尽状态)，甚至可以忽略，假定此时的陷阱是多数载流子陷阱，即只俘获自由电子的电子陷

阱，那么$c_{\mathrm{n}} \gg c_{\mathrm{p}}$，$e_{\mathrm{n}} \gg e_{\mathrm{p}}$。则式(7.2)可以变换成下列形式

$$\frac{\mathrm{d}N_t}{\mathrm{d}t} = -e_{\mathrm{n}}N_t + c_{\mathrm{n}}n(N_{\mathrm{T}} - N_t) \tag{7.4}$$

下面将具体分析两种特殊的简单情况。

1) 所有的多数载流子陷阱中心开始都是空的，此时电子的俘获是最主要的过程，即$c_{\mathrm{n}} \gg e_{\mathrm{n}}$。那么在某个时刻$t$，由式(7.4)可知，被电子占据的陷阱中心浓度可表示为

$$N_t(t) = N_{\mathrm{T}}\left[1 - \exp(-c_{\mathrm{n}}nt)\right], \quad N_t(0) = 0 \tag{7.5}$$

2) 所有的多数载流子陷阱中心开始都被电子填充，此时电子的发射是主要的过程，即$e_{\mathrm{n}} \gg c_{\mathrm{n}}$。那么在某个时刻$t$，被电子占据的陷阱中心浓度可表示为

$$N_t(t) = N_{\mathrm{T}}\exp(-e_{\mathrm{n}}t), \quad N_t(0) = N_{\mathrm{T}} \tag{7.6}$$

由此可见，在陷阱中心俘获自由电子的过程中，被电子填充的陷阱浓度$N_t(t)$随时间t按着指数规律向平衡状态$N(\infty) = N_{\mathrm{T}}$变化；而在陷阱中心发射其俘获的电子过程中，被电子填充的陷阱浓度$N_t(t)$与时间t按着指数规律向平衡状态$N(\infty)=0$变化。这两种过程的时间常数分别是$(c_{\mathrm{n}}n)^{-1}$和e_{n}^{-1}。如果同时考虑这两种过程，那么在热动力学平衡条件下，电子在陷阱中心和导带之间的交换反应是处于平衡状态的，也就是

$$e_{\mathrm{n}}N_t(t) = c_{\mathrm{n}}n\left[N_{\mathrm{T}} - N_t(t)\right] \tag{7.7}$$

这里n为导带中自由电子的浓度，根据费米统计分布规律

$$\frac{N_t(T)}{N_{\mathrm{T}}} = \frac{1}{1 + \exp\left(\dfrac{E_{\mathrm{T}} - E_{\mathrm{F}}}{kT}\right)} \tag{7.8}$$

$$n = N_{\mathrm{C}}\exp\left(-\frac{E_{\mathrm{C}} - E_{\mathrm{F}}}{kT}\right) \tag{7.9}$$

这里$N_{\mathrm{C}} = 2\dfrac{(2\pi m_{\mathrm{n}}^{*}kT)^{3/2}}{h^3}$是导带的态密度，$k$是玻耳兹曼常数，$m_{\mathrm{n}}^{*}$是电子的有效质量。将式(7.8)和式(7.9)代入式(7.7)，同时考虑$C_{\mathrm{n}} = \sigma_{\mathrm{n}}\langle v\rangle$（$\langle v\rangle = \sqrt{\dfrac{3kT}{m_{\mathrm{n}}^{*}}}$是电子的热速度），则可以得到电子陷阱中心上电子的发射速率与温度的关系为

$$e_n(T) = AT^2 \exp\left(-\frac{E}{kT}\right) \tag{7.10}$$

$$A = \frac{4\sqrt{6}\sigma_n k^2 \pi^{3/2} m_n^*}{h^3} = \gamma\sigma_n \tag{7.11}$$

这里，E 是陷阱中心上电子的激活能($E = E_C - E_T$)，σ_n 是陷阱中心对电子的俘获截面，其值通常在原子的尺寸范围，直接反应了陷阱中心对自由载流子俘获的效率，$\gamma = \frac{4\sqrt{6}k^2\pi^{3/2}m_n^*}{h^3}$ 是常数，h 是普朗克常数。那么变化式(7.10)的表达形式可以得到 $\ln\left(\frac{e_n(T)}{T^2}\right)$ 与 $\frac{1}{T}$ 的直线关系式

$$\ln\left(\frac{e_n(T)}{T^2}\right) = -\frac{E}{kT} + \ln(\gamma\sigma_n) \tag{7.12}$$

这条直线的斜率的等于 $-\frac{E}{k}$，而其与 $\ln\left(\frac{e_{n;p}(T)}{T^2}\right)$ 轴的截距等于 $\ln(\gamma\sigma_n)$。这样的直线关系也同样适合少数载流子陷阱中心。

7.1.3　陷阱中心引起的电容瞬态变化

DLTS 测试方法的基本思想就是：如果一些深能级陷阱中心存在于半导体材料 pn 结、肖特基结或 MOS 结构的空间电荷区中，则可通过外加反向脉冲电压从一个较低的值向一个较高的值的变化，使陷阱中心上被束缚的载流子发生热发射过程，这样必然引起样品电容或电流的变化，最终通过测试电容或电流的瞬态变化，来确定深能级中心的能级和浓度[1]。目前，大多数 DLTS 技术都是测试空间电荷区电容的瞬态变化行为来研究深能级陷阱的电学行为。

以在 n 型半导体材料上形成的肖特基结为例。当一个反向偏压 V_R 施加到肖特基结上的时候，空间电荷区的电容值大小主要决定于其中的电荷密度。如果空间电荷区中无深能级陷阱中心存在，则空间电荷区的电容值 C_0 为

$$C_0 = A\sqrt{\frac{\varepsilon_s q N_D}{2(V_R + V_d)}} \tag{7.13}$$

式中，A 为肖特基二极管的面积；N_D 是此时空间电荷区中的电荷密度，即掺杂剂浓度，因为空间电荷区中的掺杂剂原子都是处于电离状态；ε_s 为半导体材料的介电常数；q 是单位电荷量；V_d 是半导体材料表面肖特基接触在空间电荷区中引起的内建扩散电场。如果空间电荷区中存在着均匀分布的多数载流子(电子)陷阱 N_T，

那么陷阱中心束缚电子的电荷密度 N_t 对电容值的影响必须要加到式(7.13)中的 N_D 上。这里需注意：陷阱中心在俘获电子后的电荷极性与空间电荷区中电离的掺杂剂的极性正好相反。假定所有的陷阱中心完全被自由电子填充满，并且 $N_T \ll N_D$，则此时对于电子陷阱中心引起的空间电荷区电容变化ΔC_0可表达为

$$\Delta C_0 = A\sqrt{\frac{\varepsilon_s q\,(N_D - N_T)}{2(V_R + V_d)}} - A\sqrt{\frac{\varepsilon_s q\, N_D}{2(V_R + V_d)}} \cong -C_0 \frac{N_T}{2N_D} \tag{7.14}$$

如果陷阱中心是少数载流子(空穴)陷阱，经过相似的分析，则少数自由载流子将陷阱完全填充以后引起的空间电荷区电容变化ΔC_0可表达为

$$\Delta C_0 = A\sqrt{\frac{\varepsilon_s q\,(N_D + N_T)}{2(V_R + V_d)}} - A\sqrt{\frac{\varepsilon_s q\, N_D}{2(V_R + V_d)}} \cong C_0 \frac{N_T}{2N_D} \tag{7.15}$$

这里需注意的是，由式(7.14)和(7.15)可以看出，多数载流子陷阱中心在俘获多数载流子后将引起空间电荷区电容的减小，而少数载流子陷阱中心在俘获少数载流子后将增大空间电荷区的电容值，它们的浓度可近似表达为

$$N_T = \frac{2\left|\Delta C_0\right|}{C_0} N_D \tag{7.16}$$

在实际的 DLTS 测试技术中，一个按固定较高频率(一般为 1MHz)变化的电压通常被施加到肖特基结或 pn 结上，电压值在反向偏压 V_R 和填充脉冲电压 V_P 之间反复变化($\left|V_R\right| > \left|V_P\right|$)，如图 7.3(a)所示。对于 n 型半导体材料中的多数载流子陷阱中心，如果其在禁带中的能级位置 E_T 位于费米能级 E_F 之下时，则反向电压分别为 V_P 和 V_R 时的能带图如图 7.2 所示。由图 7.2 可以看出，在 n 型半导体材料体内的电中性区域，其深能级陷阱中心将全部被电子所占满。而在表面肖特基势垒处形成能带的弯曲，随着与样品表面距离的减小，E_T 越来越接近 E_F，多数载流子陷阱中心上束缚的电子逐渐减少。根据耗尽层近似原理，在多数载流子陷阱的能级位置与费米能级相等的深度位置，必然存在一个完全填充状态的陷阱向空陷阱的突然过渡。如果定义 W_R 和 W_P 分别表示在相应偏压下的空间电荷区宽度($W_R > W_P$)，那么，在 V_P 和 V_R 之间的反复变化将使得陷阱中心被多数载流子填充的概率也随之发生相应的变化，即在深度为 W_R 和 W_P 之间的陷阱中心不断进行着电子的填充和发射。在施加反向偏压 V_R 的过程中，在空间电荷区主要发生的是陷阱中心上束缚电子的发射行为，此时 $e_n \gg c_n$；而在填充电压脉冲 V_P 过程中，在空间电荷区中主要发生的是陷阱中心对自由电子的俘获行为，此时 $c_n \gg e_n$。在自由载流子被俘获和发射的过程中，被自由电子填充的陷阱中心的浓度 $N_t(t)$ 可分别由式(7.5)和式(7.6)得

到。如果填充脉冲的时间宽度足够大，那么在$[W_P, W_R]$的区域范围的陷阱中心将被完全填充，此时空间电荷区的电容可近似为

$$C_P = A\sqrt{\frac{\varepsilon_s q\ (N_{\rm D} - N_{\rm T})}{2(V_p + V_d)}} \tag{7.17}$$

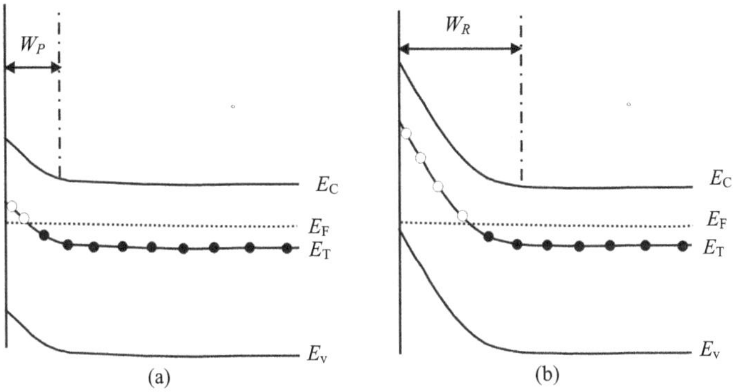

图 7.2　在反向偏压 V_R (a)和填充脉冲电压 V_P (b)作用下肖特基结的能带示意图

而当电压突然从V_P变化到V_R的瞬时，电容也将突然随着电压的改变而减小为

$$C(t=0) = A\sqrt{\frac{\varepsilon_s q\ (N_{\rm D} - N_{\rm T})}{2(V_R + V_d)}} \tag{7.18}$$

在以后的过程中，随着时间的变化，$[W_P, W_R]$区域范围的陷阱中心束缚的电子将逐渐发射出来，如式(7.6)所示，则空间电荷区中净载流子浓度分布将发生变化，可表达为

$$N_t(t) = N_{\rm D} - N_{\rm T}\exp(-e_{\rm n}t) \tag{7.19}$$

很显然，陷阱中心上被束缚的电子被发射的过程将引起空间电荷区的电容变化。图 7.3(b)显示了这种电容随时间的变化关系，图中可以看出，随着时间的延长，电容值趋向于电压值为 V_R时的稳态电容 C_0。所以，可以得到在不同时刻 t，空间电荷区的电容值及电容变化值分别为

$$C(t) = C_0\left(1 - \frac{N_{\rm T}}{2N_{\rm D}}\exp(-e_{\rm n}t)\right) \tag{7.20}$$

$$\Delta C = C(t) - C_0 = \Delta C_0 \exp(-e_{\rm n}t) = -\frac{N_{\rm T}C_0}{2N_{\rm D}}\exp(-e_{\rm n}t) \tag{7.21}$$

式(7.20)说明了陷阱中心发射电子的过程引起了空间电荷区的电容随时间逐渐增大的指数瞬态变化规律，式(7.21)说明了电容变化的幅度与陷阱中心的浓度 N_T 是成正比的。DLTS 技术测试得到的信号事实上就是式(7.21)中的ΔC，其信号的最大值为

$$S_{\max}=(\Delta C)_{\max}=-\frac{N_T C_0}{2N_D} \tag{7.22}$$

而对于少数载流子陷阱中心的情况，可以通过与前面的对多数载流子陷阱中心相似的分析方法，得到它们引起的电容瞬态变化规律如图 7.3(c)所示，其表达式为

$$\Delta C=\frac{N_T C_0}{2N_D}\exp(-e_p t) \tag{7.23}$$

由式(7.22)和(7.23)可见，对于多数载流子陷阱中心，电容的变化是负值，在 DLTS 谱中表现为负值的信号峰；而对于少数载流子陷阱中心，电容的变化是正值，在 DLTS 谱中表现为正值的信号峰。

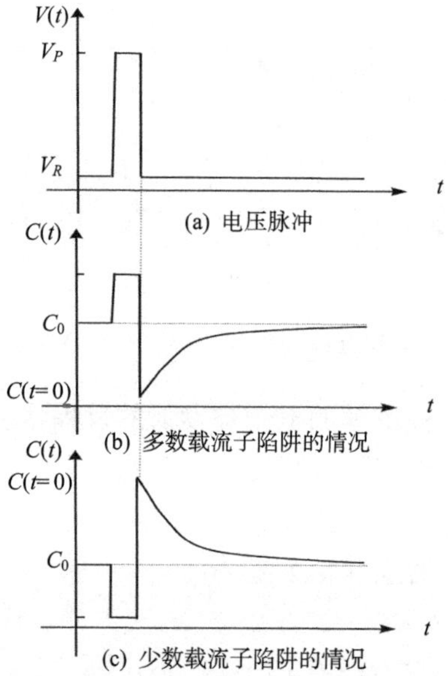

图 7.3　在施加脉冲电压(a)过程中，多数载流子(b)和少数载流子(c)发射造成的电容瞬态变化的示意图

这里需要注意的是，对于多数载流子陷阱的填充，当脉冲填充电压作为一个反向电压施加到肖特基结或者 pn 结上以后，都可以对陷阱中心进行填充。而对于

少数载流子陷阱的填充，不同的样品结构需要使用不同的方法，对于pn结，当脉冲填充电压作为一个前置电压可实现对其空间电荷层中的少数载流子陷阱中心的填充；而肖特基结是多数载流子器件，通常采用光照或电子束激发产生少数载流子，从而实现对少数载流子陷阱中心的填充。无论多数载流子陷阱还是少数载流子陷阱，其被自由载流子填充的程度是由填充电压脉冲的时间宽度和陷阱中心对自由载流子的俘获系数决定的，其俘获系数与自由载流子的漂移速度和陷阱俘获截面的乘积成正比。如果填充脉冲的时间长度足够大，那么空间电荷区中的所有陷阱中心将被完全填充，即饱和填充；如果填充电压脉冲的时间长度较小，那么仅仅一部分陷阱中心将被填充。很显然存在一个填充电压脉冲宽度为 t_{capt} 的情况，测得的电容信号强度对应于最大信号的 $1/e=0.367$，由此我们可以得到陷阱中心对载流子的俘获系数为

$$c_{n;p}=\frac{N_D}{t_{capt}} \tag{7.24}$$

前面的讨论仅仅给出了一种理想条件下(我们假设了有很多前提条件)处理电容瞬态变化得到的近似结果，而实际情况要远比这个要复杂，主要问题在于：

1. 不是在所有的情况下，通过脉冲填充电压或光照引起的自由载流子注入都会引起电容的明显变化。例如，对于在任何情况下始终处于禁带中心以下的电子陷阱，电子的注入不会对其产生影响，因为它们始终被电子充满的。同样对始终处于禁带中心以上的空穴陷阱，空穴的注入也不会对其产生影响。另外，如果电子和空穴同时注入空间电荷区，电容瞬态变化的行为要复杂得多，此时电子和空穴的比率和深能级陷阱中心对它们的俘获系数决定这些深能级陷阱中心是否被完全填充、部分被填充或者保持电离状态。

2. 前面的讨论过程中，我们假定了半导体材料中仅仅存在单一种类的电子陷阱，而在实际情况下，半导体材料中包含着多种不同的陷阱中心 N_{Ti}，如果它们在禁带中引入的能级位置分别为 E_{Ti}，则实际的电容瞬态变化应该是这些陷阱中心作用的总和

$$\Delta C(t)=\sum_i -\Delta C_{0i}\exp(-e_{n;pi}t)\,,\qquad N_{Ti}\ll N_D \tag{7.25}$$

这里 $e_{n;pi}$ 是能级位置为 E_{Ti} 的陷阱中心的发射速率，ΔC_{0i} 由方程式(7.22)决定。

3. 我们假定了电活性的掺杂剂和深能级陷阱中心在半导体材料中的浓度分布是均匀的，然而，在实际情况下，这种条件通常是不能被满足的，所以方程式(7.23)需要通过作积分求和得到。

4. 我们假定了 $N_T \ll N_D$，但是，当陷阱的浓度不是很小的时候，则在陷阱中

心上载流子的发射过程造成的电容的瞬态变化将偏离指数规律。

5. 前面的讨论中我们还使用了耗尽层近似方法来分析空间电荷区的电容，而实际上在空间电荷区的边缘存在德拜效应，在此德拜效应区，陷阱中心将发生较慢的非指数规律变化的载流子俘获行为。

上述的因素，都会对 DLTS 的测试结果产生一些影响。

7.2 深能级瞬态谱测试技术

自从1974年Lang发明DLTS测试方法以来,人们不断努力,研究和改善DLTS测试技术，目前，已经发展了多种不同的方法将电容的瞬态变化行为转换成直观的 DLTS 信号。Lang 最先开始使用的是 Boxcar 技术[1,2]，随后发展了 Lock-in 技术[3,4]；在 1988 年，Weissy 又提出了傅里叶变换 DLTS 测试技术[5]；最后在 20 世纪 90 年代中期，Dobaczewski 发明了高分辨的 Laplace 转换 DLTS 测试技术[6]。在本节中我们将以 n 型半导体材料中多数载流子(电子)陷阱为例，详细介绍各种主要的 DLTS 测试方法。

7.2.1 Boxcar 技术

在 Boxcar 技术中[2]，电容的测量主要选择在陷阱中心上载流子的发射过程中的两个不同时刻 t_1 和 t_2 进行($t_2>t_1$)，通常 t_1 和 t_2 的选择决定了 DLTS 测量的率窗。获得的 DLTS 信号事实上就是在这两个不同时刻测得的电容的差值

$$\Delta C = C(t_1) - C(t_2) \tag{7.26}$$

在实际实验过程中，由于电容按指数规律瞬态变化的信号会受到系统噪声的影响(如图 7.4 中的曲线(a)所示)，为了从噪声中有效地分离出有用的信号，Boxcar 技术需要进行一些必要的数据处理。通常先将输入的电容瞬态变化信号放大，然后与一个权重函数相乘，取其积的平均值作为输出信号。这里的权重函数被定义为(如图 7.4 中曲线(b)所示)

$$w(t)\begin{cases} 1, & t_1 < t < t_1+\Delta t, \\ -1, & t_2 < t < t_2+\Delta t, \\ 0, & t < t_1,\ t > t_2, \end{cases} \tag{7.27}$$

这时 DLTS 输出的信号可表示为

$$\Delta C = \frac{1}{\Delta t}\int_{t_1}^{t_1+\Delta t} f(t)w(t)\mathrm{d}t + \frac{1}{\Delta t}\int_{t_2}^{t_2+\Delta t} f(t)w(t)\mathrm{d}t \tag{7.28}$$

这里，$f(t)$ 事实上就是式(7.20)中的 $C(t)$，积分的区域如图 7.4 中阴影部分所示。

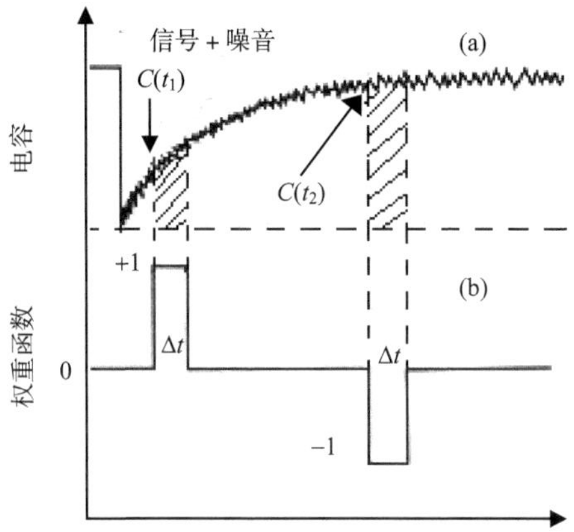

图 7.4 电容的瞬态变化和噪声影响的曲线(a)以及 Boxcar 技术中的权重函数(b)

将式(7.20)代入式(7.28)，则可得 DLTS 的输出信号为

$$\Delta C = C(t_1) - C(t_2) = \frac{N_T C_0}{2N_D}\left[\exp(-e_n t_2) - \exp(-e_n t_1)\right] \tag{7.29}$$

在实际的 DLTS 测试过程中，样品的温度是缓慢升高或降低的，而 DLTS 的输出信号是通过对温度进行扫描得到的。图 7.5 显示了在 Boxcar 技术中 DLTS 信号形成的原理图。因为在陷阱中心上电子的热发射速率 e_n 的大小是由温度决定的(如式(7.10))，所以温度的变化必将引起陷阱中心上电子的热发射速率的变化，如图 7.5(a)所示。将式(7.29)展开，通过简单分析不难得到：当 $e_n \ll (t_2 - t_1)^{-1}$ 和 $e_n \gg (t_2 - t_1)^{-1}$ 的时候，在 t_1 和 t_2 时刻之间的电容变化都将是非常小的；但是当 $e_n \sim (t_2 - t_1)^{-1}$ 时，电容的变化值 $C(t_2)$～$C(t_1)$ 就比较大。这样，对温度的扫描过程中，DLTS 温度谱中在某个温度位置 T_1 处将出现一个反映电容变化最大值的信号峰，如图 7.5(b)所示，即当陷阱中心上电子的发射速率为某个值 e_n^{max} 时，测得的 DLTS 信号最大。通过将式(7.29)对 e_n 进行微分，并令 $\frac{\mathrm{d}(\Delta C)}{\mathrm{d}e_n} = 0$，则可以得到 e_n^{max} 的值为

$$e_n^{max} = \frac{\ln(t_2 / t_1)}{t_2 - t_1} \tag{7.30}$$

DLTS 测试系统的率窗值一般在测量之前由 t_1 和 t_2 的设定来决定的，一般有三种不同设定方法：① t_1 值固定，改变 t_2；② t_2 值固定，改变 t_1；③ t_1 和 t_2 值都不固定，同时改变 t_1 和 t_2。对于一般的 DLTS 技术，e_n^{max} 的值可在 1~1000 s^{-1} 选择。

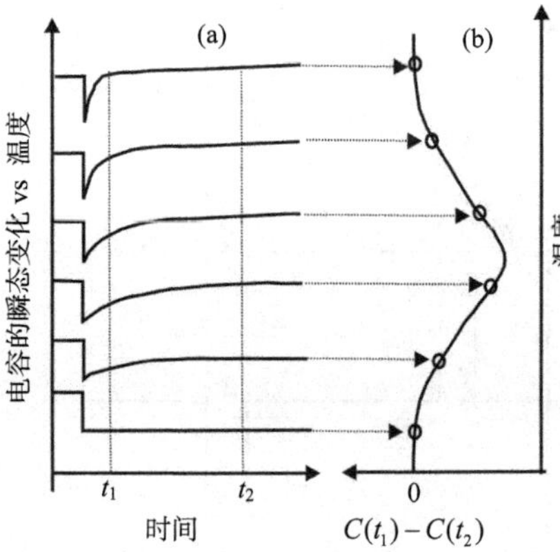

图 7.5　在 Boxcar 技术中通过率窗的选择得到 DLTS 信号谱的示意图

由式(7.12)的关系可以得到

$$\ln\left(\frac{e_n^{max}(T_1)}{T_1}\right) = -\frac{E}{kT_1} + \ln(\gamma\sigma_n) \tag{7.31}$$

如果改变率窗值，陷阱的 DLTS 信号峰出现的温度位置也将随着变化。通过在不同的率窗条件下作电容变化对温度的扫描谱，可以确定发射速率 e_n^{max} 与其温度的关系，然后由式(7.31)就可以获得陷阱中心上电子的激活能 E 和陷阱中心对电子的俘获截面大小。

将式(7.30)代入式(7.29)，可以得到空间电荷区中电子陷阱中心的浓度为

$$N_T = \frac{2N_D \Delta C_{max} \kappa^{\kappa-1}}{C_0(1-\kappa)} \tag{7.32}$$

这里，$\kappa = \dfrac{t_1}{t_2}$。所以深能级陷阱的浓度 N_T 可以通过式(7.32)，由 DLTS 谱中峰的信号最大值 ΔC_{max} 估算出来。

7.2.2　双脉冲 Boxcar 技术

双脉冲 Boxcar 技术(D-DLTS)是在单脉冲 Boxcar 技术基础上发展起来的 DLTS 测试技术[3]。图 7.6 显示了 D-DLTS 技术的基本测试原理，它主要是使用双脉冲填充电压(V_{P1} 和 V_{P2})获得两个不同的电容瞬态变化信号，如图 7.6 中的曲线(a)

所示，然后通过一个率窗的选择得到两个不同的电容变化值，取其差值作为 DLTS 信号输出。这两个填充脉冲电压的幅度是不同的，所以它们对陷阱中心存在的填充区域范围也是不同的，得到的 DLTS 信号来源于[W_{P1}，W_{P2}]，W_{P1} 和 W_{P2} 是在脉冲电压分别为 V_{P1} 和 V_{P2} 时的空间电荷区宽度。相对于前面的单脉冲 Boxcar 技术，这种方法可以获得较高的测试灵敏度。在使用权重函数(如图 7.6 中曲线(b))校正以后得到的 DLTS 输出信号(如图 7.6 中曲线(c))为

$$\begin{aligned}\Delta C &= \left[C(t_1)-C(t_2)\right]-\left[C(t_1')-C(t_2')\right]\\ &= \left[C(t_1)-C(t_1')\right]-\left[C(t_2')-C(t_2)\right]\\ &= \Delta C(t_1)-\Delta C(t_2)\end{aligned} \tag{7.33}$$

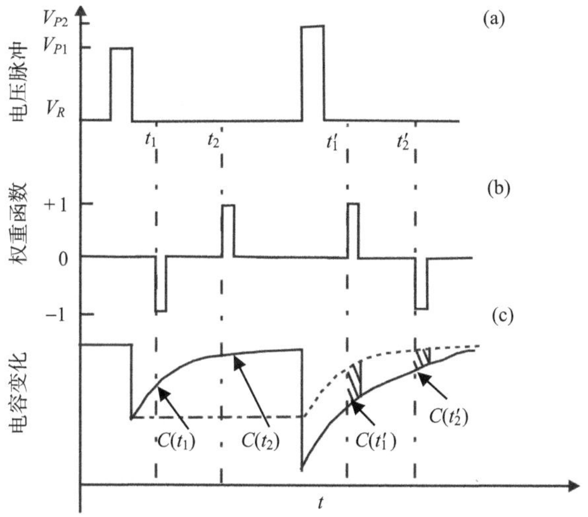

图 7.6 D-DLTS 中的脉冲、校正的权重函数和电容信号的采集的示意图

在两次填充脉冲结束后，获得在 t_1 和 t_1' 时刻电容信号的差值$\Delta C(t_1)$，然后分别经过一定的时间，在 t_2 和 t_2' 时刻获得第二次电容的差值$\Delta C(t_2)$。最后得到的$\Delta C(t_1)$~$\Delta C(t_2)$信号与前面单脉冲 Boxcar 技术中的ΔC 一样，作为输出信号对温度进行扫描，得到 D-DLTS 的温度谱，从而获得陷阱的电学特性参数。D-DLTS 通常用于研究深能级陷阱的深度分布行为，同时可以有效消除德拜效应对单脉冲 DLTS 测试结果的影响。

7.2.3 Lock-in 技术

Lock-in(锁相放大器)技术也是一种比较广泛使用的 DLTS 技术[4,5]。它通过使用锁相放大器来获取电容变化的信号，具有比较好的信噪比。其权重函数是一个方波形式的函数，如图 7.7 中曲线(a)所示，其电压脉冲时间周期由锁相放大器的

频率决定。此时，权重函数表达式为

$$w(t)\begin{cases}1, & 0<t<T/2,\\ -1 & T/2<t<T。\end{cases} \tag{7.34}$$

在实际的 Lock-in 技术中，通常设定一个延迟时间 t_d 来防止获取的电容信号值的溢出，通常 $t_d=0.1T$，如图 7.7 中曲线(b)所示。与 Boxcar 技术一样，通过对权重函数与电容瞬态变化函数的乘积积分，并取其平均值，积分区域如图 7.7 中曲线(c)中阴影部分所示，这样得到 DLTS 的输出信号为

$$\Delta C=\frac{2}{T}\int_{t_d/2}^{T/2}f(t)w(t)\mathrm{d}t+\frac{2}{T}\int_{T/2}^{T-t_d/2}f(t)w(t)\mathrm{d}t \tag{7.35}$$

将式(7.20)和式(7.34)代入式(7.35)可得

$$\Delta C=-C_0\frac{N_\mathrm{T}}{N_\mathrm{D}Te_\mathrm{n}}\exp\left(-e_\mathrm{n}T_\mathrm{d}\right)\left[1-\exp\left(-\frac{(T-2T_\mathrm{d})e_\mathrm{n}}{2}\right)\right]^2 \tag{7.36}$$

通过将式(7.36)对 e_n 微分，可得到 $e_\mathrm{n}^{\max}$ 与周期 T 的关系

$$1+T_\mathrm{d}e_\mathrm{n}^{\max}=\left[1+(T-T_\mathrm{d})e_\mathrm{n}^{\max}\right]\exp\left(-\frac{(T-2T_\mathrm{d})e_\mathrm{n}}{2}\right) \tag{7.37}$$

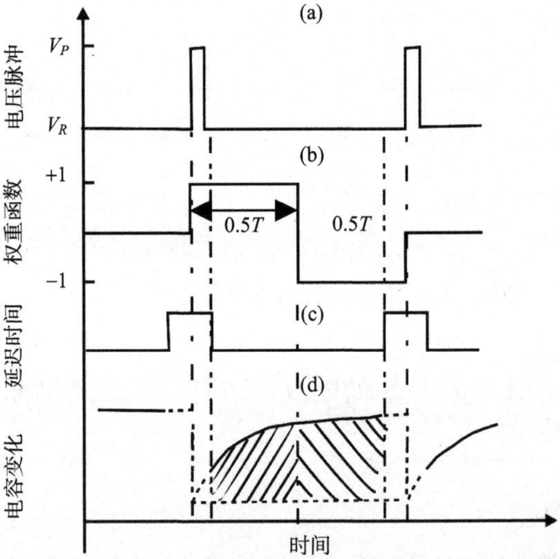

图 7.7　Lock-in 技术中的填充电压脉冲(a)、校正的权重函数(b)、延迟时间(c)和电容变化信号(d)获取的示意图

此时 DLTS 温度谱中必有一个相应的信号峰与陷阱 DLTS 信号的最大值$\Delta C_{\max}$相对应，陷阱的浓度可表达为

$$N_{\mathrm{T}} = -8\frac{N_{\mathrm{D}}\Delta C_{\max}}{C_0} \tag{7.38}$$

改变周期 T，可以得到不同的$e_{\mathrm{n}}^{\max}$与 DLTS 信号峰出现的温度位置的关系，随后由式(7.12)得到陷阱上电子的激活能和陷阱中心对自由电子俘获截面的数值。

7.2.4 CC-DLTS 技术

CC-DLTS 技术又叫固定电容 DLTS 技术，它与其他方法之间最基本的不同是在陷阱中心对载流子发射过程中保持空间电荷区的电容值始终不变，而施加的电压通过反馈回路控制做瞬态变化[7,8]。

前面介绍的建立在 Boxcar 和 Lock-in 技术基础上的 DLTS 测试方法都是在固定的反向偏压条件下进行的，深能级陷阱的信息是通过施加脉冲填充电压以后观察电容的瞬态变化行为得到的。而 CC-DLTS 测试技术是控制电压的改变而始终保持电容不变，所以空间电荷区的宽度始终是不变的，此时电压的变化事实上是直接改变了空间电荷区中的电荷密度。由式(7.18)中电容和电压的关系，可以得到在陷阱中心上电子的发射过程中，空间电荷区的电容 C 和所施加的电压 V 之间的关系

$$C = A\sqrt{\frac{\varepsilon_s e\ (N_{\mathrm{D}} - N_{\mathrm{T}}\exp(-e_{\mathrm{n}}t))}{2(V+V_d)}} \tag{7.39}$$

变换上式为

$$V = \frac{e\varepsilon_s A^2}{2C^2}\left[N_{\mathrm{D}} - N_{\mathrm{T}}\exp(-e_{\mathrm{n}}t)\right] - V_{\mathrm{d}} \tag{7.40}$$

从式(7.40)可以看到，电压随时间是按指数规律瞬态变化的。同样利用电容 DLTS 测试方法的基本原理，选择率窗来观察电压的瞬态变化行为，从而得到$(\Delta V)_{\max}$ - $\frac{1}{T}$的关系，最后求得陷阱中心上电子的发射速率 e_{n} 和其激活能 E 。

CC-DLTS 技术具有比较高的能量分辨率，能够获得深能级陷阱的空间分布行为，而且可以和 D-DLTS 结合使用。值得提到的是，这个技术最大的好处是使用了一个快速反应的反馈回路，使得 CC-DLTS 系统的电压瞬态变化能够在 0.2 ms 内达到稳定的状态。

7.2.5 傅里叶变换 DLTS 技术

从深能级陷阱的特性参数的测量和估算角度来说，建立在 Boxcar 和 Lock-in 技术基础上的 DLTS 测试方法有几个缺点：① 测试一个样品所用的时间太长，需要在不同率窗或频率条件下分别作多次温度扫描才能得到陷阱中心的特性参数。② 用于分析电容瞬态变化的数据点太少，很难完全真实地反应深能级的特性。③ DLTS 温度谱中信号峰的温度位置必须被正确的判断。这些因素容易造成实验结果的测试误差。而一种建立在计算机分析系统基础上的新的 DLTS 测试技术—DLTFS(傅里叶变换 DLTS 技术)能对电容瞬态变化的规律进行大量、复杂的分析，可以有效避免以上的问题[6]。它不需要去判断信号峰的温度位置，而且仅仅通过一个周期的温度扫描就可以得到深能级陷阱的特性参数，具有明显的优点。

如果假定 n 型半导体材料的肖特基结空间电荷区中存在 n 个多数载流子陷阱中心，那么在停止施加脉冲电压以后，空间电荷区的电容将发生瞬态变化。由式(7.13)不难得到，在 t 时刻，电容值 $C(t)$ 可表达为

$$\left(\frac{C(t)}{C_0}\right)^2=\frac{N(t)}{N_0} \tag{7.41}$$

$$N(t)=N_0-\sum N_i(0)\exp(-e_{\text{in}}t) \tag{7.42}$$

这里，C_0 是填充脉冲电压截止时刻空间电荷区的电容，N_0 是填充脉冲电压截止时刻空间电荷区中的净电荷密度，而 $N(t)$ 是脉冲填充电压截止以后的 t 时刻空间电荷区中的净电荷密度，e_{in} 是第 i 个深能级陷阱上电子的发射速率，$N_i(0)$ 是脉冲填充电压截止时刻第 i 个陷阱中心束缚的载流子浓度。从式(7.41)和式(7.42)经过推导得到

$$C(t)^2=C_0^2\left[1-\sum_i f_i\exp(-e_{\text{in}}t)\right] \tag{7.43}$$

这里 $f_i=\dfrac{N_i(0)}{N_0}$ 是第 i 个陷阱中心被自由电子填充的概率。由于 f_i 通常远远小于 1，所以上式可以近似转换成

$$C(t)=C_0\left[1-\frac{1}{2}\sum_i f_i\exp(-e_{\text{in}}t)\right] \tag{7.44}$$

很显然，如果 n=1，并且改写 f_i 和 e_{in} 分别为 f 和 e_n，那么

$$C(t)=C_0\left[1-\frac{1}{2}f\exp(-e_n t)\right] \tag{7.45}$$

式(7.45)与式(7.20)是相同的。

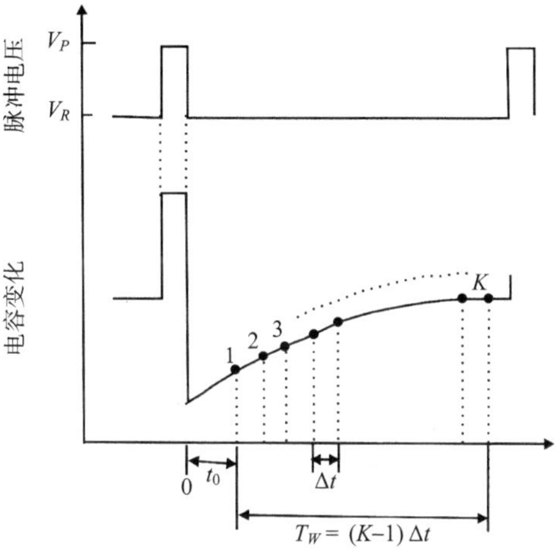

图 7.8　DLTFS 测试分析的基本原理

深能级陷阱的 DLTS 分析无非就是要找到陷阱中心上束缚载流子的发射速率和温度的关系，这可以通过电容的瞬态变化对时间的微分分析得到，如 Boxcar 和 Lock-in 技术。而 DLTFS 技术是通过在一定的温度下，对瞬态电容进行傅里叶变换分析，来得到陷阱中心上束缚载流子的发射速率的信息，图 7.8 显示了 DLTFS 测试分析的基本原理。当脉冲电压停止施加以后，在 t_0 时刻第一个瞬态电容值被测量，然后每隔Δt 时间长度测量空间电荷区的瞬态电容值，一直测量 $K-1$ 次。这里可以定义分析测试的时间周期为 $T_W=(K-1)\Delta t$ 。然后对在 t_0 到 T_W+t_0 时间段获得的电容数据进行傅里叶变换，可以得到下面的关系式

$$C(t)=\frac{a_0}{2}+\sum_{n=1}\left[a_n\cos\left(\frac{2\pi nt}{T_W}\right)+b_n\sin\left(\frac{2\pi nt}{T_W}\right)\right] \tag{7.46}$$

这里，a_0、a_n 和 b_n 是傅里叶系数(n 是傅里叶变换函数的级数)，可以分别被表示为

$$a_0=\frac{2}{T_W}\int_{t_0}^{t_0+T_W}C(t)\mathrm{d}t=2\left(C_0-\frac{S}{e_nT_W}\right) \tag{7.47}$$

$$a_n = \frac{2}{T_W}\int_{t_0}^{t_0+T_W} C(t)\cos\left(\frac{2\pi nt}{T_W}\right)\mathrm{d}t = 2e_\mathrm{n}T_W S\left(1-e_\mathrm{n}t_0\left(\frac{2\pi nt}{T_W}\right)^2\right)\Big/U_n \tag{7.48}$$

$$b_n = \frac{2}{T_W}\int_{t_0}^{t_0+T_W} C(t)\sin\left(\frac{2\pi nt}{T_W}\right)\mathrm{d}t = 2(2\pi n)S\left(1+e_\mathrm{n}t_0\right)/U_n \tag{7.49}$$

这里

$$U_n = (e_n T_W)^2 + (2\pi n)^2 \tag{7.50}$$

$$S = \frac{C_0 N_\mathrm{T}}{2N_0}\exp(-e_n t_0)\left[\exp(-T_W)-1\right] \tag{7.51}$$

由以上的公式可以看出，傅里叶系数事实上是反映陷阱中心上被俘获的载流子发射速率e_n之间关系的函数。这说明了通过电容的瞬态变化规律，发射速率可以通过傅里叶系数的数值计算来决定。

通常，DLTFS 技术有四种方法确定陷阱中心被束缚的电子的发射速率，① 对实验得到的傅里叶系数与标准系数进行比较，也就是$a_n/(C_0N/2)$或$b_n/(C_0N/2)$；② 对傅里叶函数中不同级数的系数b_n的比值进行比较，即$b_x/b_y = xU_y/yU_x$；③ 在 $t_0=0$ 的条件下，对傅里叶函数中不同级数的系数a_n的比值进行比较，即$a_x/a_y = U_y/U_x$；④ 在 $t_0=0$ 的条件下，对傅里叶函数中相同级数的不同系数进行比较，即$a_n/b_n = eT_W/2\pi n$。通过以上任何一种方法都可以计算陷阱上电子的发射速率，然后可以估计 S 值，随后可得 C_0 和 N_T 的值。由此可见，发射速率可以通过傅里叶系数的计算得到，而不需像 Boxcar 和 Lock-in 技术那样去判断信号峰的温度位置。当进行温度扫描时，通过在每个温度得到的发射率，可以获得深能级陷阱的俘获截面及其所束缚载流子的激活能的信息。

在 DLTFS 实际的测试过程中，在某个温度下，系统首先得到电容瞬态变化行为，然后获取 K 个数据点并且转换成数字信号。通过数值模拟，一些傅里叶系数能够被获得并且存储在计算机里。最后由计算机对发射速率与傅里叶系数之间的关系进行详细的分析。

7.2.6　Laplace 转换的 DLTS 技术

普通的 DLTS 测量技术(Boxcar 技术和 Lock-in 技术)都是设法得到一个温度谱线，深能级陷阱在谱线中表现为一个峰。然而，如果两个陷阱中心的能级位置比较接近，那么这些技术很难将它们区分出来，特别对于 DLTS 谱中展宽的、无规则峰形的信号的分析对它们来说是一个难题。

1994 年，Dobaczewski 发明的 Laplace 变换 DLTS 技术，大大地提高了 DLTS 测试的分辨率[6]，它是在一个固定的温度下测量空间电荷区电容的瞬态变化而得到深能级的信号。为了解释电容的非指数瞬态变化行为，电容的瞬态变化量与发射速率都是持续变化的，而不是简单地根据式(7.25)对各个陷阱中心上载流子的发射速率简单的相加而得到的，即

$$f(t)=\int_0^\infty F(s)\exp(-st)\mathrm{d}s \tag{7.52}$$

这里 $f(t)$ 是测量的瞬态变化量， $F(s)$ 是谱密度函数。Laplace 变换 DLTS 技术的基本思想是：利用数学近似法则，通过测量到的 $f(t)$ 来确定 $F(s)$ ，从理论上讲，这是一个反 Laplace 变换过程，所以这种 DLTS 测量技术被称为“Laplace 变换 DLTS 技术” 。对于一个多指数函数 $f(t)$ ，方程(7.52)有一个唯一的解 $F(s)$ ；但是对于一个伴随着较大噪声的指数函数 $f(t)$ ，方程(7.52)可能有无数的解，而且这些解值是大不相同的。

为了分离出各个陷阱信号，通常将方程(7.52)变换成矩阵形式

$$f=KF \tag{7.53}$$

这里，$f=(f_1,f_2,\cdots,f_{Nf})$ 是在谱密度函数中 N_f 数据点集的矢量，$F=(F_1,F_2,\cdots,F_{Nf})$ 是 N_F 数据点集的矢量，K 是一个 $N_f\times N_F$ 的矩阵,然后用 Tikhonov 规划法求得 F 的解。这个求解法则必须满足两个要求：① $\|KF-f\|^2$ 必须是最小的；② F 的解应该是尽可能的简单，即 F 必须是平滑曲线，而且谱中包含信号峰的数目最小。因此，要得到最优的 F 解，则必须要求 $\|KF-f\|^2+\alpha^2\|\Omega F\|^2$ 的值最小，这里 Ω 是规划矩阵， α 是规划常数。规划矩阵对 F 解的影响可由下式得到

$$\|\Omega F\|^2=\int_{s_{\min}}^{s_{\max}}\left(\frac{\mathrm{d}^2F}{\mathrm{d}s^2}\right)^2\mathrm{d}s \tag{7.54}$$

$\alpha^2\|\Omega F\|^2$ 值的大小主要由规划常数 α 决定。如果 α 值太小，可能得到非平滑的解或者无物理意义的解；如果 α 值太大，可能不满足式(7.52)的关系。

$F(s)$的解给出了 Laplace 转换 DLTS 谱，它可能是一个瞬态信号与连续变化的时间常数之间关系的宽谱；而对于含有单个或多个指数瞬态变化的信号，也可以是比较窄的三角形的峰谱。如果含有多个指数瞬态变化的信号，如式(7.25)所示，那么每个峰将分别以发射速率 e_{ni} 为中心，而这个信号峰的面积事实上就表示了 ΔC_{0i} 的大小。

图 7.9 给出了分别用 D-DLTS 技术和 Laplace 转换 DLTS 技术测量相同的样品

得到的不同 DLTS 信号谱的例子。可以明显地看出，对于相同的深能级陷阱测量，Laplace 转换 DLTS 谱的分辨率要高很多。在 D-DLTS 谱中，深能级陷阱 E_2 几乎被 E_1 覆盖；然而，在 Laplace 变换 DLTS 谱中，可以看到这两种深能级陷阱的发射速率是明显不同的。Laplace 变换 DLTS 谱分辨率的大幅度增加，使人们有机会研究存在于半导体材料禁带中的具有相近深能级位置的不同陷阱中心的电学特性。

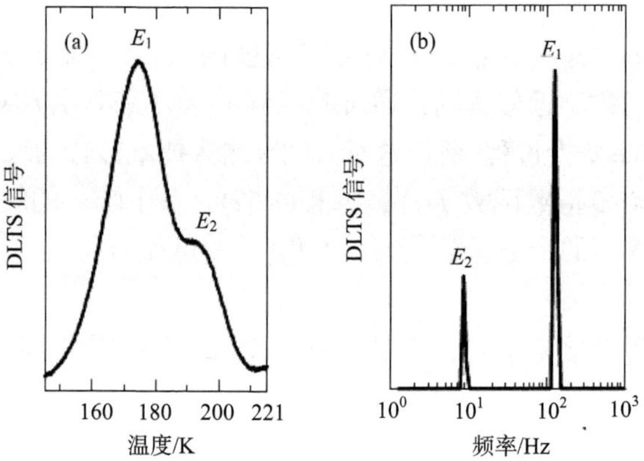

图 7.9　包含有两个电子陷阱 E_1 和 E_2 的样品的不同 DLTS 谱

(a) 普通 DLTS 谱 (率窗为 $200s^{-1}$)；(b)在 170K 得到的 Laplace 谱

7.2.7　光生电导 DLTS 技术

光生电导 DLTS 测试技术(ODLTS)的原理是建立在电导瞬态变化的基础上的，这与一般电容 DLTS 测试技术建立在观察电容瞬态变化是不同的。样品通常不需要准备肖特基结和欧姆接触的，所以测试系统中无电极与样品相连，样品的电导信号变化由一个频率为 40MHz 的振荡器直接反映出来[9]。

ODLTCS 技术的基本原理是：通过一个脉冲光源，在测试的材料中激发出自由载流子，从而周期性地填充深能级陷阱中心。对于一个陷阱中心在俘获 n 个光生载流子以后，如果陷阱中心上电子的激活能为 E，那么在随后陷阱中心上电子的发射过程中，被电子填充的深能级陷阱浓度与时间的关系可简单表达为

$$\frac{dN_t(t)}{dt} = -N_t(t)e_n \tag{7.55}$$

由此可以得到

$$N_t(t) = -N_T \exp(-e_n t) \tag{7.56}$$

这里 N_T 是在光脉冲结束以后陷阱中心俘获电子的浓度。如果电子在半导体材料中存在的寿命为 τ_R，一般 τ_R 比陷阱中心上电子发射的时间常数要小很多，那么过量的非平衡自由载流子的浓度 Δn 随时间的变化关系为

$$\Delta n = -\frac{\mathrm{d}N_t}{\mathrm{d}t}\tau_R \tag{7.57}$$

通过以上两式，可以得到

$$\Delta n = N_T e_n \tau_R \exp(-e_n t) \tag{7.58}$$

所以，由于深能级陷阱引起的样品电导变化行为随时间也是按指数规律变化的。这样，在某个温度下，使用一个 miller 型指数校正器[10]，就可以从瞬态的电导变化行为中直接得到陷阱中心对载流子的发射率。与电容 DLTS 测试技术原理一样，陷阱中心上被束缚的载流子在热发射过程中引起电导的瞬态变化将通过选择率窗提取出来，最终得到反映陷阱中心发射速率随温度变化的 DLTS 信号谱。这里需注意的是：由于光脉冲产生的过量非平衡载流子事实上是电子和空穴对，所以它们能同时分别对样品中的多数载流子陷阱和少数载流子陷阱进行填充。选择频率为 40 MHz 的振荡器测量电导的瞬态变化，是因为通常在这个频率下，样品的电容和其他的寄生电容可以被忽略，而样品阻抗的电导成分将是振荡器获得的主要信息。

由于 ODLTS 技术不需要欧姆接触，所以它特别适用于测试高阻的半导体材料、掺杂剂被高度补偿的半导体材料和半绝缘体材料。例如，经过高强度中子辐照的硅样品是载流子被高度补偿的材料，它具有半绝缘体的性质，所以其中的深能级陷阱很难被普通电容 DLTS 技术表征出来，然而可以用 ODLTS 来研究其中的深能级，图 7.10 显示了一个经过中子辐照的 n 型直拉硅的 ODLTS 谱[11]。

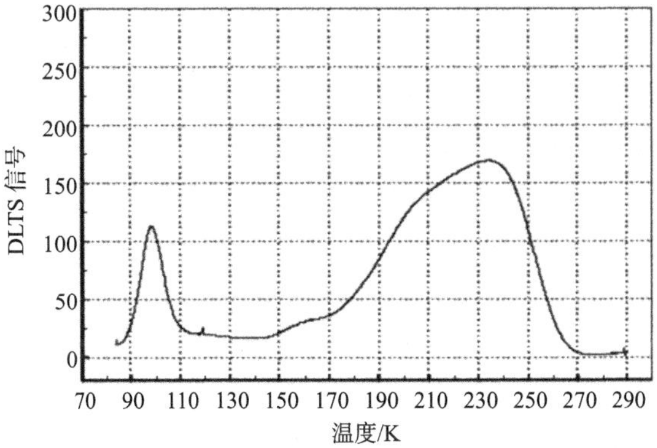

图 7.10 经过高强度中子辐照的 n 型直拉硅的 ODLTS 谱[11]

7.2.8　扫描 DLTS 技术

普通的 DLTS 技术只能检测陷阱浓度沿着样品深度方向的分布，不能得到陷阱的空间分布信息，而扫描 DLTS(SDLTS)技术是在结合了 SEM 或 TEM 的电子束激发方法的基础上发展起来的 DLTS 成像技术。图 7.11 显示了 SDLTS 测试系统的基本构造，样品必须是 pn 结或肖特基结，安装到 SEM 或 TEM 的样品台上，样品台的温度可以调节。然后选择一个合适的测试条件，用电子束激发出自由载流子，由 DLTS 测试仪获得在电子束激发区域的深能级陷阱的信号。其 SDLTS 信号获得原理与普通 DLTS 是相同的，只是激发源变成了电子束。世界上第一台 SDLTS 系统是 20 世纪 70 年代由 Petroff 和 Lang 在 STEM 的基础上发展起来的[12]。

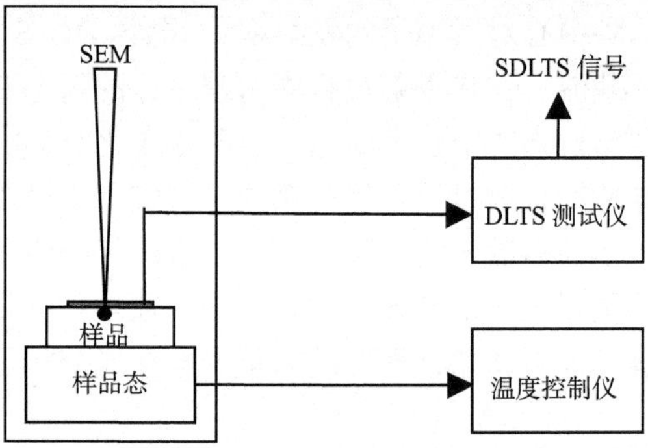

图 7.11　SDLTS 系统的示意图

从原理上讲，任何种类的 SEM 和 TEM 都适用于 SDLTS 的测量，只需要做简单的改造。① 首先要安装一个电子束 blank 系统，以便能产生较短的电子束激发脉冲，通常至少在微秒的范围内。② 能够控制电子束倾斜的外部计算机系统。③ 具有温度可变化的样品台，其温度可以被人为控制。④ 连接样品的电学反馈回路。为了使得电学连接线路尽量的短，通常将前置放大器放在离样品腔较近的位置。样品台的温度调节范围应该至少在液氮温度和 400K 之间，对于电流 SDLTS，因为通常要选用较高的率窗，所以样品台的最高调节温度甚至要高于 400K，否则检测的深能级的范围是有限的。

SDLTS 的空间分辨率不仅仅是由电子束斑的直径决定的，而且束流也是非常重要的参数。一般电子束流可以在 2~3 个数量级的范围内进行调节，例如，从 100 pA~100 nA，这样就要选择合适的束流来进行图像扫描，这个过程中束流的稳定性是非常关键的。一般完成一个 SDLTS 图像的扫描需要 1 h 甚至更多时间，在这期间，要求束流的变化不能超过 10%。

SDLTS 的检测灵敏度主要依靠测量系统中的主要部件：电流放大器或电容测

试仪。对于电流放大器，电流的噪声应该是非常低的，速度非常快，而且输入阻抗较低，这些要求事实上是有些相互矛盾的。样品与测试系统形成的电容与前置放大器的阻抗产生 RC 震荡，它将被激发电流充满，然后按一定的时间常数根据指数规律释放，这个过程也会加载在真实信号上而被检测出来。只有内部 RC 的时间常数非常低，远远小于陷阱对载流子的释放时间，才可以忽略其影响。很显然，如果使得内部 RC 的时间常数非常小，则产生的弛豫电流就是非常大的。对于电容 SDLTS，其测试灵敏度与一般电容 DLTS 一样，决定于电容测试仪中电路桥的灵敏度。

通常 SDLTS 系统都需要跟一个计算机系统连接，主要是为了图像扫描结束后，可以调节图像的对比度和亮度。

7.3　深能级瞬态谱测试信号的分析

7.3.1　俘获截面和能级位置的测量

所有的 DLTS 测试技术都可以得到深能级陷阱中心上被俘获载流子的发射速率与温度的关系。Boxcar 技术主要是通过在不同的率窗条件下获得陷阱中心上被俘获载流子的发射速率与温度的关系；Lock-in 技术主要是通过改变脉冲的周期频率，确定陷阱中心发射速率与信号峰的温度位置的关系；傅里叶变换 DLTS 技术通过对电容的瞬态变化规律进行计算得到在各个温度下陷阱中心上载流子的发射速率；Laplace 转换 DLTS 技术可以直接测量在不同温度下陷阱中心对载流子的发射速率。根据式(7.12)阐述的电子发射速率与温度的关系

$$\ln\left(\frac{e_{n;p}}{T^2}\right)=\ln(\gamma\sigma_{n;p})-\frac{E}{kT} \tag{7.59}$$

上式可以得到反映 $\ln\left(\frac{e_{n;p}}{T^2}\right)$ 与 $1/T$ 关系的直线图，通常这种直线图又称为 Arrhenius 关系图。如果在不同温度下得到陷阱中心上载流子的发射速率，则通过式(7.59)可以得到陷阱中心上载流子的激活能 E 和其对载流子的俘获截面 $\sigma_{n;p}$。

但是如果陷阱中心对自由载流子的俘获存在一个势垒，其俘获截面的大小将随温度而变化的，此时俘获截面可表达为[13]

$$\sigma_{n;p}(T)=\sigma_{n;p}^{\infty}\exp\left(-\frac{E_\sigma}{kT}\right) \tag{7.60}$$

这里 E_σ 是陷阱中心俘获自由载流子的势垒，$\sigma_{n;p}^{\infty}$ 是 $T\to\infty$ 时陷阱的俘获截面。将

式(7.60)代入式(7.59)可得

$$\ln\left(\frac{e_{n;p}}{T^2}\right)=\ln\gamma\sigma_{n;p}^{\infty}-\frac{E+E_\sigma}{kT} \tag{7.61}$$

则此时由 Arrhenius 关系图得到的是 $E_{DLTS}=E+E_\sigma$。所以为了准确得到陷阱中心上载流子的激活能 E，必须要知道其俘获自由载流子的势垒 E_σ。

通常陷阱中心俘获自由载流子的速率 $c_{n;p}$ 是正比与其俘获截面[14]，可表达为

$$c_{n;p}=\sigma_{n;p}\left\langle v_{n;p}\right\rangle n \tag{7.62}$$

这里，$\left\langle v_{n;p}\right\rangle=\sqrt{\dfrac{3kT}{m_{n;p}^*}}$ 是自由载流子的热速度；$\sigma_{n;p}$ 是陷阱中心对自由载流子的俘获截面，随温度变化；n 是流经陷阱中心的自由载流子流密度。

为了准确决定在不同温度下陷阱中心的俘获截面，可将样品在一定温度下退火，同时施加反向偏压，使陷阱中心上被俘获的载流子全部发射出去，然后保持全空的陷阱中心状态到不同的温度，再施加填充脉冲电压填充陷阱中心，检测电容的变化，可得到陷阱中心对自由载流子的俘获速率或俘获截面与温度的关系[15]，再由式(7.60)可以获得陷阱中心俘获自由载流子的势垒 E_σ。

俘获截面的大小通常是在原子的尺寸范围，它反映了陷阱中心对电子的俘获效率。从某种程度上说，陷阱中心的俘获截面值反映了陷阱中心未被载流子占据的缺陷态密度的大小。对于有库仑吸引作用的陷阱，载流子的俘获截面值通常大于 $10^{-14}\,cm^2$；对于一个中性的陷阱，俘获截面值通常在 10^{-14}~$10^{-16}\,cm^2$；对于有库仑排斥作用的陷阱，俘获截面的值小于 $10^{-17}\,cm^2$。图 7.12 给出了在 p 型硅中一些金属杂质引起的相关深能级陷阱的 Arrehnius 直线图。

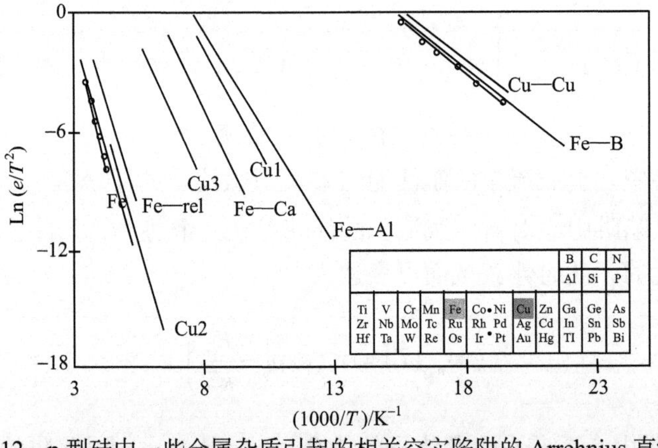

图 7.12　p 型硅中一些金属杂质引起的相关空穴陷阱的 Arrehnius 直线图

7.3.2 陷阱深度分布的测量

在前面关于 DLTS 原理的介绍中，假定了深能级缺陷在半导体材料中的分布是均匀的。很显然，在某些情况下，深能级缺陷的分布实际上是不均匀的，例如在离子注入过程中引入的缺陷陷阱的深度分布。通过适当的设置，DLTS 技术也可以获得深能级缺陷的深度分布。对于一般的单脉冲 DLTS 技术，其基本思想是变化反向偏压 V_R 和填充脉冲电压 V_P 的值，从而控制 DLTS 检测样品的深度范围 $[W(V_P);W(V_R)]$。可以固定 V_R，变化 V_P；也可以固定 V_P，改变 V_R 进行测量。如果要对所测得的 DLTS 信号进行仔细的分析，必须要考虑空间电荷区边缘德拜效应对 DLTS 信号的影响。一个比较好的方法是使用 D-DLTS 测试技术，保持反向偏压不变，两个不同大小的填充脉冲电压 V_P 和 V_P' 施加到样品上，测量所得电容值的差值，从而可以得到样品中非常窄区域 $[W(V_P);W(V_P')]$ 的陷阱浓度，这种方法大大的减少了德拜效应的影响。通常在具有最大 DLTS 陷阱信号的温度下，改变 V_P 和 V_P' 的大小，同时固定 V_P-V_P' 的差值，测得的 DLTS 的信号与 V_P(或 V_P')的变化关系，事实上就反映了陷阱中心的浓度沿样品深度的分布规律曲线[16]。

7.3.3 电场效应和德拜效应的测量

在 DLTS 测量过程中，施加到肖特基结或 pn 结上的偏压可使空间电荷区的电场强度达到 10^5 V/cm 以上，这样高强度电场的存在必然影响非电中性陷阱中心上载流子的发射行为。如果需要准确得到陷阱中心的具体参数，在分析 DLTS 信号的时候，必须要考虑陷阱中心上载流子的发射速率受电场的影响因素，否则获得的深能级陷阱的信息是不准确的。如对于具有库仑吸引作用的陷阱来说，在电场作用下，陷阱中心的库仑势垒将被降低，最终导致陷阱中心上载流子的发射速率的增加，这种由于电场的存在促进陷阱中心上载流子发射速率增加的效应通常称为 Poole-Frenkel 效应[16]。当一个电子被吸引到一个带正电的陷阱中心的时候，在均匀电场 E 的作用下,被束缚电子的发射率 $e_n(E,T)$ 可表达为 [17,18]

$$\ln e_n(E,T)=\ln e_n(0,T)+(\beta/kT)E^{1/2} \tag{7.63}$$

$e_n(0,T)$ 是电场为 0 时的发射率，$\beta=q\sqrt{q/\pi\varepsilon_s}$ 是常数(ε_s 为半导体材料的介电常数)。

从另一角度来说，陷阱中心上载流子的发射是否具有电场效应，可用于判断深能级陷阱中心是否带电及其带电的正负性。通过在不同的反向偏压 V_R 条件下，测量陷阱中心上被束缚的载流子的发射速率大小，可以得知电场效应的影响真正有多大，如图 7.13 显示了测得的某陷阱中心上载流子的发射速率与反向偏压产生的电场强度之间的变化关系。然而，这种由于电场促进陷阱中心上载流子的发射速率的作用是与隧穿效应不同的，后者对于中性陷阱中心也是可能的。对于具有库仑吸引作用的陷阱中心，在相对比较低的电场作用下，Poole-Frenkel 效应是主要的；而在比较大的电场作用下，陷阱中心上束缚的载流子的发射速率的增加主要是由借助于声子的隧穿作用引起的，此时，热发射速率与电场强度的平方成指数关系。对于电中性的陷阱中心，无论在大、小电场的情况下，隧穿作用都是主要的。

另外，在前面介绍 DLTS 基本理论的时候，利用了耗尽层近似原理，即假定了空间电荷区中的自由载流子的密度为零，而其边缘自由载流子的浓度突然从零增加到样品体内的浓度。事实上，在空间电荷区的边缘存在一个德拜效应区，其中自由载流子的浓度是从零逐渐过渡到体内的浓度，也就是说，在这个区域存在一定数量的自由载流子，德拜区域的长度为 $L_D = \sqrt{\frac{\varepsilon_s kT}{q^2 N_D}}$ [19]。所以要非常准确的获得深能级陷阱的电学特性参数，德拜效应也必须被考虑进去。在这个德拜长度的范围内，自由载流子的密度变化非常大，其俘获速率也是不同的。通常，可将陷阱中心俘获自由载流子的过程看成是两个俘获行为叠加的结果，一个是在电中性区域中发生快速的指数规律变化的俘获行为，另一个是在德拜长度区域中发生较慢的非指数规律变化的俘获行为[19,20]。图 7.14 显示了在 DLTS 测量过程中德拜效应存在的一个例子，当反向偏压为 6V 时，测得的 DLTS 信号强度与填充脉冲电压的关系，可以看到当填充脉冲电压达到临界电压−4.5V 以下时，才能获得 DLTS 信号。

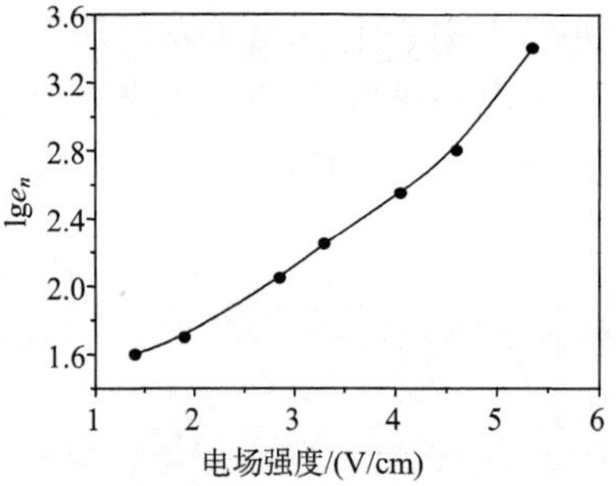

图 7.13　某陷阱中心上载流子的发射率随电场强度的变化关系

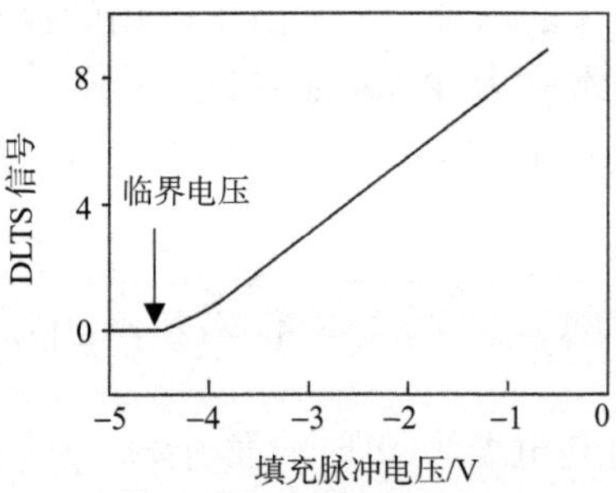

图 7.14　DLTS 信号强度与填充脉冲电压的关系

7.3.4 扩展缺陷的 DLTS 谱特征

在前面所有的讨论中，我们事实上假定了一个前提，即在 DLTS 测量过程中，填充脉冲的时间是足够长，可以保证填满区域$[W_P;W_R]$所有的深能级陷阱，这种情况仅仅适用于密度较低的点缺陷陷阱。然而，事实上对于不同类型的陷阱缺陷，具体的情况是大不相同的。如果点缺陷陷阱中心之间是相互影响的，也就是点缺陷的密度非常高，以至于单个能级中心的性质会随着相邻两能级中心的填充状态而变化，此时点缺陷陷阱中心的再填充行为必然发生变化。扩展缺陷，如位错、层错、点缺陷聚集体或者界面态等，都属于这种情况。对于这种类型的深能级陷阱中心，其俘获和发射载流子的概率不再是常数，而是随着它被自由载流子填充的比率而变化，此时引起的电容瞬态变化行为是非指数规律特性的，在 DLTS 谱中产生的相应信号峰可能是较宽的对称的峰形[21]，也可能是一个较宽的非对称的峰形[22]。对于这类较宽的陷阱信号峰的温度位置很难被精确地判断，所以通过 Arrhenius 直线关系图得到的扩展缺陷陷阱的特性参数通常存在较大的误差。

对于扩展缺陷，可以通过变化填充脉冲时间宽度t_P来研究深能级陷阱中心的俘获行为，即在相同的偏压下变化填充脉冲时间宽度t_P来观察电容瞬态变化的最大值$\Delta C_0(t_P)$的变化。在理想情况下，扩展缺陷陷阱中心俘获自由载流子过程的动力学方程可表达为

$$\frac{\Delta C_0^{\max}-\Delta C_0(t_P)}{\Delta C_0^{\max}}=\exp(-c_{\mathrm{n;p}}t_P) \tag{7.64}$$

这里，$\Delta C_0^{\max}$是对应于陷阱中心被完全充满时的最大电容变化值。因此，深能级的俘获速率$c_{\mathrm{n;p}}$能够从信号减小的相对值$\frac{\Delta C_0^{\max}-\Delta C_0(t_P)}{\Delta C_0^{\max}}$与实际填充脉冲时间$t_P$的关系得到，这样可以获得陷阱对自由载流子的俘获截面值$\sigma_{\mathrm{n;p}}$。通过这种方法可以决定在此温度下的扩展缺陷的真实俘获截面，而且可以在不同温度下进行测量得到深能级陷阱中心的俘获行为与温度的关系。

最近 Shroeder 等提出了一个模型，很好地解释了扩展缺陷在不同填充脉冲宽度下的 DLTS 谱的基本变化规律[23]。在这个模型中，扩展缺陷态被看成是由两部分组成的，即缺陷本身的原子结构引起的带状态和它们与点缺陷反应形成的局域态。经过计算机模拟和实验验证，得到扩展缺陷陷阱中的这两种缺陷态的 DLTS 谱的特征如下：

(1) 对于扩展缺陷中的局域态：

① 脉冲宽度的变化不会引起 DLTS 信号最大值的峰位的变化；

② 在不同填充脉冲宽度下得到的 DLTS 谱线归一划以后，其峰形的高温一侧是重合的；

③ 随着脉冲宽度的变化，DLTS 信号的强度与填充脉冲时间宽度成指数关系，即 $\Delta C_{\max} = \ln(t_P)$。

(2) 对于扩展缺陷中的带状态：

① 随着填充脉冲时间宽度的增加，DLTS 信号的最大值将向低温一侧移动；

② 在不同填充脉冲宽度下得到的 DLTS 谱线，即使不进行归一划处理，其峰形的高温一侧也是重合的；

③ DLTS 信号的最大值受填充脉冲宽度变化的影响不大。

7.4 深能级瞬态谱测试系统及品质因子

7.4.1 DLTS 测试系统

典型的 DLTS 测试系统的主要有温度可变化的样品室、温度控制器、电容测试仪、电压脉冲发生器、信号采集器和示波器，如图 7.15 所示。在测试过程中，样品的温度由温度控制器控制，可以进行缓慢降温或升温。电压脉冲发生器产生反向电压和填充脉冲电压，持续施加到样品上，从而引起样品电容的瞬态变化信号。示波器可以用于直观地反映电容瞬态变化的信号。然后信号由电容测试仪测得，传给数据采集器进行分析，除去噪声校正后，作为 DLTS 信号输出。

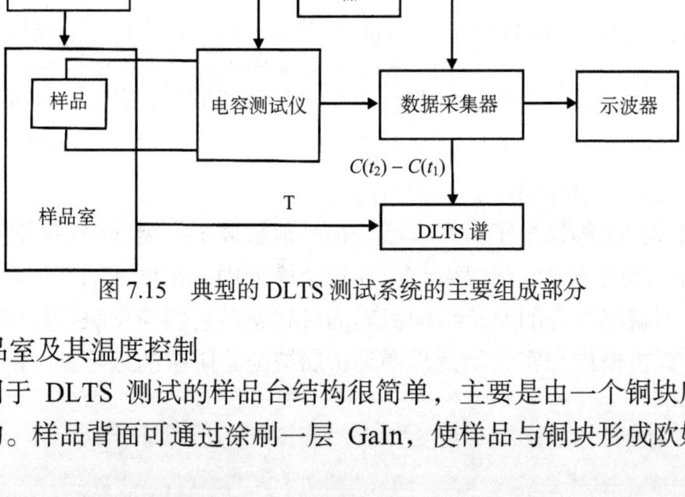

图 7.15 典型的 DLTS 测试系统的主要组成部分

1. 样品室及其温度控制

通常用于 DLTS 测试的样品台结构很简单，主要是由一个铜块底座和一个引线组成的。样品背面可通过涂刷一层 GaIn，使样品与铜块形成欧姆接触，而引线与样品的上表面形成导电接触。然后，通过一个 Pt 电阻温度感应器来测试样品的温度，它必须能快速、准确的反映样品的温度，一般放置在铜块的正背面。样品台的温度通常应该能在 77~480 K 被控制变化，并且由温度控制器调节控制升、降温速度。在降温时，样品可以通过调节样品台在液氮中的高度来调节降温速率，如果需要更低的温度，则必须要使用液氦的低温系统。在升温时，通常在样品台的铜块下装一个热电阻来实现，加热的功率可以用来控制升温的速率。

2. 电容测量仪

电容测量仪是 DLTS 的核心部分，主要是测试样品的电容值。样品电容的测量可以通过桥连来实现，在一定的频率下施加交流电压来测量，或者使用振荡器来测量。如果使用桥连的技术，电路桥是由谐振 LC 调节，它决定了 DLTS 测试的灵敏度。对于使用振荡器的方法，主要是通过样品的电容来支配一个振荡器的频率，其输出信号将被一个 fm 解调器解调出来。电容测量仪可以对样品在反向偏压 V_R 下的基本电容和电导进行补偿，也就是说，其输出信号事实上是在填充脉冲时间范围内的电容变化值，这种补偿过程可以人为控制也可以由系统自动控制。另外，电容测试仪必须能精确快速地反映电容的瞬态变化，通常其测试的灵敏度是与所选的测试量程是相关的，下表显示了 Boonton Model 7200 电容测试仪的灵敏度与所选量程的关系(见表 7.1)。

表 7.1 Boonton Model 7200 电容测试仪的灵敏度与所选量程的关系

量程/pF	灵敏度/pF
0~2	0.001
2~20	0.01
20~200	0.1
200~2000	1

3. 电压脉冲发生器

电压脉冲发生器是为了施加静态的反向偏压和填充脉冲电压到样品上，通常反向偏压可以在 0~20 V 调节，填充脉冲电压值可以在−20~20 V 调节。填充电压脉冲的时间宽度也应该可以根据需要被任意地调节。

7.4.2 DLTS 测试系统的品质因子

DLTS 是通过测量 p^+n(或 n^+p)结、肖特基结和 MOS 结构空间电荷区的电容变化获得深能级陷阱的信息，所以对样品电容的准确测量是非常重要的。当样品安装在样品台上以后，其形成的电容和电阻电路如图 7.16(a)所示，C_S 是空间电荷区的电容，R_S 是样品的电阻，包括样品基体电阻和背面与样品台的接触电阻。而样品被电容测试仪测得的等效电路如图 7.16(b)所示，C_P 和 R_P 分别是电容测试仪测得的电容和电阻[24]，可近似表达为

$$C_P = \frac{C_S}{1+(\omega R_S C_S)^2} \tag{7.65}$$

$$R_P = \frac{R_S}{1+(\omega R_S C_S)^2} \tag{7.66}$$

这里，ω 是电容测试仪的频率。通常定义测试系统的品质因子 $Q=\omega R_S C_S$，它决定了 DLTS 测试系统的精度。由式(7.65)可知，当 $Q \ll 1$ 时，电容测试仪测得的电容比较接近于样品的电容，即 $C_P \approx C_S$；如果 $Q \geq 1$，则电容测试仪测得的电容要远远小于样品的电容，即 $C_P \ll C_S$，此时很难正确得到深能级陷阱的消息。

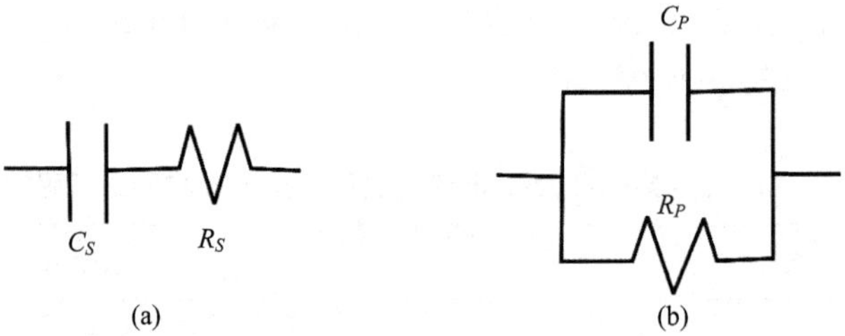

图 7.16　样品的实际电容和电阻(a)和 DLTS 系统的测得的电容和电阻(b)之间的关系

对样品中存在单个和两个多数载流子陷阱这两种情况下，图 7.17 分别显示了在不同的品质因子条件下模拟得到的 DLTS 谱[25]。从图中可见，① 当 $Q \ll 1$ 时，电容测试仪的结果是比较精确的，在单个和两个陷阱的情况下其测量的灵敏度都比较高，此时获得的 DLTS 谱是正常的。② 当 Q=1 时，电容测试仪的测量误差已经比较大，测试到的电容瞬态变化行为是非指数变化的，可以看到一个正值的信号峰出现在 DLTS 谱中。在 DLTS 测试技术中，通常只有少数载流子陷阱能产生正值峰，对多数载流子是不应该发生的，所以主要的原因是测试样品的电阻或电容太大。③ 当 $Q \gg 1$ 时，电容测试仪的测量误差非常大，所有的多数载流子陷阱的 DLTS 信号都变成了正值。

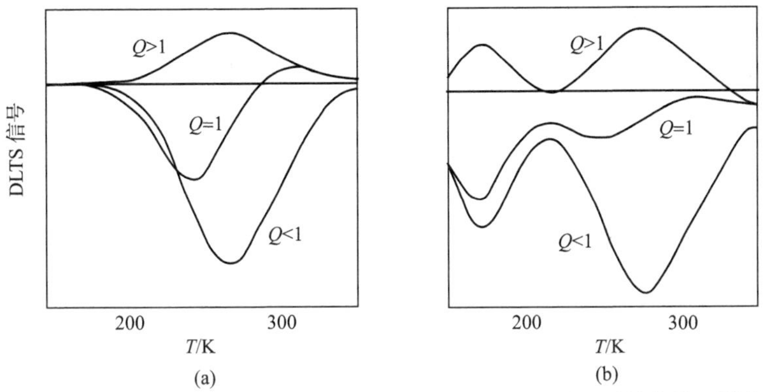

图 7.17 对含有一个陷阱(a)和两个相邻陷阱(b)的样品在不同品质因子的条件下模拟计算得到的 DLTS 谱[25]

7.5 深能级瞬态谱测试样品

7.5.1 DLTS 样品要求

由于 DLTS 测试的品质因子大小由 R_S 和 C_S 决定，所以在制备样品时，如何减小 R_S 和 C_S 对品质因子的不利影响就非常重要。

1. R_S 对品质因子 Q 的影响

前面已经提到，R_S 包括样品基体电阻和背面与样品之间的接触电阻。样品背面的接触电阻一般可通过与样品台形成比较好的欧姆接触来消除，而样品基体的电阻是由其掺杂浓度决定的。电阻率较高(或掺杂浓度太低)的样品，会增大 Q 的值。所以，对于太高电阻率的样品，一般不适合利用电容 DLTS 技术。但这并不意味着掺杂浓度越高越好，当掺杂浓度太高，在样品二极管正表面形成的空间电荷层宽度将非常小，则同样不利于 DLTS 的测量。所以通常最适用于 DLTS 测量的样品的掺杂浓度在 10^{14}~$10^{16}/cm^3$ 的范围。

2. C_S 对品质因子 Q 的影响

C_S 的大小决定于空间电荷区的宽度和肖特基结或 p^+n(或 n^+p)结的结面积，随着空间电荷区宽度的增大而减小，随着结面积的增大而增大。太大的结面积和太小的空间电荷区的宽度都会增大 Q 的值，因而在实际测量过程中，要考虑结面积和空间电荷区宽度的影响。

通常，可以根据需要，适当增大施加到样品上的反向偏压，可以增大空间电荷区的宽度。而对于结面积的影响，可以在准备样品的时候尽量减小结面积，一般选择直径为 0.5~2 mm 的圆结。对于肖特基结，结面积由接触金属面积的大小决定，因此准备起来比较容易，一般在热蒸发镀金属的时候，选择一个合适的掩模板就可以做到。而对于 p^+n(或 n^+p)结，则需要准备一个平顶沙丘状的结构，如图 7.18 所示，这种平顶沙丘状的结构可通过在热蒸发镀金属以后，使用掩模加腐蚀的方法得到。

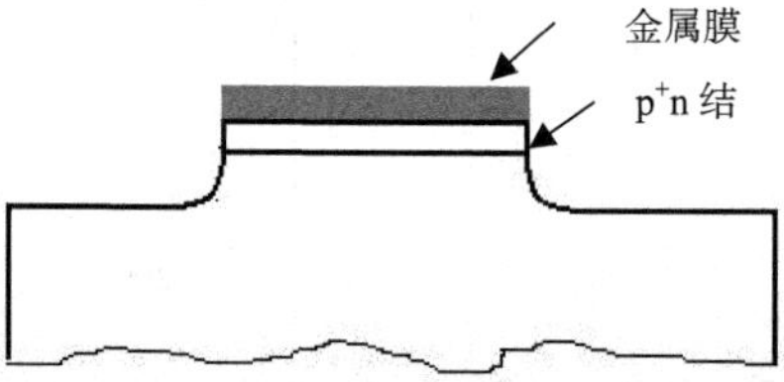

图 7.18 适合 DLTS 测量的平顶沙丘状的 p^+n 结结构

对于体材料的 DLTS 测量，最方便、最快速的样品准备方法就是在其表面形成肖特基接触，而在背面与样品态形成欧姆接触，因此典型的样品准备过程可以分为两个阶段：欧姆接触和肖特基接触的制备。

7.5.2 欧姆接触

欧姆接触要求比较低的电阻，以便大部分偏压都施加在肖特基势垒区。对于体材料，欧姆接触比较容易在其背面形成，然而对于一些长在半绝缘材料上的外延层的测试，欧姆接触必须在样品的前表面形成，并且离肖特基结越近越好。在制备外延层欧姆接触时，可以在表面不同区域形成两个欧姆接触，测试这两点之间电阻值来判断欧姆接触的质量。

欧姆接触形成的主要方法是在半导体材料的背面沉积一层合金，合金的主要成分将与半导体材料形成一个共熔点，而合金中含量较少的另外一个成分将适当的掺杂到半导体材料中(如金锑合金可用于 n 型硅)。制备时欧姆接触时，通常在真空下将合金成分通过蒸发或溅射的方法沉积，然后在惰性气体或真空条件下烧结形成合金。这里我们将以硅和 GaAs 材料为例，介绍典型的欧姆接触的制备方法。

对于硅材料，首先要将硅片清洗干净，所用的溶剂、酸和去离子水必须是电子级的，然后用稀 HF 酸溶液除去样品表面的氧化层。如果样品表面有机械损伤，可用 HF 和 HNO_3 的混合液(1 : 3)对样品腐蚀去除机械损伤层。然后将样品放入蒸发室或溅射腔中进行沉积，一般用 Au—Sb 材料。沉积的厚度不是很重要，一般在 500~1000Å 左右。最后将蒸镀后的样品烧结，Au—Si 合金的共熔点在 375℃，所以可以选择这个温度附近进行烧结。通过观察金属膜表面结构的变化来检测烧结过程，一直到全部发生合金化。以上给出的仅仅是一种标准的欧姆接触制备方法，然而在实际实验过程中，人们经常采用 InGa 在半导体材料背面进行擦刷形成欧姆接触。这种方法不但简单方便，而且效果也很不错。

对于砷化镓材料，样品的清洗过程与硅样品差不多。如果要腐蚀样品，需选用 $3H_3PO_4:1H_2O_2:50H_2O$ 的混合液。然后对样品背面进行合金化处理，对于 n 型砷化镓材料，一般选择 Au—Ge 合金，其最优重量比为 88 : 22。而对于 p 型砷化镓，一般选用 Au—Zn 合金。在沉积完成以后，将样品在 450℃下处理 2 min 即可。

7.5.3 肖特基接触

肖特基结是通过蒸镀某种金属材料到半导体材料样品表面形成的，对于 n 型硅材料一般选择 Au，而对于 p 型硅材料一般选择 Al。样品的清洗如前面欧姆接触一样，在蒸镀金属前最好将样品在 150℃左右加热几秒钟，以除去样品表面的水分和气体。蒸镀时，可以使用一个掩膜板进行选区，一般肖特基接触面积的直径为 0.5~2 mm。如果样品的掺杂浓度较低，可以适当增大肖特基结的直径。对于砷化镓材料，不论是 n 型还是 p 型，都可以用 Al 形成肖特基接触。

如果要测量少数载流子陷阱，则必须形成一个薄的半透明的肖特基结，以便光和电子束能比较容易从样品上部透过肖特基结，从而在样品中产生少数自由载流子。一般情况下对于 p 型硅材料，Al 是不适合形成一个薄的半透明肖特基接触，因为它极易被空气氧化，而必须利用钛或其他金属；对于 n 型硅材料，仍然选择金来制备薄的半透明肖特基接触。

7.6 深能级瞬态谱测试的应用和实例

7.6.1 GaAs 薄膜缺陷的测量

样品是通过 MOCVD 方法生长在硅基上的 n 型 GaAs 薄膜，薄膜中均匀地掺杂着浓度为 $8.0\times10^{15}/cm^3$ 的硅，衬底是 n 型重掺的硅片。样品的背面通过涂附一层 Au—Ge 薄膜然后合金化处理形成欧姆接触，同时直径为 0.5 mm 的圆形肖特基结是通过蒸镀一层 Pt 金属在样品的正表面形成。然后，样品在不同的温度下进行反向偏压退火，偏压分别为 0V 和−6V。在率窗为 20 s^{-1}、反向偏压为 2.5V、脉冲填充电压和时间宽度分别为 0V 和 1 ms 的条件下进行 DLTS 测量。图 7.19 显示了在 400K 反向偏压退火 12 min 后观察到的 DLTS 谱线，从图中可以看到，对于经受 0V 偏压退火的样品，DLTS 谱中存在两个深能级陷阱中心 M_4 和 M_3，其信号峰的温度位置分别为 160K 和 290K；对于经受 6V 偏压退火的样品，DLTS 谱中也存在两个陷阱中心，其中一个陷阱是 M_4，而另外一个陷阱中心 EL2 的温度为 360K。这里，将主要介绍如何得到 M_4 和 M_3 这两个陷阱中心的电学特性参数和它们之间的相互反应行为。

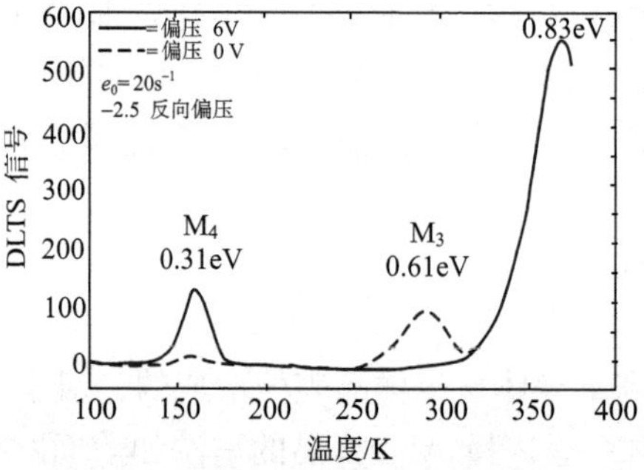

图 7.19　GaAs 样品在 400K 不同反向偏压下退火 12 min 后观察到的 DLTS 谱线[26]

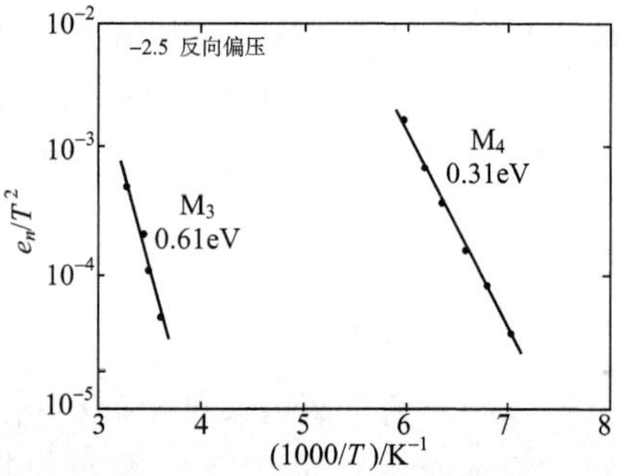

图 7.20　M_3 和 M_4 这两种陷阱中心的 Arrhenius 直线关系图[26]

首先在一定范围改变率窗值进行 DLTS 测量，可以分别得到陷阱中心 M_4 和 M_3 上被俘获的电子的热发射速率与温度的关系

$$M_3：\ e(T)=7.2\times10^6T^2\exp\left(-\frac{0.61}{kT}\right)$$

$$M_4：\ e(T)=3.3\times10^6T^2\exp\left(-\frac{0.31}{kT}\right)$$

由此可见，如果这两个陷阱的俘获速率不受温度的影响，那么 M_3 和 M_4 上被俘获的电子的激活能分别为 0.61 eV 和 0.31 eV，其误差为±0.005 eV。图 7.20 显示了获得这两种陷阱中心上电子激活能的 Arrhenius 直线关系图，从直线斜率上也可以直接得到两种陷阱中心的电子激活能。

在通常情况下，陷阱中心对电子的俘获截面与温度有关，如式(7.60)所示，所以可使用周期性的快速填充脉冲来获得准确的俘获速率。样品在比较高的温度下进行偏压退火，使陷阱中心俘获的电子全部被释放出去，然后保持偏压，降低到不同的温度，使得全空的陷阱中心不俘获自由电子，再在不同的温度下施加周期性的快速填充脉冲电压到所研究的样品上，检测电容的变化，从而得到陷阱中心对电子的俘获速率或俘获截面。施加快速的填充脉冲电压是为了消除德拜效应的影响，因为德拜效应通常在脉冲填充阶段引起电容比较缓慢地变化。图 7.21 显示了 M_4 和 M_3 这两个陷阱中心在不同温度下的俘获截面，可以看出，它们的俘获截面是与温度无关的，所以前面由 Arrhenius 直线关系图得到的陷阱中心的激活能是比较准确的。

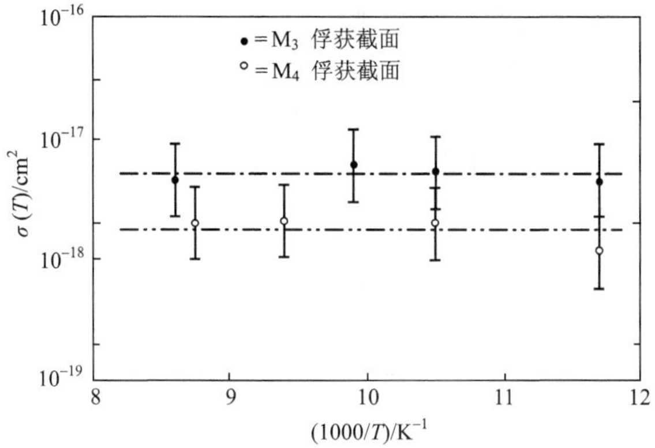

图 7.21　M_4 和 M_3 这两个陷阱中心在不同温度下的俘获截面[24]

为了准确决定陷阱中心浓度的深度分布行为，可使用 D-DLTS 技术来测量样品局域的陷阱浓度。图 7.22 显示了陷阱 M_3 和 M_4 的浓度深度分布，可以看到这两种陷阱的深度分布是相同的，大部分陷阱都位于离样品表面距离 0.6 μm 的深度范围内。

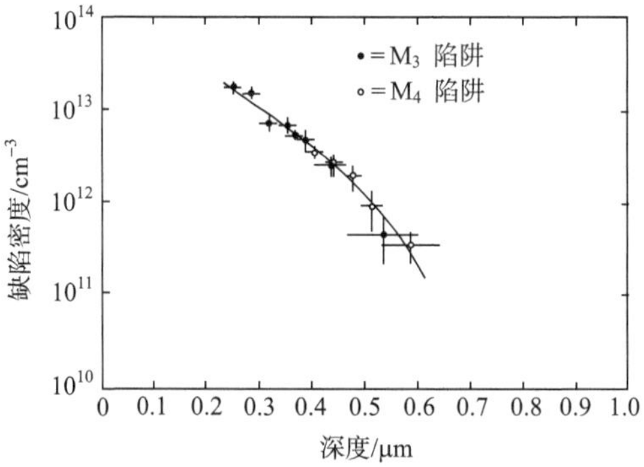

图 7.22　陷阱中心 M_3 和 M_4 浓度的深度分布[24]

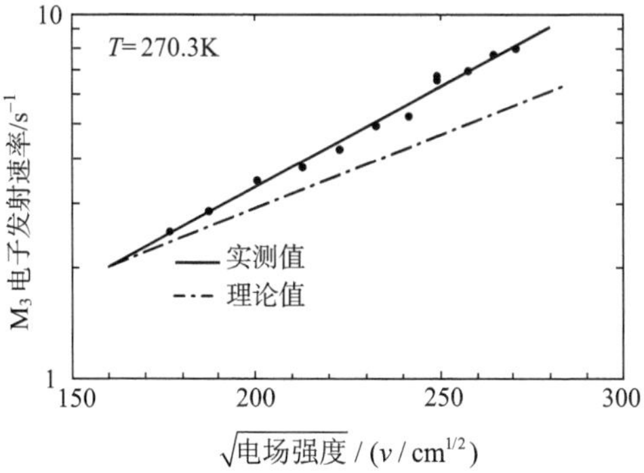

图 7.23　陷阱中心 M_3 上束缚的电子发射率与施加的电场强度的关系[24]

图 7.23 显示了施加不同的电场对陷阱中心 M_3 上束缚的电子发射率的影响。其发射速率与电场平方根的比例是常数 3.0×10^{-4}。通过对单施主和双施主陷阱中心的 Poole-Rrenkel 效应的一维理论计算，结果显示这种比例常数分别为 2.1×10^{-4} 和 2.9×10^{-4}，所以可以判断 M_3 是双施主型陷阱中心。然而对于陷阱中心 M_4，没有电场效应被观察到。

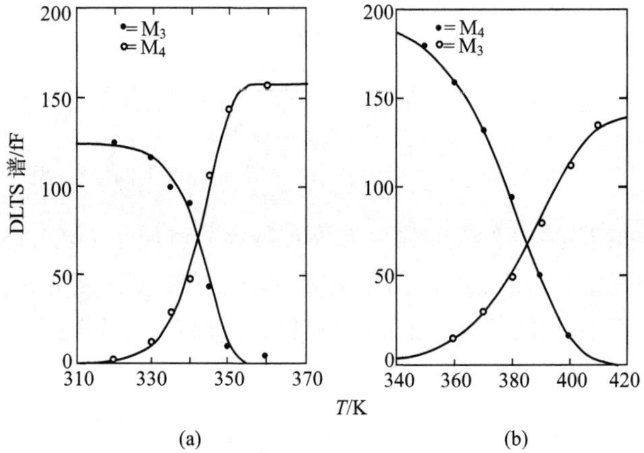

图 7.24　不同温度下反向偏压退火以后，陷阱 M_4 和 M_3 的浓度与退火温度的关系

实线是理论模拟的结果[24]

图 7.24 显示了在不同温度下反向偏压退火以后样品中 M_4 和 M_3 这两个陷阱浓度与退火温度的关系，图中的实线表示对数据模拟的结果。如果 $N(t,T)$ 表示陷阱的浓度，则其退火行为将遵循下列关系

$$M_3：\quad N(t,T)=N_0\exp\left[1-te_0(T)\right]$$

$$M_4：\quad N(t,T)=N_0\left\{1-\exp\left[1-te_0(T)\right]\right\}$$

式中，N_0 是缺陷的最大浓度，t 是时间，$e_0(T)$是与温度相关的这两种陷阱之间的转换系数。通常 $e_0(T)$可以表示成

$$e_0=\alpha\exp\left(-\frac{E_e}{kT}\right)$$

这里，α是常数，E_e是陷阱形成的能量势垒。M_3 和 M_4 缺陷的最大浓度 N_0 可通过在 420K 以上温度反向偏压为 0 V 和−6 V 的退火得到。

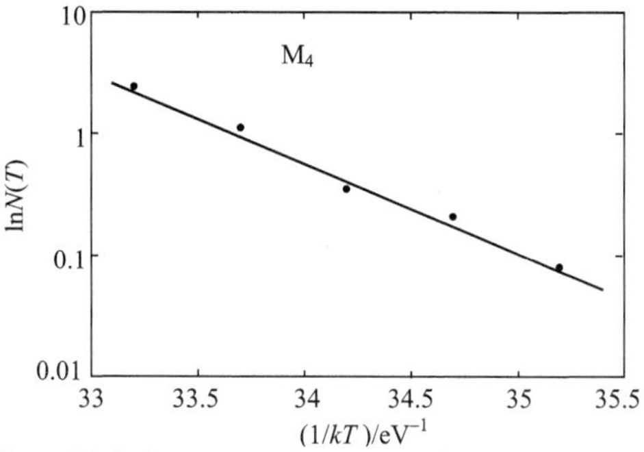

图 7.25 陷阱 M_3 转化成 M_4 过程中 M_4 的浓度 ln$N(T)$与温度的关系图[24]

图 7.25 显示了通过图 7.24 获得的陷阱 M_3 转化成 M_4 时 ln$N(T)$与温度的关系图，由此可以得到陷阱 M_3 转化成 M_4 所需的能量为 1.70 eV，α为 10^{21}，而陷阱 M_3 转化成 M_4 所需的能量也可以通过同样的方法得到为 0.8 eV，α为 10^7。

7.6.2 硅晶体点缺陷的测量

硅中的点缺陷主要指空位和各种间隙原子，尽管它们的浓度通常都比较低，然而对器件的性能会产生一些重要影响，如对掺杂剂有补偿和钝化效应，减少载流子的寿命，甚至促进掺杂剂的扩散。这些点缺陷本身很难被 DLTS 检测出来，但是由于它们大部分在室温下是不稳定的，通常能与其他杂质原子或缺陷形成复合体，某些复合体可以被 DLTS 检测出来。例如，在辐照或离子注入过程中，硅晶体中将产生大量的点缺陷对，而空位与其他杂质或缺陷形成的相关复合体将在硅禁带中产生深能级缺陷态，如 V-V， V-P(As，Sb)和 V-O 复合体等，这些复合体可能被 DLTS 探测。

目前，DLTS 技术已经检测到了 A 中心、双空位和 E 中心等硅中点缺陷[27]。A 中心是空位与氧的复合体，E 中心是磷和空位的复合体，它们分别是通过单空位移动到不动的氧原子和磷原子附近，并与之相结合而形成的。这些空位相关复合体的 DLTS 信号的强度是与材料的掺杂型号和掺杂浓度相关的，例如，在直拉硅中 A 中心的 DLTS 信号要比区熔硅强很多。如果材料是轻掺的，那么在 DLTS 谱高温范围只显示 $V_2(-/0)$缺陷的信号；如果材料的电阻率在几个欧姆厘米或更小，那么在此温度范围将出现一个较宽的峰与 $V_2(-/0)$和 E 中心相关。图 7.26 显示了对 n 型直拉硅进行电子辐照以后观察到的典型的 DLTS 谱，从图中可以看出，在 240K 左右的峰是由双空位态 $V_2(-/0)$和 E 中心组成的，其中双空位是主要的，而另外一种双空位态 $V_2(--/-)$的 DLTS 信号出现在 130K 附近，A 中心在 100K 左右。通过 Arrhnenus 直线关系，可以得到 $V_2(-/0)$、$V_2(--/-)$和 VO 复合体在禁带中引入的深能级位置分别为 Ec−0.23 eV、Ec−0.42 eV 和 Ec−0.16 eV[27]。

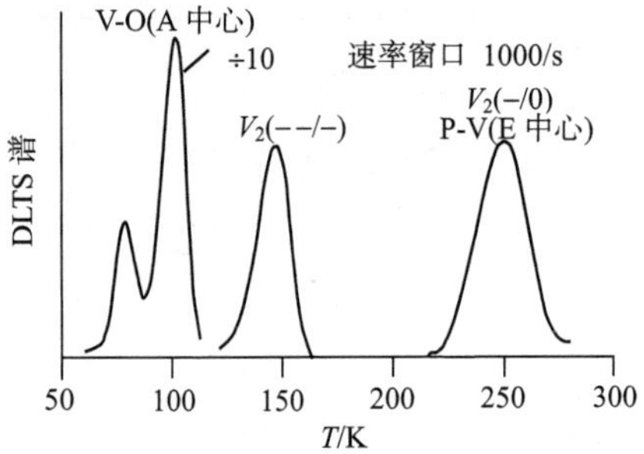

图 7.26　电子辐照的 n 型硅中电子发射引起的 DLTS 谱[27]

最近有人用 DLTS 技术检测到了硅中的锗与空位结合形成的 Ge-V 复合体[28]。通过将普通的 n 型直拉硅和掺锗的直拉硅经过电子辐照以后，用 DLTS 研究其中的深能级陷阱行为，发现在两种样品中都可以观察到 O-V、V-V 和 Sb-V 的陷阱，然而掺锗的样品的 DLTS 谱在温度 170K 左右出现 Ge-V 复合体引起的深能级陷阱的峰。图 7.27 显示了 n 型掺锗直拉硅和普通直拉硅在辐照以后得到的 DLTS 谱。

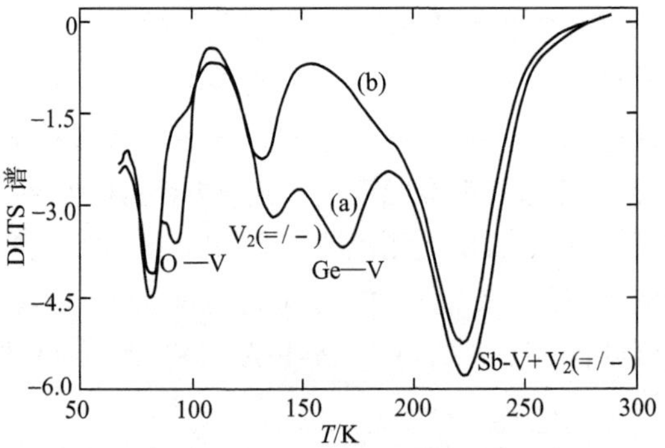

图 7.27　辐照的 n 型掺锗直拉硅(a)和辐照的普通直拉硅(b)的 DLTS 谱[28]

碳是直拉硅中必然存在的杂质，它们的浓度主要是由具体的生长条件决定的。一般碳存在于硅中的替代位(C_S)，不会在硅的禁带中产生深能级。但在离子注入或辐照以后产生的自间隙硅原子，将与替位态的碳反应生成间隙碳(C_i)，而间隙碳可以和间隙氧或另一个处于替位态的碳进一步结合，形成 C_iO_i 或 C_iC_S 复合体，这些杂质和复合体是深能级缺陷，可以被 DLTS 探测[29,30]。图 7.28 显示了辐照的 n 型区熔硅在经过 350K 退火前后与碳有关的几种陷阱的 DLTS 谱，图中可以看到，在辐照后的样品中，DLTS 谱上在 70K 的温度位置出现一个与 C_i 相关的信号，其能级位置为 $E_C-0.12$ eV，同时也可以观察到一个很弱的与 VO 复合体相关的峰。通常在 300K 以下，C_i 扩散很慢，所以很难进一步与其他杂质形成复合体。然而在 350K 退火 30 min 后，C_i 将扩散与 C_S 反应生成 C_iC_S 复合体，所以在 DLTS 谱中观察到 C_i 的峰的减小，而出现一个较强的与 C_iC_S 相关的峰。

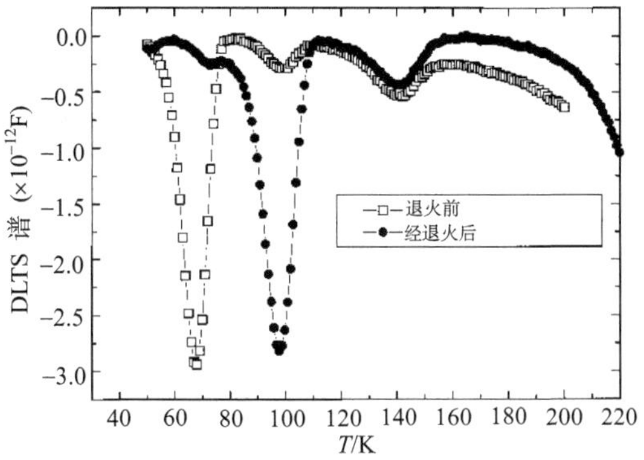

图 7.28 辐照的 n 型区熔硅在经过 350K 退火前后与碳有关的 DLTS 谱[29]

另外，氢杂质极易在硅片腐蚀、清洗和器件制造过程引入，它能与硅中的很多杂质反应形成复合体。关于氢在硅中的带电态，很难直接去研究，通常通过研究氢和某些电中性的杂质原子形成的复合体的电学性质来判断氢的带电态，如 H—C 复合体就是一个很好的例子[31]。通过将含不同 C 浓度的区熔硅样品，在酸性溶液(HNO_3 : HF = 5 : 1)中腐蚀 30s 引入氢，*C-V* 测试可以发现：硅片近表面 1μm 的区域范围内，掺杂剂浓度由于氢的钝化作用而减小 15%。此时，氢与磷结合形成了电中性的$(H—P)^0$复合体，所以 DLTS 测试不能检测到氢和碳的相关陷阱峰。然后，当样品经过反向偏压退火(RBA)以后(−4V，320K，17 h)，$(H—P)^0$复合体将发生分解，$(H—P)^0 \rightarrow P^+ + H^0 + e^-$。在空间电荷层中由于能带的弯曲，H 将带正电(这由费米能级在禁带中的位置决定)，带正电的 H 随后在电场的作用下发生漂移而与 C 结合形成 H—C 复合体，可以被 DLTS 探测，如图 7.29 所示。通过 Arrhenius

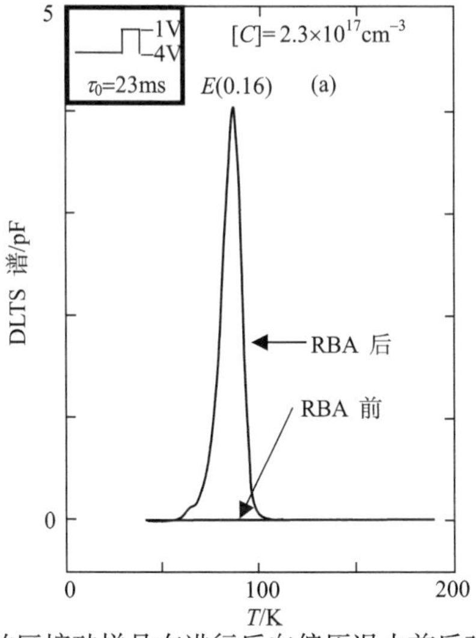

图 7.29 含氢和碳的区熔硅样品在进行反向偏压退火前后观察到的 DLTS 谱[31]

直线关系，可以得到 C—H 复合体陷阱的俘获截面为 $7\times10^{-16}\ \mathrm{cm}^2$，在禁带中引入的能级位置为 $E_C-0.16$ eV，而且陷阱的浓度随着 C 浓度的增加而增加。H 的同位素 D 也能与 C 形成 D—C 复合体，其在禁带中引入得能级位置与 H—C 复合体相同[32]。

H—C 和 D—C 复合体通过退火可以被分解，图 7.30 显示了在 80℃退火不同时间后这两种复合体的 DLTS 信号的变化规律，可以看到，D—C 复合体的分解速率是 H—C 复合体的 1/2。如果这两种 H—C 复合体的分解过程都是热激活过程，那么其分解过程的特征时间常数 τ 与激活能 E 的关系可表达为 $1/\tau=\nu\exp(-E/kT)$，这里 ν 是振动频率因子。则通过图 7.30，可以得到 H—C 和 D—C 复合体分解的特征时间常数 τ 与退火温度的关系图(如图 7.31 所示)，其分解所需的激活能和振动频率因子分别为 1.3 eV，$2\times10^{14}\ \mathrm{s}^{-1}$ 和 1.2 eV, $1\times10^{14}\ \mathrm{s}^{-1}$[32]。

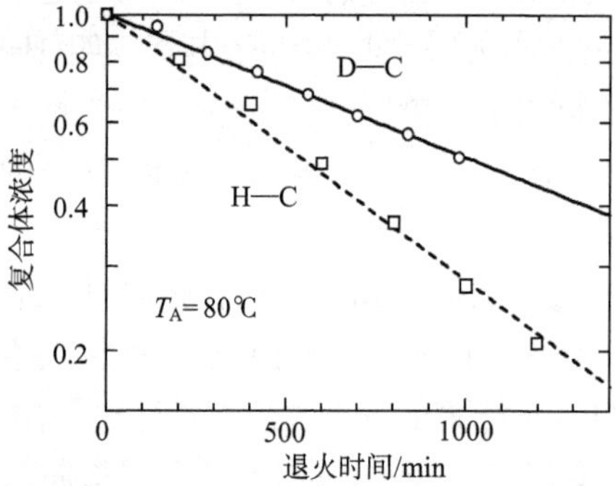

图 7.30　在 80℃下 H—C 和 D—C 复合体的浓度与退火时间的变化关系[32]

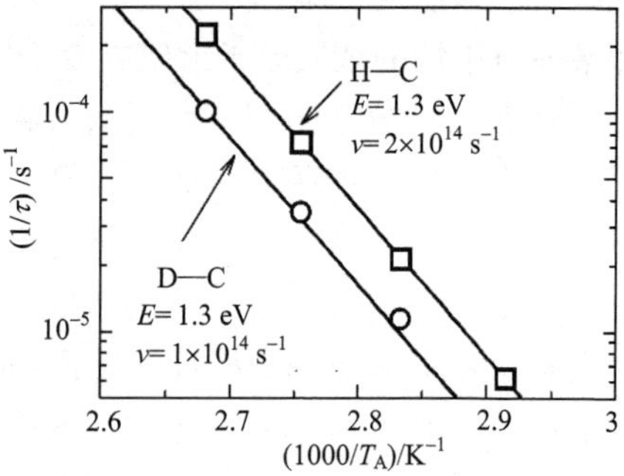

图 7.31　H—C 和 D—C 复合体分解的特征时间与退火温度的关系[32]

还有，在 p 型硅中，替位态的硼在室温下通常是不可动的，在硅禁带中引入浅能级，极易电离，产生电活性。然而，离子注入形成的硼关复合体将会在硅禁带中引入一些深能级，如间隙态的硼 B_i，B—O B_iO_i 和 B—C B_iC_S 复合体，关于这些复合体的 DLTS 研究这里就不介绍了。

7.6.3　硅晶体金属杂质的测量

随着超大规模集成电路的发展，硅中有害金属的污染必须被严格地控制。在当前应用于集成电路的硅片中，过渡金属(如铁)的浓度一般不能超过 $10^{10}\ \mathrm{cm}^{-3}$，因此如何检测这样低浓度的金属杂质对集成电路研究、开发和生产单位是一个非常重要的问题。而正是 DLTS 的一个应用，它对某些过渡金属引起的深能级陷阱浓度能够准确地测量。

硅中的铁通常存在于晶格的间隙位，在硅的禁带中引入施主能级 $E_V+0.4$

eV[32]。而在 p 型硅中，带正电的铁(Fe_i^+)不但以间隙形式存在，而且还会在室温下与掺杂剂(A_s^-)反应生成 $Fe_i^+A_s^-$ 对。如对于掺硼的硅，可以生成 FeB 对，其反应可表达为

$$Fe_i^+ + B \rightleftharpoons FeB$$

FeB 对的生成所需的时间由硼和间隙铁的浓度决定，在室温下一般需要几个小时，甚至几天。

硅晶体中 Fe 和 FeB 对测量可以用少子寿命、少子扩散长度等技术测量，这些技术在第 3、第 4 章中都已经做了详细介绍。但是，利用 DLTS 技术，也可以测试硅中 Fe 和 FeB 对的存在和浓度。通常，硅中的 FeB 对是浅施主能级陷阱，其在硅禁带中产生的能级位置为 E_V+0.1 eV[33]。如果形成 FeB 对的样品经过光照或者施加前置电压产生一定大小的少数载流子流，则 FeB 对将在室温下被分解，重新恢复到间隙 Fe_i 的状态。当然，在较高的温度下退火也能使 FeB 对分解。图 7.32 显示了经过不同热处理以后，p 型硅中 Fe_i 和 FeB 的 DLTS 谱[34]，从图中可以看到，样品在 180℃退火 30 s 以后，样品中的所有的铁几乎全部转化成 Fe_i，然后随着在室温保存时间的延长，Fe_i 浓度逐渐减小，而 FeB 对逐渐增加。另外，Fe_i 也能与直拉硅中的氧结合，形成 FeO 复合体，在硅的禁带中引入施主型能级 E_V+0.33 eV。

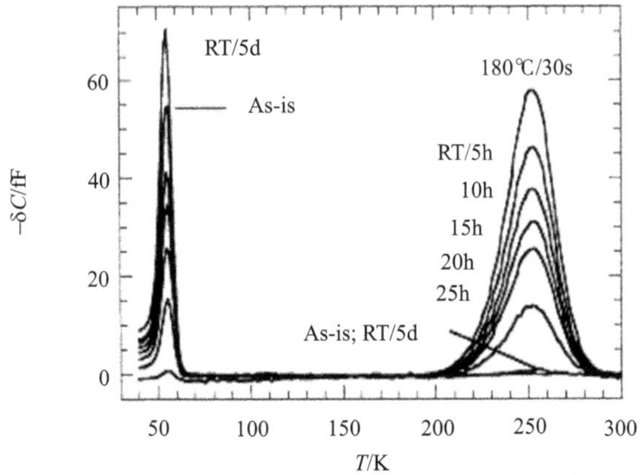

图 7.32　掺 Fe 的 p 型硅在 180℃/30 s 退火后在室温下保持不同时间后得到的 DLTS 谱[34]

在超大规模集成电路中通常使用铜互连，所以铜污染对器件的影响越来越大，检测硅中铜的浓度也是非常重要的。铜在硅中存在的形式很多，如间隙态、复合体和沉淀态，它们能在硅中引入不同的深能级陷阱。图 7.33 显示了掺铜的 p 型硅样品的 DLTS 谱，其中铜的浓度约为 $5.14\times10^{13}/cm^3$。最强的 P_1 陷阱通常在含较低

铜浓度的样品中也能观察到，其能级为 $E_V + 0.1$ eV，一般认为它是由间隙态的铜引起的[35]。

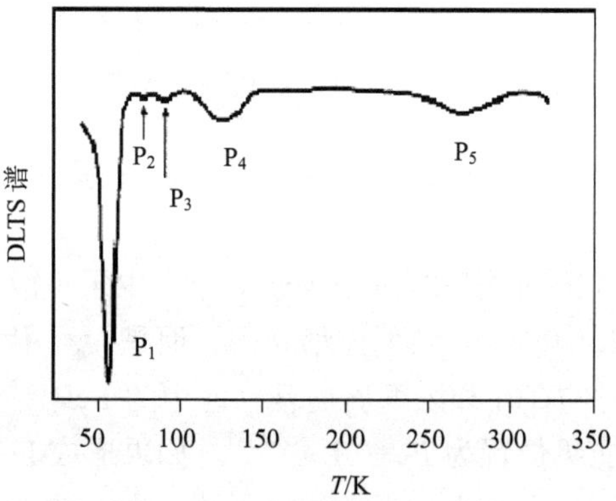

图 7.33　沾污 Cu 的 p 型硅得到的 DLTS 谱[35]

DLTS 技术还能够测量硅中金属杂质浓度的深度分布，特别适用于研究硅中金属的扩散行为。例如对于金属杂质镍，通常在硅中引入一个受主能级陷阱和一个施主能级陷阱，其能级位置分别为 $E_C - 0.47$ eV 和 $E_V+0.1$ eV。如果对表面沾污镍的 n 型硅样品在 980℃下进行内扩散退火 6.0×10^2 s，测得在不同深度处的 DLTS 谱如图 7.34 所示[35]。从图 7.34 可以看到，离样品表面越近，替位态镍的浓度越高。由于镍在硅中处于替代位，其扩散行为是通过踢出晶格硅原子产生空位的机制来完成，所以通常认为在高温退火过程中空位的浓度分布行为决定了替代位镍的浓度分布，空位源的存在(如硅片表面)有利于镍的扩散。图 7.35 显示了相同镍污染程度的 n 型硅经过 980℃内扩散退火不同时间后替位态镍浓度的深度分布行为[36]。

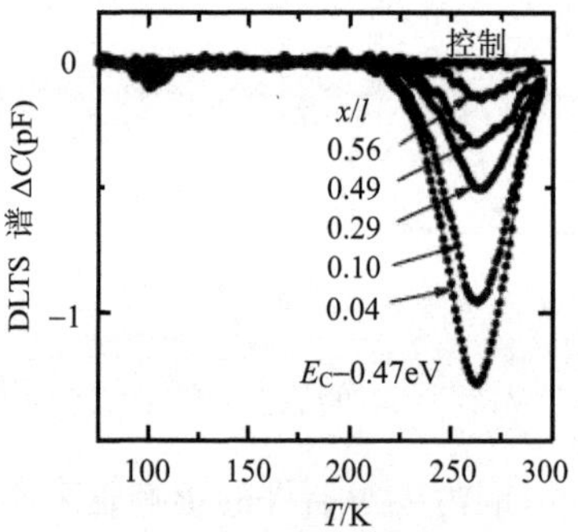

图 7.34　表面沾污镍的 n 型硅样品在 980℃下进行内扩散退火 6.0×10^2 s 以后在样品不同深度处测得的 DLTS 谱[36]

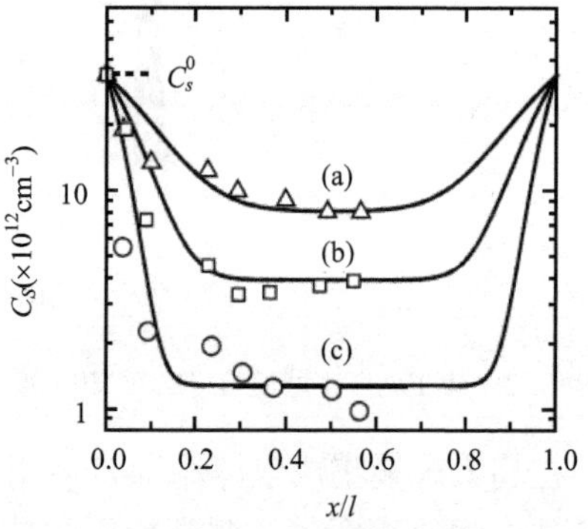

图 7.35　DLTS 测得的替位态镍浓度的深度分布曲线

(a) 7.2×10^3 s；(b) 1.8×10^2 s；(c) 6.0×10^2 s[36]

其他金属杂质也能在硅中引入深能级陷阱，如 Be 在硅的禁带中引入两个受主能级 $E_V + 0.145$ eV 和 $E_V + 0.1915$ eV[37]；Zn 通常也引入两个受主能级 $E_V + 0.32$ eV 和 $E_V + 0.66$ eV[38]；而对于 Mg，它不但能引入 7 个不同的受主深能级[39]，而且还能够引入两个施主能级 $E_C - 0.04$ eV 和 $E_C - 0.256$ eV[40]。

7.6.4 硅晶体位错和氧化诱生层错的测量

对于轻度塑性变形的硅样品，其电学性能基本上与塑性变形前是一样的，如均匀的载流子浓度分布、低的漏电流，很难通过 DLTS 观察到相关的深能级。然而随着塑性变形程度的加剧，与位错有关的深能级陷阱浓度增加，图 7.36 显示了 3 种不同程度塑性变形的 n 型硅样品的 DLTS 谱[41]。由图可以看出，不同塑性变形能引起相似的 DLTS 谱，都是由 A、B、C 和 D 四个相关陷阱的峰组成。陷阱 B 和 D 浓度比较高，很容易分析得到其特性参数，而 A 和 C 浓度比较低，准确的分析它们有一定的困难。如果对塑性变形的样品在相对较高的温度下进行退火处理，陷阱 C 的 DLTS 信号将增强，成为样品中主要的陷阱，而其他的陷阱 A、B 和 D 的信号减小甚至消失。图 7.37 显示了不同程度塑性变形的硅样品在高温退火后的 DLTS 谱[41]。从图中可以看出陷阱 C 的峰形在退火以后明显增宽，似乎由两个不同的信号 C_1 和 C_2 组成。通常，位错的 DLTS 谱的增宽程度依赖于形变量和退火温度。图 7.38 显示了不同研究小组得到的 n 型硅中，这 4 种位错陷阱对电子的发射率与激活能关系的 Arrehnus 直线图[41]，A、B、C 和 D 上的激活能大致分别为 0.18~0.19 eV，0.27~0.29 eV, 0.48~0.51 eV 和 0.54~0.68 eV。

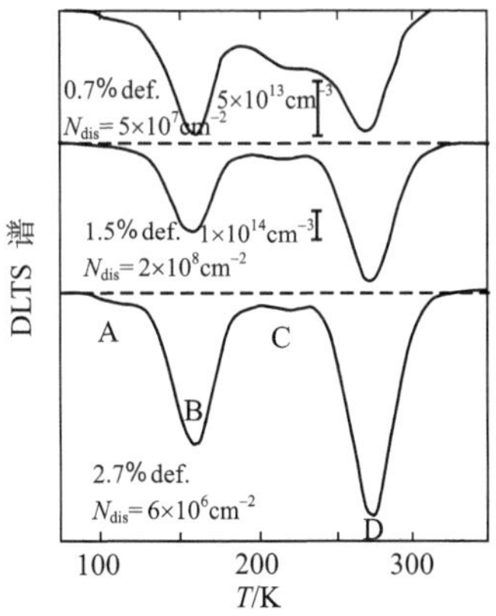

图 7.36 不同程度塑性变形的 n 型硅样品的 DLTS 谱[41]

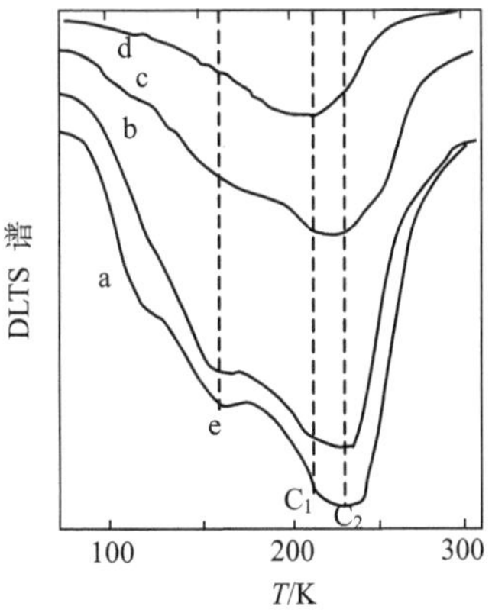

图 7.37 不同程度塑性变形的 n 型硅样品高温退火后的 DLTS 谱[41]

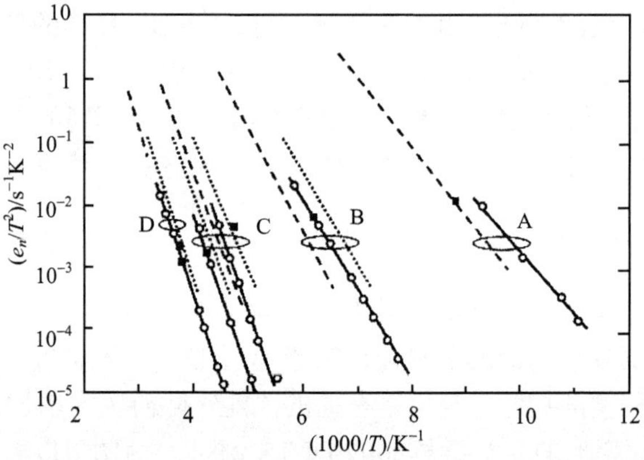

图 7.38　n 型硅中位错产生的陷阱的 Arrhenus 直线关系图[41]

另外，对于塑性变形的 p 型硅样品，位错有关的陷阱经常在 DLTS 温度谱的 200K 位置处引入所谓的 F 陷阱。图 7.39 显示了最近 Pizzini 等对塑性变形的 p 型直拉硅研究的结果，他们发现了 3 个主要的多数载流子陷阱信号[42]，T_1 就是与位错有关的所谓的 F 陷阱；T_2 是与形变引起的点缺陷或点缺陷的聚集体相关，在退火以后会消失；T_3 是硅样品中的原生金属铁的相关峰，可能是间隙铁和 FeO 复合体的信号。而且，他们第一次在 DLTS 谱中观察到与位错相关的浅能级陷阱 STh，其能级位置为 $E_V + 0.05$ eV。

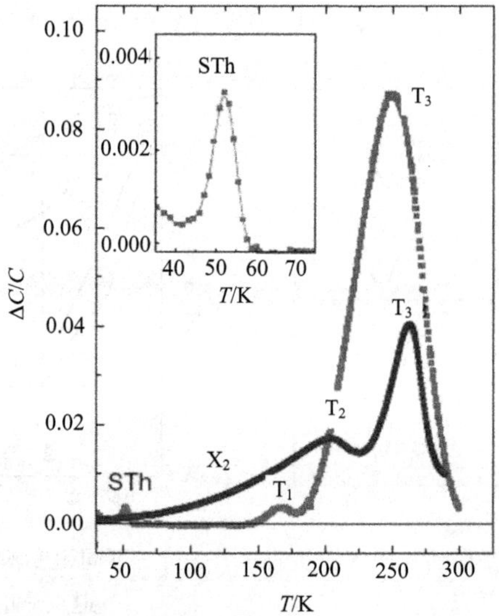

图 7.39　塑性变形的 p 型硅的 DLTS 谱[42]

关于硅中位错引起不同陷阱的机制目前还没有统一的说法，一般认为未被金属沾污的位错应该在硅的禁带中引入浅能级陷阱，这样可以很好地解释位错的发光行为。如果位错被少量的金属缀饰，则 DLTS 的结果比较复杂，可能产生多种深能级陷阱，不过大多数情况下都能检测到与其有关的 C 和 F 陷阱。

硅中氧化诱生层错(OSF)对半导体器件的性能有非常重要的影响，然而它能够作为一个有效的吸杂中心吸除硅片表面的有害金属。在目前的硅技术条件下，OSF 一般在硅中近表面氧沉淀处形成，是存在于〈111〉面的非本征层错，周围是 $a/3$〈111〉不全位错，其尺寸主要依赖于氧化温度和氧沉淀的应力场。如果将 n 型硅经过 1050℃/2 h 的干氧氧化以后，去除表面层，使 OSF 的深度分布在 1 μm 左右，用 DLTS 测试样品。图 7.40 显示了在不同反向偏压和填充电压下 OSF 的典型 DLTS 谱[43]。从图中可以看出，当反向偏压为 6 V，填充电压为 0 V 时，DLTS 谱中包含两个明显的陷阱峰和一个宽的带峰。随着深度的增加，DLTS 的信号也发生着明显的变化，OSF 缺陷中陷阱标号为 1，2，4，6 峰的温度位置不随着测试深度的变化而变化，但陷阱 S 的温度峰位随着深度的增加向高温端移动，这说明陷阱 S 上载流子的发射速率随着它们在 OSF 缺陷中所处的位置有关，而且陷阱 S 浓度随着深度的变化很大，在 0.8 μm 深度处最大，而在 1.3 μm 处突然减小，而 TEM 的测量显示 OSF 主要分布于 0.6~1.4 μm 的深度范围。图 7.41 显示了 OSF 缺陷引起的各种陷阱的 Arrehnus 关系图。与前面介绍的位错 Arrehnus 图(图 7.38)相比较可知，所有的陷阱事实上都是由 OSF 周围的不全位错引起的。不过陷阱 S 的热发射率随着深度是变化的，从位错陷阱 B 转变成陷阱 C。

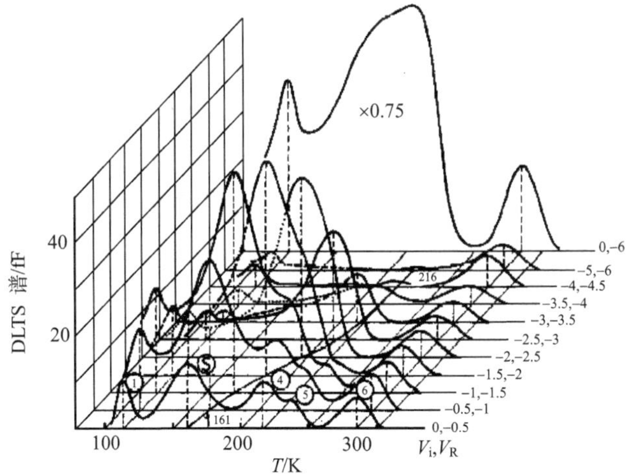

图 7.40 在不同反向偏压和填充电压下测得 OSF 缺陷的 DLTS 谱[43]

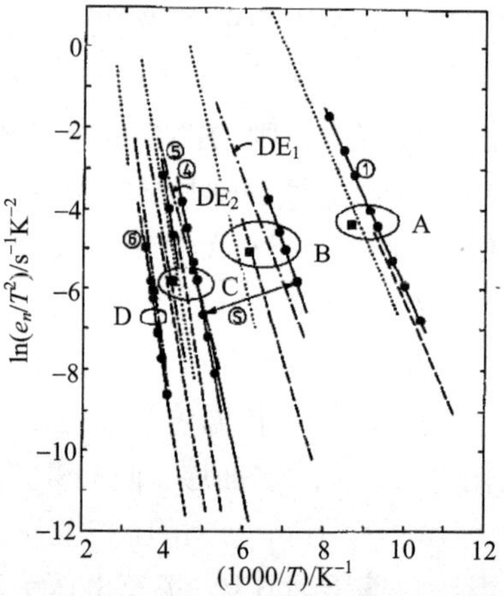

图 7.41　OSF 缺陷引起的各种陷阱的 Arrehnus 关系图[43]

7.6.5　硅晶体氧沉淀的测量

对于硅中氧沉淀的 DLTS 研究，其结果常常受到样品具体退火条件的影响。Vanhellemont 等将表面制备了 n^+p 的直拉硅在经过三步内吸杂退火以后，用 DLTS 研究了其中的深能级陷阱行为[44,45]。样品的退火过程为：① 氧的外扩散退火(1100 ℃, 6 h)；② 氧沉淀的形核退火(750℃, 8 h)；③ 氧沉淀长大的退火(975 ℃, 10 h)。通过透射电镜(TEM)测量，样品中氧沉淀的密度为 $1\sim9\times10^{10}/cm^3$。DLTS 测试的结果显示与氧沉淀相关的少数载流子的陷阱中心的能级位置有两个，即 $E_C - 0.17$ eV 和 $E_C-0.43$ eV。他们用光生红外吸收技术和微波技术测量少子的寿命，计算得到对于能级位置在 E_{T2} 的陷阱中心对少数载流子的有效俘获截面为 10^{-13} cm^2，与 DLTS 的结果几乎一致。

Whitfield 等将 p 型直拉硅进行两步退火(800℃，16 h 和 1050℃，16 h)，用 DLTS 技术检测到氧沉淀引起的两个主要的少数载流子陷阱中心，其能级位置分别在 $E_C - 0.41$ eV 和 $E_C - 0.23$ eV，其俘获截面分别为 10^{-14} 和 7×10^{-16} cm^2[46]。Tchedlidze 等通过对 p 型直拉硅在不同条件进行两步退火，用 DLTS 详细研究了其中氧沉淀引起的多数载流子陷阱和少数载流子陷阱，如图 7.42 所示[47]。他们发现平板状的氧沉淀和冲出型位错环可以产生两个不同的多数载流子陷阱中心，其能级位置分别在 $E_V + 0.43$ eV 和 $E_V + 0.26$ eV，陷阱的浓度都不超过 $10^{12}/cm^3$。同时两个与氧沉淀相关的少数载流子陷阱中心也被发现，能级位置分别在 $E_C-0.42$ eV 和 $E_C-0.22$ eV，它们的俘获截面分别为 10^{-15} 和 2×10^{-17} cm^2。

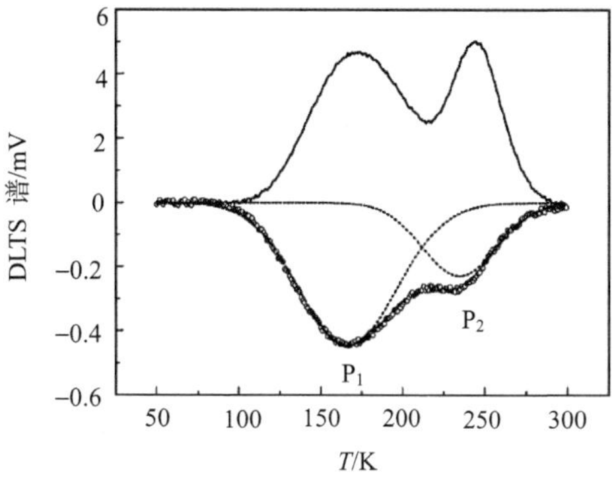

图 7.42 p 型直拉硅中氧沉淀引起的多数载流子陷阱和少数载流子陷阱的 DLTS 谱[47]

7.6.6 SDLTS 的应用实例

SDLTS 技术是非常有用的对电活性缺陷进行微分析的一种方法，它也能与其他技术联合使用，从而获得可靠的物理测试结果，在进行 SDLTS 测试时，通常是对样品首先进行普通 DLTS 技术的测试，粗略地标定材料中的深能级陷阱，然后再进行 SDLTS 的测试。

SDLTS 图像与电子束诱生电流(EBIC)图像(将在第 11 章详细介绍)之间的关系是非常重要的，两种图像的比较能够给出重要的互补信息：EBIC 图像能够给出晶体扩展缺陷具体的位置和缺陷的非辐射复合效率，而且与缺陷在禁带中引起的能级位置无关；而 SDLTS 揭示了陷阱能级的具体信息，与它们是否是复合中心是无关的。

图 7.43 显示了从掺铜的硅样品中得到的建立在主要深能级陷阱基础上的 EBIC 图像和 SDLTS 图像的形貌比较[48]。EBIC 信号中的两个局部最小点说明了位错的存在，由铜引起的 SDLTS 信号在这些点的周围被促进，但是在位错的附近信号减小。这个结果说明这两个相应的缺陷对铜杂质具有一定的吸杂效应。

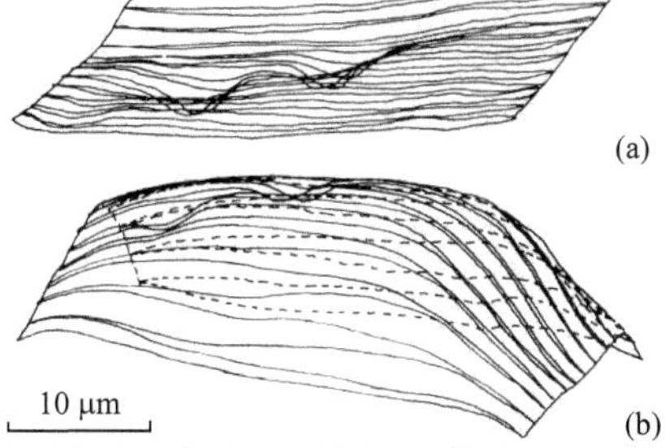

图 7.43 掺铜的硅样品中得到的建立在主要深能级陷阱基础上的 EBIC 图像(a)和电容 SDLTS 图像(b)[48]

在 GaAs 材料晶体缺陷吸杂后的 EBIC 图像和 SDLTS 图像如图 7.44 所示[49]，在这个材料中主要存在能级位置为 E_V+400 meV 的空穴陷阱。EBIC 图像和 SDLTS 图像的比较，显示了不同的晶体缺陷与深能级陷阱中心的反应行为，缺陷 A 周围展现一个较亮的 SDLTS 对比度，说明了此区域具有较高的陷阱浓度；而缺陷 C 好象对这种深能级陷阱具有非常强的吸杂效率；长条状缺陷 B 显示了非常强的 EBIC 对比度，这些缺陷好象与 400 meV 的深能级陷阱只有较弱的反应。

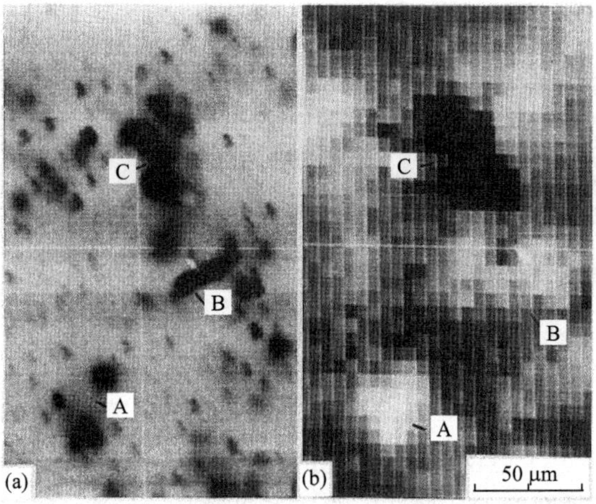

图 7.44　GaAs 中晶体缺陷吸杂以后得到的 EBIC 图像(a)和 SDLTS 图像(b)[49]

SDLTS 技术可以测试在其他微分析手段检测极限之下的深能级缺陷分布，尽管检测到的深能级缺陷的化学结构组成不能被这种测试手段证实，但是关于缺陷在禁带中产生的能级性质能够被很好地表征。实际的实验和理论研究显示，某些微观图像的定量解释需要同时借助其他的分析手段。但是，如果一个深能级陷阱能够被电子束所激发，借助用 EBIC 技术，SDLTS 技术能够给出定量的分析结果。所以尽管 SDLTS 自身存在一些局限性，但它将来一定能更广泛地应用于研究半导体材料的缺陷行为。

总之，深能级瞬态谱(DLTS)技术已经被广泛地应用于各种半导体材料的深能级陷阱(杂质和缺陷)的测试，它和多种方法结合，形成系列的 DLTS 测试技术，可以测试各种深能级缺陷，包括点缺陷、轻元素杂质、金属杂质、位错、氧化诱生层错和氧沉淀等等，它不仅可以测试陷阱的能级位置和俘获截面，而且可以测试陷阱的浓度和浓度分布等，是一种重要的半导体测试分析技术。

参 考 文 献

[1] Lang, D V. J Appl Phys, 1974, 45 : 3023.
[2] Lefewe H, Schulz M. Appl Phys Lett, 1977, 12 : 45.
[3] Kimeriing L C. IEEE Trans. Nucl Sci, 1976, NS-23: 1497.
[4] Miller G L, Ramirez J V, Robiason D A H. J Appl Phys, 1975, 46: 2638.
[5] Ikossi-Anastasiou K, RoenLer K P. J Appl Phys, 1987, 61: 182.
[6] Dobaczewski L, Kaczor P, Hawkins I D, Peaker A R. J Appl Phys, 1994, 76: 194.
[7] Shiau J J, Fahrenbruch A L, Bube R H. Solid State Electron, 1987, 30: 513.
[8] Johnson N M. Vac J Sci Technol, 1982, 21: 303.
[9] Alexiev D, Butcher K S A, Tansley T L. Jpn J Appl Phys, 1992, 31: 1909.
[10] Miller G L, Lang D V, Kimberling L C. J Appl Phys, 1975, 46: 2638.
[11] Alexiev D, Reinhard M I, Mo L, Rosenfeld A. Nuclear Instruments and Methods in Physical Reserch A, 1999, 434: 103.
[12] Petroff P M, Lang D V. Appl Phys Lett, 1977, 31: 60.
[13] Henry C H, Lang D V. Physical Review B, 1977, 15: 989.
[14] Martin G, Mitonnaue A, Mircea A. Electron Lett, 1977, 13: 191.
[15] Grimmeiss H G, Ovren C. J Phys, 1981, 13: 1032.
[16] Stievenard D, Vuillaume D. J Appl Phys, 1986, 60: 973.
[17] Franke. J Phys Rev, 1938, 54: 647.
[18] Kimerling L C, Benton J L. Appl Phys Lett, 1981, 39: 411.
[19] Zylbersztejn A. Appl Phys Lett, 1978, 33: 200.
[20] Noras J M, Szawalska H R. J Phys C, 1982, 15: 200.
[21] Kimmerling L C, Patel J R. Appl Phys Lett, 1979, 34: 73.
[22] Omling P, Weber E R, Montelius L, Alexander H, Michel J. Phys Rev B, 1985, 32: 6571.
[23] Schroeter W, Kronewitz J, Gnauert U, Riedel F, Seibt M. Phys Rev B, 1995, 52: 13726.
[24] Rangel-Kuoppaa V T, Pessa M. Rev Sci Instrument, 2003, 74: 4561.
[25] Ng K, Chao I W, Hunt C E, Churchill J N. J Appl Phys, 1990, 68: 6526.
[26] Buchwald W R, Gerardi G J, Poindexter E H, Johnson N M, Grimmeiss H G, Keeble D J. Phys Rev B, 1989, 40: 2940.
[27] Brotherton S D, Bradley P. J Appl Phys, 1982, 53: 5720.
[28] Jorgensen C V B, Kringhoj P, Larsen A N. Phys Rev B, 1998, 58 : 1110.
[29] Jellison G E. J Appl Phys, 1982, 53: 5715.
[30] Watkins G D. In Defects in Silicon 1999 eds T Abe, Bullis W M, Kobayashi S, Lin W, Wagner P. Electrochemical Society Proceedings, 1999, 99: 38.
[31] Endroes A, Kruehler W, Koch F. J Appl Phys, 1987, 61: 5051.
[32] Kamiura Y, Fukuda K, Ohyama S, Yamashita Y. Jpn J Appl Phys, 2000, 39: 1098.
[33] Istratov A A, Hieslmair H, Weber E R. Appl Phys A, 1999, 69: 13.
[34] Choi B D, Schroder D K, Koveshnikov S, Mahajan S. Jpn J Appl Phys, 2001, 40: L915.
[35] Nakamura M, Murakami S, Hozoji H, Kawai N, Saito S, Arie H. Jpn J Appl Phys, 2006, 45: L80.
[36] Tanaka S, Ikari T, Kitagawa H. Jpn J Appl Phys, 2002, 41: 6305.
[37] Crough P K, Robertson J B, Gilmer T E. Phys Rev B, 1972, 5: 3111.
[38] Wang A C, Lu L S, Sah C T. Phys Rev B,1984, 30: 5896.
[39] Baber N, Montelius L, Kleverman M, Bergman K, Grimmeiss H G. Phys Rev B, 1988, 38: 10483.

[40] Kleverman M, Bergman K, Grimmeiss H G. Semicond Sci Technol, 1986, 1: 49.
[41] Omling P, Weber E R, Montelius L, Alexander H M. J Phys Rev B, 1985, 32: 6571.
[42] Castaldini A, Cavalcoli D, Cavallini A, Pizzini S. Phys Stat Sol (a), 2005, 202: 889.
[43] Kaniewski J, Kaniewska M, Peaker A R. Appl Phys Lett, 1992, 60: 359.
[44] Vanhellemont J, Simoen E, Kaniava A, Libezny M, Claeys C. J Appl Phys, 1995, 77: 5669.
[45] Kaniava A, Vanhellemont J, Simoen E, Claeys C. Semicond. Sci. Technol, 1994, 9: 1474.
[46] Whitfield J, Varker C J, Chan S S, Wilson S R, Carpenter R W, Krause S J, Weber E R. Proc SPIE, 1986, 623: 83.
[47] Mchedlidze T, Matsumoto K, Asano E. Jpn. J Appl Phys, 1999, 38: 3426.
[48] Breitenstein O, Heydenreich J. J Phys, 1983, 44: 207.
[49] Breitenstein O, Diegner B. Phys Stat Sol (a), 1986, 94: 21.

第 8 章　正电子湮没谱测试

正电子(positron)是电子的反粒子[1-3]。正电子具有与电子相同的质量和自旋量子数，但是其电荷和磁动量与电子相反。一般情况下，当正电子遇到电子时，它们会形成正电子–电子对而湮没，因此而消失的质量则以 γ 光子形式释放出来，这是一个体现著名的爱因斯坦质能方程的生动的例子。通过探测正电子湮没而释放的 γ 光子，可以获取与半导体材料的电子和原子结构相关的信息。

众所周知，体材料的近表面区域、外延薄层和薄膜材料在现代半导体技术中占有非常重要的地位，它们的厚度一般都不超过几个微米。在材料生长和器件制造过程中，空位型缺陷会经常出现在这个尺度里，对它们进行有效的表征具有重要的科学和技术价值。尽管较早以前正电子湮没就被应用于研究半导体晶体中的缺陷，但是它在半导体中的广泛应用则始于 20 世纪 80 年代慢电子技术成熟之后。

本章将重点介绍利用没有经过调制的正电子表征半导体体材料的正电子湮没寿命谱，以及利用调制过的正电子(慢正电子)表征半导体薄层材料的正电子湮没多普勒展宽谱，阐明其基本原理、基本技术和设备的基本构造，并介绍正电子湮没测试技术的应用和实例。

8.1　正电子湮没的基本原理

半导体材料通常都是晶体，这意味着在半导体材料中原子都规则地排列在晶格位置上。这些原子可以被认为是由低动量的价电子，高动量的近核电子和带正电的原子核组成的。当某个晶格上的原子缺失时，一个空位缺陷就形成了。在空位处，带正电的原子核的缺失使正电子受到的斥力减少了，从而形成正电子的势阱，因此进入半导体材料中的正电子会很容易地被束缚在空位处。显而易见，空位处的电子密度低于其他完整晶格位置的电子密度，这样在空位处正电子与电子相遇而湮没的概率就低于在其他完整晶格位置湮没的概率，换而言之，正电子在空位处的寿命会比在完整晶格位置的要长些。同时也可以看到，在空位处高动量的电子(近核电子)的数量比在完整晶格位置的要少，正电子在空位处主要是与来自于邻近晶格位置的低动量电子(价电子)结合而湮没。由空位引起的电子的密度和动量的变化对正电子湮没的影响，可以通过探测正电子湮没而释放的 γ 光子而得到[4]。正电子湮没对空位具有特别的灵敏性，使其可以被有效地应用于研究半导体材料空位以及各种与空位相关的缺陷，比如空位团、空洞和空位–杂质复合体。

8.1.1　正电子湮没的过程

1. 正电子热平衡化

一个正电子进入材料后，在几个皮秒(10^{-12} s)的时间里，通过激发近核电子、等离子激元和电子–空穴对以及声子散射失去能量，从而达到热平衡状态。在达到热平衡的过程中，正电子与电子结合而湮没是可以忽略的，因为其发生的概率不到 1%。达到了热平衡的正电子，在材料中沿着进入方向 z 的深度分布 $p(z)$通常取决于正电子进入材料之前的初始能量。如果正电子是从正电子源直接进入材料，则正电子的分布可以用下式表示[5,6]

$$p(z) = \alpha e^{-\alpha z} \qquad (\text{其中 } \alpha \approx 16\frac{\rho}{E_{\max}^{1.4}}\text{cm}^{-1}) \tag{8.1}$$

式中，ρ是材料的密度(g/cm^3)，$E_{\max}$是正电子源所产生的正电子的最大能量(MeV)。以通常所用的 ^{22}Na 同位素正电子源为例，$E_{\max}$ = 0.54 MeV，正电子进入硅和砷化镓的平均深度 $1/\alpha$分别为 110 μm 和 50 μm。因此，没调制过的正电子只能用于研究体半导体材料。

如果正电子被调制成单一能量后进入半导体材料，正电子的分布是 Makhov 型的[6]：

$$p(z,E) = \frac{mz^{m-1}}{z_0^m} e^{\left[-\left(\frac{z}{z_0}\right)^m\right]} \qquad (\text{其中 } z_0 = 1.13\bar{z}) \tag{8.2}$$

式中，$\bar{z}$ 是正电子进入的平均深度，它可以由下式计算而获得

$$\bar{z} = AE^r / \rho \tag{8.3}$$

E 是被调制过的正电子的能量，一般不超过几十个 keV，因此被调制过的正电子通常被称为慢正电子。式(8.2)和式(8.3)中的参数 m、r 和 A，一般取如下的经验值[7-9]：$m = 2$, $r = 1.6$, $A = 4.0\ \mu\text{g}\cdot\text{cm}^{-2}\cdot\text{keV}^{-r}$。图 8.1 显示了能量分别为 14、22 和 30 keV 的慢正电子，在被注入六方晶型氮化镓后，在材料近表面的分布。从图中可以看出，慢正电子在材料中的分布不会超过几个微米，这表明慢正电子非常适用于研究半导体薄膜材料和半导体材料的近表面区域。

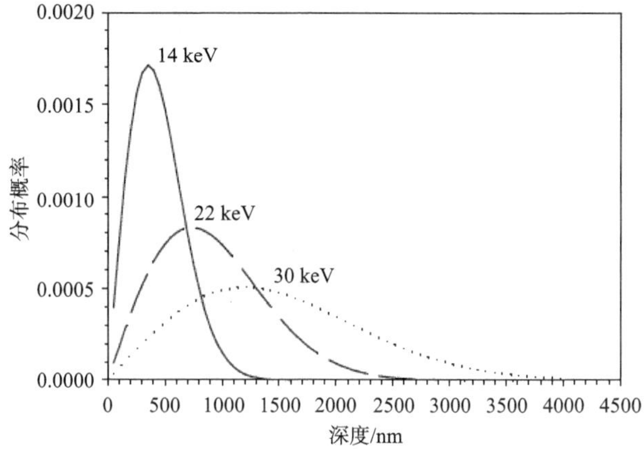

图 8.1 能量为 14，22 和 30 keV 的慢正电子在被注入六方晶型的氮化镓后的分布

2. 正电子扩散

达到了热平衡的正电子会在半导体材料中扩散。理论计算[10,11]表明，在元素半导体中，正电子的扩散主要受声学声子散射的影响，导致正电子的扩散系数 D_+ 与温度的平方根成反比，即 $D_+ \propto T^{-1/2}$。通常，光学声子散射只有在较高温度时才对正电子扩散产生影响。图 8.2 显示了在硅中正电子扩散系数 D_+随温度的变化[12]，可以看到，在温度大于 500 K 时，光学声子散射的影响使 D_+小于由 $D_+ \propto T^{-1/2}$ 所推得的值；另外，只有掺杂浓度很高时($\geq 10^{20}$ cm^{-3})，杂质散射对正电子扩散的影响才明显。

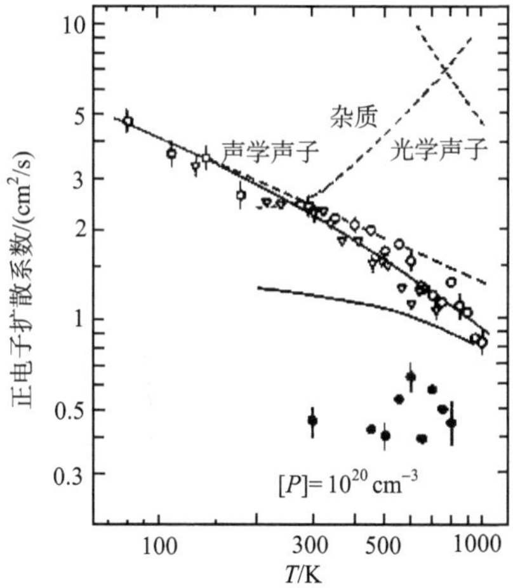

图 8.2 硅中正电子的扩散系数和温度的关系

不同的空心符号(圆形、正方形和三角形)代表在不同的不掺杂的硅样品中测得的正电子扩散系数。实心符号代表在掺磷浓度为 10^{20} cm^{-3} 的硅样品中测得的正电子扩散系数。虚线代表只单独考虑声学声子，光学声子或杂质散射时正电子的扩散系数。较上方的实线是共同考虑两种声子散射后的结果。较下方的实线则是同时考虑三种散射后的结果[12]

正电子的扩散长度 L_+ 取决于其扩散系数 D_+ 和寿命 τ:

$$L_+ = \sqrt{\tau \cdot D_+} 。\tag{8.4}$$

在 300 K，正电子在半导体材料(如硅、锗和砷化镓)里的 L_+ 一般在 200 nm 左右。

3. 正电子捕获

如果材料中有空位型缺陷，达到了热平衡的正电子在扩散过程中有可能被它们捕获，导致 L_+ 变短。这种捕获实际上是正电子从自由的布洛赫状态转变成在缺陷处的被局域化的状态，通常，缺陷捕获正电子的速率 k_d 与缺陷的密度 C_d 成正比：

$$k_d = \mu_d C_d \tag{8.5}$$

μ_d 是捕获系数。当 C_d 采用每个晶格位置出现缺陷的概率的形式时，μ_d 的单位是 s^{-1}。当 C_d 是单位体积(cm^3)内的缺陷数量时，μ_d 的单位是 $cm^3 \cdot s^{-1}$。表 8.1 列出了各种半导体材料中空位型缺陷的捕获系数[13]，我们可以看到各种空位型缺陷的 μ_d 基本上都在 $10^{15}\ s^{-1}$ 左右。一般来说，当空位型缺陷的浓度 $\geq 10^{16}\ cm^{-3}$ 时，它们才可以有效地被正电子湮没技术检测到。另外要注意到，在表 8.1 中当空位型缺陷带正电时，其捕获系数很小。所以，带正电的空位型缺陷一般不能被正电子湮没技术检测到。

表 8.1　半导体材料中的空位型缺陷的捕获系数[13]

材料	缺陷	捕获系数 /(10^{15} · s^{-1})	捕获系数 /(10^{-8} cm^3 · s^{-1})	温度/K
Si:P	$(VP)^0$	0.68	1.4	300
		>1.3	>2.6	300
Si:P	$(VP)^-$	18	36	300
		>2	>4	300
Si	V_2^0	0.8±0.40	1.5±0.8	300
		0.8	1.6	300
Si	V_2^-	2.6±1.3	5.2±2.6	300
		10	20	300
Si	V_2^{2-}	5.2±2.7	10.5±5.3	300
		29	58	300
Si	V_2^+	<0.1	<0.2	300

续表

材料	缺陷	捕获系数 /($10^{15}\cdot s^{-1}$)	捕获系数 /($10^{-8}\ cm^3\cdot s^{-1}$)	温度/K
GaP	V_P^0	0.8±0.3	1.5±0.6	473
GaP	V_P^-	1.9±0.5	3.8±1.0	473
GaP	V_P^+	<0.1	<0.2	473
GaAs:Te	$(V_{Ga}Te_{As})^-$	1.1±0.2	2.5±0.5	300
GaAs:Si	$(V_{Ga}Si_{Ga})^-$	0.7±0.2	1.6±0.5	300
GaAs	V_{Ga}^- (EL2*)	>3	>7	25
		>30	>68	20
GaAlSb	V_{Ga}^- (DX)	1±0.3	2.9±1	300
HgCdTe	V_{Hz}^{2-}	2.1±0.3	7±1	300
		0.1±0.025	0.3±0.1	800
PbSe	V_{Pb}^{2-}	0.1±0.01	0.3±0.03	300
CdTe	$V_{Cd}^{2-}Cl_{Ia}^+$	1.7±0.4	5.2±1.2	300

4. 正电子湮没

正电子在扩散过程中和被空位型缺陷捕获后，都有可能与电子形成正电子–电子对而湮没。通常情况下，正电子湮没主要产生两个能量约为 511 keV 的γ光子，产生第三个γ光子的概率只有 0.3%，因而后者可以被忽略。在空的体积(open-volume)很大的空位型缺陷(如空洞(void))处，电子密度很低，正电子一般可以和电子结合，形成类似氢原子的正电子素(Positronium)[14]。如果正电子素里的电子和正电子具有相同的自旋，它可以被称为三重态的正正电子素(ortho-positronium)，它湮没时会发射出三个γ光子。若相反，则叫单重态的偏正电子素(para-positronium)，而它湮没时只发射两个γ光子。一般情况下，形成正正电子素和偏正电子素的概率之比为 3：1。

8.1.2 正电子湮没谱

1. 正电子湮没寿命谱

严格地讲，正电子的寿命 τ 是正电子在半导体材料中从达到热平衡后到湮没所经历的时间 t_1。由于正电子从正电子源到材料样品所用的时间 t_2 和正电子在材料中达到热平衡的时间 t_3 通常都远小于 t_1，所以可以认为 $\tau = t_1 + t_2 + t_3$，这种近似会给实际的测量工作带来很大方便。通常，正电子源产生一个正电子的同时，会发射一个能量为 1.28 MeV 的 γ 光子，当这个正电子在材料中湮没时，能量约为 511 keV 的 γ 光子会被发射出来。通过探测这两种不同能量的 γ 光子，它们产生的时间间隔可以被确定，这就正电子寿命。

正电子寿命谱是正电子在时间 t 时的湮没概率，即

$$\frac{\mathrm{d}n(t)}{\mathrm{d}t}=\sum_{i=1}^{N}\frac{I_i\mathrm{e}^{-\frac{t}{\tau_i}}}{\tau_i} \tag{8.6}$$

$n(t)$是在时间 t 时正电子的浓度。τ_i 和 I_i 分别是正电子在第 $i(i = 1, 2, 3, \cdots, N)$ 种湮没位置处的寿命和正电子在第 $i(i = 1, 2, 3, \cdots, N)$种湮没位置处消失的概率。正电子在完整晶格位置处的寿命一般用τ_b 来表征。当材料中有缺陷时，正电子寿命谱需要被分解，从而得到正电子在缺陷处的寿命τ_d。然后结合理论计算所得的τ_d，缺陷的类型就可以被确定下来；而缺陷的浓度也可以由解析正电子寿命谱所得的正电子在缺陷处消失的概率 I_d 而计算出来。所以原则上，利用正电子寿命谱，可以只通过一次测量而分别独立地获取有关缺陷的类型及其浓度的信息。

但是，在实际的测量中，正电子寿命谱会受设备有限的时间分辨率(200~250 ps)、部分(5%~10%)正电子在正电子源材料里的湮没以及随机背景的制约，因此，一般情况下正电子的湮没位置种类不超过 3 种时，正电子寿命谱才能被有效分解，才能得出正电子在各种不同湮没位置处的寿命。同时，对正电子寿命谱的成功分解，还需要正电子在不同种湮没位置处的寿命要相差约 1.5 倍以上。

半导体材料中是否存在缺陷可以通过正电子的平均寿命τ_{av}来准确判断，它可以由下式计算而得

$$\tau_{\mathrm{av}}=\sum_{i=1}^{N}I_i\tau_i \tag{8.7}$$

采用τ_{av}的一个主要好处是：可以在不考虑τ_i所对应的正电子湮没位置的特性的情况下对实验数据进行分析。只要τ_{av} 与τ_b(从无缺陷的参照样品中获得)稍有差别，我们就可以确定材料中有缺陷存在。

2. 正电子湮没多普勒展宽谱

正电子–电子对相对于 γ 光子探测器而言是运动着的，而达到了热平衡的正电子的动量与电子的动量相比要小得多，所以正电子–电子对的动量 $\boldsymbol{P}$ 可以近似地被认为是其中电子的动量。因为正电子–电子对湮没遵循动量守恒定律，所以如果发射的两个γ光子的动量分别为 $\boldsymbol{P}_1$ 和 $\boldsymbol{P}_2$，那么：

$$\boldsymbol{P}=\boldsymbol{P}_1+\boldsymbol{P}_2 \tag{8.8}$$

图 8.3 是正电子湮没发射两个γ光子情况下的动量守恒矢量图，在这里可以把 $\boldsymbol{P}_1$ 的方向作为γ光子的传播方向(若选 $\boldsymbol{P}_2$，那么分析所得结果也会一样)。

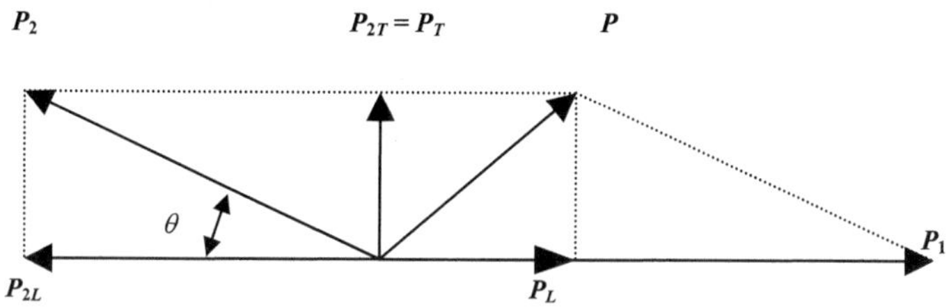

图 8.3 正电子湮没发射两个 γ 光子情况下的动量守恒矢量图

因此，在γ光子的传播方向上的总动量 P_L 满足：

$$P_L = P_1 - P_{2L} = P_1 - P_2\cos\theta \tag{8.9}$$

θ是 $\boldsymbol{P}_2$ 与γ光子传播方向之间的夹角。同时，正电子–电子对的湮没也遵循能量守恒定律，这要求：

$$c\,P_1 + c\,P_2 = 2m_e c^2 + E_B \tag{8.10}$$

c 是光速，m_e 是电子的静止质量，E_B 是正电子和电子之间的束缚能。由于θ一般都很小，$\cos\theta \approx 1$。再结合式(8.9)和(8.10)，可以得到两个γ光子的能量 E_1 和 E_2 分别为

$$\left.\begin{aligned} E_1 &= cP_1 = m_e c^2 + E_B/2 + cP_L/2 \\ \text{和}\qquad E_2 &= cP_2 = m_e c^2 + E_B/2 - cP_L/2 \end{aligned}\right\} \tag{8.11}$$

E_B 与 $m_e c^2$ 相比要小得多，因此 $m_e c^2 + E_B/2 \approx m_e c^2 = 511$ keV。进而式(8.11)可以表述成：正电子–电子对中电子的动量在γ光子传播方向上的分量导致了所探测到的γ光子能量相对于 511 keV 有了一定的多普勒能移：

$$\Delta E = cP_L/2 \tag{8.12}$$

通过测量大量的湮没事件($\geq 10^6$)，可以看到γ光子能量是以 511 keV 为中心对称分布的。图 8.4 示意性地给出了正电子湮没的多普勒展宽谱。研究者通常用 S 和 W 参数来表征多普勒展宽谱：

$$S = \frac{A}{C} \tag{8.13}$$

$$W = \frac{B}{C} \tag{8.14}$$

A，B 和 C 是图 8.4 所示的多普勒展宽谱下特定区域的面积。在实际测量中，它们所对应的能量窗口一般如下[4]：

A：510.2~511.8 keV

B：507.8~509.3 keV 和 512.7~514.8 keV

C：506~516 keV

显然，当电子的动量小时，多普勒能移也就小，从而导致 S 较大(W 较小)。反之亦然。单独地考虑某个特定材料样品的 S 或 W 是没有意义的，只有将它与参考样品(通常是没有缺陷的同种材料)相比较时，才能得到有用的信息。如前面所提到过的，正电子在空位型缺陷处主要与具有低动量的价电子结合而湮没。当比较含有空位型缺陷的样品和没有缺陷的样品时，就会看到前者的 $S(W)$ 参数会大于(小于)后者的。利用这一点，正电子多普勒展宽技术可以对材料是否含有空型缺陷做出准确的判断。

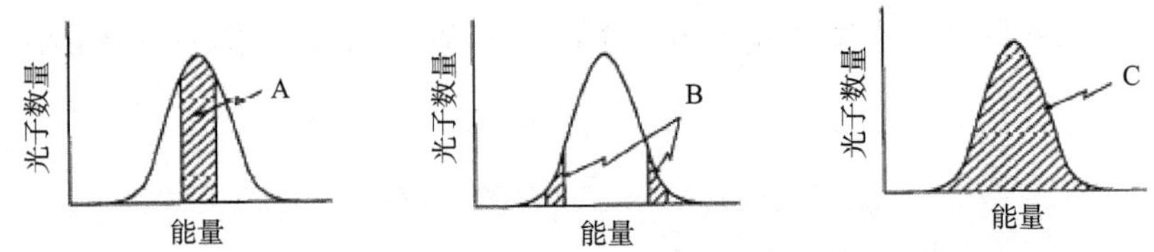

图 8.4　用于定义 S 和 W 参数的正电子多普勒展宽谱示意图

$S = A/C$，$W = B/C$

当进入半导体材料的正电子几乎全部在某种缺陷处湮没时，可以把所测得的 $S(W)$ 参数作为这种缺陷的特征值 $S_d(W_d)$，而不含有缺陷的参考样品的 $S(W)$ 参数通常被标记为 $S_b(W_b)$。一般情况下，所测得的 $S(W)$ 可以看做是正电子在不同种类的湮没位置处的特征值的线形叠加：

$$S = \sum_{i=1}^{N} f_{di} S_{di} + (1 - \sum_{i=1}^{N} f_{di}) S_b \tag{8.15}$$

$$W = \sum_{i=1}^{N} f_{di} W_{di} + (1 - \sum_{i=1}^{N} f_{di}) W_b \tag{8.16}$$

其中，f_{di} 和 $S_{di}(W_{di})$分别是正电子在第 $i(i = 1, 2, 3, \cdots, N)$种缺陷位置处湮没的概率和这种缺陷的特征 $S(W)$参数。如果样品中只有一种缺陷，由式(8.15)可以得到：

$$S - S_b = \left(S_d - S_b\right) f_d \tag{8.17}$$

和

$$S_d - S = \left(S_d - S_b\right) f_b \tag{8.18}$$

f_b是正电子在完整晶格位置上湮没的概率($f_b = 1 - f_d$)。显然缺陷捕获正电子的速率κ_d和正电子在完整晶格位置上的湮没速率κ_b满足如下关系：

$$\frac{\kappa_d}{\kappa_b} = \frac{f_d}{f_b} \tag{8.19}$$

结合式(8.5)、(8.17)、(8.18)和(8.19)，可以得到

$$C_d = \frac{\kappa_b\left(S - S_b\right)}{\mu_d\left(S_d - S\right)} \tag{8.20}$$

上式通常被用于计算在材料中某种特定的空位型缺陷的浓度。

当样品中只有一种缺陷时，还可以从式(8.15)和(8.16)推导出一个非常有用表达式：

$$\frac{S - S_b}{W - W_b} = \frac{S_d - S_b}{W_d - W_b} = k \tag{8.21}$$

如果以 S 为纵轴，W 为横轴作图，得到的是一条斜率为 k 的直线，那么就可以说样品中只有一种空位型缺陷。另外，式(8.21)经常被用于确定样品中有多少种缺陷。

3. 正电子湮没辐射角关联谱

从图 8.3 可以看到，由于正电子–电子对中电子的动量 P 不为零，两个 γ 光子的传播方向并不是恰好在一条直线上，它们之间有一个很小的夹角θ。利用式(8.11)可求得 P_2，再结合近似处理，可以得到

$$\theta \approx \sin\theta = \frac{P_T}{P_2} \approx \frac{P_T}{m_e c} \tag{8.22}$$

其中，P_T 为在垂直于 P_1 方向上的总动量值。因此，在不同的θ角上测得的湮没事件数目直接反映了材料中电子动量的分布。为了确定θ角，实际测量中必须保证探测来自于同一湮没事件的两个γ光子，即保证这两个 γ 光子是相关联的。

因为辐射角关联谱可以提供关于材料中的电子动量的详细信息，所以它可以有效地检测出空位型缺陷处电子动量的变化，这为研究材料中的缺陷提供了一种新的途径。但是在实验中获得一个辐射角关联谱需要很长时间(通常是几天)，因此，辐射角关联谱没有像寿命谱和多普勒展宽谱那样被广泛地用于表征半导体材料中的空位型缺陷，而是主要被用来研究金属，特别是稀土金属的费米面。

8.2　正电子湮没的测试和系统

8.2.1　未经调制的正电子技术

传统的正电子湮没测量技术是直接利用从正电子源发射出的具有连续能量分布的正电子，由于不需要对正电子进行调制和传输，实验装置比较简单。因此，未经调制的正电子技术被广泛地应用，特别是在正电子的寿命谱测量方面。下面将以正电子寿命谱为例，来介绍利用未经调制的正电子的实验技术。

1. 正电子源

在可以通过 β^+衰变产生正电子的同位素中，^{22}Na 具有相当高的正电子产生率(90.4%)，相当长的半衰期(2.6 a)和相对简单的制备方式，因此 ^{22}Na 是被应用的最广泛的一种正电子源。一个 ^{22}Na 衰变转变成一个处于激发态 $^{22}Ne^*$，同时产生一个正电子 e^+和一个微中子 ν_e，这个 $^{22}Ne^*$会在 3.7 ps 后转到其基态，同时产生一个 1.28 MeV 的 γ 光子。^{22}Na 的整个衰变过程可以用如下的反应式来表示：

$$^{22}\mathrm{Na} \rightarrow {}^{22}\mathrm{Ne}^* + \mathrm{e}^+ + \nu_\mathrm{e} \tag{8.23}$$

$$^{22}\mathrm{Ne}^* \rightarrow {}^{22}\mathrm{Ne} + \gamma \tag{8.24}$$

用于正电子湮没寿命谱测量的正电子源的活度一般在 6×10^5 Bq 左右。活度太大了，会使测量中的随机干扰变大；活度太小了，则会增加实验测量的时间，从而引入仪器的不稳定性及室温的变化所导致的实验误差。

2. 样品的制备

在正电子湮没寿命谱测量中，样品的厚度非常重要。首先，需要利用式(8.1)计算出正电子进入材料中的平均深度 $1/\alpha$，然后使制备的样品的厚度至少为 $3/\alpha \sim 5/\alpha$，以避免正电子穿透样品进入其周围的材料而出现的干扰性的正电子湮没信息。当然，样品的厚度也不能太厚，否则光子在样品中的散射会影响测量结果。样品的通常尺寸是 20 mm × 20 mm × 1 mm (长×宽×厚) 。

实验测量需要两个同样的清洁的样品，正电子源被夹在它们之间组成一个三明治结构。

3. 正电子湮没寿命谱实验装置

通常，正电子湮没寿命谱的测量是通过所谓的起始通道和终止通道来实现的。起始通道的任务是接受 1.28 MeV 的γ光子信号，终止通道的任务是接受 511 keV 的γ光子信号。具有分析能力的电路单元能够对两个通道的信号的时间间隔进行测量，而且保证这两个信号是来源于同一个正电子湮没事件的。

当前的正电子湮没寿命谱装置有两种：快–慢符合型和快–快符合型[15]。这里只介绍结构相对简单的快–快符合型，其结构如图 8.5 所示。正电子产生时所发出的 1.28 MeV 的 γ 光子和正电子在材料中湮没所产生的 511 keV 的 γ 光子，通过激发闪烁体(一般为塑料或 BaF_2)而产生荧光，光电倍增管把荧光再转换成电信号，然后传递给恒比甄别器。当然，起始通道和终止通道里的恒比甄别器分别只接受 1.28 MeV 的 γ 光子和 511 keV 的 γ 光子所引起的信号。当快符合电路判断得出两个恒比甄别器里的信号是来源于同一个正电子湮没事件时，时幅转换器就会被开启，把经过延时器进入时幅转换器的两个信号的时间间隔(正电子寿命)变换成脉冲幅度，随后再被变换成数字信号。由于多道分析器的每一道对应着一个特定的时刻度，这个数字信号会根据它所对应的正电子寿命值而被存储在一个相应的道

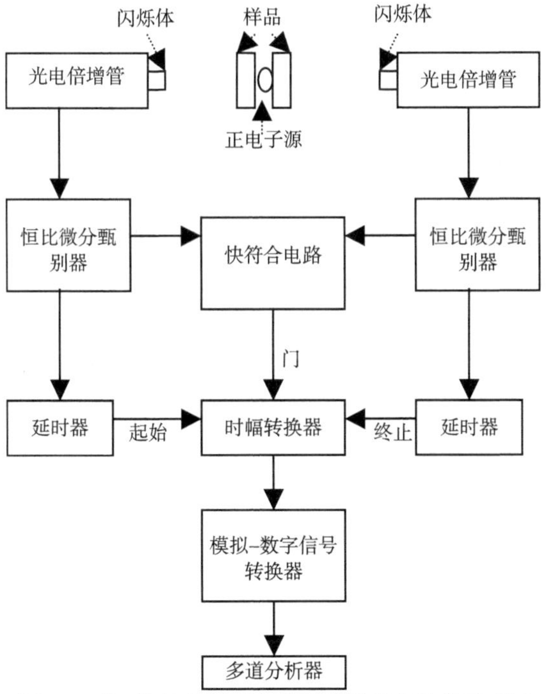

图 8.5　快–快符合型正电子湮没谱仪的结构示意图

中。经过大量(约 10^6)的正电子湮没事件后，最后可以得到正电子湮没事件在每个道(两个通道里信号的时间间隔，即正电子寿命)的统计分布。

8.2.2 慢正电子技术

在 20 世纪 50 年代正电子被开始用于研究固体材料时，人们就已经认识到：从正电子源发射出的正电子的连续的能量分布使正电子检测材料的能力受到了限制。因此，把具有连续能量分布的正电子调制成具有单一能量的正电子，就成了一个非常重要的研究课题。随着人们对正电子在固体中的热平衡化和扩散等行为的深入了解，人们在 20 世纪 70 年代末成功地研制了可以实际应用的调制效率达约 10^{-3} 的调制器[16,17]。这些调制器大多是表面经过精心处理的不含缺陷的具有负的正电子功函数的金属(如钨、镍、铜和钴)，经过调制后的单一能量的正电子一般只有几个 eV 的能量，它们可以被加速到所需要的能量以研究材料的不同区域。目前，慢电子技术的成熟使其在薄膜材料的正电子湮没谱研究领域占据了支配性的地位，在这里将主要介绍基于慢正电子的多普勒展宽谱实验技术。

1. 慢正电子的产生和传输

正电子进入调制器后，会经历热平衡化，再扩散至调制器的表面，最后以近似于单一能量的形式被发射出来。在各种金属调制器中，钨的调制效率是非常高的(3×10^{-3})[16,18]，经过其调制的正电子的能量约为 3 eV(能量分布的半高宽约为 75 meV)，目前，薄膜型和网状型的钨调制器被广泛地应用。需要注意的是，金属调制器一般要先在真空中进行退火处理，以消除其内在的缺陷，否则其调制效率会受到限制。另外，固态的惰性物质(如 Ne)也是高效(7×10^{-3})的调制器[19]，但是它对低温制冷的要求增加了实验装置的复杂性。

被调制过的正电子一般在轴向磁场里被传输到样品上。由于从调制器所收集的正电子中还会含有一些没有被调制过的正电子，正交的电场和磁场 $\boldsymbol{E}\times\boldsymbol{B}$ 通常被用来过滤掉这部分正电子。被调制过的正电子在经过 $\boldsymbol{E}\times\boldsymbol{B}$ 后，运动方向会变得与样品室在同一条轴线上，未被调制过的正电子在经过 $\boldsymbol{E}\times\boldsymbol{B}$ 后的偏转因与被调制过的正电子不一样而不能再被继续传输到样品室。在正电子到达样品之前，可以用两个正交的磁场(它们与轴向磁场都垂直)来调整正电子束在样品上的位置。最后打在样品上的正电子束的直径一般在 5 mm 左右。另外，通过把含有正电子源的系统部分升至所需要的电压值(高至几十千伏)以实现正电子的加速。含有正电子源的系统部分与接地的含有样品室的系统部分是通过绝缘的陶瓷管道连接起来的。图 8.6 显示了一个典型的利用磁场传输正电子的慢正电子束装置[20]。

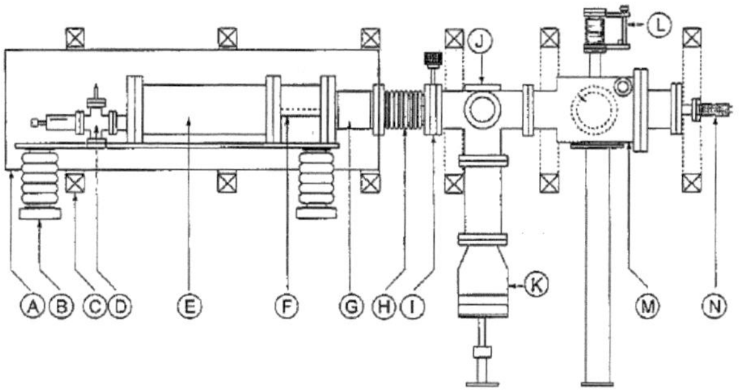

图 8.6　一个典型的利用磁场传输正电子的慢正电子束系统的侧视示意图

A：接地的保护壳；B：耐高压的陶瓷绝缘体；C：磁场传输线圈；D：正电子源及调制器；E：正电子传输管道；F：$\boldsymbol{E}\times\boldsymbol{B}$；G：耐高压的陶瓷绝缘管道；H：波纹管；I：可调大小的孔；J：正交磁场线圈；K：分子泵；L：样品位置调整器；M：样品室（带有一个用于放置高纯锗探测器的凹陷侧面）；N：荧光探测装置。整个系统长约 2.5 m[20]

被调制过的正电子也可以在静电场里被传输到样品上。利用低能带电粒子光学的原理，人们已经能够很好地控制正电子束的静电场传输系统。例如，直径只有几个微米的慢正电子束可以在静电场传输系统里获得[21, 22]，它能够被用于研究截面非常小的样品。

一般情况下，正电子的产生，调制和传输都是在真空中的，系统的真空需要好于 10^{-4} Pa，这可以很容易地利用分子泵而获得。在实际测量中，为了能在放入样品后较快地开始测量和避免正电子源的沾污，人们通常会用一个门阀把样品室与系统的其他部分分隔开来。在放入或取出样品时，门阀是关闭的。在开始测量样品之前，只需要花很少的时间去抽与整个系统相比体积要小的多的样品室的真空。

2. 样品的制备

慢正电子湮没的实验样品制备和没有调制的快正电子淹没的样品制备几乎相同。特别注意的是，样品的尺寸一定要大于正电子束的直径，以避免正电子进入样品基座而引入样品基座的信息。一般来说，样品尺寸至少是 1 cm × 1 cm (长×宽) 。另外，正电子在进入样品后，有可能扩散回样品的表面并在表面处湮没，因此清洁和平滑的表面是很重要的，它可以使数据的分析和比较更直观，即 $S(W)$ 在近表面区的变化是由缺陷而不是表面造成的。

3. 正电子湮没多普勒展宽谱的数据采集

塑料和 BaF_2 闪烁体探测器具有良好的时间分辨率(分别为 2~3 ns 和 0.6 ns)，但是它们的能量分辨率欠佳。在多普勒展宽谱中，一般采用在 511 keV 附近具有良好的能量分辨率(1~2 keV)的锗(锂)或高纯锗半导体探测器。为了尽量降低半导体探测器本征的反向电流，从而使其对信号的干扰最小化，半导体探测器需要被保持在低温状态(如液氮温度)。图 8.7 示意性地显示了多普勒展宽谱中信号的收集和处理过程。通常，γ 光子进入半导体探测器后会激发价带电子，使其跃迁至导带，这一过程所产生的电子–空穴对在反向高压下会使探测器中出现反向脉冲电流。前置放大器(它一般与半导体探测器集成在一起)把这个脉冲信号放大后，输送给放大器进一步放大，再经过模拟–数字转换器后，这个电信号会被存储在多道分析器的一个道中。因为 γ 光子的能量与电信号的电压幅值具有线性关系，而后者又与多道分析器的道的编号是成正比的，所以经过大量(约 10^6)的正电子湮没事件后可以得到 γ 光子在多道分析器道(能量)上的统计分布。要注意的是，为了准确地表征材料的微观结构和可靠地比较不同时期的测试结果，信号的采集必须一直保持在一个稳定的状态，通常可以利用一个与模拟–数字转换器相连接的数字稳定器来增强系统的稳定性。

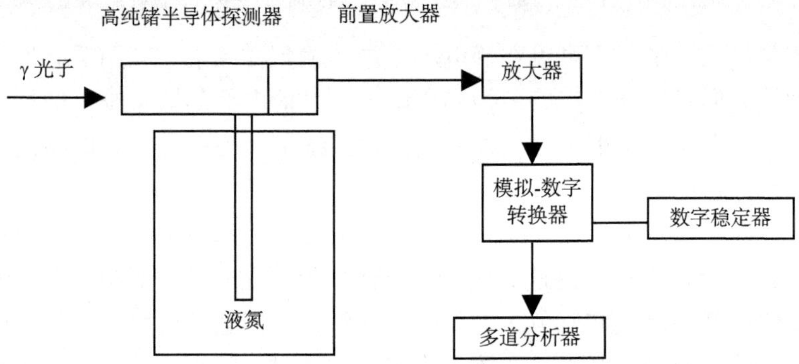

图 8.7　正电子湮没多普勒展宽谱数据采集示意图

8.3　正电子湮没谱测试的应用和实例

正电子湮没谱由于对空位的高灵敏性而主要被用于研究空位在半导体材料中的产生、扩散、聚合和消失。除此而外，半导体材料中的杂质经常会与空位相互作用而形成空位–杂质复合体，这些与空位紧密相关的杂质可能改变正电子在空位处的湮没特征，通过研究这种改变，也可以获得有关杂质在半导体材料中的行为的信息。还有，负离子和位错也可以捕获正电子，它们作为不含空的体积的正电子的陷阱，本身对正电子湮没的多普勒展宽和正电子的寿命几乎没有影响，但是它们会使正电子的有效扩散长度变小。

8.3.1　空位点缺陷的测量

利用正电子湮没寿命谱，研究人员已经确认在硅晶体(不含有缺陷)材料中正电子的寿命 τ_b 约为 218 ps[23]，这个结果与理论计算的值非常一致[24]。如果所测硅样品中正电子的平均寿命τ_{av}大于τ_b，就可以推断空位存在于硅样品中。对正电子湮没谱加以解析，还可以得到缺陷所对应的特征寿命。例如，在对经过电子辐照的高纯硅进行低温(<150 K)测量时，研究者发现正电子在单空位 V^-处的寿命为273 ps[25]。一般地来说，在各种半导体材料中正电子在单空位处的寿命是其在无缺陷的晶格里的 1.1~1.2 倍。Dannefaer 等曾经对经过中子辐照的高纯硅进行过等时退火研究[26]，他们把寿命谱分解成两个成分，即正电子在无缺陷的晶格里湮没所导致的τ_b和在缺陷处湮没所导致的τ_2。图 8.8 显示了(a) τ_2及其对应的信号强度I_2 (b)随退火温度的变化。从图 8.8(a)中可以看出，从室温到 150℃，双空位是硅中的主要空位型缺陷，其特征正电子寿命为 325 ps；随着温度的升高(150~250℃)，双空位聚集而变成四空位，其特征正电子寿命值为 435 ps。当温度高于 250℃时(250~350℃)，四空位发生分解，其产物为双空位，正电子寿命又降低到 325 ps 左右。从图 8.8(b) 中可以看到I_2在 350℃达到极值，这表明四空位的分解在 350℃最完全。当温度高于 350℃时双空位则可能会聚集成更复杂的空位型缺陷，导致τ_2升高(图 8.8(a))；在这一过程中，较简单的空位型缺陷要么扩散至体外而消失，要么与较复杂的空位型缺陷结合使其更复杂。由此可推知这些复杂的空位型缺陷的浓度会变得越来越低。所以当温度高于 350℃时I_2逐渐减小，当温度高于 420 ℃时I_2变得非常接近于零(图 8.8(b))。

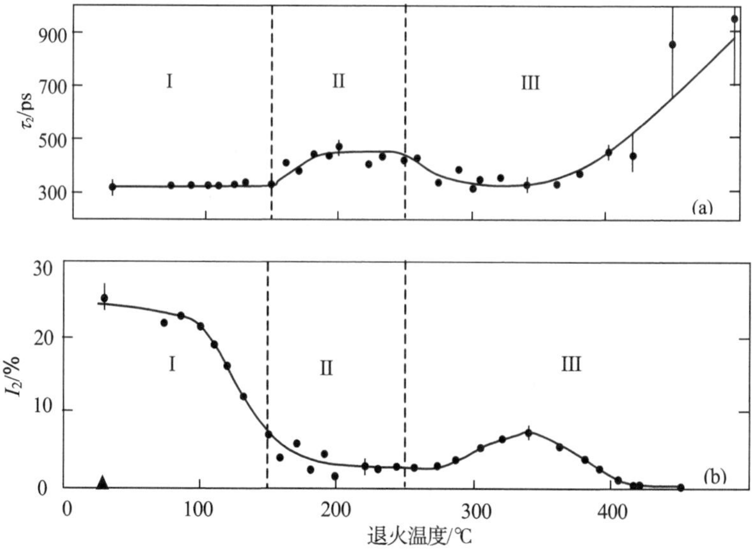

图 8.8　中子辐照的高纯硅经过在 30~400℃等时(20 min)退火后，正电子在缺陷处的寿命及其信号强度

正电子寿命的测量是在室温下进行的[26]

理论计算表明，如果不考虑晶格弛豫，空位的带电状态(≤ 0) 对正电子在空位处的寿命的影响很小(1~2 ps 每单位电荷)[27]。因此，可以认为正电子寿命很好地反映了空位体积的大小。由上面的例子可以看到，正电子的寿命随着空位体积的增加(从单空位到四空位)而增加。在实际测量中，人们却发现正电子在空位处的寿命会因其带电状态不同而不同。例如，在砷化稼中正电子在电中性的砷空位处与在带一个负电荷的砷空位处的寿命差别较大(分别为 295 和 257 ps)[28]，这种寿命差别可以归因于空位的带电状态的变化引起的晶格弛豫所导致的空位体积的变化。

半导体材料近表面区域里的空位通常都是利用正电子的多普勒展宽谱来表征的。Coleman 等曾经对离子注入所导致的硅的近表面缺陷进行了大量的研究 [29,30]，例如，高能(MeV)离子注入硅中后，他们指出空位型缺陷主要分布在深度约为离子的半个平均射程 $R_p/2$ 的较宽范围里，如图 8.9 显示了在室温下测得的 S 参数随 2 MeV 硅离子注入剂量ϕ的变化[29]。需要说明的是，在注入的正电子的能量很小时，正电子容易在样品表面或扩散回样品表面湮没，而导致小的 S 参数，此即所谓的表面效应。很明显，离子注入过的样品的 S 参数要大于没有离子注入的，表明了离子注入引入了空位缺陷。2 MeV 硅离子在硅中的平均射程 R_p 为 1.73 μm，由式(8.3)可知，$R_p/2$ 的深度(865 nm)对应于能量 E 为 11.6 keV 的正电子的平均射程，因此在图中可以看到，S 的最大值出现在 $E = 12$ keV 附近。随着硅离子注入剂量ϕ的增加，空位缺陷的浓度也增加，从而导致 S 参数的增加。但是当到一定程度后，正电子在缺陷处的捕获会饱和，即几乎 100%入射的正电子都是在缺陷处湮没的。由式(8.15) 可知，这时 S 参数就不会再变化了，此时这个饱和的 S 参数可以用来表征空位型缺陷的类型。在图 8.9 中，S 参数在$\phi = 10^{15}$ cm^{-2}时达到饱和，其值为 1.405。在通常的多普勒展宽谱实验设置中(计算 S 时的能量窗口及 γ 光子探测器的能量分辨率)，双空位的特征 S 参数约为 1.04。所以，在 MeV 离子注入后的硅中，可以说在室温下双空位是主要的空位型缺陷，它们分布在注入离子的 $R_p/2$ 附近。通过对各种 MeV 离子注入情况的分析，Coleman 等得到了一个用于估算空位缺陷在 $R_p/2$ 附近的浓度 C_d 的表达式：

$$C_d = \left(2.79\times 10^{10}\right)\phi^{0.63} \tag{8.25}$$

在式(8.25)中，C_d是缺陷浓度(cm^{-3})，ϕ是离子注入剂量(cm^{-2})。当ϕ在 10^9~10^{13} cm^{-2}的范围内时，利用式(8.25) 所估算得的 C_d的误差在 50%以内。

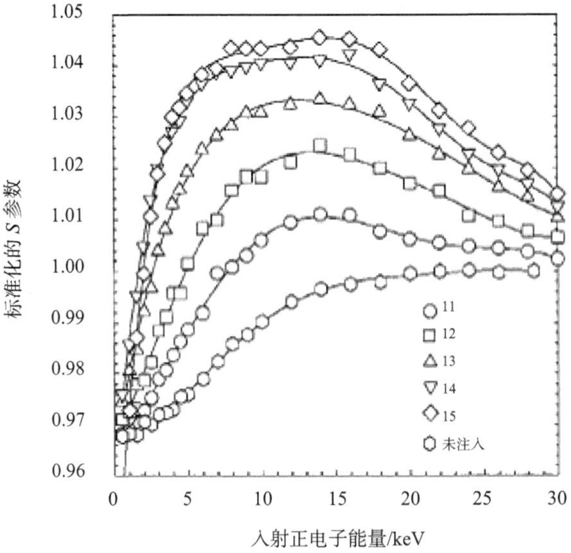

图 8.9 室温下测得的未经离子注入的和经过 2 MeV 硅离子注入的区熔硅的 S 参数(被相对于无缺陷的体硅的 S 标准化了)

硅离子注入的剂量分别为 10^{11}，10^{12}，10^{13}，10^{14} 和 10^{15} cm^{-2} [29]

8.3.2 空位–杂质复合体的测量

如前所述，正电子的寿命表征了空位缺陷里空的体积。如果空位与杂质形成了复合体，正电子的寿命一般不会受到杂质的影响。换句话说，通过正电子寿命测量并不能确定空位附近是否有杂质存在。但是，杂质原子的电子结构在很多情况下是与半导体材料的组分原子的很不相同的，这一点充分地体现在原子内层电子的动量的差异上。因为正电子多普勒展宽谱是直接反应电子动量分布的，所以它可以被用来研究空位附近的化学环境[31-33]。

图 8.10 显示了经过电子辐照的 InP 以及重掺 Zn 的 InP 的多普勒展宽谱的高动量部分[32]。它们所含有的空位型缺陷分别是磷空位 V_p 和磷空位–锌复合体 V_p-Zn，通常在考虑内层电子的湮没时可只关注最外层的内层电子，所以对于 Zn 和 In 而言，主要考虑分别它们的 3d 电子和 4d 电子。与 In 的 4d 电子相比，Zn 的 3d 电子被原子核束缚得更紧些，其相应的动量分布就会更宽一些，而且可以达到更大些的动量值。由此可知，含有 V_p-Zn 的样品的展宽谱在含有 V_p(其附近是 In 原子) 的样品的展宽谱之上，而且较宽一些(图 8.10)。

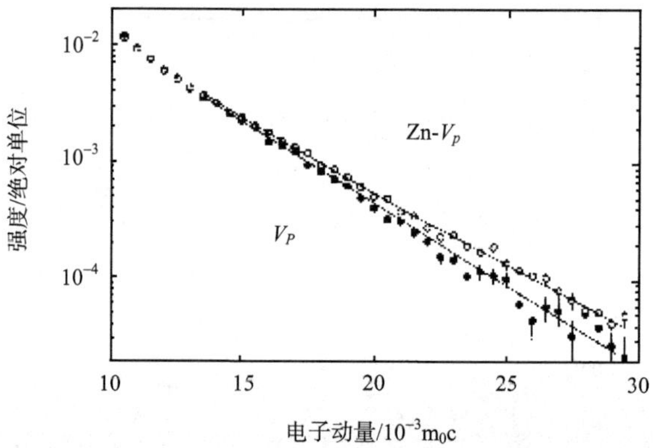

图 8.10　电子辐照的含有 V_p 的 InP 以及重掺 Zn 的含有 V_p-Zn 的 InP 的多普勒展宽谱的高动量部分(内层电子动量分布)[32]

在传统的多普勒展宽谱测量中，只有一个γ光子探测器被用于收集信号，所得的多普勒展宽谱含有很多背景噪声，信号峰值与背景噪声的比一般只在 200 左右，这对分析空位的化学环境带来了很大困难。在低动量部分，噪声主要来源于不完全的电荷收集和正电子素的 3γ 光子湮没；在高动量部分，噪声主要是由湮没事件在连续时间里的堆积以及在同一时间的叠加所造成的。为了降低背景噪声，人们采用了相关联的两个成 180°放置的γ光子探测器来收集信号[34]，这样只有来源于同一个湮没事件的两个 γ 光子才会被记录，因此，信号峰值与背景噪声的比可以被提高到约 10^5，如图 8.10 所示的实验就是利用了这个技术。

当与空位形成复合体的杂质原子与半导体的组成原子差别很大时，人们可以只用单个 γ 光子探测器，从多普勒展宽谱的 *S*(*W*)参数判断出空位–杂质复合体是否存在。例如，在硅中，如果氧原子(O)或氟原子(F)与空位形成复合体，*S* 参数与只含空位时相比会变小，甚至会变得比不含任何缺陷时还小[35-38]，这本质上是由电负性非常强的 O 或 F 的高动量电子所导致的。图 8.11 是利用单个 γ 光子探测器的正电子多普勒展宽技术，对 F^+(500 keV，5×10^{15} cm^{-2}) 注入的硅及其在 400℃被退火处理(30 s~67 h) 后进行测量的结果[38]，图中的 *S* 参数被相对于无缺陷的硅的 *S* 参数而标准化了(无缺陷的硅的 *S* 参数因而是 1)，500 keV 的 F^+在硅中的平均射程 R_p 为 0.9 μm，二次离子质谱(SIMS)测量表明 F^+的浓度在 R_p 附近最大，约为 10^{20} cm^{-2}。从图中可以看出，对于离子注入的样品，在注入的正电子能量为 11 keV 附近，*S* 参数曲线有一个局部的凹陷，其对应的深度恰好与 F^+的 R_p 一致，这表明在室温下 F^+注入所产生的空位就可以与 F 结合形成简单的 *V*-F 复合体。当在真空 400℃热退火时，在很短的时间(30 s)里，空位与 F 扩散而相遇，形成简单的 *V*-F 复合体，使其浓度与未退火时相比大为增加，因此可以看到在 R_p 附近 *S* 参数降低了很多。在随后的退火中，这些简单的 *V*-F 聚合而形成 F 占主导的复杂的 *V*-F 复合体(团簇)，其聚合过程可以认为是由简单的 V-F 扩散所控制的。在这些 V-F 复合体中，F 原子的数量大于空位的，这是因为在 R_p 附近 F 的浓度约为空位的 10 倍。随着 V-F 的聚合，S 不断下降。由于在 R_p 附近 S 的缓慢变化(> 30 s)，可以推断 V-F 的扩散比空位和 F 都要慢。经过 43 h 热退火后，S 不再变化，表明复杂的 V-F 的形成过程结束了。利用随机移动(random Walk)模型，研究者计算出了简单的 V-F 扩散的活化能为 2.12 ± 0.08 eV。在近表面区(<0.5 μm)和更深的区域(如 1.1~1.8 μm)F 的浓度小于空位的浓度，S 参数在这些区域的变化主要取决于空位的聚合和外或内扩散。另外需要指出的是，利用了相关联的多普勒展宽谱技术，Simpson 等进一步验证了硅中 V-F 复合体的存在[39]。

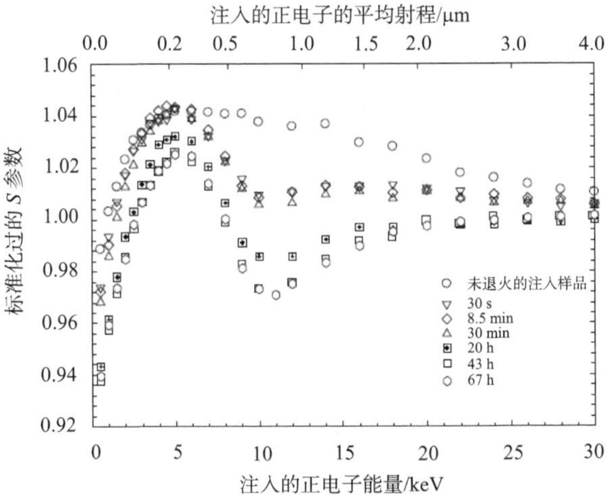

图 8.11 利用正电子多普勒展宽谱对 F^+(500 keV，5×10^{15} cm^{-2}) 注入的硅及其在 400℃被退火处理(真空，30 s~67 h)后进行测量的结果

S 参数被相对于无缺陷的硅的 S 参数而标准化了(无缺陷的硅的 S 参数因而是 1)[38]

8.3.3 空洞(void)的测量

在半导体材料中，空洞一般是由大量的空位型缺陷聚合而成的。在空洞处，电子的密度很低，会出现正电子素[4]，其包含偏正电子素和正正电子素(二者的形成概率之比为 1∶3)。通常，偏正电子素所含的电子的动量几乎为零，这导致其湮没所产生的两个光子的多普勒展宽非常小，会引起很大的 S 参数。而正正电子素在真空里自我湮没时的寿命为 140 ns，但是它一般会捕获另外的电子而湮没，这会使其寿命变短为 3 ns，尽管如此，此值还是比正电子在简单的空位型缺陷处的寿命(通常会小于 500 ps) 要大得多，所以当半导体材料中有空洞存在时，S 参数和正电子寿命都会变得很大。

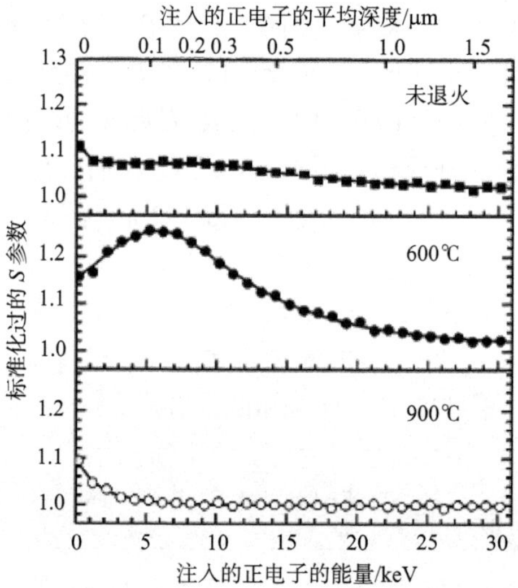

图 8.12　在未退火的和退火(600℃和 900℃，30 min，氮气氛)过的经过了 Al 离子注入的未掺杂的 n 型 ZnO 中 *S* 参数随着注入的正电子的能量的变化

S 参数相对于没有缺陷的晶格的 *S* 而被标准化了。Al 离子的注入采用了 7 个能量(50~380 V) 和剂量(1.5×10^{14}~2×10^{15} cm^{-2}) 组合以取得均匀的 Al 离子分布[40]

下面以 Al 离子注入的未掺杂的 n 型宽禁带半导体材料 ZnO 为例，来说明如何利用正电子湮没谱对空洞进行表征[40]。图 8.12 显示了 Al 离子注入过后未退火时和在 600℃ 或 900℃退火后的 *S* 参数，在实验中，当正电子注入的能量小于 3 keV 时，*S* 参数受到样品表面的影响而不能直接显示近表面区的信息，在此我们不需要对它们进行考虑。为了在深度约为 600 nm 的区域里形成均匀分布的 Al 离子，Al 离子注入采用了 7 个能量(50~380 V) 和剂量(1.5×10^{14}~2×10^{15} cm^{-2}) 组合，这也同时导致了离子注入后空位型缺陷在约为 500 nm 的近表面区的均匀分布，其对应的 *S* 参数为 1.08 (图 8.12)，比双空位的特征 *S* 参数(1.03)大得多[41]。进一步地，正电子寿命谱测量表明正电子在这些空位型缺陷处的寿命为 350 ps。通过与理论计算相比较，研究者认为在大剂量的 Al 离子注入后，ZnO 中有 V_8(4 个 V_{Zn}-V_0)的空位团形成。经过在氮气氛里 600℃退火 30 min 后，离子注入层里的 *S* 参数显著地增大了，达到了 1.28，暗示着 V_8 的空位团聚合形成了空洞。研究者借用已经被成功地用于分析高分子材料中的正电子素的方法[42,43]，即多高斯拟合多普勒展宽谱，求出了偏正电子素强度随退火温度的变化(如图 8.13 所示)。图中可以看出，从 300℃开始，偏正电子素开始出现了，表明空洞经过 300℃的退火就可以形成。偏正电子素的强度在 600℃最大，说明空洞的形成在 600℃达到最完全。对经过 600℃退火后的样品进行正电子寿命谱测量，得到正电子的平均寿命为 530 ps，这么长的寿命表明了正正电子素的存在。研究者还利用 Dannefaer 等的计算方法 [44]，

由正电子寿命推算出空洞的直径约为 0.8 nm。当退火温度大于 600℃时，由偏正电子素强度的降低可知空洞开始消失(图 8.13)。经过 900℃的退火后，S 参数变成了 1(图 8.12)，表明空位型缺陷的浓度降低到了正电子湮没谱的检测极限以下，显然，此时样品中不会再有偏正电子素的存在了(图 8.13)。

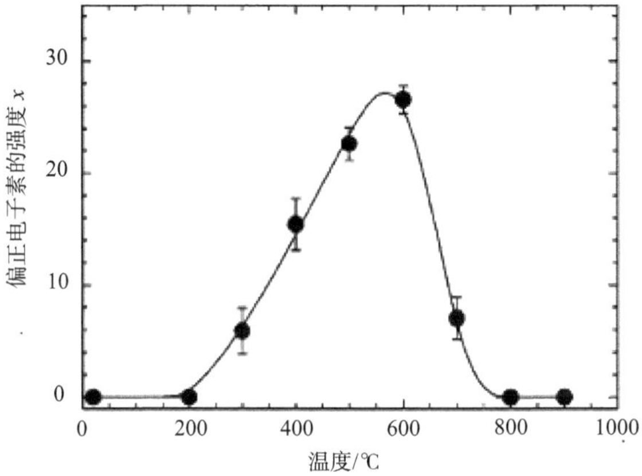

图 8.13 通过多高斯拟合多普勒展宽谱而得到的在 Al 离子注入的未掺杂的 n 型 ZnO 中偏正电子素强度随着退火温度的变化

Al 离子的注入采用了 7 个能量(50~380 V) 和剂量(1.5×10^{14}~2×10^{15} cm^{-2})组合以取得均匀的 Al 离子分布[40]

8.3.4 负离子及位错的测量

当正电子被空位型缺陷捕获后，正电子与缺陷的结合能很大，它从缺陷处逃逸的可能性很小，而负离子捕获正电子的情况则不同。半导体材料中的负离子虽然没有空的体积，但是它们也可能捕获正电子[13,45]，这一过程是通过长程的库仑势把正电子束缚在负离子的 Rydberg 状态上，其束缚能一般在 10~100 meV[31]。因为束缚能很小，负离子通常被称为浅的正电子陷阱，一般地讲，在温度高于 200 K 时正电子会获得足够的能量以逃脱负离子的束缚。图 8.14 显示了正电子在掺 Si 的 n 型的 GaAs (载流子浓度为 2.2×10^{16} cm^{-3})中的寿命随测量温度的变化[45]。τ_1 和 τ_2 是通过分解所测得的正电子寿命谱而得到的两个正电子寿命。由图可知，当温度小于 100 K 时 τ_2 = 257 ps，表明材料中的空位是 V_{As}^-。当温度大于 200 K 时 τ_2 变为 295 ps，这是因为由温度引起的费米能级在禁带里位置的变化使 V_{As}^-转变成了 V_{As}^0。因为电中性的空位的捕获系数小于带负电的空位的捕获系数，所以在温度从 100 K 升至 200 K 的过程中，τ_2 对应的信号强度 I_2 应该会降低，但实际情况却与此相反，这暗示了在低温(< 200 K)时还有另外的缺陷捕获正电子，从而使正电子被 V_{As}^-捕获的概率变小了。

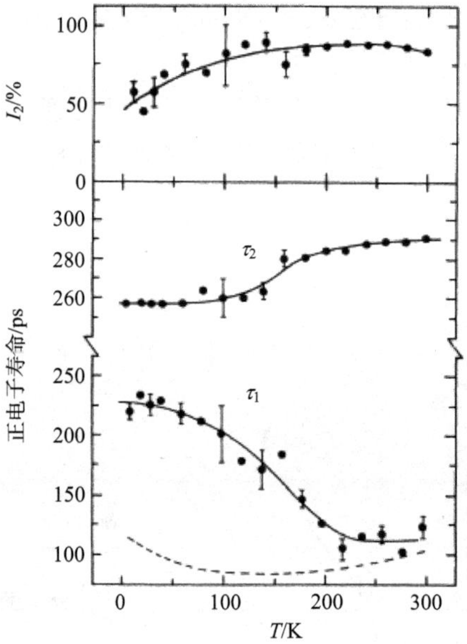

图 8.14　正电子在 n 型的掺 Si 的 GaAs(载流子浓度为 2.2×10^{16} cm^{-3})中的寿命随测量温度的变化

虚线是在认为只有空位缺陷时所计算出的τ_1。正电子在空位处的湮没(对应于τ_2) 所给出的信号强度随测量温度的变化也被显示出来了[45]

如果样品在各个温度只有一种缺陷(即与τ_2对应的空位)存在，τ_1可以用下式来表示

$$\tau_1^{-1} = \tau_b^{-1} + \kappa = \tau_b^{-1}\left(1 + \frac{\tau_{av} - \tau_b}{\tau_2 - \tau_{av}}\right) \tag{8.26}$$

其中，τ_b是正电子在无缺陷的 GaAs 里的寿命(230 ps)，κ是正电子被缺陷捕获的速率，τ_{av}是正电子在样品中的平均寿命。图 8.14 中的虚线是利用式(8.26)计算而得到的τ_1。显然，在温度小于 200 K 的情况下，实验所得的τ_1比计算的结果要大 50~100 ps，这是因为在低温下(< 200 K)除了与τ_2对应的空位外，样品中还存在另外的正电子陷阱，这种陷阱可以有效地捕获正电子，导致τ_1随着测量温度的降低而增加。在温度小于 100 K 时，τ_1达到其饱和值 230 ps，这时可以认为正电子在完整晶格上的湮没被彻底抑制了，它要么在空位里湮没(对应于τ_2)，要么在另外的陷阱里湮没(对应于饱和的τ_1)。因为正电子在这种陷阱里的寿命与其在无缺陷的 GaAs 里一样，所以可以推断这种陷阱是不含有空的体积的。同时考虑到这种陷阱只在温度低于 200 K 时才能有效地捕获正电子，因而是浅的正电子陷阱，而且它是负离子，可能为带负电的反位原子、间隙原子或电离的受主原子，至于其确切的化学特性，目前的正电子技术还不能给出答案。

正电子在负离子处的湮没所对应的寿命和 S 参数，一般与在无缺陷的晶格里的一样，但是正电子的有效扩散长度会因其在负离子处的局域化而减小[45]。当有负离子捕获正电子时，正电子的扩散系数会随着温度的降低而降低，而不再满足 $D_+ \propto T^{-1/2}$ 的关系(图 8.2)。因此，人们经常通过研究正电子在半导体材料中的扩散，来判断是否有作为浅的正电子陷阱的负离子存在。

同样的，位错在半导体材料中也能捕获正电子。由于位错几乎不含有空的体积，所以它与负离子一样并不会明显地改变正电子在半导体材料中的寿命及其湮没特征(S 参数)，但是会导致正电子有效扩散长度降低。而且，在室温下位错也可以有效地捕获正电子[46]，说明与负离子相比，位错对正电子具有更大的束缚能。图 8.15 显示了正电子在未退火的和退火(150~900℃)过的利用有机金属气相外延生长的掺 Si 的 n 型 GaN 的近表面区域(< 540 nm)里的有效扩散长度[47]。众所周知，GaN 里有大量(10^8~10^{10} cm^{-2})的位错，其密度一般从表面至薄膜与衬底(如蓝宝石)的界面而逐渐增加[48]。当退火温度低于 350℃时，近表面区域里的位错由于彼此直接间隔较大并且较平行，它们之间比较难通过相互作用而消失。当退火温度升高到 500℃以上时，位错可以获得足够的能量，通过扩散而相互作用，导致其密度下降，使得正电子有效扩散长度变大。经过 800℃或 900℃退火后，正电子的有效扩散长度降低，这可以归因于 GaN 表面分解所引起的具有施主性质的氮空位导致的能带弯曲[49]。

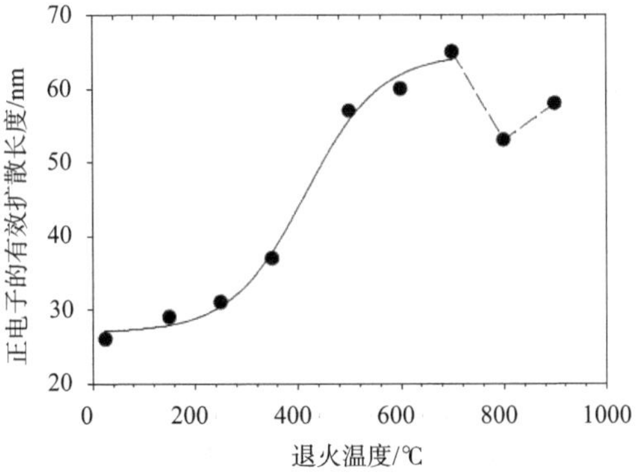

图 8.15 通过计算注入的正电子扩散回样品表面的概率，而求得的正电子在未退火的和退火(150~900℃)过的掺 Si 的 n 型 GaN 里的有效扩散长度

正电子湮没谱的测量是在室温下进行的[47]

总之，正电子湮没谱是半导体材料缺陷研究的一种技术，由于它对空位的高灵敏性，特别适用于半导体材料中空位的产生、扩散、聚合和消失，以及空位与杂质的互相作用、空位型空洞和相关位错的表征和测量。当然，正电子湮没谱也有弱点，一般要求空位型缺陷的浓度大于 10^{16} cm^{-3} 时，而且要求这些缺陷带负电，

同时缺陷类型不能同时超过 3 种。正是这些弱点，限制了其在半导体领域的应用，所以它主要在从事半导体材料研究的大学和研究所应用。

参 考 文 献

[1] Anderson C D. Phys Rev, 1932, 41: 405.
[2] Anderson C D. Science, 1932, 76: 238.
[3] Anderson C D. Phys Rev, 1933, 43: 491.
[4] Asoka-kumar P, Lynn K G, Welch D O. J Appl Phys, 1994, 76: 4935.
[5] Paulin R. Positron Solid-State Physics, Brandt W, Dupasquier A. North-Holland. Amsterdam, 1983, 565.
[6] Valkealahti S, Nieminen R M. Appl Phys A, 1984, 35: 51.
[7] Vehanen A, Saarinen K, Hautojärvi P, Huomo H. Phys Rev B, 1987, 35: 4606.
[8] Mills A P, Wilson Jr R. Phys Rev A, 1982, 26: 490.
[9] Lynn K G, Lutz H. Phys Rev B, 1980, 22: 4143.
[10] Bergensen B, Pajanne E, Kubica P, Stott M J, Hodges C H. Solid State Commun, 1974, 15: 1377.
[11] Boev O V, Puska M J, Nieminen R M. Phys Rev B, 1987, 36, 7786.
[12] Soininen E, Mäkinen J, Beyer D, Hautojärvi P. Phys Rev B,1992, 46: 13104.
[13] Krause-Rehberg R, Leipner H S. Positron annihilation in semiconductors, defect studies Berlin: Springer, 1999.
[14] Deutsch M. Phys Rev, 1951, 83: 866.
[15] 滕敏康. 正电子湮没谱学及其应用. 北京: 原子能出版社, 2000.
[16] Vehanen A, Lynn K G, Schultz P J, Eldrup M. Appl Phys A, 1983 32: 163.
[17] Gramsch E, Throwe J, Lynn K G. Appl Phys Lett, 1987, 51: 1862.
[18] Brusa R S, Grisenti R, Oss S, Zecca A, Dupasquier A. Rev Sci Instrum, 1985, 56: 1531.
[19] Mills A P, Gullikson Jr E M. Appl Phys Lett, 1986, 49: 1121.
[20] Chilton N B, Coleman P G. Meas Sci Technol, 1995, 6: 53.
[21] Canter K F, Lippel P H, Nguyen D T. Positron studies in solids, surfaces, and atom. Mills A P, Crane Jr W M, Canter K F. Singapore: World Seientific, 1984: 207.
[22] Mills Jr A P. Appl Phys, 1980, 23: 189.
[23] Dannefaer S. Phys Status Solidi A, 1987, 102: 481.
[24] Puska M J, Mäkinen S, Manninen M, Nieminen R M. Phys Rev B, 1989, 39: 7666.
[25] Mäkinen J, Corbel C, Hautojärvi P, Moser P, Pierre F. Phys Rev B, 1989, 39: 10162.
[26] Dannefare S, Dean G W, Kerr D P, Hogg B G. Phys Rev B, 1976, 14: 2709.
[27] Puska M J, Jepsen O, Gunnarsson O, Nieminen R M. Phys Rev B, 1986, 34: 2695.
[28] Corbel C, Stucky M, Hautojärvi P, Saarinen K, Moser P. Phys Rev B,1988, 38: 8192.
[29] Coleman P G, Burrows C P, Knights A P. Appl Phys Lett, 2002, 80: 947.
[30] Coleman P G, Knights A P, Gwilliam R M. J Appl Phys, 1999, 86: 5988.
[31] Saarinen K, Hautojärvi P. Semiconductors and Semimetals, 1998, 51A: 209.
[32] Alatalo M, Kauppinen H, Saarinen K, Puska M J, Mäkinen J, Hautojärvi P, Nieminen P M. Phys Rev B, 1995, 51: 4176.
[33] Hautakangas S, Oila J, Alatalo M, Saarinen K, Liszkay L, Seghier D, Gislason H P. Phys Rev Lett, 2003, 90: 137402.
[34] Asoka-Kumar P, Alatalo M, Ghosh V J, Kruseman A C, Nielsen B, Lynn K G. Phys Rev Lett, 1996, 77: 2097.

[35] Uedono A, Kitano T, Hamada K, Moriya T, Kawano T, Tanigawa S, Suzuki R, Ohdaira T, Mikado T. Jpn J Appl Phys, 1997, 1, (36): 2571.
[36] Coleman P G, Chilton N B, Baker J A. J Phys Condens Matter, 1990, 2: 9355.
[37] Fujinami M. Phys Rev B, 1996, 53: 13047.
[38] Pi X D, Burrows C P, Coleman P G. Phys Rev Lett, 2003, 90: 155901.
[39] Simpson P J, Jenei Z, Asoka-Kumar P, Robison R R, Law M E. Appl Phys Lett, 2004, 85: 1538.
[40] Chen Z Q, Maekawa M, Yamamoto S, Kawasuso A, Yuan X L, Sekiguchi T, Suzuki R, Ohdaira T. Phys Rev B, 2004, 69: 035210.
[41] Brunner S, Puff W, Mascher P, Balogh A G, Baumann H. Mater. Sci. Forum, 1997, 258-263: 1419.
[42] Kirkegaard P, Pederson N J, Eldrup M. ACARFIT program, Risø National Laboratory, DK-4000 Roskilde, Denmark, 1989.
[43] Dlubek G, Fretwell H M, Alam M A. Macromolecules, 2000, 33: 187.
[44] Dannefaer S, Friessnegg T, Kerr D, Uedono A, Li X, Tanigawa S. Phys Rev B, 1996, 54: 15051.
[45] Saarinen K, Hautojärvi P, Vehanen A, Krause R, Dlubek G. Phys Rev B, 1989, 39: 5287.
[46] Kawasuso A, Suezawa M, Hasegawa M, Yamaguchi S, Sumino K. Jpn J Appl Phys, 1995, 1 (34): 4579.
[47] Pi X D, Coleman P G, Tseng C L, Burrows C P, Yavich B, Wang W N. J Phys Condens Matter, 2002, 14: L243.
[48] Wu X H, Fini P, Keller S, Tarsa E J, Heying B, Mishra U K, Denbaars S P, Speck J S. Jpn J Appl Phys, 1996, 35: L1648.
[49] Ambacher O, Brandt M S, Dimitrov R, Metzger T, Stutzmann M, Fisher R A, Miehr A, Bergmaier A, Dollinger G. J Vac Sci Technol B, 1996, 14: 3532.

第 9 章　光致荧光谱测试

荧光(Luminescence)是物理系统由于热辐射、光激发或白热化等原因，而产生的电磁辐射光发射的一种现象。而光致荧光(Photoluminescence, PL)，又称光致发光，是指由于光激发而引起的材料的光发射。通常，人们可以利用光致荧光谱，得到材料的结构、成分和性能等性质，特别适合于分析微量、低浓度的杂质或成分的信息。由于该方法简单、成本低以及灵敏度高，在材料的检测和分析中被广泛采用。当然，精确的定量分析需要在严格的条件下，一般情况下，光致荧光技术主要用来做定性的分析。

对于半导体材料而言，光致荧光就是通过光激发，在半导体材料中产生电子–空穴对(激子)，其寿命取决于材料的晶格、杂质浓度与种类及缺陷等。通常，当半导体材料受到能量等于或是超过其能带能隙的光照射时，就会激发价带电子跃迁到导带，产生的电子–空穴对，经由热平衡分布后，半导体材料由激发状态回复到基态，此时电子从导带跃迁到价带或禁带中的杂质能级，便可能产生辐射发射，这一现象可以有效地反映出半导体材料中的能带或是杂质的能级[1-3]。

光致荧光谱对于检测半导体材料的光特性而言，是一种有力又无破坏性的技术，在半导体工业及研究领域广泛应用。通过分析光致荧光谱，可以得知各种半导体材料的带隙、掺杂杂质种类和杂质活化能，可以估算出化合物半导体材料中的组成成分，也可以研究一般物理或电学测量方法很难得到的异质结的内层结构。通过光致荧光的效率测量，还可以研究溅射、抛光或离子轰击造成的半导体材料表面损伤和材料生长过程中造成的结构不完整性。如果结合晶体的能带结构模型，通过光致荧光，还可以研究半导体外延层、超晶格以及其他量子阱结构。此外，对于纳米量子点(quantum dot)半导体材料，光致荧光可进行诸如量子点形貌与尺寸、电子在能级间跃迁的光学能量、载流子能量弛豫、载流子寿命等物理量的测量，适合用来当做纳米材料和器件制备过程中的监控工具。

除了在半导体材料领域的应用之外，光致荧光在环境、制药与食品检测、医学、生物学等领域也被广泛使用。例如，光致荧光可应用于有机材料的定量分析，可以进行芳香物族化合物的检测、蛋白质结构的分析、高分子体系的形成和性能以及分子间能量的传输过程等方面研究。对于碱性卤化物、晶体陶瓷以及玻璃等无机材料，光致荧光也可以用来探测材料的本征特性以及其中的杂质和缺陷。

本章将首先介绍光致荧光的基本原理和光致荧光谱的特征，阐述基本测试技术和测试系统，包括样品的制备等，最后说明这一测量方法在半导体材料中的应用实例。

9.1 光致荧光的基本原理

9.1.1 光致荧光基本概念

光致荧光可看作光吸收的逆过程。材料吸收一定波长的光，激发电子从低能级跃迁到高能级，对于原子或分子体系，这种过程体现为基态到受激态的跃迁；而对于半导体晶体而言，则体现为电子从价带到导带的激发(电子–空穴对的产生)。之后，体系会产生诸如晶格或分子的震动与旋转，激发电子会迁移到一个更为稳定的激发态(如导带底或最低分子震动态)，产生一个非辐射弛豫过程。图 9.1 显示了半导体晶体和分子系统的光致荧光过程的示意图，从图中可以看出，无论是晶体系统还是分子系统，在接受外界的光能后，电子都会跃迁到高能级，在高能级内电子又会产生非辐射跃迁，处于相对稳定的能级底部的状态。如果耦合截面足够大，电子也可能向更低的能级跃迁，如跃迁到较低的非直接能带或局域化的杂质能级。对于半导体材料而言，也就是形成了一个电子和空穴的束缚态(即激子)，或者电子与缺陷或杂质的束缚态(如电子被受主束缚、激子与空位的束缚等)。而处于高能级的电子是不稳定的，经过数皮秒到数十秒的时间之后，电子又会跃迁到原来的低能量的能级，恢复到了基态。对于发光材料，在上述过程中其吸收的能量可能部分或全部会在这最终的跃迁中以光的形式释放出来，而这就是所谓的辐射跃迁，其电子–空穴对的复合就是“辐射复合”，这个现象称为“光致荧光”，又可以称为“光致发光”。如果在上述跃迁过程中，多余的能量以热或者其他形式消耗，这个过程就是非辐射跃迁，其电子–空穴对的复合就是“非辐射复合”。而在上述的辐射复合过程中，吸收的能量如果以光的形式发射出来(图 9.1)，其波长通常会比所吸收入射光的波长要长。而这一波长差就是所谓的斯托克斯位移(Stokes shift)，即吸收光子能量和发射光子能量之间的差。

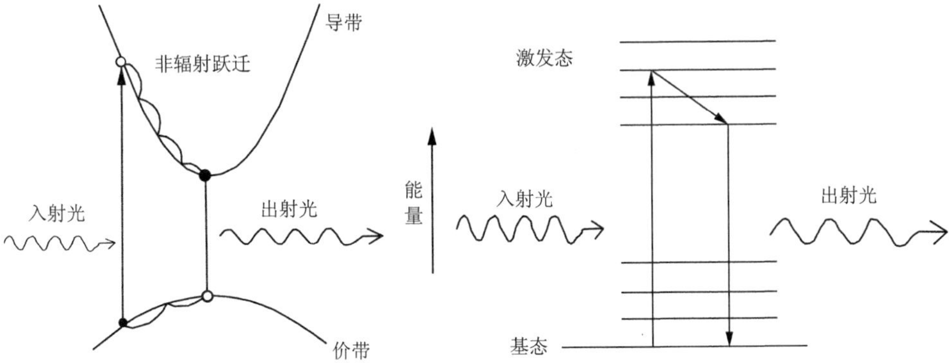

图 9.1 晶体(左)或分子系统(右)光致荧光示意图

光致荧光在有机化学和生物化学领域更多地被定义为荧光(fluorescence)和磷光(phosphorescence)发光。荧光和磷光的区分取决于与其相关的从激发态到基态的辐射复合过程是组态自旋允许跃迁(即激发态和基态具有相同的自旋多重度)还是组态自旋禁戒跃迁(即激发态和基态的自旋多重度不相同)。组态自旋允许跃迁产生的光定义为荧光；组态自旋禁戒跃迁产生的光则为磷光。而组态自旋禁戒跃迁只能通过非常弱的自旋轨道耦合方式发生，因而其辐射跃迁寿命相比于组态自旋允许跃迁产生的辐射跃迁要长很多。图 9.2 为有机材料通过单态和三重态 Frenkel 激子辐射复合产生荧光和磷光发光示意图。荧光发光过程寿命通常很短(0.1~10ns)，而磷光发光过程寿命则由于自旋选择定则的因素而较长(1ms~10s)。而对于无机半导体材料，其光致荧光则可分为本征荧光和非本征荧光。本征荧光主要是由于带间辐射跃迁产生；而非本征荧光则主要是由于杂质、缺陷等产生的辐射跃迁所引起的，包括施主–受主对复合、本征带–浅杂质复合等 (详见 9.1.3 节)。

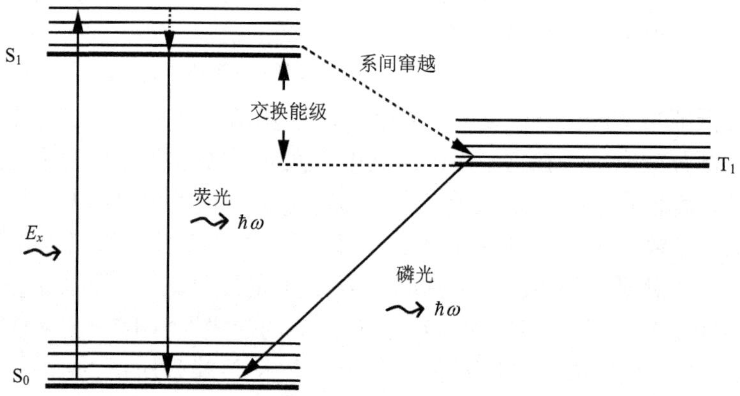

图 9.2 有机材料辐射复合过程示意图

图中 S_0 和 S_1 为基态和最初的激发单态，而 T_1 为最初的激发三重态

对于不同的半导体材料体系，光致荧光的波长是不同的，从而反映了材料的结构、成分等特征信息。通过探测其光致荧光谱，即波谱与强度的对应关系，就可以了解半导体材料的特性。此外，对于不同的激发系统而言，其特征衰减寿命不同，可能会持续皮秒到数十秒之后恢复到基态。因此，可通过光致荧光的瞬态谱得到能级间耦合以及跃迁辐射的寿命。对于直接带隙的半导体材料，其典型的辐射复合寿命为 10^{-8}~10^{-9}s；对非直接带隙的半导体材料(如硅)，其辐射复合寿命则很长，可达毫秒量级。

9.1.2 荧光辐射寿命和效率

由于光致荧光与能量的弛豫机制密切相关，包含的物理过程远比光的吸收过程复杂，而且其发光谱的形状还要受到电子和空穴在能带内分布的影响。因此，为了更好地了解光发射效率和发光谱，就必须对荧光发射效率和载流子的热分布有充分的理解。

由图 9.1 和 9.2 可知，当激发态的电子向下跃迁到基态中的空态时，会有一个光子发射出。这一过程要产生，必须有电子的注入；电子被注入后，经过弛豫，跃迁到一个空态并发射光。而这一过程可发生在导带顶，也可发生在某个分立的能级上。但是，由泡利(Pauli)定律可知，只有低能级上存在空态的基础上这一过程才可以真正的发生。当然，也可以通过在低能级上注入空穴的方式来产生辐射复合所需的空位，这种方式往往在电致发光中使用。

一般而言，两个能级间辐射跃迁的自发辐射速率是由爱因斯坦(Einstein)系数 A 所决定的，其表达式为

$$\left(\frac{\mathrm{d}N}{\mathrm{d}t}\right)_{\text{radiative}} = -AN \tag{9.1}$$

式中 N 是高能级的态密度。由上式进一步可以得到

$$N(t) = N(0)\exp(-At) = N(0)\exp(-t/\tau_{\mathrm{R}}) \tag{9.2}$$

这里 $\tau_{\mathrm{R}} = A^{-1}$ 为跃迁的辐射寿命。通常，爱因斯坦系数 A 与决定光吸收能力的系数成比例，这就意味着具有较高吸收系数的跃迁过程有着较高的光发射可能性以及更短的辐射寿命。尽管如此，密切相关的光吸收和光发射过程还是有所不同的，这主要是由起始和最终的能级的态密度不同造成的。一个跃迁过程可以有很高的发射概率，但只有在较高能级被占据的情况下，才可能有光出射。

当发生辐射复合时，频率为 ν 的荧光的强度可以表示为

$$I(h\nu) \propto |M|^2 g(h\nu) \times \text{能级占据因子} \tag{9.3}$$

这里，能级占据因子是表示较高能级被占据和较低能级的空着的概率；$|M|^2$ 和 $g(h\nu)$ 则为基体因子和跃迁的态密度[其量子跃迁概率可以通过费米黄金定则(Fermi's golden rule)决定]。

从前面的讨论可知，辐射复合发射光并不是电子从激发态跃迁到基态的唯一途径，还存在着非辐射复合的途径。也就是说，电子还可以通过发射声子，以热的形式释放能量；或是与缺陷或杂质等“陷阱”相作用，进行能量的弛豫。通常

非辐射复合是不发光的，但是如果这些非辐射复合的时间极短，也有可能有很少的光能会从体系中发射出。而在非辐射过程存在的时候，两个能级间跃迁的总辐射发射率为

$$\left(\frac{\mathrm{d}N}{\mathrm{d}t}\right)_{\mathrm{total}}=-\frac{N}{\tau_{\mathrm{R}}}-\frac{N}{\tau_{\mathrm{NR}}}=-N\left(\frac{1}{\tau_{\mathrm{R}}}+\frac{1}{\tau_{\mathrm{NR}}}\right) \tag{9.4}$$

式中，τ_{R}是辐射复合的辐射寿命，τ_{NR}是非辐射复合的辐射寿命。从式(9.2)和(9.4)可知，此时荧光效率η_{R}为辐射复合发射率$\left[\frac{\mathrm{d}N}{\mathrm{d}t}\right]_{\mathrm{radiative}}$和总的辐射发射率$\left[\frac{\mathrm{d}N}{\mathrm{d}t}\right]_{\mathrm{total}}$之比，其表达式为

$$\eta_{\mathrm{R}}=\frac{\left(\frac{\mathrm{d}N}{\mathrm{d}t}\right)_{\mathrm{radiative}}}{\left(\frac{\mathrm{d}N}{\mathrm{d}t}\right)_{\mathrm{total}}}=\frac{AN}{N\left(1/\tau_{\mathrm{R}}+1/\tau_{\mathrm{NR}}\right)}=\frac{1}{1+\tau_{\mathrm{R}}/\tau_{\mathrm{NR}}} \tag{9.5}$$

从上式可知，如果$\tau_{\mathrm{R}} \ll \tau_{\mathrm{NR}}$，荧光效率为 1，也就是可以发射出最大可能数量的光子；相反地，如果$\tau_{\mathrm{NR}} \ll \tau_{\mathrm{R}}$，荧光效率则很小。这就是说，有效的荧光发射需要建立在辐射寿命远小于非辐射寿命的基础之上。

此外，从图 9.1 中还可以知道，被激发的电子和空穴会首先通过级联式的非辐射方式进行弛豫，通过发射声子来释放能量。通常而言，固体中的电子–声子耦合非常强，而且相比于辐射寿命而言，这一过程发生的时间也非常短(约 100fs)，这就使得电子在辐射复合发射光子前有充足的时间弛豫到导带底。同样，空穴也以相同的方式弛豫到价带顶。因而，在电子和空穴进行复合发射光子前，电子和空穴不得不在导带底和价带顶停留一定的时间，使得它们出现一定的热分布，并在光致荧光谱中通过一定的发光峰峰宽呈现出来。

9.1.3 半导体材料中的辐射复合

半导体中被激发的电子和空穴可以通过辐射复合产生光子，其复合形式多样，如本征的带间复合和自由激子复合；非本征的本征带–浅杂质复合、施主–受主对复合、束缚激子复合和深能级复合等。同时，这些被激发的电子和空穴也可以通过非辐射复合进行跃迁弛豫，如表面复合、俄歇复合以及多声子复合。显然，非辐射复合对发光而言是不利的。这里主要就半导体材料中的辐射复合过程给出简要的介绍。

1. 带间复合

带间复合(band to band transition)，又称自由载流子复合，是指被激发到导

带的电子直接与价带中的空穴复合。一般而言，这种复合机制通常在温度较低、材料纯度较高的样品中更为常见。由于各种半导体材料的能带结构不同，可以分为直接带隙和间接带隙，因此这种带间复合也分为直接跃迁和间接跃迁复合两种，如图 9.3 所示。直接跃迁的跃迁概率要高于间接跃迁，因而对于具有直接带隙的 GaAs 等半导体材料，其发光效率要远高于锗、硅等间接带隙半导体材料。

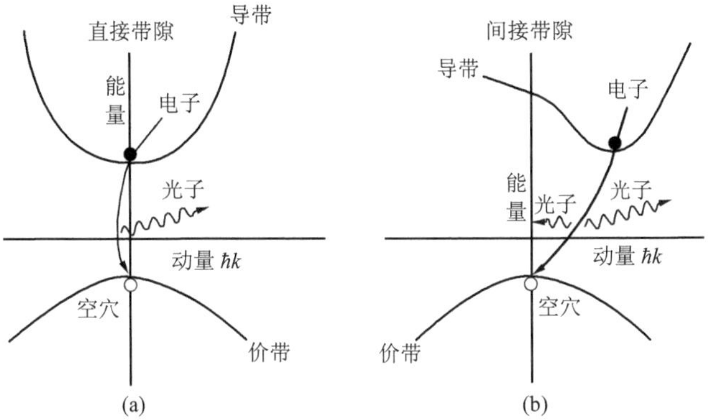

图 9.3 电子–空穴对的直接跃迁(a)和间接跃迁(b)复合示意图

根据量子力学，电子、空穴的跃迁过程必须遵守能量和动量的守恒。对于直接带隙半导体材料，由于其导带极小值和价带极大值均位于布里渊区的中心 $K=(0,0,0)$处，导带的电子与价带中的空穴复合能够满足动量守恒，产生辐射复合，形成直接跃迁，发出能量为$h\nu \geq E_g$(E_g为禁带宽度)的光子，形成发光光谱(如图 9.3(a)和图 9.4 所示)。而且，这种直接带隙的带间复合寿命很短，通常在 10^{-8}~10^{-9}s。此外，由于半导体材料中的载流子不是完全位于导带底的最低处和价带顶的最高处，存在一定的热分布，这些导带底和价带顶附近的载流子都会参与到带间复合中，因此，带间复合的发光光谱就具有一定的宽度。但是，这种跨越禁带的跃迁的实际价值并不大，因为这种带间复合产生的光子，有可能被半导体材料重新吸收，再次将价带上的电子激发到导带上去。如图 9.4 所给出的氮化镓材料在 4 K 温度下的发射和吸收谱，其中材料的光致荧光是通过倍频铜离子激光器(4.9eV)来激发的[4]。由图可见，其光致荧光谱是一很窄的靠近禁带宽度能量的发光峰(此温度下氮化镓材料的禁带宽度为 3.5eV)，而其吸收谱则表现为大于禁带宽度能量的光全部被吸收。

而对于间接带隙半导体材料而言，由于其导带极小值和价带极大值不在布里渊区的同一点，即这两个状态的 k 值不同，它们的动量也就不同。此时，电子要在这两个不同 k 值的状态进行跃迁，就必须有第三者——声子的参与，才能满足动量守恒(图 9.3(b))，从而形成间接跃迁。因而，这种跃迁的概率要远远低于直接带隙材料的带间跃迁复合的概率，而且其辐射复合寿命也会较长。而且由于声子的发射，其发射的光子的能量大都要小于禁带，因而这些光子能较容易从材料中透射出去，而不会被重新吸收。

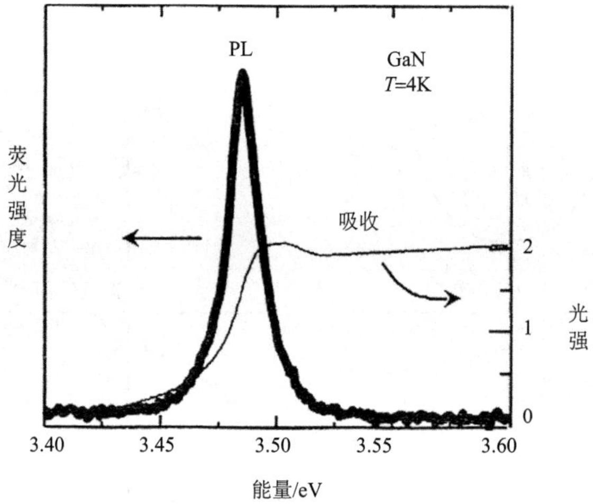

图 9.4 氮化镓体材料在 4K 温度下的光致荧光和吸收谱[4]

2. 自由激子复合

激子就是电子和空穴由于库仑相互作用而结合在一起的电中性的粒子，也就是束缚在一起的电子–空穴对。自由激子是相对于受到局域化影响的束缚激子而言的，它可以在晶体中作为一个整体运动，但不传输电荷，可认为其位于导带下略小于导带底的能级。在直接带隙中，自由激子的复合也满足动量守恒，其发射光子的能量为

$$h\nu = E_g - E_{ex} \tag{9.6}$$

其中，$E_{ex} = \frac{1}{n^2} E_{ex1}$为自由激子的电离能，$E_{ex1}$为激子基态的电离能，$n$为激发态的量子数。可见，激子光谱为一系列的窄的谱线构成，在低温下较纯的半导体材料中才能被观测到。此外，由于激子是由电子–空穴对构成，会有一定的极化强度，因此激子还可能与光子耦合，从而导致激子极化基元效应及激子极化基元的辐射复合发光。

图 9.5 给出了外延 ZnS 薄膜半导体材料的自由激子发射及其随温度变化的光致荧光谱[5]，图 9.5(a)中还同时给出了 ZnS 的吸收谱和激子发射区附近的光谱。对

比其吸收和光致荧光谱，可见 326nm 处的峰就是自由激子的发光峰(图 9.5(a)插图中标为 Ex)，同时图中还标出了中性施主和受主的束缚激子(D°，X)和(A°，X)以及纵向光学声子伴随激子发光峰 E_{x-1}LO。进一步从图中还可知，随着温度的升高，束缚激子的发光峰则猝灭了，自由激子的发光强度也下降了，可见温度对于激子复合是有很大的影响的。

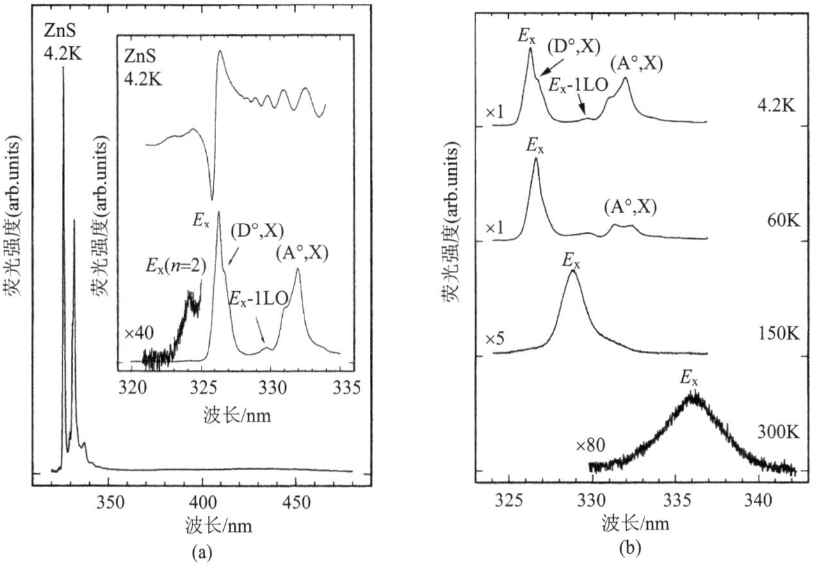

图 9.5 外延 ZnS 薄膜半导体材料的低温(4.2K)激子谱(a)及其激子发光随温度的变化(b)[5]

而对于间接带隙材料，由于激子的复合需要能量为 E_p 的声子的参与才能保持动量守恒，因此其发射的光子的能量则为

$$h\nu = E_g - E_{ex} - E_p \tag{9.7}$$

图 9.6 显示的是间隙带隙半导体材料高纯硅单晶的低温光致荧光谱，图中 1.097eV 处的发光峰即为自由激子的发光峰，其复合是通过纵向(LO)或横向(TO)声子辅助来实现的，插图中纵向(LO)和横向(TO)声子辅助发光峰能量相差 1.8meV，发光强度为 LO：TO = 0.33[6,7]。

3. 本征带–浅杂质复合

本征带–浅杂质复合是指导带电子通过禁带中的浅施主能级与价带空穴复合，或者是价带的空穴通过浅受主能级与导带电子复合，因而其发射光子的能量要小于禁带宽度。但是，由于这些浅杂质能级的电离能很小(几个 meV)，当杂质浓度较大时，这些杂质能级会并入导带或价带，其辐射发光有时候很难和带间辐射区分开来。

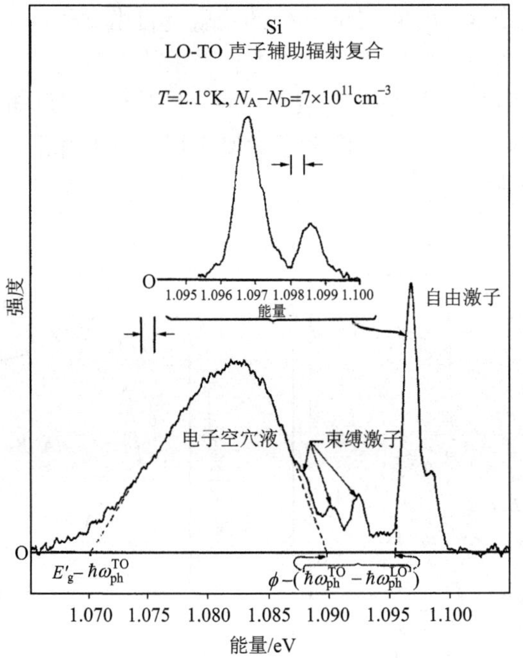

图 9.6　高纯硅单晶材料 LO-和 TO-辅助辐射复合的低温光致荧光谱[7]

图 9.7 和图 9.8 分别给出了 GaTe 材料在 10 K 温度下的光致荧光谱及其发光峰随温度的变化[8]。由图可见，GaTe 材料在 10 K 温度下有 3 个光致荧光峰，发光峰的位置都随温度的升高而发生红移，其中 A 和 C 峰趋势基本一致，而发光峰 B 在 50 K 后其红移较大。研究指出，发光峰 A 随温度的变化与吸收峰的

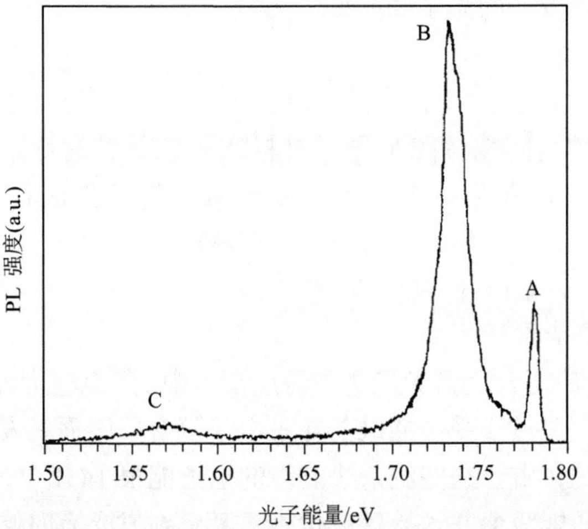

图 9.7　GaTe 材料 10K 温度下的光致荧光谱[8]

温度变化是一致的，是自由激子发光峰，而 B 和 C 峰则分别为带间–受主及施主–受主的发光峰。

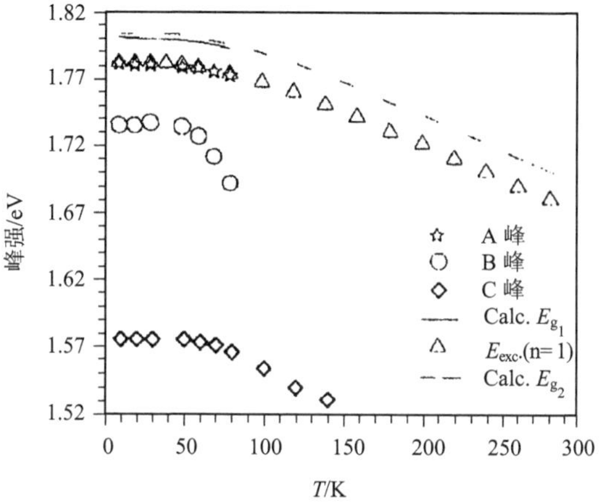

图 9.8 GaTe 材料光致荧光峰及能带宽度随温度的变化[8]

此外，随着杂质浓度的增加，带间–浅杂质复合产生的发光峰会逐渐变宽并红移；当掺杂浓度非常高时，杂质能带并入导带或价带，杂质上的电子或空穴不再被局域在施主或受主上，变成了自由载流子(即 Mott transition)，此时的发光峰形不再是玻尔兹曼(Boltzmann)分布，而成为了费米–狄拉克(Fermi-Dirac)分布。

4. 施主–受主对复合

施主–受主对复合，即 D-A 复合，是指施主能级上的电子与受主能级上的空穴之间的复合，其复合发射光子的能量为

$$h\nu = E_G - \left(E_A + E_D\right) + \frac{e^2}{\varepsilon r} \tag{9.8}$$

其中，ε 为半导体材料的介电常数，r 为进行复合的施主与受主间的距离，可见 D-A 对复合发射的光子能量还与库仑(Coulomb)作用相关。

显然，施主与受主间的距离(r)不是任意的，而是与半导体材料中施主与受主在能级中的位置有关的，因此，D-A 对的辐射复合光谱应为一系列的分立的锐利谱线。但是由于杂质间距离的变化范围可以很大，所以 D-A 复合发射光谱会很宽，最近邻的 D-A 对通常发出能量最高、最明锐的谱峰，而距离较远的 D-A 对则形成较宽的、能量较低的发光谱带。此外，随着施主和受主距离的变化，其辐射复合的寿命也不同，这就使得其发光谱具有分时效应：即激发停止后，其光衰减过程为发光光谱逐渐向低能方向移动，这主要是由于距离较远的 D-A 对的辐射复合寿

命较长造成的。

图 9.9 为三种分子束(MBE)外延生长的重掺氮 ZnSe 薄膜半导体材料的 D-A 对光致荧光谱以及样品 A 中 D-A 对光谱随压力的变化。显然，由于局域化的双施主在导带中共振行为产生的 D-A 对的发光峰，随着掺杂浓度的升高而发生了红移；从图 9.9 中的插图可见，随着压力的升高，这一局域化的双施主能级被压入导带，使其 D-A 对的发光发生了猝灭[9]。

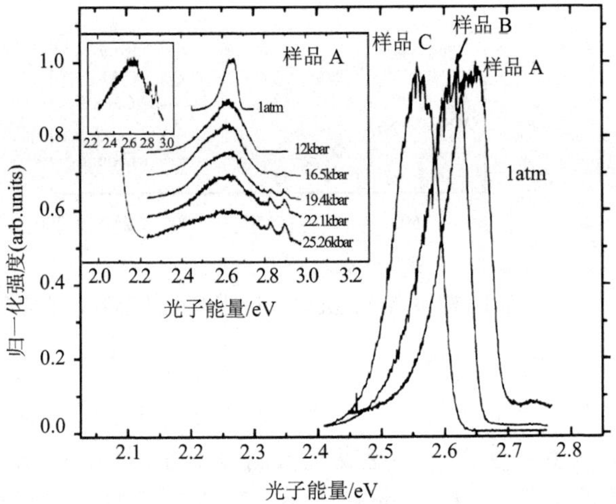

图 9.9　重掺氮自补偿 ZnSe 薄膜材料的 D-A 对光致荧光谱以及样品 A 中 D-A 对发光峰随压力的变化

样品 A、B 和 C 沉积时 rf 功率分别为 180、280 和 300W[9]

5. 束缚激子复合

半导体晶体中也存在着被施主、受主(包括电中性或电离状态)或其他缺陷所束缚住的激子，它们被统称为束缚激子。当束缚激子复合时，也会发射出光子。同自由激子相比，束缚激子发射的光子能量要稍低，谱线宽度也要窄很多。而且，其发光强度也随着束缚中心的浓度而变化。

图 9.10 分别显示的是掺 B(左)和掺 P(右)硅单晶中束缚激子的光致荧光谱。由图可见，掺 B 硅单晶中的束缚激子发射谱是由一系列通过横向光学声子辅助的束缚激子发光峰组成，而掺 P 硅单晶中的束缚激子发射谱则是由一系列无光学声子辅助的束缚激子发光峰组成。图 9.11 则为 GaN 外延层在 2 K 下的光致荧光和吸收谱，图中 X_A、X_B、X_C 为基态激子，而中性施主和中性受主束缚激子则为(D^o，X)和(A^o，X)。

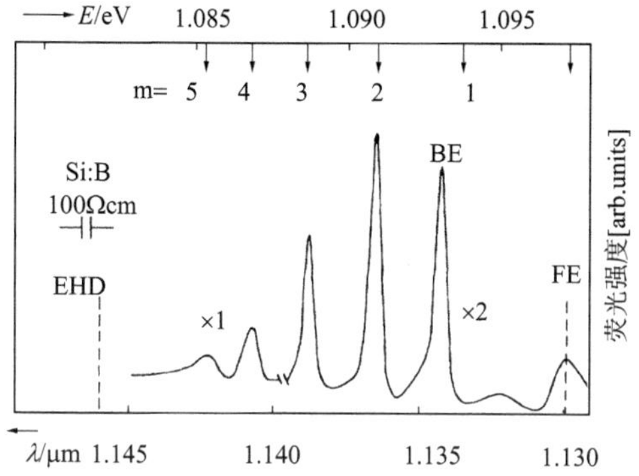

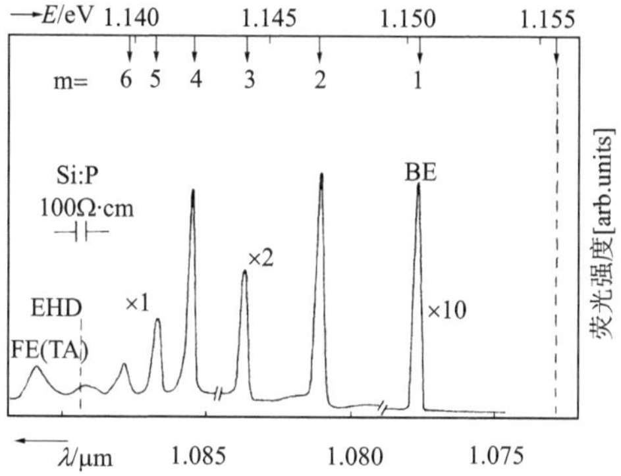

图 9.10 硅中束缚激子光致荧光谱[10]

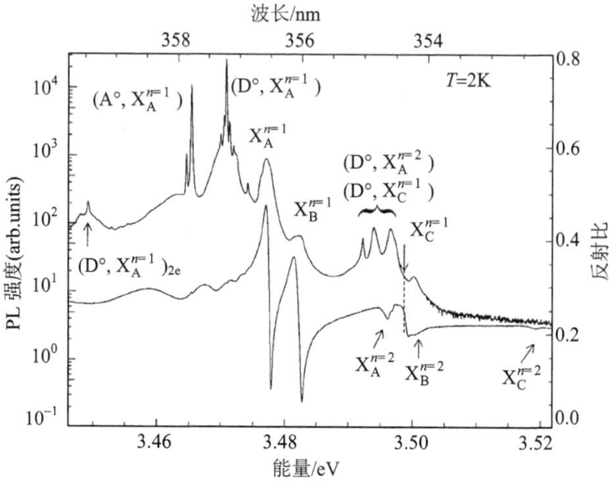

图 9.11 GaN 外延层的光致荧光和吸收谱[11]

6. 深能级复合

深能级复合是指通过禁带中心的深能级进行的复合。通常而言，这种辐射复合的概率非常小。图 9.12 给出了三种方法生长的不同厚度的 GaN 材料在 1.30 eV 附近的近红外发光谱，这是由深能级中心铁杂质(Fe_{Ga}^{3+}(3d))的 3d 能级间的跃迁所引起的，而 Fe 杂质的存在是 GaN 材料的少子寿命降低的原因，对光电子器件是很不利的[12]

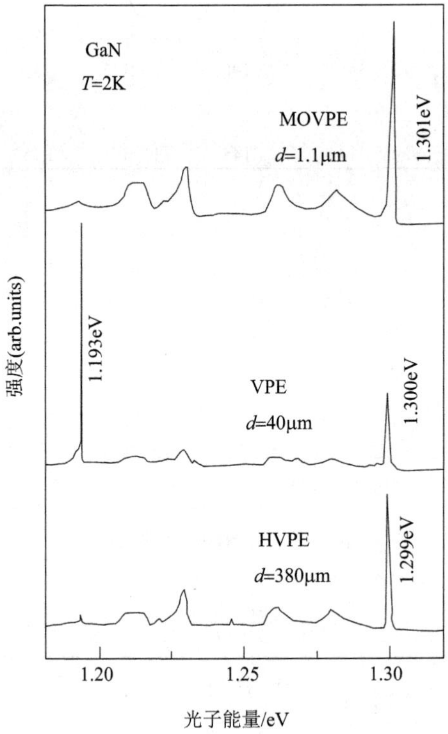

图 9.12　GaN 材料中的深能级复合[12]

除了上面介绍的 6 种辐射复合机制外，半导体材料中还可能存在着定域中心上的辐射跃迁、等电子中心上的跃迁等辐射复合。定域中心上的跃迁复合是指在宽禁带半导体材料中，深能级杂质受到激发但不使其电离所产生的辐射跃迁，如 ZnS：Mn 发光体系。而等电子中心上的跃迁复合，则是指在半导体中利用等价原子取代基体原子，来形成等电子中心，通过等电子中心的短程势能俘获电子来带电，并吸引空穴形成辐射复合概率很高的束缚激子的辐射复合机制，如 GaP：N 发光体系。

9.2 光致荧光谱测试技术

9.2.1 光致荧光谱特征

通常，光致荧光涉及的激发光和发射光能量主要是在 0.6~6 eV(波长大约200~2000nm)范围内，而我们感兴趣的许多电子跃迁也正处在这一范围，同时这一波段范围的光源和探测器也很容易得到。对于更高能级的跃迁而言，通常使用X射线光电子谱和俄歇谱，实际上X射线荧光谱是荧光光谱在较高能量范围的一种拓展，这时所涉及的不再是可见光和价带电子，而是X射线和核层电子了。同样，对于低能级的带间跃迁、分子振动以及分子转动过程都可应用光致荧光测试，但这些过程使用拉曼散射(Raman scattering)和红外吸收(IR absorption)方法研究则更为有效。

光致荧光谱(即发射谱)是以发光峰的强度、线形、峰数和能量为特征，并以已知的条件来探知外加的温度、压力、掺杂、电或磁场、偏光以及入射或发射光与晶体轴的方向等因素对上述特征的影响。通过适当的光致荧光过程，这些频谱特征可以体现为样品的本身参数特性，表 9.1 给出了光谱特征与样品参数的对应关系。当然，在实际实验中，会有很多不同的机制同时参与光致荧光过程，并影响对光谱的解释。例如，室温下的光致荧光峰会由于温度而产生宽化，而在低温下的发光峰则会变窄，并且由于非辐射复合的减少而使得发光峰的强度增加。因而，对半导体材料中杂质的识别的研究，通常要在低温下进行。

表 9.1 光谱特征与样品参数的对应关系

光谱特征	样品参数
峰能量	化合物识别
	能带/电子能级
	杂质或激子束缚能
	量子阱宽度
	杂质种类
	合金成分
	应力
	费米能级
峰宽	结构或化学纯度
	量子阱界面平整度

续表

光谱特征	样品参数
高能带尾斜率	载流子或掺杂浓度 电子温度
偏光	转动张弛次数 黏质特性
峰强	相对数量 分子比重 高分子结构 辐射效率 表面损伤 激发态寿命 杂质或缺陷浓度

图 9.13 是外延生长的高纯砷化镓半导体材料在液氦(2 K)温度下的光致荧光谱，作为一个例子来表明光致荧光谱对材料特性的表征。从图中可以知道，高能量部分主要是电子–空穴对的复合发光，低于 1.5 eV 处可以看到导带电子到施主杂质能级的 e-A 跃迁复合发光峰；而从施主能级在能隙中的位置与碳原子的结合能相当这一点，可以辨别这里的施主杂质是碳原子。同时，光谱中还可以看到施主能级到受主能级的 D-A 跃迁发光峰，以及在低能位置上的纵向声学模(LO)峰。此外，由于深能级位置束缚电子的复合(如砷化镓中的氧)，通常为非辐射复合，因而在光致荧光谱中未能体现出来。

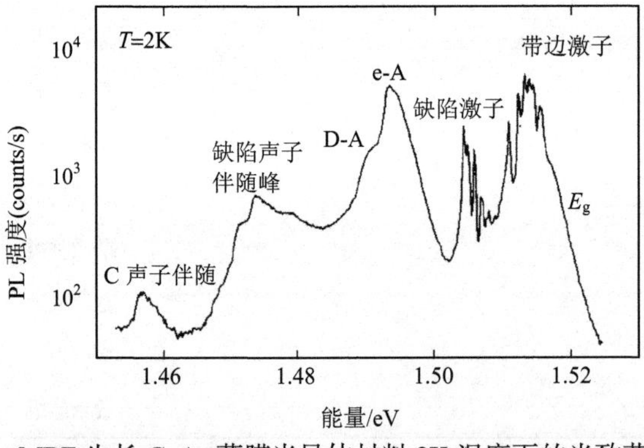

图 9.13　MBE 生长 GaAs 薄膜半导体材料 2K 温度下的光致荧光谱[13]

光致荧光的应用相当广泛，从成分分析、痕量杂质检测、结构分析(结晶度、键合、外延层)到能量传输机制等，如光致荧光谱可以识别间接带隙材料 GaP 和直接带隙材料 GaAs、InP 中浅施主到受主的跃迁，可以检测硅晶体中的硼、磷及其他浅能级杂质，探测极限可达 $10^{11}cm^{-3}$ 数量级，另外硅表面在 $10^{10}cm^{-3}$ 量级的铜沾污也可被检测到。下面就五种不同的光致荧光的信号收集和分析方法来进行说明：发射谱、激发谱、瞬态(寿命)分析和面扫描，以及微区荧光光谱。

9.2.2 光致荧光谱类型

1. 发射谱

发射谱(spectral emission analysis)是指在某一固定波长的激发光作用下，发射荧光在不同波长处的强度分布情况，也就是荧光中不同波长的光成分的相对强度。由于激发态和基态有相似的振动能级分布，而且从基态的最低振动能级跃迁到第一电子激发态各振动能级的概率与由第一电子激发态的最低振动能级跃迁到基态各振动能级的概率也相近，因此吸收谱与发射谱呈镜像对称关系。发射谱是光致荧光最为常用的光谱，通过发射光谱的特征峰位置或强度的变化，可以得出半导体材料的很多信息。例如，可以精确地确定超薄 $Al_xGa_{1-x}As$、$In_xGa_{1-x}As$ 和 $GaAs_xP_{1-x}$ 等 III-V 族化合物的组分 x 值，这是由于这些化合物的能带带隙直接与 x 的量值相关。而对于其他测量方法，当薄膜的厚度很薄时就很难进行测量了。

对于高纯化合物半导体材料，可以通过低温发射谱评判材料的质量(如图 9.13 所示)。同时，材料中的痕量杂质也会产生发光峰，通过发射谱中这些峰的位置可以知道它们的结合能。如果再利用辅助的外加磁场，来产生与磁场相关的跃迁，形成磁光发射光谱，还可以检测一些特殊的杂质成分，如在 GaAs 材料中的 Be、Mn 和 Zn 等。此外，发射谱中的受主束缚激子的峰位移动和分裂可以用来测量材料中的应力，发射谱中的费米边可以用来测试重掺半导体材料、二维维量子阱结构的载流子浓度。

发射谱中发光峰的能量也经常被用来检测半导体量子阱的结构，如图 9.14 给出的 11 层 $GaAs/Al_{0.3}Ga_{0.7}As$ 量子阱结构的发射光谱。从图中结果可知，

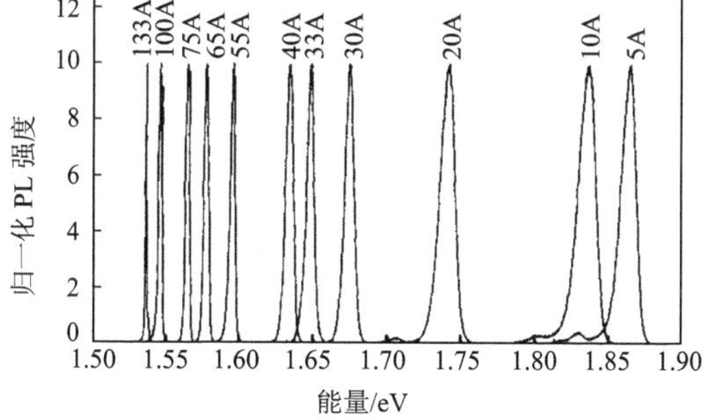

图 9.14 $GaAs/Al_{0.3}Ga_{0.7}As$ 量子阱结构在 2K 下的光致荧光谱[13]

量子阱的厚度从 13~0.5nm 不等，最后一层仅有两个原子的厚度；每层都会引起一个相对应的很窄的发光峰，而其发光峰的能量则与其厚度相对应；同时，发光峰能量也对层的厚度极为敏感，而发光峰的宽度则对应着层与层之间界面的清晰度。

图 9.15 显示了 In(Ga)As 单量子点材料在不同激发光强度时的发射谱[14]，其两组发光峰分别由量子点中 S 壳和 P 壳内的电子–空穴复合所引起的。当激发光源功率较低时，其 1346meV 处的发光峰为 S 壳中的电中性激子 X^o 的发光；当激发光源功率升高，在能量低于 X^o 发光峰的方向出现了双激子复合发光峰；在激发光源的能量更高时，发射光谱中则出现了多激子复合发光，而在能量高于 X^o 发光峰的方向出现的 X^* 则为单电荷的单激子复合发光。而随着双激子复合的出现，P 壳内的电子–空穴复合发光也被观测到了，并且随着激发功率的升高，其双激子、多激子复合也出现了。

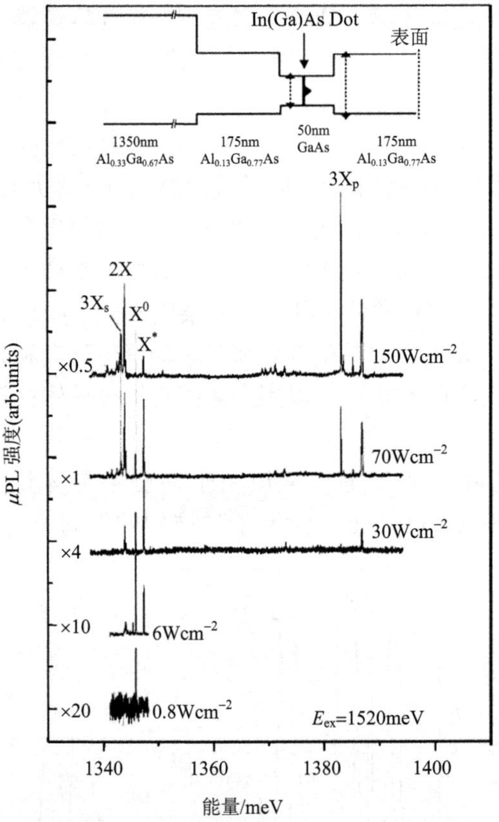

图 9.15　In(Ga)As 单量子点随激发光强度变化的发射谱[14]

2. 激发谱

与发射谱不同，激发谱(PL excitation spectroscopy)是半导体材料在不同波长的激发光作用下，测得的某一波长处的荧光强度的变化情况，也就是不同波长的激发光的相对效率。

半导体材料的激发谱通常是使用可调染料激光器或掺钛蓝宝石激光器作为激发光源，如果激发信号足够强，也可以使用氙灯或石英–卤钨灯与单色仪联用作为激发光源。此时，光谱的强度取决于入射光吸收，以及之后参与光发射的初始激发态和弛豫态间的耦合机制，因此激发谱和吸收谱极为相似。

由于激发谱中有通常不会在发射谱中出现的较高的能级，所以它有着特定的用途。例如，通常只有在非常厚的样品的吸收谱中才能观测到的跃迁，利用激发谱在很薄的样品中就可以观测到。图 9.16 显示的是 30K 时 GaN 外延层在不同激发能量下的激发谱(实线)及其发射谱(虚线)，可以看到，以激发能量为 $E_{det}=I_2$=3.457 eV 的光源来激发时，能量为 3.479 eV 的 A 激子和 3.498 eV 处的激子激发跃迁能够很明显的表现出来；而以 $E_{det}=D^o-A^o$=3.26 eV 和 E_{det}=Yellow band=2.3 eV 能量的光源来激发时，二者的发光峰很弱；而在发射谱中，就很难发现这二个激子激发跃迁。

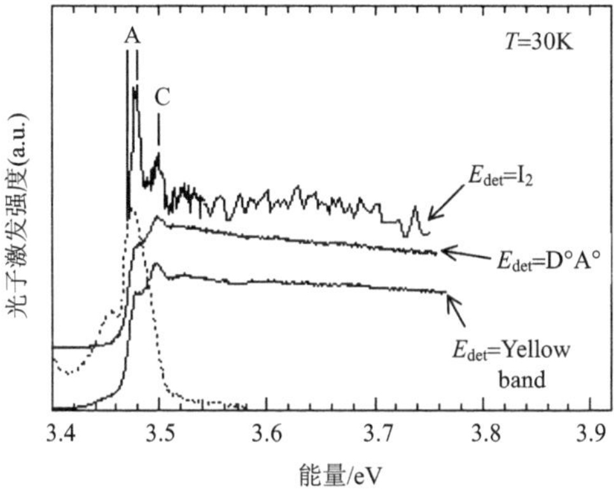

图 9.16 30 K 时 GaN 外延层在不同激发能量下激发谱(实线)及其发射谱(虚线)[15]

图 9.17 为图 9.15 中的 In(Ga)As 单量子点材料的激发谱，从图中可见，X^*峰仅在激发能量等于或高于量子阱湿润层(wetting layer)时才出现，这也就说明它是带有电荷的激子的发光。

此外，激发谱也可以用来辅助辨别与化合物有着相同能量发光峰的衬底材料，此时衬底与其上的化合物有着不同的吸收带。对于半导体材料，通过特定的激发增加光致跃迁的强度，激发谱还可以非常有效地分辨出一些特殊杂质的发光峰，特别是起施主作用的杂质。

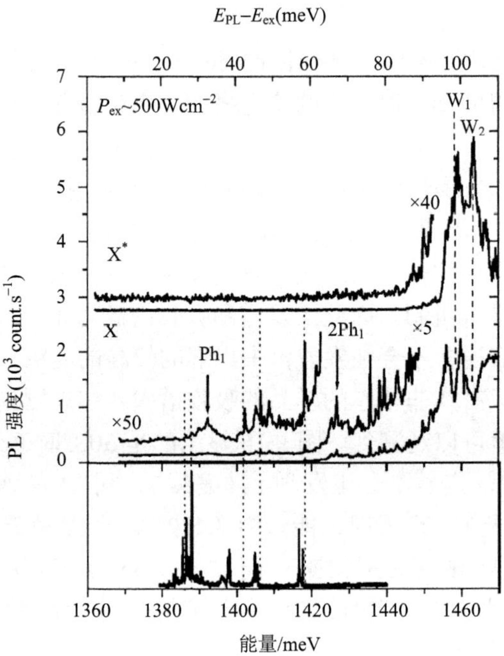

图 9.17　In(Ga)As 单量子点随激发光强度变化的激发发光谱[14]

3. 瞬态谱

瞬态谱(time-resolved PL)是指使用脉冲激发、并对选定的波长的光致荧光强度随时间的变化进行观测，可以得到包括非辐射复合在内的电子弛豫和复合的机制。这一过程的时间可能会从数百飞秒量级到数十秒的量级，与此同时，也可以通过对不同时间瞬态谱的积分得到完整的发射谱。

通过对瞬态谱的分析，可以得到载流子随激发态形式的变化、载流子被杂质俘获等过程的信息，甚至可以得到化学反应的过程信息。另外，瞬态谱对激光二极管用 III-V 组半导体薄层材料的质量和界面的判定也十分有用，质量好的材料制备的激光二极管，其光谱表现为纳秒量级的光致荧光衰减，而质量较差的材料中的非复合中心，则可以快速地耗尽自由载流子，从而导致快速地发光衰减。

图 9.18 给出了射频溅射沉积的 ZnO 薄膜经不同温度热处理后的瞬态谱，图中可见，其自发辐射(SPE)和受激辐射(SE)寿命都随着热处理温度升高而增加，说明随着热处理温度的升高，ZnO 中的非辐射中心减少了[16]。而图 9.19 是液相外延生长的 GaN 薄膜 4 K 温度下的时间积分发射谱(图 9.19(a))和瞬态谱(图 9.19(b))[17]，由图 9.19(a)可以发现，GaN 中的 A 自由激子(FX)的发光在 3.476eV，而施主束缚激子(I_2)的发光则在 3.47eV；通过图 19(b)中 A 自由激子和施主束缚激子的瞬态谱

及其指数拟合可以发现，A 自由激子辐射复合寿命为 295ps，而施主束缚激子的辐射复合寿命为 530ps，对比 A 自由激子辐射复合理论寿命 300ps，说明材料中几乎没有非辐射复合中心存在。

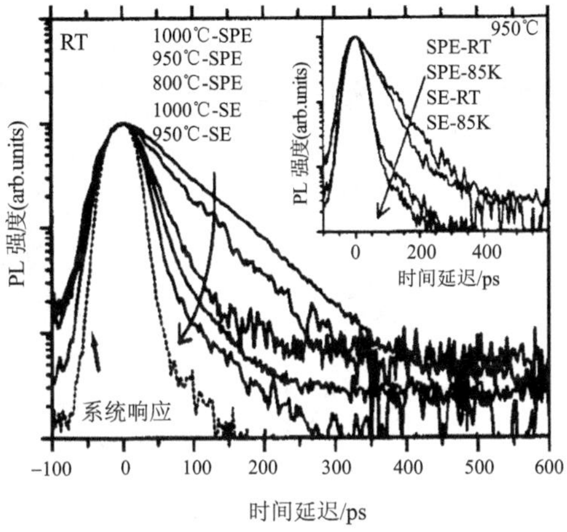

图 9.18　ZnO 薄膜经不同温度热处理后的瞬态谱

插图为 950℃热处理样品在室温和 85K 时的瞬态谱[16]

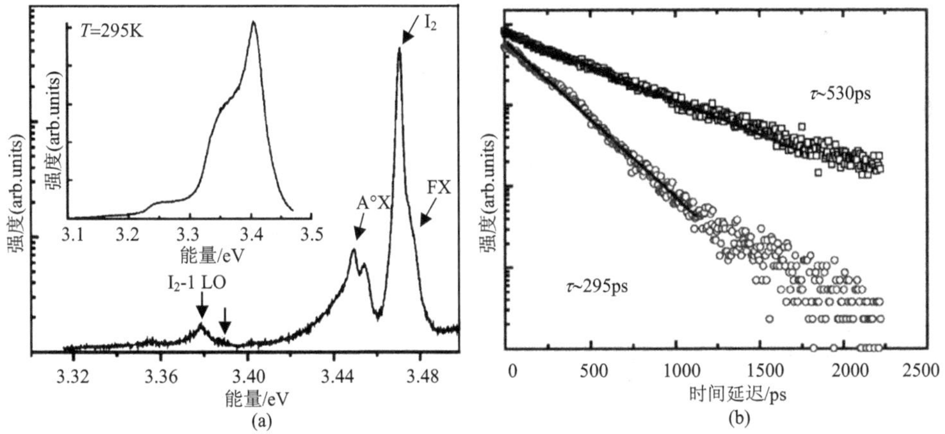

图 9.19　液相外延生长 GaN 薄膜 4 K 温度下时间积分发射谱(a)和瞬态谱(b)[17]

4. 扫描谱

扫描谱(PL mapping)是指类似于阴极荧光小区域的成像，测量方法通常是用激光扫描样品，根据样品的某一个特征发光带的强度变化，直接显示样品各位置的发光强度分布。通过对光致荧光强度面分布的分析，就可以得到系统三维方向上的信息。对半导体工业而言，光致荧光面扫描可以很方便地显示衬底或外延层中杂质、位错的面分布以及结构的均一性。对于光致荧光扫描，样品的每一点都对应成为一单一的光致荧光波长或是完整的发光谱，最终成为由不同强度、峰位或不同宽度的峰构成的曲面。

图 9.20 给出了用来分辨杂质的 2in InGaAsP 外延片的光致荧光扫描光谱，通过衬度的不同可以发现其中的不同缺陷的存在。

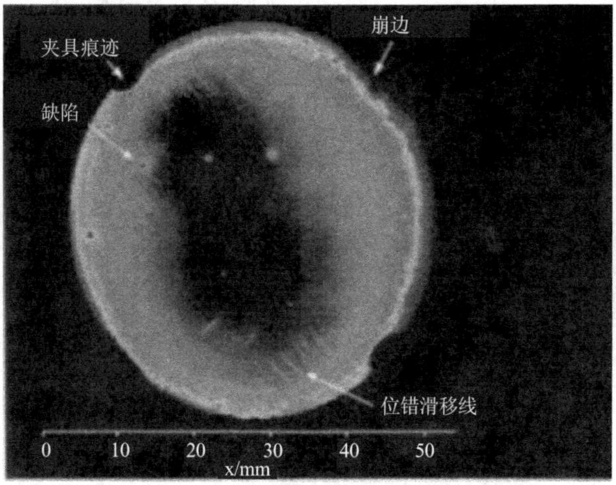

图 9.20　2in InGaAsP 外延片的荧光扫描光谱[13]

5. 显微、共焦显微荧光光谱

随着半导体材料和光电子器件的研究所涉及的尺度进入到小于光波长的微纳尺寸，光致荧光测试技术也随之发展到微纳的尺度，出现了显微荧光(μ-PL 或 micro PL)和共聚焦荧光光谱(Co-focal PL)及近场的荧光成像，进而发展到现在的纳米荧光光谱(Nano-Photoluminescence)。为了使荧光光谱的分辨率达到亚微米，可以通过局域化的激发或探测，或者二者的结合来实现。

图 9.21 给出了显微荧光和共聚焦荧光光谱设备的示意图[18]。通过显微荧光和共聚焦荧光光谱我们可以得到 200~400 nm 的空间分辨率，而通过与近场光学显微镜的结合，空间分辨率还可以达到 200 nm 以下，与此同时，还具有了很高的信号收集效率。图 9.22 显示的是 II 型 GaAs/AlAs 量子阱的显微荧光成像(图 9-22(a))，以及常规的荧光光谱(图 9-22(b))和显微荧光光谱(图 9-22(c))[18]。从图中可以看出，在常规的荧光光谱中出现的单一发光峰，在显微荧光光谱中变为了一系列的分立的发光峰，这主要是由显微荧光光谱的高分辨率所带来的。

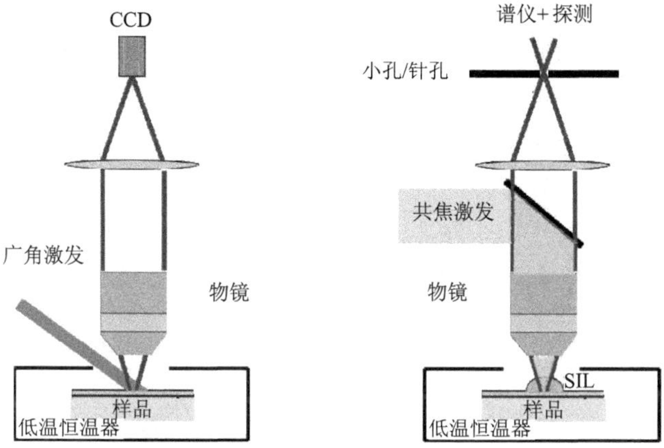

(a) (b)

图 9.21 显微荧光和共聚焦荧光光谱示意图[18]

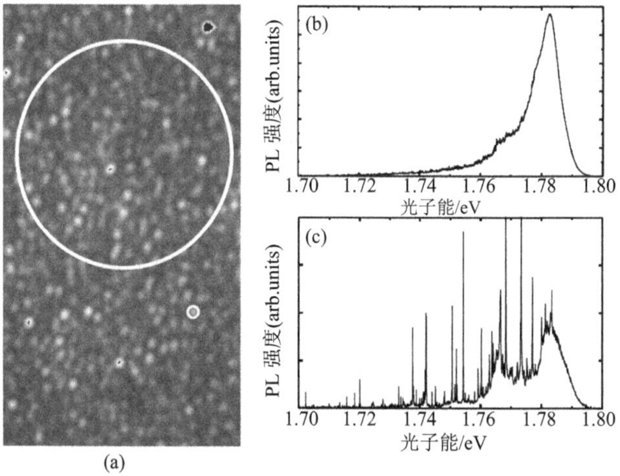

(a)

图 9.22 GaAs/AlAs 量子阱显微荧光扫描图像(a)、荧光光谱(b)和显微荧光光谱(c)[18]

9.3 光致荧光测试系统和样品

9.3.1 光致荧光测试系统

光致荧光测量的基本原理就是：当激发光源发出的光(能量大于材料的禁带宽度)照射到样品表面时，材料通过本征吸收，在表面大约 1 μm 的作用区域内激发了大量的电子–空穴对，使样品处于非平衡态。这些被激发的非平衡载流子向体内进行扩散，同时也通过不同的复合机理进行复合，而其中的辐射复合就以光的形式发射，即荧光。当荧光逸出半导体材料表面后，经会聚进入单色仪，被探测器接收，然后将其转变为电信号，并进行放大和记录，从而得到按光子能量分布的光强度曲线，即光致荧光谱。

因此，光致荧光测试系统一般包括光源、样品架、光学会聚、单色仪、探测器和信号放大，以及记录设备等，如图 9.23 所示。从图中可以看到，这种测试系统与吸收、反射或拉曼测量系统非常相似。另外，还可以添加一些附件，用来测试低温、光学偏振等条件下样品的荧光特性；如果样品荧光信号较弱，为增加信噪比，可在激发光源前增加斩波器，通过斩波器对激发光进行频率调制，并利用锁相放大器对斩波频率和收集的荧光进行对比来增加信号。

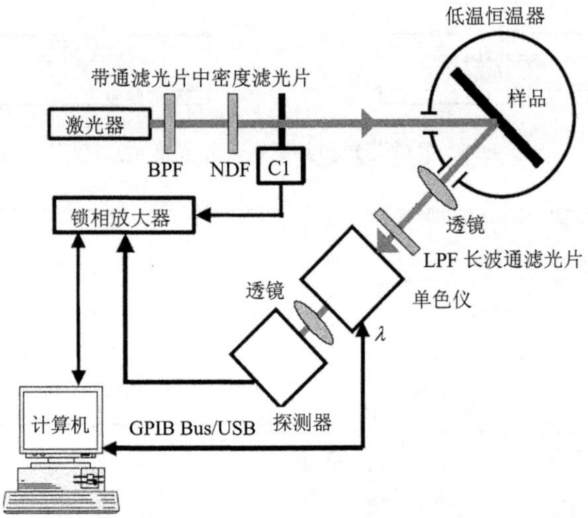

图 9.23　光致荧光测试系统示意图

1. 激发光源

对于半导体材料来说，目前最常用的激发光源为气体激光器，如氩离子激光器、氦–镉激光器，其波长为 514 nm 和 325 nm。它们通常都要配合带通干涉滤光片，来消除其在红外波段的弱发射谱线。要进行连续可调测量时，则必须配置染料激光器或掺钛蓝宝石激光器。而对半导体辐射复合过程寿命研究中则需要脉冲激光作为光源。

2. 样品架

样品架主要用做样品的夹持，液体样品多使用四面透光石英比色皿。样品架一般要能容纳低温恒温器、压力腔、磁或电极接触。对于半导体材料，样品在低温下测量，可以使所有载流子处于基态以消除由于激发态和基态相互作用所带来的光谱分析的复杂性。同时，低温还减少了热激活性的非辐射复合所带来的影响。对自由电子跃迁而言，其温度因子 $1/2kT$ 在液氦温度下仅为 0.18 meV，但到了液氮温度则为 3.31 meV。可见，对于高分辨率的测量而言，低温测量是很重要的。

3. 光路系统及滤波系统

该系统包括激发光的入射、样品荧光的聚光以及杂散光的滤除。荧光测试中主要的误差来源为散射光、杂散光以及样品的沾污，因此，使用适当的滤光片能够将这些误差降低到最小。

对于由 Xe 灯等作为激发光源的系统，通常使用光栅单色器分光来减少杂散光，选取所需波长的光进行测试。而对于气体激光器作为光源的系统，多使用带通滤光片滤除激光器中的等离子线干扰；此外，还可配合使用金属中性密度滤光片来调节激光入射功率。再有，对于使用紫外光作为激发光源的荧光测试，还应避免使用紫外光照射下能产生荧光的滤光片。

样品的荧光信号多使用聚光镜将信号汇聚到光栅单色单色仪进行检测，此时，对应于不同的荧光信号波长，还应选用不同截止波长的长波通滤波器(long pass filter)滤除高频谐波。

4. 光探测系统

对于可见光波段，光电倍增管(PMT)具有足够的灵敏度；锗或硅光电二极管通常用在红外波段；多通道探测器(如 CCD 或光电二极管阵列)可以缩短测量时间；而条纹相机或非线性光学探测器则可以进行皮秒量级的测量。此外，当样品荧光信号较弱时，通常都会使用锁相技术来抑止噪声、提高信噪比。

9.3.2 测试样品

通常而言，光致荧光测试具有非破坏性，可以对光能够穿透数厘米的任何半导体材料进行分析，这也使得它成为一种可以进行原位测量的工具。

对于液体样品，应避免使用过高的浓度进行测试，此时激光有可能都被正对光源的表面吸收，无法穿透入样品，从而影响荧光信号的收集。而且，过高浓度也可能引起荧光猝灭。此外，对于液体样品的溶剂的选择也要注意避免由于溶剂的瑞利散射和拉曼散射带来的干扰。

半导体材料通常是以晶体或薄膜作为测试样品，样品表面应平整光滑，可以减少因材料形状起伏引起的光散射，并增强信号强度。对于薄膜样品，为了避免薄膜和衬底界面处荧光的干涉效应，薄膜厚度应尽可能厚一些，而且衬底表面应该具有一定的粗糙度。此外，还应避免选用能够吸收薄膜荧光信号的材料作为衬底。

样品可以在大气下或是真空中进行荧光测试，也可以在透明的或是不具有光致荧光特性的介质中，只要注意避免因沾污而带来的额外荧光即可。而小至 1~2 μm 区域的测量则可以通过显微镜透镜来进行。对于弱信号，只要不对样品起到加热或诱生非线性效应，使用激光激发可以起到很好的泵浦作用。

9.3.3 光谱校正

实际测量得到的光致荧光激发和发射光谱并不是真实的样品光学特性的表现，这主要是由于光致荧光系统各部分对不同波长的光检测效率不同造成的。而且，光致荧光无法像吸收光谱那样利用空白参考样品的测量来抵消系统各部分非理想化特性，从而需要进行校正。也就是说，荧光光谱是测量各个波长下荧光物质的荧光强度，无法利用空白样品进行比较，也就无法消除光学部件对波长效率不同而带来的光谱失真。因此，需要对光致荧光光谱进行一定的校正。

对光谱的校正主要是消除由于单色仪和探测器对不同波长具有不同的光谱特性(效率)带来的测量光谱和真实光谱的不一致。多数成套的荧光光谱仪都有厂家提供的光谱校正曲线或装置，可用来直接校正光谱。但是，通常也可利用一些已知光学特性的物质自己来进行光谱检测。下面主要给出激发光谱和发射光谱的简单校正方法，其他校正方法可参考文献[19]。

1. 荧光激发光谱的校正

激发光谱的失真主要是由激发光源和激发单色仪的光谱特性所造成的。因而其校正多采用光量子计，把不同波长的激发光光量子数转换为正比例的荧光信号，再用 PMT 等探测器检测，从而避开探测器的光谱特性影响。常用的光量子计主要有罗丹明 B 乙醇溶液(3 g/L)、硫酸奎宁(4 g/L，0.5 mol/L H_2SO_4)和荧光素(2 g/L，0.1 mol/L NaOH)等。这些物质能吸收一定波长范围内的全部入射光，并在某一特定峰位具有与激发波长无关的量子产率和最大发射荧光波长。如罗丹明 B 乙醇溶液可吸收 200~600 nm 内全部的入射光，且其荧光量子产率及发射最大波长(630 nm)基本上与激发波长无关。这样，罗丹明 B 乙醇溶液就能够提供一个恒定波长的荧光信号和一个正比于激发光光量子的信号，而 PMT 此时检测到的信号就反应了真实的激发光的光量子数与波长的关系。具体校正方法如下：

将盛有罗丹明 B 乙醇溶液的石英比色皿光量子计放入样品室，在荧光接收单色仪入口处放置红光滤光片以滤除其他杂散光，并保证仅让 630 nm 荧光通过。将荧光接收单色仪的出射波长调至 630 nm，然后对与激发光源配合使用的单色仪进行扫描，把探测器接收到的信号进行归一化处理，就得到了激发光强度与波长的关系的校正曲线，可用来对样品激发进行校正。

2. 发射光谱的校正：

可采用已知光谱分布的标准灯或标准荧光物质进行校正。

采用已知光谱输出 $L(\lambda)$的标准灯校正方法如下：利用荧光谱仪测量标准灯各个波长的光强度 $I(\lambda)$，将 $S(\lambda)=I(\lambda)/L(\lambda)$定义为各个波长下的灵敏系数，用 $S(\lambda)$除以实际测得的光谱即得到校正的发射光谱。

而采用标准荧光物质校正就是将标准荧光物质的实际测量光谱与其标准光谱对照，从而得到各个波长的校正系数。这些标准荧光物质主要有硫酸奎宁、*β*-萘酚和 *m*-硝基二甲苯胺等。

9.4 光致荧光谱测试的应用和实例

9.4.1 杂质及其浓度的测量

半导体材料晶体结构特征的平移对称性造成了电子能级的能带结构，而缺陷和杂质的存在破坏了晶格的周期性，并对能带结构产生了局部的微扰。而这些微扰通常可表征为能带中的分立能级，它们在低温下可以俘获载流子，如果俘获的载流子能够进行辐射复合跃迁，则可以通过荧光光谱分析杂质或缺陷的能级位置。

图 9.24 为在高纯区熔硅衬底上经不同表面处理后沉积的硅外延薄膜的光致荧光谱，其中样品 *a* 和 *b* 的衬底分别经原位 HCl 腐蚀约 0.5 μm 和约 2 μm 后再沉积硅薄膜；而样品 *c* 则在沉积前衬底经 1190°C 10min 的烘烤[20]。可见，三种薄膜和衬底中均出现了与 P、B 杂质相关的峰，而薄膜 *b* 和 *c* 中则有很强的与 Al 相关的发光峰。通过对比生长和衬底过程，可知 Ga、As 主要来自于薄膜外延生长过程，而 Al 则可能来自于衬底的清洗过程。

图 9.25 为 CdTe 半导体材料 4.2K 温度的光致荧光谱，其中 1.5895 eV 处的受主束缚激子(A_0, X) 发光峰是由于 Cu 杂质引入的，而 1.5885 eV 处的受主束缚激子发光峰则是由于 Ag 杂质引入的。

通过发光峰位置不仅可以识别半导体材料中的杂质种类，还可以结合杂质发光峰强度来定量分析杂质的浓度。但这在测试中还很难做到，光致荧光的强度很容易受到诸如样品表面形貌、温度、光化学反应、氧的引入以及激发光源的强度、功率和波长等因素的影响。其他影响强度的因素还有入射和收集光时的聚焦区域、探测器的响应速度以及光路的构筑等。当然，如果这些因素能够很精确的得以控制，光致荧光的强度就可以用来研究样品杂质含量了。例如，对于氮杂质浓度在 10^{17}~$10^{19}cm^{-3}$ 的 GaP，可以在 77 K 下观测氮杂质束缚激子跃迁发光峰与其纵向光学声子(LO)带边或与氮对发光峰强度的比值，就可以得到氮杂质的浓度。对于 GaAs 材料，通过相似的比值分析，就可以得到 EL2 缺陷和杂质 Mn 的大致浓度。

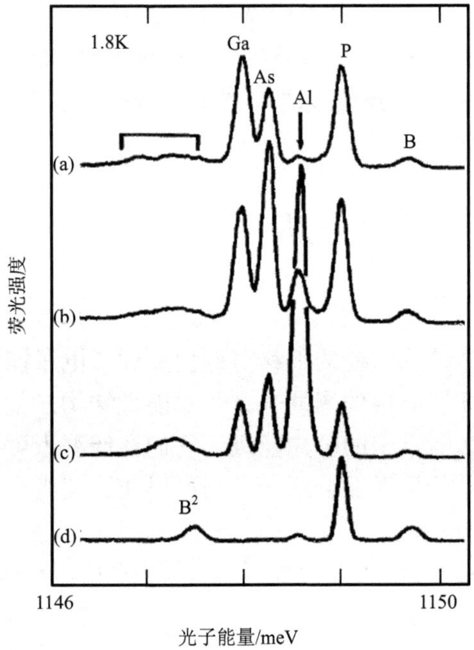

图 9.24　三种外延硅薄膜(a)~(c)及其衬底区熔硅材料(d)的光致荧光谱[20]

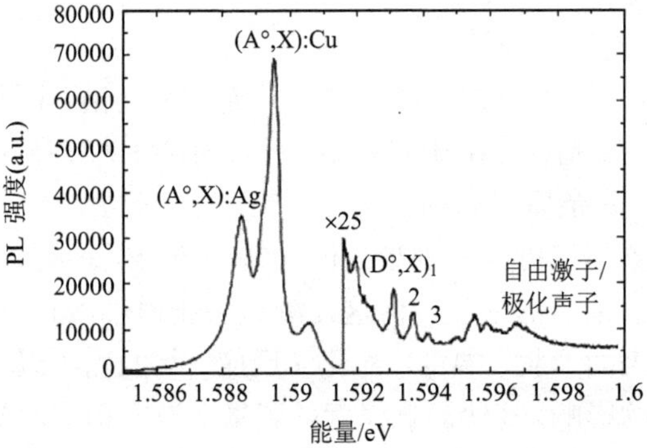

图 9.25　CdTe 半导体材料 4.2K 温度下自由激子和束缚激子光致荧光谱[21]

9.4.2　化合物组分的测量

Ⅲ-Ⅴ族三元化合物半导体材料目前在发光器件中被广泛地应用，其能带结构及禁带宽度具有随组分比例变化而变化的特点，因而就可以通过光致荧光测量其禁带宽度，从而确定其组分百分比。如 GaAlAs 三元化合物的组分可以用下式表达：

$$E(x)=1.424+1.247\times x \tag{9.9}$$

其中，$E(x)$为禁带宽度，以 eV 为单位；x 为组分 AlAs 的百分比。图 9.26 GaAlAs 三元混晶室温光致荧光谱，可知其禁带宽度为 1.643eV，代入式(9.9)，即可得到三元化合物中 AlAs 的比例为 17.6%。

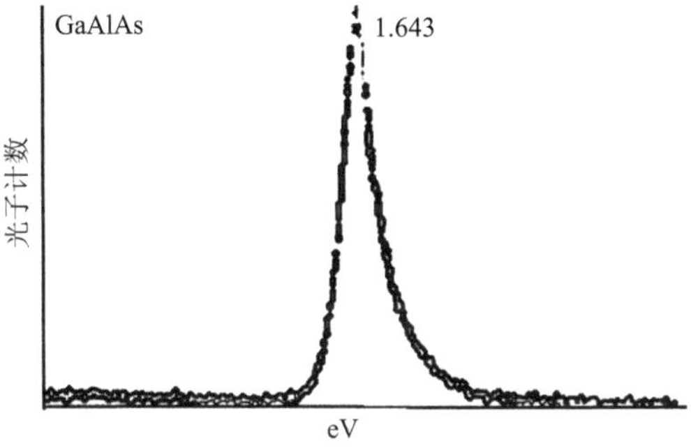

图 9.26 GaAlAs 三元混晶室温光致荧光谱[22]

9.4.3 成分均匀性的测量

半导体材料成分均匀性对器件的特性有着很大的影响，因而对材料成分均匀性的表征就有一定的意义，而扫描光谱正是研究半导体材料成分均匀性的一种直接且方便的手段。

图 9.27 为 $Cd_{1-x}Zn_xTe$ 材料的室温光致荧光扫描谱，可以清楚地看出沿晶体生长方向上 Zn 成分的分凝；而图 9.28 则是 $Cd_{1-x}Zn_xTe$ 局部室温 PL 扫描光谱，图中细小生长条纹是由于生长过程中温度波动造成的成分不均[21]。

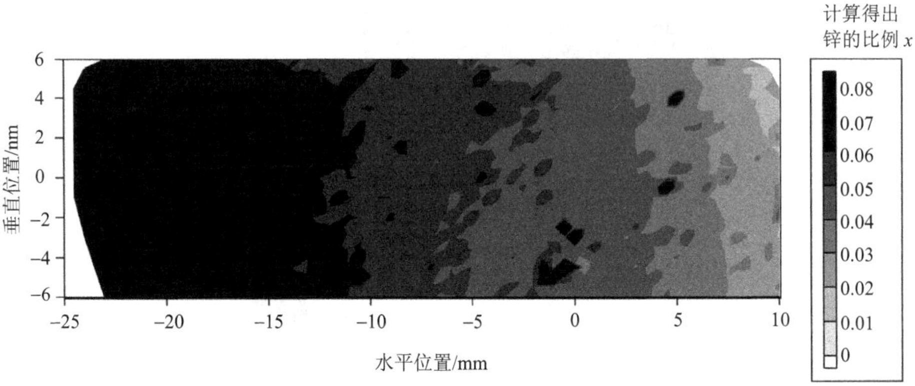

图 9.27 室温 $Cd_{1-x}Zn_xTe$ 材料沿晶体生长方向的荧光扫描光谱[21]

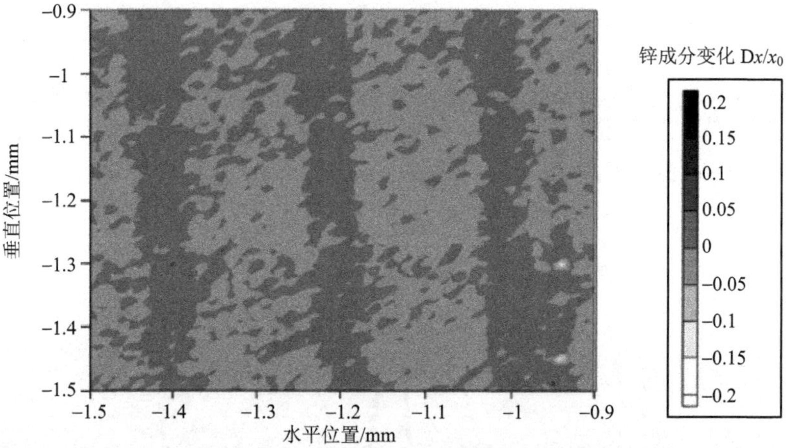

图 9.28　$Cd_{1-x}Zn_xTe$ 局部室温 PL 扫描光谱[21]

9.4.4　位错的测量和表征

位错是半导体材料中常见的晶格缺陷，位错的悬挂键以及位错与杂质的相互作用造成的位错上杂质富集都会对器件的电学、光学特性产生影响。因此，对位错的研究也是很必要的，而光致荧光方法也是进行相关研究的有力手段之一。

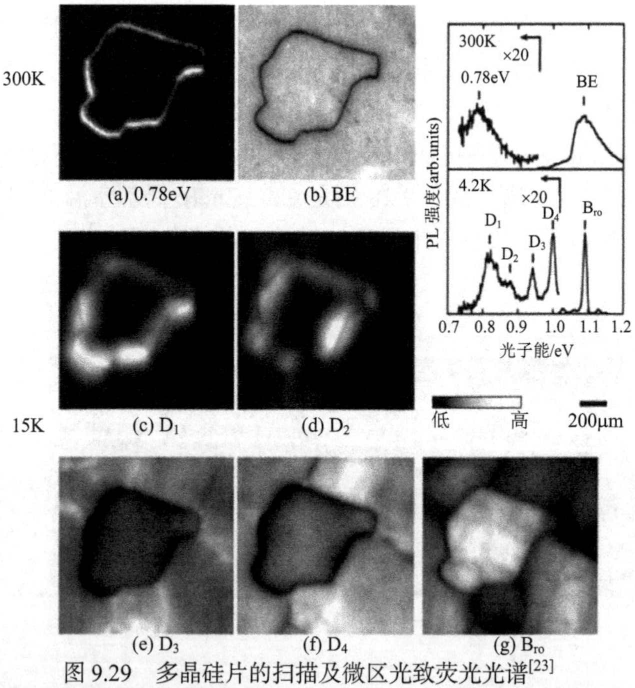

图 9.29　多晶硅片的扫描及微区光致荧光光谱[23]

铸造多晶硅材料在太阳电池中的应用越来越广泛，但其内部由于晶界、位错等缺陷的存在，对载流子收集效率起到很大的影响作用。因此，对于晶界、位错等的缺陷研究就非常必要。图 9.29 为铸造多晶硅片上晶界附近区域的扫描及微区光致荧光光谱。其中，图 9.29(a)和(b)为 300 K 时 0.78 eV 和硅带边发光扫描谱；图 9.29(c)、(d)、(e)、(f)和(g)分别为 15 K 位错的 D_1、D_2、D_3、D_4 和 TO 声子伴随的 B 束缚激子发光扫描谱，右上为 300 K 和 4.2 K 时材料的荧光发射光谱。从图中可以看出，图 9.29(b)中带边发光峰扫描谱中有一环状发光，其来源为形成小角晶界的位错团簇。而图 9.29(c)和(d)中 D_1 和 D_2 发光峰强度在环内低，在环周边则较强，而且二者强度的分别在环上和周边是互补的。而 D_3 和 D_4 发光峰则与 TO 声子伴随的 B 束缚激子发光峰一样，分段的呈现在扫描光谱中。图 9.30 为与图 9.29 铸造多晶硅片相同部位的变温光致荧光谱。可见位错相关的发光峰强度随着温度升高而降低，到 150 K 已无法探测到，其发光峰被 0.82 eV 处的一个很宽的发光带所取代。

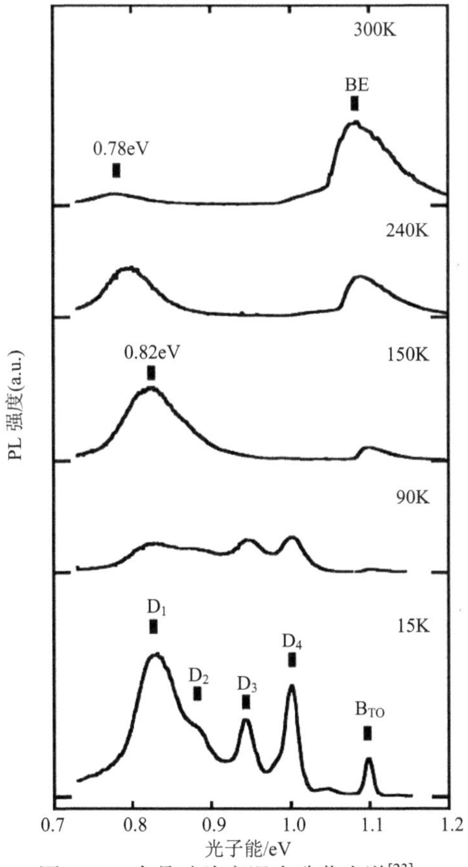

图 9.30　多晶硅片变温光致荧光谱[23]

另外，而对于超大规模集成电路而言，硅单晶片要经历很多道热处理工艺，由于热应力的冲击，有可能产生位错缺陷，从而影响器件性能。此时，可利用光致荧光扫描谱对硅片进行检测，提供相应的信息。图 9.31 为 300 mm 硅片经过高温热处理后的全片光致荧光扫描图，由图可知，经过高温热处理后硅片边缘有明显的位错滑移[24]。

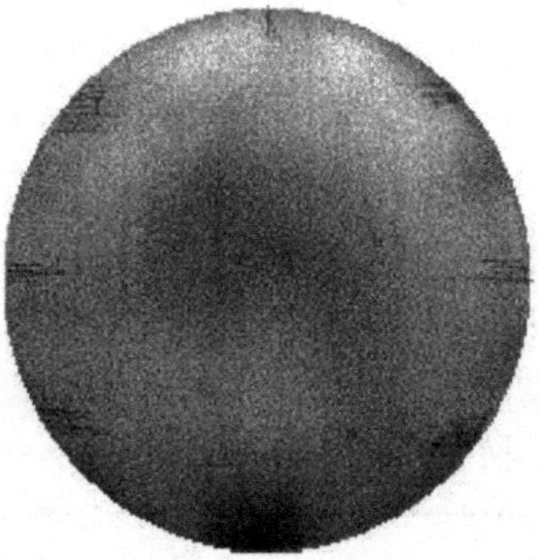

图 9.31　300 mm 硅片经过高温热处理后的扫描谱[24]

9.4.5　晶体质量的表征

低温光致荧光谱可以通过对比 D-A 对和深能级缺陷的荧光强度比率，来表征晶体的质量好坏。图 9.32 为 4.2 K 温度下两种不同晶体质量的 CdZnTe 材料的光

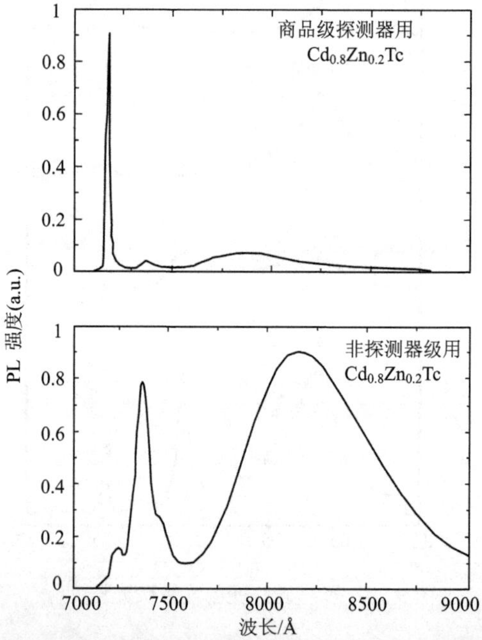

图 9.32　为 4.2K 温度下两种不同晶体质量的 CdZnTe 材料的光致荧光谱[21]

致荧光谱[21]。可见，晶体质量高的样品的光致荧光谱主要表现为施主束缚激子峰(D_0，X)(图 9.32 上)，而晶体质量较差的样品的光致荧光谱(图 9.32 下)主要表现为 D-A 对和缺陷的发光峰。

此外，而通过光致荧光峰的明锐程度(包括相邻峰位的可分辨程度)也可用来判断晶体质量的好坏。图 9.33 上下图分别为同一根 PbI_2 单晶材料中部和尾部取样的 4.2 K 时的近带边光致荧光谱。可见中部取样的样品的光致荧光发光峰非常明锐，也表明该部分晶体的质量要好于尾部的。

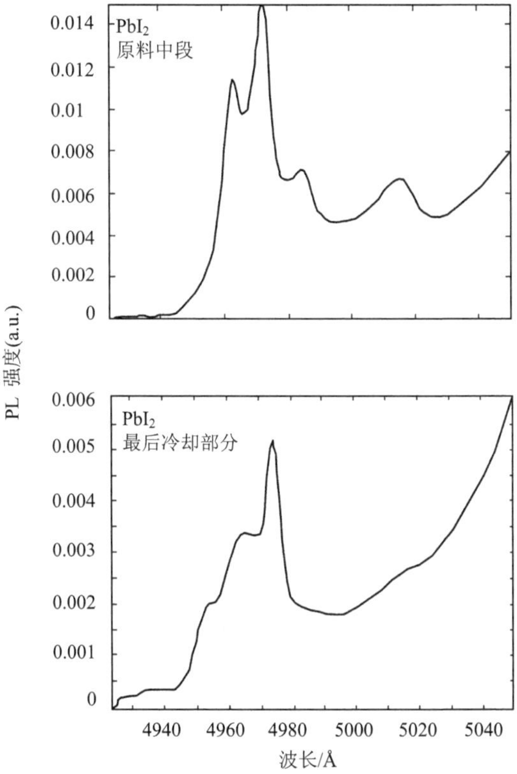

图 9.33 4.2 K 温度下 PbI_2 单晶材料中部(上)和尾部(下)取样样品的近带边光致荧光谱[21]

9.4.6 纳米半导体材料的测量

由于低维纳米结构的量子限域效应，使得高速高效的电子器件、发光和感光器件得以实现，因此，量子点、量子阱等半导体纳米结构得到了广泛的研究。光致荧光是分析和研究半导体纳米材料的有力工具之一，它不仅可以直接反映材料内部载流子的跃迁和传输机制，而且可以直接得到量子点数量、尺寸、载流子寿命与跃迁路径等影响光电子器件特性的重要信息。

当纳米颗粒或量子点的尺寸 r 小于其玻尔半径时，其能隙也随着尺寸的变化而变化，能隙宽度ΔE 的变化反比于尺寸的平方，即

$$\Delta E \propto 1/r^2 \tag{9.10}$$

可见，不同尺寸的纳米量子点，其光致荧光波长也就不同。因此，光致荧光也可作为一种有效快速检测量子点尺寸的工具。图 9.34 为 InAs、InP 和 CdSe 纳米核壳结构随尺寸变化的光致荧光谱。可见随着 3 种量子点尺寸减小，其光致荧光峰位发生了蓝移。

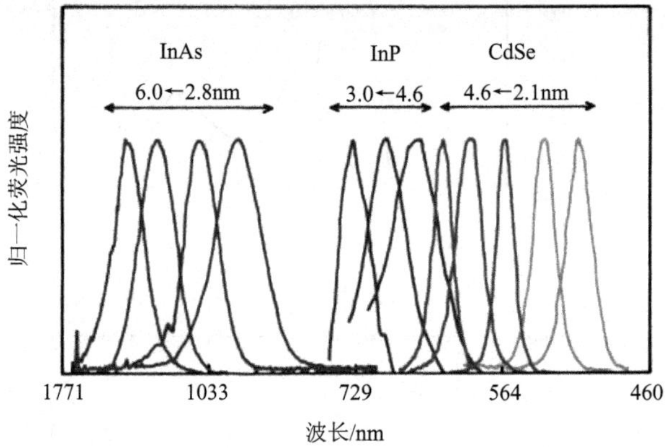

图 9.34　InAs、InP 和 CdSe 纳米核壳结构随尺寸变化的光致荧光谱[25]

量子点的光致荧光特点，也被用在与蛋白质芯片检测相关的方面。图 9.35 是利用光致荧光研究量子点与罗丹明之间的共振能量转移过程的示意图以及其光致荧光谱。为了提高蛋白质芯片检测的灵敏度，量子点经巯基乙酸修饰与生物素标记的牛血清白蛋白结合，并使之与四甲基罗丹明标记的亲和素作用，这样就可以观察到量子点与四甲基罗丹明之间有荧光共振、能量转移的现象。进一步地，光致荧光的结果表明量子点可在蛋白质–蛋白质键合分析中作为荧光共振能量转移的供体，从而大大提高了蛋白质检测的灵敏度。

总之，光致荧光是一种有力的半导体材料和器件研究工具，特别是对发光材料和器件的研究。光致荧光对于提高半导体材料和器件的发光效率，了解半导体材料辐射量子效率、发光寿命以及跃迁弛豫过程等重要信息[27]，有着至关重要的作用。当然，光致荧光也有其局限性，当研究的对象不具有辐射发光特性时，光致荧光分析也就无法起到作用。而且，对于具有辐射发

光特性的对象的研究，光致荧光分析获得的原始数据也可能与真实的物理现象有很大的差距，需要配合其他仪器分析及推理才能推测出真实的物理本质。

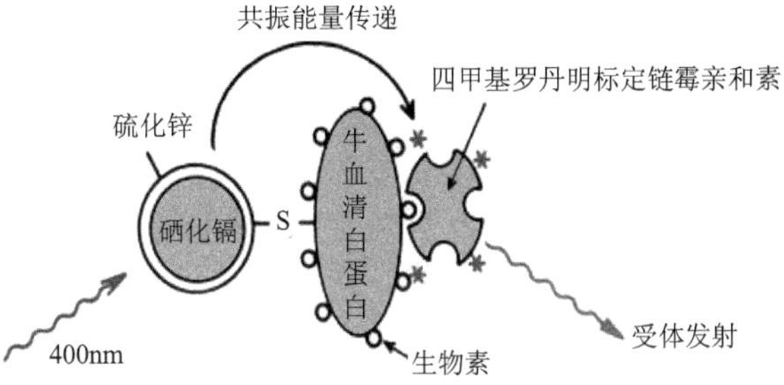

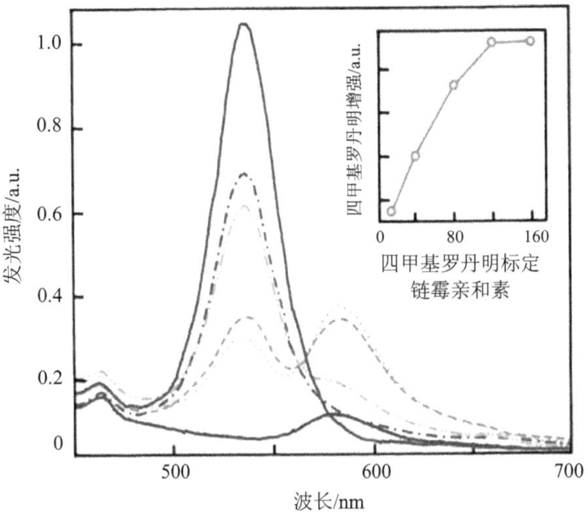

图 9.35　量子点与罗丹明之间的共振能量转移过程示意图(上)及其光致荧光谱(下)[26]

参 考 文 献

[1] Joseph H. Simmons, Kelly S. Potter，Optical materials. San Diego: Academic Press, 2000.

[2] Kita A H, Solid state luminescence. New York: Chapman & Hall, 1993.

[3] Kevin K. Smith. Photoluminescence of semiconductor materials. Thin solid Films, 1981, 84: 171-182.

[4] Mark Fox. Optical properties of solids. London: Oxford University Press, 2001.

[5] Nakamura S, Sakashita T, Yoshimura K, Yamada Y, Taguchi T. Temperature dependence of free-exciton luminescence from high-quality ZnS epitaxial layers. Jpn J Appl Phys, 1997, 36, Part 2 No.4B: L491- L493.

[6] Gordon Davies. The optical properties of luminescence centres in silicon. Physics Reports, 1989, 176 (3-4): 83-188.

[7] Hammond R B, McGill T C, Mayer J W. Temperature dependence of the electron-hole-liquid luminescence in Si. Phys Rev B, 1976, 13(8): 3566-3568.

[8] Guder H S, Abay B, Efeoglu H, Yogurteu Y K. Radiative recombination centers in GaTe. Bulgarian Journal of Physics, 2000, 27(2): 72-75.

[9] Kuskovsky I L, Neumark G F, Tischler J G, Weinstein B A. Resonant donor defect as a cause of compensation in p-type ZnSe: Photoluminescence studies under hydrostatic pressure. Phys Rev B, 2001, V63: 161201.

[10] Sauer R. Evidence for bound multiple-exciton complexes in silicon. Phys Rev Letts, 1973, 31(6): 376-379.

[11] Kornitzer K, Ebner T, Grehl M, Thonkel K, Sauer R, Kirchner C, Schwegler V, Kamp M, Leszczynski M, Grzegory I, Porowski S. High-Resolution Photoluminescence and Reflectance Spectra of Homoepitaxial GaN Layers. Phys stat sol (b), 1999, 216: 5-9.

[12] Baur J, Maier K, Kunzer M, Kaufmann U, Schneider J, Amano H, Akasaki I, Detchprohm T, Hiramatsu K. Infrared luminescence of residual iron deep level acceptors in gallium nitride (GaN) epitaxial layers. Appl Phys Lett, 1994, 64 (7): 857-859.

[13] Brundle C R, Evans Jr C A, Wilson S. Encyclopedia of materials characterization: Surface, Interfaces, Thin Films. Chat. 7, 371-384, Manning Publications Co, 1992 .

[14] Skolnick M S, Mowbray D J. SELF-ASSEMBLED SEMICONDUCTOR QUANTUM DOTS: fundamental physics and device applications. Annu Rev Mater Res, 2004, 34: 181-218.

[15] Guénaud C, Deleporte E, Voos M, Delalande C, Beaumont B, Leroux M, Gibart P, Faurie J P. Photoluminescence excitation spectroscopy of GaN thin layers as a function of temperature. MRS J.Nitride Semiconductor Research, Volume 2, Article 10.

[16] Ozgur U, Teke A, Liu C, Cho S, Morkoc H, Everitt H. Stimulated emission and time-resolved photoluminescence in rf-sputtered ZnO thin films. Appl Phys Letts, 2004, V84(7): 3223-3225.

[17] Bunea G E, Herzog W D, Ünlü M S, Goldberg B B. Time-resolved photoluminescence studies of free and donor-bound exciton in GaN grown by hydride vapor phase epitaxy. Appl Phys Letts V, 1999, 75(6): 838-840.

[18] Kalt H. Nano-Photoluminescence. Lect Notes Phys, 2005, 658: 51-70.

[19] Joseph R. Lakowicz. Principles of fluorescence spectroscopy. Third Edition. BerLin: Spring, 2006.

[20] Thewalt M L W, Steele A G, Huffman J E. Photoluminescence studies of ultrahigh-purity epitaxial silicon. Appl Phys Letts V, 1986, 19(21): 1444-1446.

[21] Kaufmann, Elton N. Characterization of Materials. New York: John Wiley & Sons, 2003: 681-688.

[22] http://www.horiba. com/scientific/products/optical-spectroscopy/application-notes/photoluminescence- measurement jobinyvon.com, Characterization of Semiconductors with Photoluminescence Measurement Systems.

[23] Inoue M, Sugimoto H, Tajima M, Ohshita Y, Ogura A. Microscopic and spectroscopic mapping of dislocation-related photoluminescence in multicrystalline silicon wafers. J Mater Sci: Mater Electron, 2008, 19: S132-S134.

[24] Higgs V, Chin F, Wang X, Mosalski J, Beanland R.Photoluminescence characterization of defects in Si and SiGe structures. Journal of physics. Condensed matter, 2000, 12(49): 10105-10121.

[25] Bruchez M, Moronne M, Gin P, Weiss S, Alivisatos AP. Semiconductor nanocrystals as fluorescent biological labels Science, 1998, 281: 2013-2016.

[26] Willard D M, Carillo L L, Jung J, Orden A V. CdSe-ZnS quantum dots as resonance energy transfer donors in a model protein–protein binding assay. Nano Lett, 2001, 1(9):469-474.
[27] 中国科学院半导体研究所理化分析中心研究室. 半导体的检测与分析. 北京: 科学出版社, 1984.

第 10 章　紫外–可见吸收光谱测试

由于物质对光的吸收具有选择性，当改变通过某一物质的入射光的波长，并且记录该物质在每一波长处的吸光度时，这样就可以获得该物质的吸收光谱。

由于分子中电子能级的范围刚好在紫外–可见光(200~800 nm)波段，因此当入射光的波长在 200~800 nm 时，所获得的吸收光谱就是紫外–可见吸收光谱。研究各种物质的紫外–可见吸收光谱，可以为研究它们的内部结构提供重要的信息。而基于上述原理进行分析的方法，称为紫外–可见光分光光度法。紫外–可见光分光光度法自 19 世纪问世以来，已有一百多年的历史。由于它具有较高的精度、设备简单、检测快速可靠、测试范围较广等优点，可用于微量元素分析、高纯物质测试、环境及生物化学研究等方面，并在半导体材料研究和开发领域广泛应用。

本章首先介绍紫外–可见吸收光谱的基本概念和基本原理，其次介绍紫外–可见吸收光谱的方法和设备，最后介绍紫外–可见吸收光谱在半导体材料中的应用。

10.1　光吸收的基本原理

10.1.1　光的吸收

物质对光的吸收是物质的分子、原子或离子与辐射能相互作用的一种形式。通常，只有当入射光子的能量与吸光体原子的基态和激发态的能量差相等时，引起电子在能级间的跃迁，入射光才会被吸收。因此，光的吸收是非连续的。而且，不同物质的原子从基态跃迁到激发态所需的能量各有差异，故它只能选择性地吸收与之相当的波长的光，它们的关系服从普朗克条件，即

$$\Delta E = E_{激发态} - E_{基态} = h\nu = h\frac{c}{\lambda} \tag{10.1}$$

式中，h 是普朗克常数，c 是光在真空中传输的速度，λ 是被吸收光波的波长。

除此而外，分子也能对光有吸收，同样是由于电子在能级之间的跃迁引起的。分子内部能量的变化 ΔE 主要有 3 部分组成：振动能变化 $\Delta E_{振动}$、转动能变化 $\Delta E_{转动}$和电子运动能量变化 $\Delta E_{电子}$，如图 10.1 所示。在三者中，$\Delta E_{电子}$最大，其范围大约在 1~10 eV。$\Delta E_{振动}$大约比 $\Delta E_{电子}$小 10 倍，而 $\Delta E_{转动}$比 $\Delta E_{电子}$小 100 或者 1000 倍。

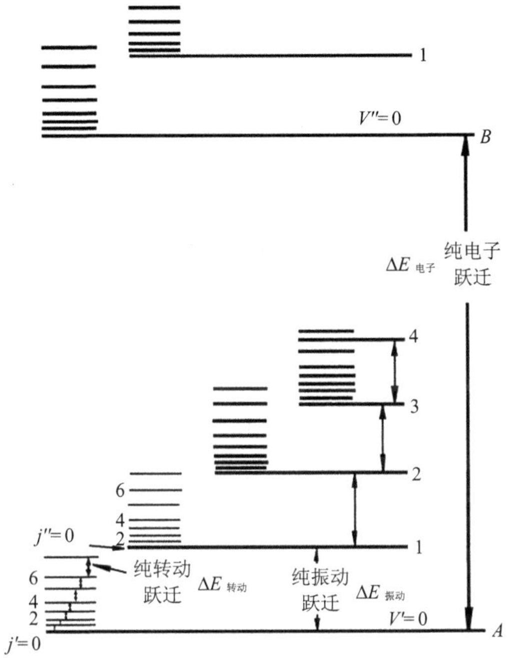

图 10.1 分子能级示意图[1]

由于物质对光的吸收具有选择性，当改变通过某一物质的入射光的波长，并且记录该物质在每一波长处的吸光度时，这样就可以获得该物质的吸收光谱。由于分子中从基态到激发态的电子能级的能量变化范围刚好对应于被吸收光的紫外–可见光(200~800nm)波段，因此，紫外–可见吸收光谱可以探测材料分子中电子在能级间的跃迁，近而可以研究材料的内部结构(如禁带)和定量分析[1]。

10.1.2 朗伯–比耳定律

材料对光的吸收可以用吸收定律加以描述。布格(Bouguer)和朗伯(Lambert)先后于 1729 年和 1760 年阐明了光的吸收和吸收层厚度的关系，称为朗伯定律。1852 年比耳(Beer)又提出了光的吸收和吸收物浓度之间的关系，称为比耳定律。两者的结合称为朗伯–比耳定律，是描述光吸收的基本定律[1]。

朗伯–比耳定律，是通过研究光在溶液中的吸收规律获得的，如图 10.2 所示，显示了入射强度为 I_0 的光在通过长度为 b、截面积为 s 的吸光体的示意图。先考察吸收层厚度为 dx 的小体积单元内的吸收情况。光强为 I_x 的光束通过小体积单元吸收层后，减弱了 dI_x，因此 $-\mathrm{d}I_x/I_x$ 表示吸收率。根据量子理论，光束强度可以看作是单位时间、单位体积内流过光子的总数，于是 $-\mathrm{d}I_x/I_x$ 可以看做是光束通过吸收介质时每个光子被物质分子吸收的平均概率。从另一方面看，只有在近似分子尺寸的范围内，物质分子与光子相互碰撞时才有可能捕获光子。

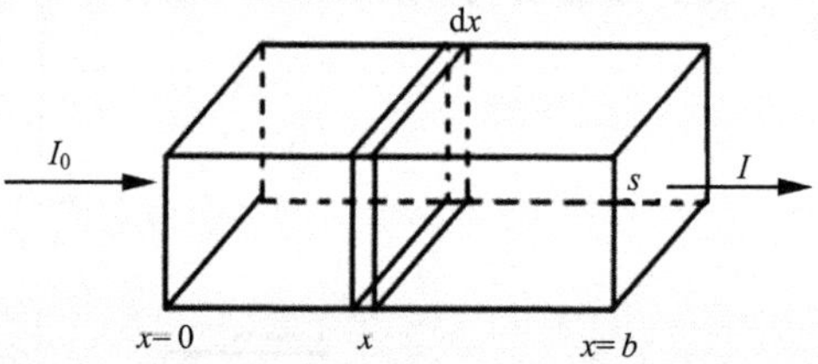

图 10.2　强度为 I_0 的光通过长度为 b、截面积为 s 的吸光体的示意图

由于小体积单元无限小，因此在其中吸光的分子截面积 ds 对总辐照截面积 s 之比 ds/s，可以视为物质分子捕获光子的概率。所以：

$$-\frac{\mathrm{d}I_x}{I_x}=\frac{\mathrm{d}s}{s} \tag{10.2}$$

若吸收介质内含有多种吸光分子，每一种吸光分子都要对光吸收作出贡献，总吸收截面就等于各吸光分子的吸收截面之和：

$$\mathrm{d}s=\sum_{i=1}^{m}a_i\mathrm{d}n_i \tag{10.3}$$

式中，a_i 是在小单元体积中第 i 种吸光分子对指定频率的光子的吸收截面，dn_i 是在小单元体积中第 i 种吸光分子的数目，m 是能吸光的分子的种类。结合式(10.2)和(10.3)，得到

$$-\frac{\mathrm{d}I_x}{I_x}=\frac{1}{s}\sum_{i=1}^{m}a_i\mathrm{d}n_i \tag{10.4}$$

当光束通过厚度为 b 的吸收层时，产生的总吸光度等于在全部吸收层内吸收的总和，对式(10.4)积分，得到

$$\ln\frac{I_0}{I}=\frac{1}{s}\sum_{i=1}^{m}a_i n_i \tag{10.5}$$

吸光度是指吸光体对光的吸收程度，通常人们用 $A=\log\frac{I_0}{I}$ 来表示，因此，根据吸光度 A 的定义，并将式(10.5)代入，得到

$$A=\log\frac{I_0}{I}=\frac{0.4343}{s}\sum_{i=1}^{m}a_in_i \tag{10.6}$$

由于$s=\dfrac{V}{b}$，V是溶液的体积，单位是L，b是液层厚度(光程长度)，单位是cm，代入式(10.6)得

$$A=\log\frac{I_0}{I}=\frac{0.4343b}{V}\sum_{i=1}^{m}a_in_i \tag{10.7}$$

由于溶液的摩尔浓度$C=\dfrac{1000n}{NV}$，C是溶液的摩尔浓度，单位是$mol\cdot L^{-1}$，N是阿伏伽德罗常数，n为吸光分子的数目，将$\dfrac{n}{V}$代入式(10.7)得

$$A=\log\frac{I_0}{I}=4.343\times10^{-4}Nb\sum_{i=1}^{m}a_iC_i \tag{10.8}$$

然后，将式(10.8)中的常数和光子的吸收界面a_i合并为单一项，以ε_i表示，称为摩尔吸光系数，则式(10.8)变为

$$A=\log\frac{I_0}{I}=b\sum_{i=1}^{m}\varepsilon_iC_i \tag{10.9}$$

一般对于单一组分，上式可以表示为

$$A=\log\frac{I_0}{I}=\varepsilon bC \tag{10.10}$$

当浓度C单位以g/L表示时，常数ε改用a来表示，称为吸光系数，这时式(10.10)变为

$$A=abC \tag{10.11}$$

10.1.3 固体中光的吸收规律

实际上，式(10.10)是物质对光吸收的基本规律。它不仅适用于溶液，而且能很好地适用于固体和气体。当光在固体中传播时，由于C为常数，将式(10.10)中的εC定义为α。另外，光通过吸光体的长度b相当于样品的厚度d，因此式(10.10)变为

$$A = \log\frac{I_0}{I} = \alpha d \tag{10.12}$$

对上式简化可得

$$\frac{I_0}{I} = \mathrm{e}^{\alpha d} \tag{10.13}$$

对上式两边倒数，求 I 可得

$$I = I_0 \mathrm{e}^{-\alpha d} \tag{10.14}$$

式中，α 为吸收系数，单位为 cm^{-1}；d 为光在固体中的传播距离，单位为 cm。吸收系数 α 实际上表示：光在固体中传播距离 $d = 1/\alpha$ 时，光强衰减到了原来的 $1/e$。根据吸光度 A 的定义，可以获得两者的相互关系为：$\alpha = \dfrac{2.303A}{d}$。从式(10.14)还可以知道，光在固体中传播时，其强度遵从指数衰减规律，这和实验中观察的结果相符。

另外，光在物体中的吸收还可以利用透光度或透光率 T 来表示。透光度是指强度为 I_0 的入射光照射物体，部分光被吸收，出射光的强度变为 I，其出射光和入射光的强度之比，一般用透光率 $T = \dfrac{I}{I_0}$ 表示。根据吸光度 A 的定义，可以获得两者的相互关系为 $A = -\log T$。在实际测量中，往往是测量物质的透光率，然后再转化为吸光强度。

10.1.4　半导体材料中光的吸收规律

通常，紫外–可见光的吸收主要是由于电子从基态到激发态的跃迁导致的，而在半导体材料中，电子从基态到激发态的跃迁是和它们的能带结构相关的，因此光的吸收规律必然和它们的能带结构相关[2]。

半导体材料的能带结构一般可以分为直接禁带(或带隙)和间接禁带。比如，氧化锌(ZnO)、砷化镓(GaAs)、硫化镉(CdS)等化合物半导体材料属于直接禁带半导体，而硅(Si)、锗(Ge)元素半导体材料等属于间接禁带半导体。这两种类型的半导体材料的紫外–可见光谱具有共同的特征，即存在一个特征吸收边，不同的物质有不同的吸收边。另外，同一种物质在不同的吸收波段，其吸收系数是不同的，在强吸收区，吸收系数α比较大，随着光子能量的变化为幂指数变化，指数可能为1/2，3/2，2等；在 e 指数吸收区，吸收系数随光子能量为 e 指数变化；在弱吸收区，吸收系数一般相对比较小。但是，这两种半导体材料的紫外–可见光的吸收机理又是不相同的，对于具有直接禁带的半导体材料，其光的吸收是和电子的直接跃迁有关，这种跃迁可分为允许的直接跃迁和禁戒的直接跃迁；对于具有间接禁带的半导体材料，其光的吸收则是和电子的间接跃迁相关。

1. 允许的直接跃迁

直接跃迁指的是半导体材料价带中的电子在吸收一个光子的能量后，直接从价带跃迁到相同波矢的导带中。根据绝热近似和单电子近似，通过直接跃迁能量和波矢的关系，以及对吸收光谱进行计算，可以获得吸收系数和光子能量的关系：

$$\alpha = B(h\nu - E_{\mathrm{g}})^{1/2} \tag{10.15}$$

式中，α 代表半导体材料的吸收系数，B 为常数，$h\nu$ 为光子的能量，E_{g} 为半导体的禁带宽度。从上述关系式可以知道，这里的吸收系数与能量的关系服从1/2次定律。根据上式还可以知道，$\left[\dfrac{\alpha}{B}\right]^2$ 和 $h\nu$ 为线性关系，因此由半导体的吸收光谱，作$\left[\dfrac{\alpha}{B}\right]^2$ 和 $h\nu$ 的图谱，就得到线性吸收边。如果将吸收边的线性关系延伸到与 $h\nu$ 轴相交(即在$\alpha = 0$)的地方，就可以得到半导体的带隙 E_{g}。一般将用这种方法得到的带隙叫做光学带隙，它的测量是紫外–可见吸收光谱在半导体材料中最常见的应用。

2. 禁戒的直接跃迁

在某些情况下，即使在直接禁带的半导体材料中，其价带顶和导带低都在 K 空间的原点，但是它们之间的跃迁(即 $K = 0$)可能被选择定则禁止，而 K 不为 0 的情况下的跃迁反而被允许，一般把这种跃迁称为禁戒的直接跃迁。同样通过计算，可以得到吸收系数和光子能量的关系：

$$\alpha = B(h\nu - E_{\mathrm{g}})^{3/2} \tag{10.16}$$

式中，α 代表半导体的吸收系数，B 为常数，$h\nu$ 为光子的能量，E_{g} 为半导体的禁带宽度。从上述关系式可以知道，这里的吸收系数与能量的关系服从3/2次定律。而且，$\left[\dfrac{\alpha}{B}\right]^{2/3}$ 和 $h\nu$ 为线性关系，因此由半导体材料的吸收光谱，作$\left[\dfrac{\alpha}{B}\right]^{2/3}$ 和 $h\nu$ 的图谱，得到线性吸收边。同样的，如果将吸收边的线性关系延伸到与 $h\nu$ 轴相交(即$\alpha = 0$)的地方，也可以得到半导体材料的光学禁带。

3. 间接跃迁

在间接带隙的半导体材料中，由于价带顶和导带低在 K 空间的位置不同，加上光子的波矢比电子的波矢要小的多，为了满足动量守恒的原则，必须要借助其他过程(如声子参与或杂质散射)来实现电子在能级间的跃迁，这种电子跃迁方式称为间接跃迁。通过计算，可以得到吸收系数和光子能量的关系：

$$\alpha = B(h\nu - E_{\mathrm{g}})^2 \tag{10.17}$$

式中，α 代表半导体的吸收系数，B 为常数，$h\nu$ 为光子的能量，E_{g} 为半导体的禁带宽度。从上述关系式可以知道，这里的吸收系数与能量的关系服从平方定律。因此由间接半导体材料的吸收光谱，作 $\left[\dfrac{\alpha}{B}\right]^{1/2}$ 和 $h\nu$ 的图谱，就可以得到线性吸收边。进一步地，将吸收边的线性关系延伸到与 $h\nu$ 轴相交的地方，可以得到间接带隙半导体材料的光学禁带。

10.2　紫外–可见光分光光度测试原理

10.2.1　紫外–可见光分光光度计

紫外–可见光分光光度计是在紫外和可见光范围内，改变通过样品的入射光波长，并测得不同入射光波长下样品的吸光度，从而获得样品信息的分析仪器。目前，紫外–可见光分光光度计型号繁多，从分光光度计本身来看，它可分为两大类：一类是单波长分光光度计，另一类是双波长分光光度计。单波长分光光度计又可分为单光束和双光束两类，其中单光束分光光度计中只有一束光线，而双光束分光光度计是把入射单色光分裂为两束，一束通过样品吸收池，另一束通过参比样品吸收池。目前，单波长的双光束分光光度计是国际上应用最广的一种紫外–可见光分光光度计。

双波长分光光度计是让两束不同波长的单色光分别交替通过同一样品吸收池，而直接读出这两个波长的吸光度差的仪器，它可以方便地由吸光度差值求出样品中被测组分的含量。如果选择适当的波长，还可以在干扰组分的存在下，不经分离而直接得到被测组分的含量。

和其他分析仪器相比，紫外–可见光分光光度计具有以下特点：① 较高的灵敏度，对一般半导体材料可测到 10^{-3}~10^{-6}mol/L。而且，有一定的准确度，该方法相对误差为 2%~5%，可满足对微量组分测定的要求。② 操作简便、快速、选择性好，仪器设备简单。近年来由于新显色剂和掩蔽剂的不断出现，提高了选择性，一般不分离干扰物质就能测定材料的性质。③ 应用广泛，可测定大多数无机物质及具有共轭双键的有机化合物。不仅在半导体材料，而且在化工、医学、生物学等领域中也常用来剖析天然产物的组成和结构、测定化合物的含量及研究生化过程等。④ 根据半导体中带间跃迁的吸收规律，紫外–可见光分光光度计还可以研究半导体的带隙以及半导体纳米颗粒尺寸的大小。

10.2.2　紫外–可见光分光光度计测试原理

图 10.3 是单波长单光束分光光度计测试系统的结构示意图。从图中可以知道，由光源产生的光束经过单色器后分离出单色光，该单色光经过样品吸收后，照射到探测器上，经探测器将光信号转化为电信号，最后进入数据处理系统，获得样品在此波长处的吸光度。

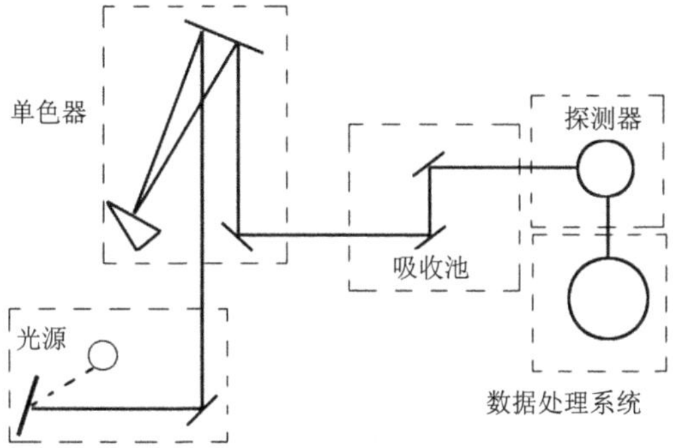

图 10.3　单波长单光束紫外–可见光分光光度计结构示意图[2]

根据朗伯–比耳定律(10.12)，可以得到

$$A_\lambda = \log \frac{I_0}{I_\lambda} = \varepsilon_\lambda bC \tag{10.18}$$

式中，A_λ 为入射光波长为 λ 时样品的吸收度，C 为样品的浓度，b 为吸收池的光程长度，ε_λ 为待测样品在波长为 λ 时样品的吸光系数。从上式可以知道，当入射波长固定时，ε_λ 和吸收池的光程 b 都为常数，因此只要获得样品的吸光度，就可以获得样品的浓度，这是分光光度法进行定量分析的依据。在实际应用中，通过改变入射光的波长，就可以获得波长和吸光度的相互关系，也就是紫外–可见吸收光谱。

10.3　紫外–可见光分光光度计系统

10.3.1　紫外–可见光分光光度计构成

紫外–可见光分光光度计是基于光的吸收定律设计的，尽管目前紫外–可见光分光光度计结构越来越复杂，但是其基本结构主要由五部分组成，包括光源、单色器、吸收池、探测器和数据处理系统，其示意图如图 10.3 所示。

1. 光源

紫外–可见光分光光度计中光源是指在紫外–可见光波段提供入射光的单元，其基本要求是：在比较宽的光谱区域内，发出高强度、分布均匀、在一定时间内保持稳定的连续光谱。通常，光源可分为两类：一类是自发辐射光源，包括热光源和气体放电光源两种；另一类是受激辐射光源(激光光源)。

在可见、近红外光区测量时，常用钨灯或碘钨灯等热光源作为光源，它发出的光波长范围为 320~2500 nm。在测量时，其发出光的强度随灯丝温度的增高而增大，但是温度太高会影响光源的寿命。另外，光强也受电源电压的影响，因此必须使用稳压器以提供稳定的电源电压，保证光源光强稳定不变。

在紫外光区测量时，常采用氢灯或氘灯等气体发光光源，它们发出光的波长范围为 180~375 nm。

由于激光光源和普通的光源相比具有独特的性质，如单色性好、谱线强度大、方向性好和相干性强，是研究半导体材料分子和原子超细结构的有力手段。目前由于激光技术的发展，商品化的激光器已非常普遍，可以提供波长在紫外–可见光范围内的连续激光光谱。

2. 单色器

单色器是将光源发出的连续光分解为单色光，并能自主调节单色光波长的装置。采用两个单色器的分光光度计称为双波长的分光光度计，而采用一个单色器的分光光度计称为单波长的分光光度计。它是紫外–可见光分光光度计最重要的元件，一般由入射狭缝、出射狭缝、准直镜和色散元件组成。

入射狭缝主要是限制杂散光进入分光光度计，而出射狭缝主要是改变出射光的带宽和单色光的纯度。准直镜主要是把来自狭缝的光束转化为平行光，并把来自色散元件的平行光聚焦在出口狭缝上。色散元件主要是把连续的混合光分解为单色光，一般为棱镜或光栅，是决定单色器质量的主要元件。

光源产生的光束通过入射狭缝，经准直镜使其成为平行光后，通过棱镜，产生折射而色散，从而将复合光按波长顺序分解为单色光。移动棱镜或出射狭缝的位置，就可使所需波长的光经出射狭缝而照射到样品上。因此，棱镜的色散率和出射狭缝的宽度就决定了单色光的纯度。棱镜一般由玻璃或石英材料所制成，但是玻璃吸收紫外光，所以玻璃棱镜仅适用于 350~3200 nm 波长范围，即应用于可见光分光光度计。而石英棱镜可用于 185~4000 nm 的波长范围，它可适用于紫外–可见光分光光度计。

光栅则是利用光的衍射与干涉作用制成的另一种色散元件。它的优点是适用波长范围宽、色散均匀和分辨率高，缺点是各级光谱会有重叠而相互干扰，必须选用适当的滤光片消除不需要的次级光谱干扰。由于光栅的刻制和复制技术不断提高，其质量大为改善，成本也逐渐下降，因此，它已经广泛使用在各种紫外–可见光分光光度计上。

3. 吸收池(样品室)

吸收池也就是样品室。由于早期的紫外–可见光分光光度计主要用于液体样品的测试，因此吸收池主要用于放试样液，也称比色皿。它是由无色透明、能耐腐蚀的光学玻璃或石英制成的，能透过所需光谱范围内的光线。可见光区用玻璃吸收池，紫外光区用石英吸收池。同一厚度的吸收池之间的透光率误差应小于0.5%。使用时应注意吸收池放置的位置，使其透光面垂直于光束方向。并且，要保持吸收池的光洁和清洁，指纹、油腻或四壁的积垢都会影响透光率，特别要注意透光面不受磨损。

目前紫外–可见光分光光度计也用于固体样品的测试，对于薄膜或者块体样品一般使用样品夹。在样品室中，假如有两束光分别通过标准样品和待测样品，称为双光束，而只有单束光通过待测样品，称为单光束。

4. 探测器

它是一种光电转换元件，利用光电效应使透过的光转换成电流进行测量。这种光电转换器对测定波长范围内的光要有快速、灵敏的响应，所产生的光电流必须与照射在检测器上的光强度成正比。

简易分光光度计一般使用为光电池或光电管作为检测器。由于光电倍增管的灵敏度高、响应快，是目前最常见的探测器。但是，光电倍增管在强光照射下会引起不可逆损害，因此光电倍增管不适合高能量入射光。另外，光电二极管阵列也可以作为检测器，其特点是响应速度快，但灵敏度不如光电倍增管。

5. 数据处理系统

数据处理系统是把光电流或放大的信号以适当方式显示或记录下来的装置。早期一般利用检流计、微安计、电位计、数字电压表、*x-y*记录仪、示波器及数据台等设备，目前由于计算机技术的发展，一般将探测器获得的电信号，输入计算机，由计算机完成数据处理。

10.3.2　紫外–可见光分光光度计发展

随着分光元器件及分光技术、检测器件与检测技术、大规模集成制造技术等的发展，以及单片机、微处理器、计算机和DSP技术的广泛应用，分光光度计的性能指标不断提高，并向自动化、智能化、高速化和小型化等方向发展。

在分光元器件方面，经历了棱镜、机刻光栅和全息光栅的过程，商品化的全息闪耀光栅已迅速取代一般刻划光栅。在仪器控制方面，随着单片机、微处理器的出现以及软硬件技术的结合，从早期的人工控制进步到了自动控制。在显示、记录与绘图方面，早期采用表头(电位计)指示、绘图仪绘图，后来用数字电压表数字显示，如今采用液晶屏幕或计算机屏幕显示。在检测器方面，早期使用光电池、光电管，后来更普遍地使用光电倍增管甚至光电二极管阵列。阵列型检测器和凹面光栅的联合应用，使仪器的测量速度发生了质的飞跃，且性能更加稳定可靠，受到仪器用户的青睐，安捷伦的 HP8452／8453 型分光光度计就是典型代表之一。

在仪器构型方面，从单光束发展为双光束，现在几乎所有高级分光光度计都是双光束的。有些高精度的仪器还采用双单色器，使得仪器在分辨率和杂散光等方面的性能大大提高，如 Varian(瓦里安)的 Caryl／3／400 型分光光度计。

另外，随着集成电路技术和光纤技术的发展，联合采用小型凹面全息光栅和阵列探测器以及 USB 接口等新技术，已经出现了一些携带方便、用途广泛的小型化甚至是掌上型的紫外–可见分光光度计。

同时，现代分光光度计生产厂商都非常重视仪器配套软件的开发。除了仪器控制软件和通用数据分析处理软件外，很多仪器针对不同行业应用开发了专用分析软件，给仪器使用者带来了极大的便利。

图 10.4 是 HITACHI(日立)U-4100 日立双单色器、双光束紫外–可见–近红外光谱仪，特别适合半导体材料的光谱性能研究，是目前国际上功能较好的分光光度系统之一。

图 10.4　HITACHI(日立)U-4100 紫外–可见–近红外光谱仪

10.4　紫外–可见吸收光谱测试的应用和实例

10.4.1　能带带隙的测量

1. 直接禁带半导体材料能带带隙测量

根据半导体材料带间跃迁的吸收规律可以知道，对于直接禁带半导体材料，其吸收系数和光子能量的关系一般为 1/2 方律，即 $\alpha = B(h\nu - E_g)^{1/2}$，因此通过紫外–可见吸收光谱，可以获得直接禁带半导体的禁带宽度。

图 10.5 是利用化学沉积及后续热处理的方法制得的 CdS 薄膜的紫外–可见透射光谱[3]。从图中可以看出，在入射光小于 500 nm 的波长范围内透射率很低，而在大于 500 nm 的波长范围内透射率很高。由于 CdS 是直接禁带的半导体材料，作 α^2 和 $h\nu$ 的图谱，得到线性吸收边，将吸收边的线性关系延伸到与 $h\nu$ 轴相交，即在 α=0 的地方，就可以得到 CdS 薄膜的带隙 E_g，如图中插图所示。从图中可以知道，利用化学沉积制备的 CdS 薄膜的禁带宽度为 2.39 eV，这和 CdS 块体材料基本相同。

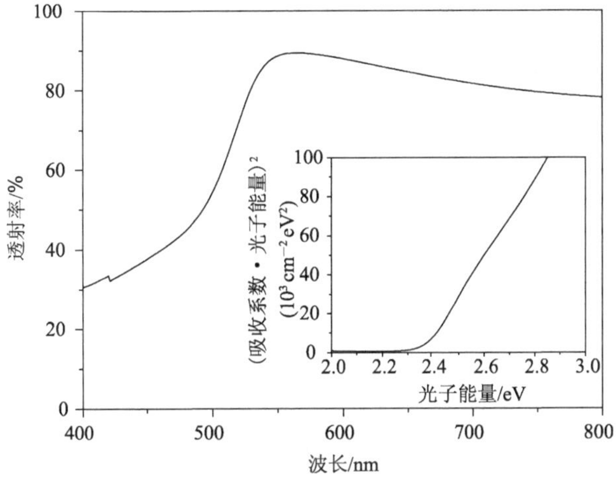

图 10.5 CdS 薄膜的紫外–可见透射光谱

插图是其吸收系数和光子能量的关系图[3]

2. 间接禁带半导体材料能带带隙测量

同样的，对于间接禁带半导体材料，其吸收系数和光子能量的关系一般为平方律，即 $\alpha = B(h\nu - E_g)^2$，因此通过紫外–可见吸收光谱，同样可以获得间接禁带半导体材料的禁带宽度。

图 10.6 是利用化学沉积及后续热处理的方法制得的 TiO_2 薄膜的紫外–可见透射光谱[4]。从图中可以知道，TiO_2 薄膜主要吸收紫外光，而在可见光波段的透射率大约为 72%。由于 TiO_2 是间接禁带的半导体材料，作 $\alpha^{1/2}$ 和 $h\nu$ 的图谱，得到线性吸收边，将吸收边的线性关系延伸到与 $h\nu$ 轴相交，就可以得到 TiO_2 薄膜的带隙 E_g，如图中插图所示。从图中可以知道，利用化学沉积及后续热处理的方法制备的 TiO_2 薄膜的禁带宽度为 3.2eV，这和锐钛矿结构的 TiO_2 块体

材料基本相同。

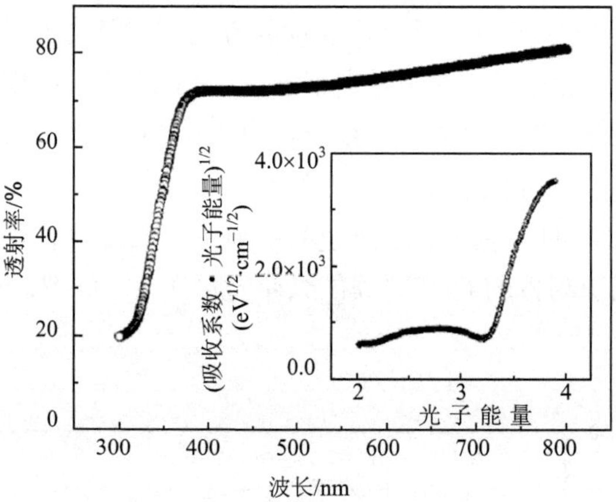

图 10.6 TiO_2 薄膜的紫外–可见透射光谱

插图是其吸收系数和光子能量的关系图[4]

10.4.2 掺杂剂浓度的测量

部分半导体材料的掺杂浓度可以严重影响其禁带宽度，两者之间存在一定的关系，因此，通过紫外–可见吸收光谱获得半导体的禁带宽度，从而可以获得半导体材料中掺杂浓度的信息。

图 10.7 是通过脉冲激光沉积法制得的 ZnO 薄膜中掺 Cd 样品的紫外–可见吸收光谱[5]。从图中可以看出，ZnO 薄膜的吸收光谱有明显的吸收边，并且随着 Cd 掺杂含量的增加，ZnO 薄膜的吸收边向长波方向移动。因此，通过带间跃迁吸收定律，就可以获得不同 Cd 掺杂含量下的 ZnO 禁带宽度。对比 Cd 掺杂浓度和禁带宽度的关系可以知道，两者呈线性关系，如图中插图所示。从插图中可以知道，Cd 掺杂含量和 ZnO 禁带宽度的关系为

$$E_g(y) = 3.28 - 4.40y + 5.93y^2 \tag{10.19}$$

因此，利用紫外–可见吸收光谱，测试 ZnO 材料的禁带宽度，然后通过上式，可以计算出 ZnO 材料中 Cd 的掺杂浓度。

图 10.8 是利用脉冲激光沉积技术制得的 ZnO 掺 Mg 薄膜的紫外–可见吸收光谱[6]。从图中可以知道，和 ZnO 中掺 Cd 相反，随着 Mg 掺杂含量的增加，ZnO 薄膜的吸收边向短波方向移动。通过带间跃迁吸收定律，就可以获得不同 Mg 掺杂量的 ZnO 禁带宽度，如图中插图所示。从插图中可以知道，Mg 掺杂

含量和 ZnO 禁带宽度的关系也是呈线性关系，同样可以通过禁带宽度来计算掺杂 Mg 的浓度。

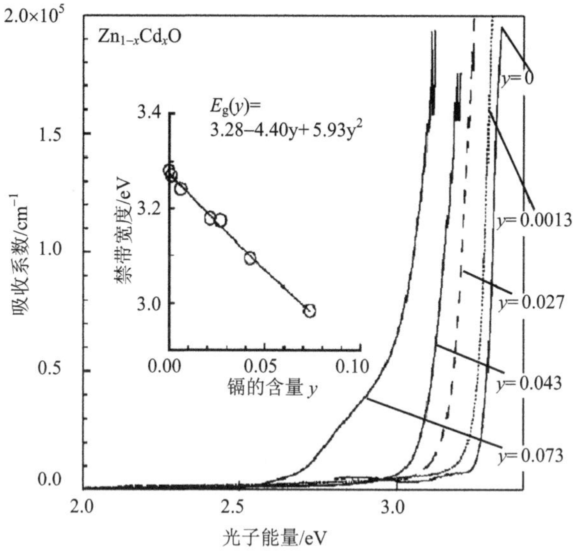

图 10.7 通过脉冲激光沉积法制得的 ZnO 薄膜中掺 Cd 样品的紫外–可见吸收光谱

插图是 Cd 含量和 ZnO 能带的关系图[5]

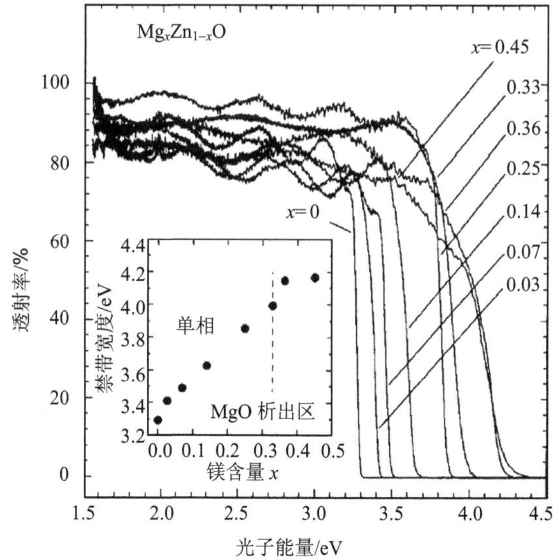

图 10.8 利用脉冲激光沉积技术制得的 ZnO 掺 Mg 薄膜的紫外–可见吸收光谱

插图是 Mg 含量和 ZnO 能带的关系图[6]

图 10.9 是利用高温化学反应制得的 Zn_xCdS_{1-x} 纳米颗粒的紫外–可见吸收光谱[7]。

从图中可以知道随着 Zn 含量的增加，Zn_xCdS_{1-x} 纳米颗粒的吸收边向短波方向移动，其禁带宽度从 2.42~3.7eV 变化。通过带间跃迁吸收定律，可以获得 Zn 掺杂量和 CdS 禁带宽度的关系为

$$E_g(x) = 2.5 + 0.59x + 0.61x^2 \tag{10.20}$$

因此，通过 Zn_xCdS_{1-x} 纳米颗粒禁带宽度的测试可以获得 Zn 的掺杂含量。

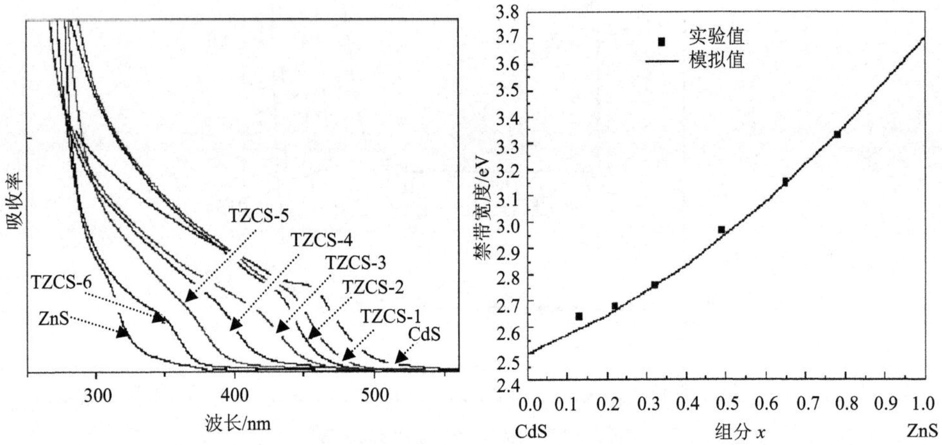

图 10.9　左图是利用高温化学反应制得的 Zn_xCdS_{1-x} 纳米颗粒的紫外–可见吸收光谱；右图是 Zn 含量和 Zn_xCdS_{1-x} 纳米颗粒能带的关系图[7]

10.4.3　纳米半导体尺寸的测量

一般情况下，当半导体材料的尺寸下降到一定程度时，其费米能级附近的电子能级由准连续转变为分立能级，同时半导体材料的能隙变宽。如果尺寸小于其本身的激子玻尔半径，还会表现明显的量子效应，此时半导体材料的禁带宽度为[8]

$$E(r) = E_g + \frac{\pi^2 h^2}{2\mu r^2} - \frac{1.78e^2}{\varepsilon r} - 0.248E_{Ry}^* \tag{10.21}$$

式中，$E(r)$ 表示纳米材料的吸收带隙，r 表示粒子的半径，$\mu = \left[\frac{1}{m_{e^-}} + \frac{1}{m_{h^+}}\right]^{-1}$ 表示粒子的折合质量，其中 m_{e^-} 和 m_{h^+} 分别为电子和空穴的有效质量。式中第二项表示量子限域能，第三项表示电子–空穴对的库仑作用能，$E_{Ry}^* = \frac{\mu e^4}{2\pi^2 h^2}$ 表示有效里德

伯量。从上式可以看出，随着 r 的减小，其吸收带隙将会增加，表现为光谱中吸收峰的蓝移。因此，可以根据纳米半导体材料禁带宽度的变化，来计算纳米材料的尺寸。

图 10.10 是利用高温化学反应制得的 CdSe 纳米颗粒的紫外–可见吸收光谱[9]。从图中可以看出，随着 CdSe 纳米颗粒尺寸的减少，其吸收峰向高能方向移动。利用直接禁带半导体带间跃迁定律，首先算出不同直径 CdSe 纳米颗粒的禁带宽度，然后结合式(10.21)，就可以获得 CdSe 纳米颗粒的直径了。从图 10.10 可以得到，利用高温化学反应制得的 CdSe 纳米颗粒的直径为 0.93~3.35 nm。

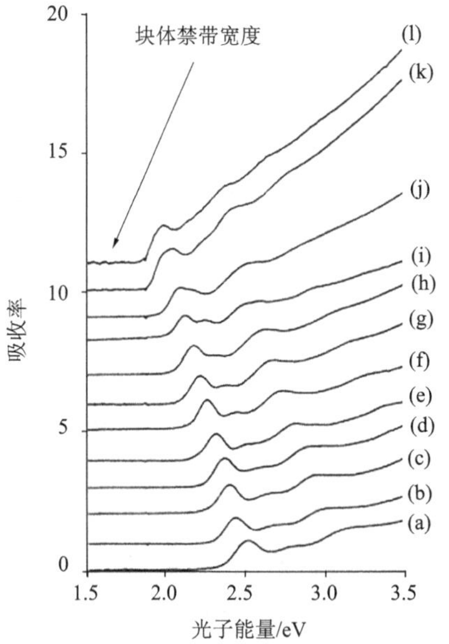

图 10.10　利用高温化学反应制得的不同尺寸的 CdSe 纳米颗粒的紫外可见吸收光谱[9]

(a)0.93 nm; (b)1 nm; (c)1.04 nm; (d)1.07 nm; (e)1.14 nm; (f)1.23 nm;(g)1.32 nm; (h)1.41 nm; (i)1.59 nm; (j)1.8 nm; (k)2.42 nm; (l) 3.35 nm

图 10.11 是利用金属钠在有机溶剂中将氯化硅还原得到的硅纳米颗粒的紫外可见吸收光谱[11]。从图中也可以知道，随着硅纳米颗粒尺寸的减少，其吸收边向短波方向移动。由于硅为间接禁带半导体材料，利用间接禁带半导体带间跃迁定律，可以计算出不同直径硅纳米颗粒的禁带宽度，然后结合式(10.21)，就可以获得硅纳米颗粒的直径。利用上述方法可知，图 10.11 中硅纳米颗粒的直径为 3.28~8.85 nm。

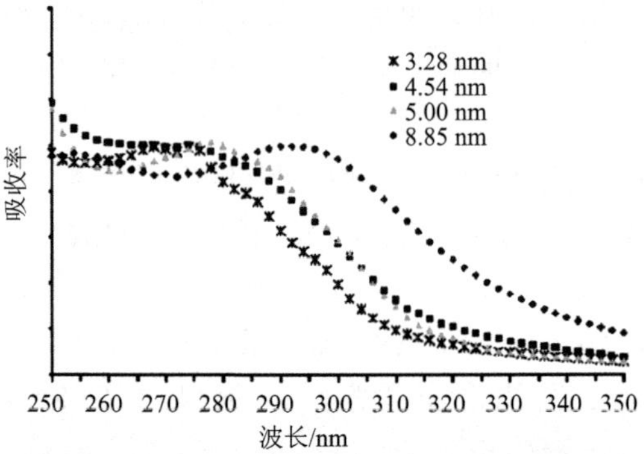

图 10.11　利用还原反应制得的不同尺寸的硅纳米颗粒的紫外–可见吸收光谱[10]

10.4.4　纳米半导体材料的生长监控

由于纳米半导体材料的尺寸和其禁带宽度相关，因此利用紫外可见吸收光谱可以原位监控纳米半导体材料的形核和生长。

图 10.12(a)是利用高温化学反应生长 CdSe 纳米颗粒的实时紫外可见吸收光谱。从图中可以看出，随着反应时间的延长，CdSe 纳米颗粒的吸收峰逐渐红移且变宽，表明 CdSe 纳米颗粒逐渐形核长大且尺寸分布变宽。根据朗伯–比耳定律，可以获得 CdSe 纳米颗粒的浓度和时间的关系，并且利用式(10.21)得到 CdSe 纳米颗粒尺寸和时间的关系，如图 10.12(b)所示。

从图中还可以知道，在反应的初始阶段 0.004 秒，CdSe 纳米颗粒的尺寸为 1.75 nm。在后续的 2 s 内，CdSe 纳米颗粒数量逐渐增加，而后 CdSe 纳米颗粒的数量逐渐减少，表明 2 s 内是 CdSe 纳米颗粒的形核阶段。随着时间增加到 130 s 内，CdSe 纳米颗粒的尺寸增大到 5.4 nm，CdSe 纳米颗粒的数量急剧减少，并且其尺寸的分布变窄，这是纳米颗粒生长的主要阶段。在 130~670 s 内，CdSe 纳米颗粒的尺寸、数量以及 Cd^{2+}浓度相对稳定，这主要是由于纳米颗粒的生长和溶解的平衡导致的。随着反应时间的进一步延长，CdSe 纳米颗粒的尺寸进一步变大，其分布进一步变宽，而 Cd^{2+}浓度急剧下降，这是 CdSe 纳米颗粒的熟化过程。因此，通过紫外可见吸收光谱可以实时监控纳米半导体材料的生长。

总之，紫外–可见光吸收光谱主要用来测试材料的光学性质，不仅在化工、医学、生物学等领域广泛应用，而且在半导体材料方面也得到重要应用。通常，利用紫外–可见吸收光谱可以获得半导体材料能带方面的信息，进而可以得到半导体材料中掺杂浓度等信息；而且，可以结合量子尺寸效应对半导体材料能带的影响，还可以测试纳米半导体材料的尺寸；是半导体材料，特别是纳米半导体材料测试和分析的一个重要工具。

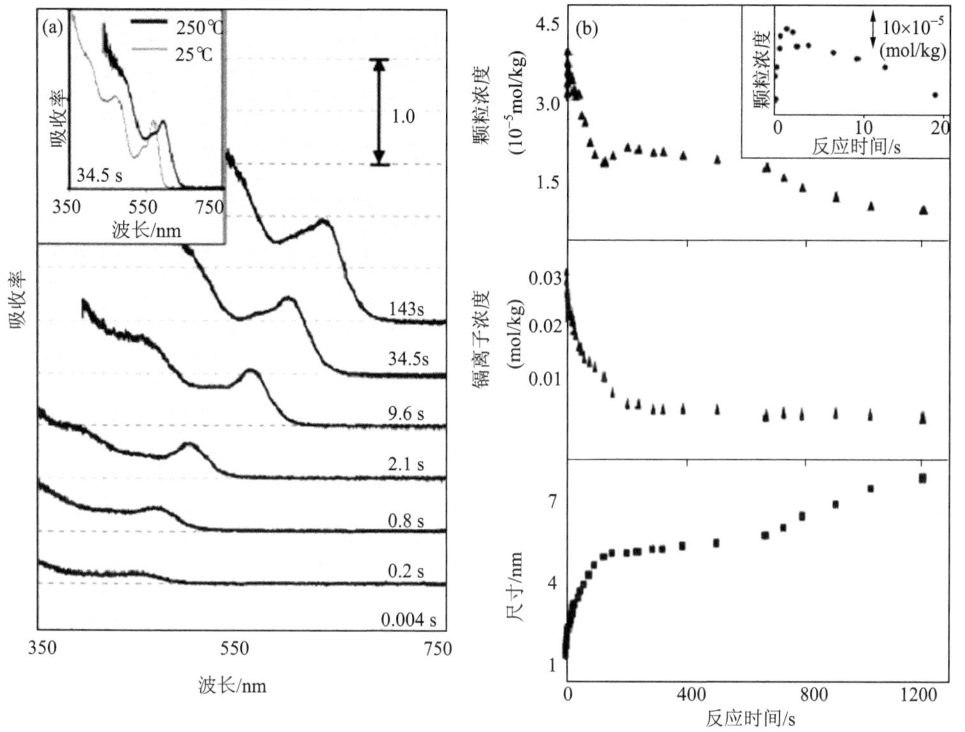

图 10.12

(a) 利用高温化学反应生长 CdSe 纳米颗粒的实时紫外可见吸收光谱；(b) CdSe 纳米颗粒的浓度、尺寸、Cd^{2+}浓度和时间的关系图[11]

参 考 文 献

[1] 陈国珍，黄贤智，刘文远，郑朱梓，王尊. 紫外–可见光分光光度计. 北京：原子能出版社, 1983.

[2] 方容川. 固体光谱学. 合肥：中国科技大学出版社, 2001.

[3] 张辉，马向阳，杨德仁. pH 值对化学沉积制备的 CdS 薄膜性质的影响. 太阳能学报, 2003, 24(2): 249.

[4] Sankapal B R, Lux-Steiner M C, Ennaoui A. Synthesis and characterization of anatase-TiO_2 thin film. Applied Surface Science, 2005, 239: 165.

[5] Makino T, Segawa Y, Kawasaki M, Ohtomo A, Shiroki R, Tamura K, Yasuda T, Koinuma H. Band gap engineering based on $Mg_xZn_{1-x}O$ and $Cd_yZn_{1-y}O$ ternary alloy films. Applied Physics Letters, 2001, 78: 1237.

[6] Ohtomo A, Kawasaki M, Koida T, Masubuchi K, Koinuma H, Sakurai Y, Yoshida Y, Yasuda T, Segawa Y. $Mg_xZn_{1-x}O$ as a II-VI widegap semiconductor alloy. Applied Physics Letters, 1998, 72: 2466.

[7] Li Y C, Ye M F, Yang C H, Li X H, Li Y F. Composition and shape controlled synthesis and optical properties of $Zn_xCd_{1-x}S$ alloyed nanocrystals. Advanced Functional Materials, 2005, 15: 433.

[8] 张立德，牟季美. 纳米材料与纳米结构. 北京：科学出版社, 2001.

[9] Bowen Katari J E, Colvin V L, Alivisators A P. X-ray photoelectron spectroscopy of CdSe nanocrystals with applications to studies of the nanocrystal surface. J Phys Chem, 1994, 98: 4109.

[10] Zou J, Sanelle P, Pettigrew K A, Kauzlarich S M. Size and spectroscopy of silicon nanoparticles prepared via reduction of $SiCl_4$. Journal of Cluster Science, 2006, 17: 565.
[11] Qu L H, Yu W W, Peng X G. In situ observation of the nucleation and growth of CdSe nanocrystals. Nano Letters, 2004, 4: 465.

第 11 章　电子束诱生电流测试

扫描电子显微镜(scanning electron microscope, SEM)是现代科学研究中不可缺少的分析与测试工具。根据 SEM 中电子束入射到样品，与样品相互作用所产生的各类信号，SEM 具有多种类型的工作模式。图 11.1 示意了 SEM 电子束入射到样品可能产生的各类信号，主要有：二次电子(secondary electron, SE)，背散射电子(backscattered electron, BE)，样品吸收电子(absorbed electron, AE)，电子束诱生电流(electron-beam-induced current, EBIC)，阴极荧光(cathodoluminescence，CL)，特征 X 射线(characteristic X-rays)，以及俄歇电子(Auger electron, AE)等，通常 SEM 采用的主要是二次电子和背散射电子工作模式。根据上述信号，人们可以得到被观察样品在形貌、晶向、化学性质、电学性质和光学性质等方面的信息。随着半导体产业的迅速发展，20 世纪 60 年代发展起来的 EBIC 技术，通过电子束入射在非金属样品中注入电子–空穴对，可以实现对非金属材料，特别是半导体材料或器件的电学性质的微观分析。并且测试方法简单、快速。经过许多研究人员的多年探索，并随着 SEM 仪器设备的不断改进，SEM-EBIC 测试系统被广泛地应用于半导体材料和器件等研究领域。

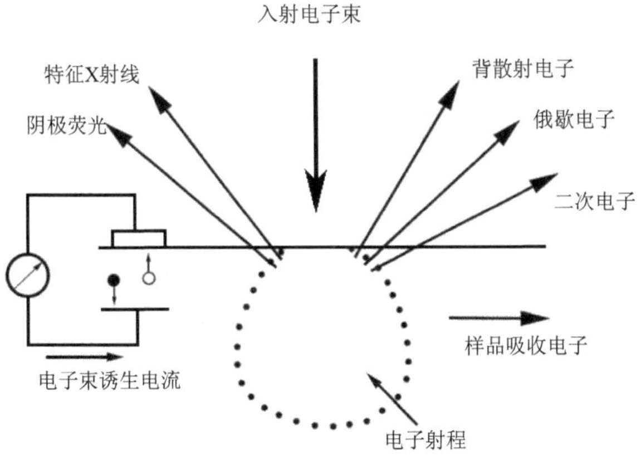

图 11.1　SEM 电子束入射与样品相互作用所产生的各类信号

1958 年，剑桥大学的 Everhart 等首次在 SEM 中观察到电子束诱生电流[1]，即 EBIC 现象。Everhart 等在利用 SEM 观察 pn 结样品的时候，发现电子束的入射使得 pn 结的反向暗电流发生了显著的变化，出现了一种电子束入射产生的“轰击”

电导性。这是因为：当电子束入射到样品中，高能入射电子与样品的价电子相互碰撞，在导带中产生一个自由电子，相应地在价带中产生一个空穴。如果无电场存在，这些多余的非平衡载流子就进行随机扩散，被陷阱俘获复合，直到所有的多余载流子都湮没。如果有电场存在，产生的非平衡载流子在电场的作用下，进行定向移动，就形成了电流。假如被观测样品本身作为信号探测器或收集器，而且能够提供电场，则这些电流将会被样品中的电场收集，并且作为成像信号输出，就成为了 EBIC 图像。

Everhart 等首先利用 EBIC 研究了载流子的局域扩散性质。1963 年，Westinghouse 实验室的研究人员在 SEM 中观察 MOS 晶体管(metal-oxide-semiconductor transistor)，得到了第一张 EBIC 图像。同年，Bell 实验室的 Lander 等[2]观察到了晶体缺陷位错的第一张 EBIC 图像。1965 年，Wittry 等[3]和 Higuchi 等[4]报道了通过 EBIC 测定半导体少数载流子扩散长度的方法。之后，Bell 实验室的 Czaja 等[5]利用 EBIC 研究了硅中位错和氧沉淀等缺陷。经过多年的探索和发展，EBIC 技术在半导体材料和器件中的应用日臻完善，主要应用有：测定半导体少数载流子扩散长度、探测 pn 结位置、研究晶体缺陷的复合现象以及半导体器件失效分析等。

本章将对 EBIC 的原理和技术进行系统的介绍，包括 EBIC 技术所涉及的一些基本物理过程和原理，SEM-EBIC 测试系统的构成，以及 EBIC 样品的结构要求和制备方法；随后，我们将重点列举了 EBIC 技术在半导体材料和器件研究中的各种应用，包括半导体材料或器件电学参数测定，缺陷电学复合特性分析，以及器件失效分析等。

11.1　电子束诱生电流测试的基本原理

当电子束入射到半导体样品中，会产生多余可移动的非平衡载流子(电子–空穴对)，如果样品内部存在内建电场(如 pn 结或 Schottky 结)或外加电场，多余的载流子将被电场收集，形成电流信号。多余载流子在收集过程中，可能被多数载流子复合掉，因此载流子的复合行为会影响 EBIC 的电流大小。通过对样品不同区域的逐点扫描、收集电流，得到 EBIC 的电流信号的面分布，最终形成 EBIC 电流衬度图像。

11.1.1　多余载流子的产生

入射电子束入射到半导体样品中，会产生多余载流子，其过程简单描述如下：高能入射电子束入射到样品中，初始的入射电子经过一系列的非弹性散射，与样品的价带电子相互碰撞，在导带中激发生成一个电子，并相应地在价带中生成一个空穴，即产生电子–空穴对，从而产生了多余的非平衡的载流子。通常，生成一个电子–空穴对的激发能量定义为 E_{eh}，它与半导体材料的禁带能量有关，一般是禁带能量 E_g 的 3 倍，而与入射电子束的能量和入射束源的种类无关[6]。

图 11.2 表示的是电子束入射的多余载流子产生率在空间上的分布[7]，是通过计算不同区域的离化率得到的。其中的 R_e 为在无大角度散射情况下，入射电子所经过的平均距离，简称为电子射程。从图 11.2 可知，在径向(r 方向)上，多余载流子主要集中在电子束垂直入射的区域；在深度方向(Z 方向)，多余载流子主要集中在近表面区域，并随着 Z 的增大而迅速减小。对于某一样品(E_{eh} 恒定)，在单位体积和单位时间内，入射电子束入射到样品，多余载流子(电子 – 空穴对)的产生率($cm^{-3}\,s^{-1}$)为

$$g(r,z)=\langle g\rangle\frac{E_b I_b(1-f)}{E_{eh}q} \tag{11.1}$$

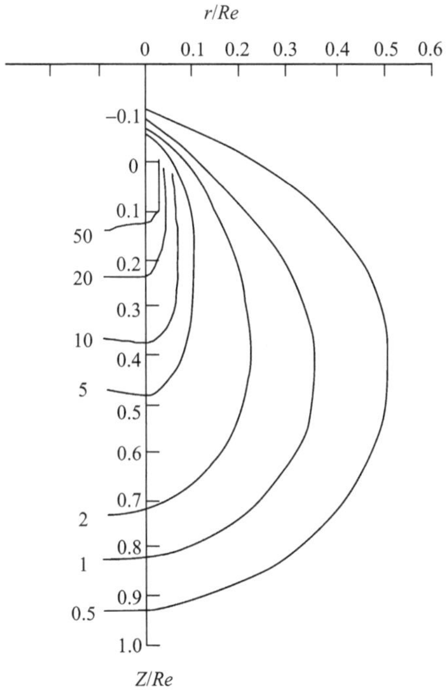

图 11.2 电子束入射的多余载流子产生率的空间标准化分布[7]

式中，$\langle g\rangle$ 为图 11.2 中多余载流子的空间标准化分布，E_b 为电子束能量(keV)，I_b 为电子束入射到样品表面时的电流，f 为入射到样品表面的电子束能量被样品反射的比率。由式(11.1)可知，多余载流子的产生率与被观察的半导体材料和入射电子束均有关，因此在实验观察中，选择合适的入射电子束能量和电流是关键。此外，

多余载流子在深度方向的分布与 R_e 密切相关。显然 R_e 又与入射电子束的能量和被观察的材料种类有关，其经验表达式为[8]：

$$R_e(\mu m) = \frac{0.0276A}{Z^{0.89}\rho} E_b^{1.67} \tag{11.2}$$

式中，A 为原子量(g/mole)，Z 为原子序数，ρ为材料密度(g/cm^3)，E_b 为电子束能量(keV)。

11.1.2　载流子漂移和扩散

在热平衡条件下，半导体样品中的电子和空穴处于平衡状态，满足 $pn = n_i^2$ 关系式。当高能电子束入射到半导体样品中，产生多余载流子，致使载流子分布处于非平衡状态，即 $pn > n_i^2$ 。低注入情况下，多余载流子的浓度相对于平衡载流子浓度来说是很小的，多余载流子主要改变少数载流子的浓度，而对多数载流子的浓度影响甚小，因此少数载流子的输运行为决定了两种载流子的运动。

无电场存在的情况下，载流子在样品中处于无规则的热运动状态(热运动速率为 v_{th})，与晶格发生随机碰撞，以保持总体的热平衡。为了保持电中性，在浓度梯度作用下，少数载流子会进行扩散，形成扩散电流。少数载流子的扩散性质通常用扩散长度 L 来表示，它与少数载流子寿命τ的关系为

$$L = \sqrt{D\tau} \tag{11.3}$$

D 为少数载流子的扩散系数。

在有电场存在的情况下，由于电场力的作用，电子和空穴将会沿着相反的方向进行漂移，形成漂移电流。载流子的漂移性质通常用迁移率μ来表示：

$$\mu = \frac{q\tau}{m} \tag{11.4}$$

m 为载流子的有效质量。电场可以是以外加电场形式，或者是样品本身的内建电场形式，内建电场通常位于样品的 pn 结或表面 Schottky 结。当浓度梯度和电场同时存在的情况下，扩散电流和漂移电流同时存在，两种电流叠加在一起，作为 EBIC 的成像信号。

11.1.3　载流子复合[9]

多余载流子打破了系统原来的热平衡状态，为了回复到热平衡状态，在多余载流子产生和扩散的同时，载流子的复合也在进行着。复合现象可以分为直接复合和间接复合。直接复合是指通过电子在导带和价带之间的直接跃迁，引起电子

与空穴的复合，通常发生在直接禁带半导体中；间接复合，是指电子和空穴通过禁带中的复合中心进行复合，在间接禁带半导体中较显著。依据复合过程释放的能量形式，将复合分为辐射复合(以光子形式辐射)和非辐射复合(以晶格热形式消耗)，它们都会影响 EBIC 的电流信号。

对于间接复合，决定复合发生概率的参数主要有俘获截面积σ，复合陷阱的浓度 N_T。假设少数载流子在被俘获之前运动的平均距离为 $1/\sigma N_T$，则从复合角度出发，载流子寿命τ可以表示为：

$$\tau = \frac{1}{\sigma N_T v_{th}} \tag{11.5}$$

由于少数载流子寿命是影响载流子输运过程的重要因素，因此 EBIC 的电流信号大小与少数载流子寿命长短密切相关，简单地讲，在少数载流子寿命较小的区域，则 EBIC 的电流信号相对较小。如果半导体材料中的杂质在禁带中形成能级，特别是过渡族金属杂质造成的深能级，会形成强复合中心，会大大降低载流子寿命，导致 EBIC 电流信号降低。此外，样品的表面状态对于载流子寿命也有显著的影响，最终会影响 EBIC 图像。

11.1.4 电流信号收集

EBIC 测试时，样品通常制备成 pn 结或者 Schottky 结，因此电流的收集就通过样品本身来实现。图 11.3 列出了各种电流收集系统的结构示意图[1]，图中 W 代表耗尽层宽度。图 11.3(a)和 11.3(b)是通过 pn 结来收集电流，图 11.3(c)和 11.3(d)是通过表面 Schottky 结来收集电流。图 11.3(e)为β电导技术[10]，即通过在样品两端制作欧姆接触，直接测量样品电导率的变化情况，这种收集系统现在基本上不大采用。但在后来研究多晶硅材料中的晶界(grain boundary, GB)时，有研究人员借鉴这一结构，发展了 GB-EBIC 技术[11]，通过晶界势垒作为电场收集电流，在晶界两侧的晶粒上制作两个欧姆接触，将电流输出。

对于 pn 或 Schottky 结，内建电场的电场强度 ξ和耗尽层宽度 W 可以表示为

$$\xi = 2\left(V_{bi} + V_a\right)/W\,, \quad W = \left[\frac{2\varepsilon\left(V_{bi} + V_a\right)}{qN_B}\right]^{0.5} \tag{11.6}$$

式中，V_{bi} 为内建电场电势，V_a 为外加偏压，N_B 为掺杂浓度。控制入射电子束的入射位置，使得多余载流子的产生区域主要位于耗尽层内，产生的电子–空穴对，在扩散过程中，受到内建电场的作用，分离并朝着相反的方向，在耗尽层边缘以多数载流子的形式汇入到基区。在上述过程中，样品的表面将会收集一定数量的

电荷 $q\Delta W/W$，其中 $\Delta W/W$ 为载流子漂移的距离与耗尽层总宽度的比值，因此在短路条件下的电流 I_{cc} 可以表示为

$$I_{cc} = \frac{I_b E(1-f)}{E_{eh}} \sum \frac{\Delta w}{w} = \eta I_g \tag{11.7}$$

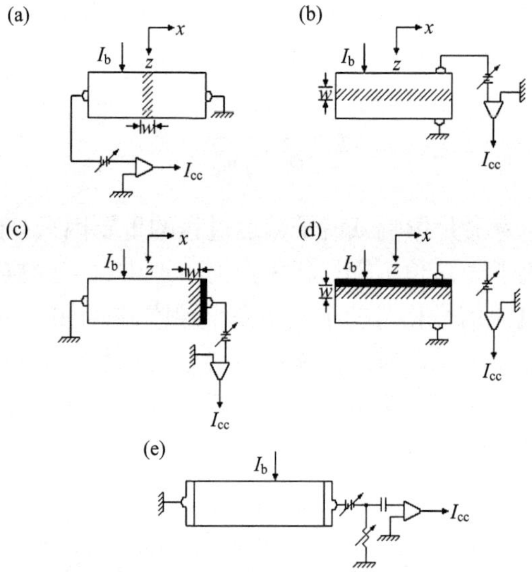

图 11.3 EBIC 电流收集系统的结构示意图[1]

(a)垂直 pn 结；(b)平面 pn 结；(c)垂直 Schottky 结；(d)平面 Schottky 结；(e)β 电导

η称为载流子的收集效率。EBIC 图像中的衬度强弱实际上对应于样品各处对多余载流子收集效率的差异。需要指出的是，在耗尽层区域内，通过复合而损失的载流子数很少，载流子的收集几近完美，所以位于耗尽层内的电学复合缺陷很难被观察到。

因为 I_{cc} 是少数载流子经耗尽层漂移而形成的电流，所以 I_{cc} 的方向与 pn 结或 Schottky 结的正向偏置电流方向相反。在偏压条件下，考虑多数载流子的注入和少数载流子的漂移，pn 结的电流–电压特性变为

$$I = I_s\left[\exp(qV/\beta kT) - 1\right] - I_{cc} \tag{11.8}$$

其中，I_s 为饱和电流，β为二极管品质因子(diode quality factor)。在上式中 I_{cc} 作为暗电流简单地附加在理想 pn 结的电流–电压特性表达式中，没有考虑偏压对 I_{cc} 的影响。实际上，如果耗尽层的宽度 W 小于电子射程 R_e，在反向偏压条件下，由于 W 随着反向偏压的增大而增大，使得 I_{cc} 增大。

11.1.5 EBIC 衬度和分辨率

EBIC 信号强度取决于收集到的少数载流子数与注入的少数载流子数之比，也就是收集到的 EBIC 电流与电子束入射到样品上的电流之比。EBIC 衬度 C 可以简单地定义为

$$C=\left(\frac{I_0-I_d}{I_0}\right) \tag{11.9}$$

其中，I_0 和 I_d 分别为在远离缺陷区域(背景)和缺陷区域所收集到的 EBIC 电流。由于在缺陷区域，可能存在少数载流子的复合中心，所以相对于背景，缺陷处收集到的 EBIC 电流信号将会减弱，呈现出一定的 EBIC 衬度。

EBIC 最重要的一个特点是电子束注入的激发区域体积小，例如，当 $E = 10\text{keV}$ 时，激发体积约为 $10^{-12}\ \text{cm}^{-3}$。相对于其他的一些缺陷电学分析方法，如表面光电压(surface photovoltage, SPV)和光电导衰减(photoconductance decay, PCD)等技术，EBIC 对于低密度缺陷的半导体材料检测灵敏度很高。实验和理论计算的结果指出，EBIC 衬度图像的分辨率主要取决于电子束注入后的激发区域 $g(r, z)$的大小，它又与 R_e 有关，而 R_e 则与入射电子的能量有关(见式(11.2))。因此，EBIC 衬度图像的分辨率最终与入射电子束能量有关，与材料的扩散长度无关[12]。

在 EBIC 实际观察中，影响空间分辨率的一些可能因素，大体概括起来如下[13]：① 电子束与样品之间的相互作用。在低入射能量情况下，电子束的束斑直径远小于电子束在样品中的射程，所以电子射程决定了分辨率。② 载流子通过扩散进行的再分布。理论计算显示，少数载流子的扩散长度对分辨率影响甚小[14]，这是因为扩散对于载流子的产生区域体积没有太大影响。③ 载流子通过漂移进行的再分布。在样品中，如果电场强度超过一定强度，在 EBIC 收集之前，载流子可能经历明显的漂移，从而影响分辨率。例如，如果利用 EBIC 观察两个邻近的 pn 结，只有当 pn 结的耗尽层很窄的情况下才有可能被探测。④ 样品结构。样品的结构和材料性质会明显地影响分辨率，举例来说，如果想要观察表面以下 5μm 的区域，需要控制电子束的能量，使得电子可以到达表面以下 5μm 处；并且为了得到好的分辨率，电子束的射程最好控制在 5 μm 左右。显而易见，所观察的区域越接近表面，更有可能得到好的分辨率。此外，实际观察中，分辨率还受到其他一些因素，如 SEM 观察室中的沾污、机械振动和噪声干扰等。

11.1.6 EBIC 衬度图像的理论模型

EBIC 衬度图像的形成理论，依据理论模型建立的方法，主要分为两大类：一

类是通过解析方法，建立解析模型，求解得到 I_0 和 I_d 数据。另一类是通过是数值模拟方法近似，而得到 I_0 和 I_d 数据。解析模型中，按其近似方法的不同，又可分为直接解析法[15,16]、Born 近似法[17]以及 Monte Carlo 模拟法[18]。直接解析法在求解中要进行多次迭代，计算繁杂，一般并不采用，Born 近似法和 Monte Carlo 模拟法是在一定条件下对解析模型进行简化得到的近似解。

解析模型忽略了耗尽层中少子的产生与收集现象，而只是考虑了基区中的少数载流子，故只适用于耗尽层宽度远小于 R_e 的情况，即对低电阻率材料适用。但事实上，耗尽层中的复合也会影响 EBIC 的信号。因此，研究人员试图通过数值模拟近似方法，将耗尽层中的复合的影响考虑在内。如有研究人员提出了关于晶界复合的 3D 数值模拟，利用 PC-1D 程序对实验数据进行数值模拟，并与实验数据进行比较，证实了数值模拟的准确性[19]。还有研究人员在 3D 扩散模型基础上，对倾斜于表面的一维和二维扩展缺陷的 EBIC 曲线进行了计算机模拟[20]。

11.2　电子束诱生电流测试半导体参数的原理

利用 EBIC 测量半导体参数起始于 1965 年，此后，许多研究人员提出了多种利用 EBIC 测定半导体材料电学参数的技术，包括测试少数载流子扩散长度 L、少数载流子寿命 τ、耗尽层宽度和表面复合速率等，从而使 EBIC 成为研究半导体材料和器件电学特性的重要方法。

11.2.1　少数载流子扩散长度

少数载流子扩散长度 L 是表征半导体材料性能的一个重要参数，它和少数载流子寿命紧密相关(式(11.3))，直接影响着半导体材料和器件的性能。以半导体硅材料(Si)为例：在原生晶体中，少数载流子扩散长度的数值一般在 100 μm 范围或更大。如果掺杂浓度不高，在 10^{14}~10^{16} cm^{-3} 正常掺杂范围内，掺杂杂质并不影响少数载流子的扩散长度，主要是能级位于禁带中间的一些复合中心起作用；如果掺杂浓度较高，俄歇(Auger)复合增强，少数载流子扩散长度 L 将会受到掺杂浓度的影响。进一步地，在经过各种器件制造工艺过程之后，由于硅片被沾污或形成缺陷，其少数载流子的扩散长度可能会降低为几个微米，甚至更低。

测定少数载流子扩散长度的方法多种，如通过第 3 章和第 4 章介绍的光电导和表面光电压技术测定少数载流子寿命 τ，然后得到少数载流子扩散长度 L。但是这类方法得到的少数载流子寿命是材料的有效少数载流子寿命，即为体复合寿命和表面复合寿命的综合作用效果。此外，这些光注入测试方法一般是通过大面积或体积的光注入扫描分析，然后取平均值，相对来说，空间分辨率较低。与上述光注入方法相比，EBIC 利用电子束作为激发源，能精确控制电子束的能量和注入体积，适合于分析微区和薄层，同时也适合扩散长度较小样品的分析[21,22]。EBIC技术不仅可以用来简单测试半导体材料的少数载流子扩散长度，而且可以测量其深度分布[23]，可以测量平面器件上不同掺杂的扩散长度[24]以及直接无损测量GaAs太阳电池扩散长度[25]等。根据EBIC测量数据，可以得到扩散长度和表面复合速率等信息，因此在EBIC的早期应用阶段，有许多研究人员从事扩散长度的EBIC测定方法的研究。

EBIC测量扩散长度这一技术发展到今天已日臻完善。在静态测量均质半导体材料扩散长度时，根据电荷收集系统的不同，一般可分为：

(1)“经典”法，即pn结EBIC衰减法(电子束扫描方向垂直于pn结)[3]；

(2) 浅结EBIC衰减法(电子束扫描方向平行结或势垒)[26,27]；

(3) 扩展缺陷处EBIC衰减法[14]；

(4) 不同能量入射电子束直接辐照EBIC衰减法[28,29]。

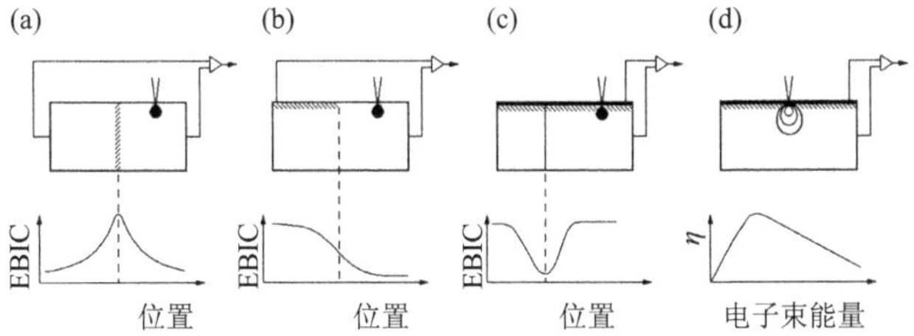

图 11.4 EBIC技术测量扩散长度的4种方法示意图

图11.4示意了4种常用的EBIC扩散长度测定方法的结构示意图，分别为：发生在与扫描平面垂直的pn结附近的EBIC衰减法(图11.4(a))，发生在与扫描平面平行的浅pn结或者Schottky结附近的EBIC衰减法(图11.4(b))，发生在结晶缺陷如位错或晶界附近的EBIC衰减法(图11.4(c))，以及通过不同能量(加速电压)的电子束直接入射，观察EBIC电流收集效率的变化来测定扩散长度的方法(图11.4(d))。

其中，图11.4(a)所示意的方法被称扩散长度的经典EBIC测定方法。当电子束在样品表面扫描时，以pn结的耗尽层边缘作为零点，电子束入射点到零点的距离x越远，EBIC信号越弱。收集到的EBIC电流与少数载流子扩散长度L的关系式为

$$I_{\mathrm{EBIC}}(x)=k_1\exp(-x/L) \qquad \text{表面复合速率 } S\to 0^{[30]} \tag{11.10}$$

$$I_{\mathrm{EBIC}}(x)=k_2x^{-0.5}\exp(-x/L) \qquad \text{表面复合速率 } S\to\infty^{[31]} \tag{11.11}$$

其中，k_1和k_2为比例常数。前者是由Miyazaki和Miyaji提出，但是当样品表面复

合速率 S 不为零时，式(11.10)不再适用。当表面复合速率趋于无穷大时，Berz 和 Kuiken 提出了式(11.11)。但是，在通常情况下，表面复合既不能被忽略，又不是无穷大，Ong 等[32]在前人的基础上，考虑了表面复合速率，提出了 EBIC 电流信号与扩散长度之间的一般表达式：

$$I_{\mathrm{EBIC}}(x)=kx^{\alpha}\exp(-x/L) \tag{11.12}$$

其中，如果 S=0，则α=0；如果 S=∞，则α=−0.5。式(11.12)实际上是从式(11.11)演化而来的。对式(11.12)两边取自然对数，并进行变化，可以得到下式：

$$\ln(I_{\mathrm{EBIC}}/x^{\alpha})=-x/L+\ln(k) \tag{11.13}$$

对于 S=0 或者 S=∞的情况下，做 $\ln(I_{\mathrm{EBIC}}/x^{\alpha})$与 x 的曲线，当α=0 或者−0.5 时，得到的是一条直线，直线的斜率等于扩散长度倒数的负值。Ong 等还提出，对于具有不同表面复合速率的材料，可以选择合适的α值，使得 $\ln(I_{\mathrm{EBIC}}/x^{\alpha})$与 x 的曲线为一直线，而这一直线的斜率就等于扩散长度倒数的负值。

图 11.4(b)所示意的是利用与样品表面平行的浅结来收集 EBIC 电流的方法，与图 11.4(a)相似，依据电流衰减曲线来得到扩散长度。EBIC 电流与载流子扩散长度 L 的关系式表示为：

$$I_{\mathrm{EBIC}}(x)\propto x^{\alpha}\exp(-x/L) \tag{11.14}$$

式(11.14)与式(11.12)在形式上是一样的，但是对应于不同表面复合速率的α值不同。如果 S=0，则α=−0.5；如果 S=∞，则α=−1.5。

图 11.4(c)也是利用与样品表面平行的浅结来收集 EBIC 电流，与图 11.5(b)所不同的是，图 11.4(c)是通过缺陷(具有电学复合特性)及其附近区域处 EBIC 电流变化曲线来得到少数载流子扩散长度。图中所示的缺陷为晶界，实际上，也可以是其他类型的电学复合性缺陷。

图 11.4(d)还是利用与样品表面平行的浅结来收集 EBIC 电流，但是与前面三种方法不同的是，它是通过在不同入射能量的情况下，测定 EBIC 电流收集效率η。对于 Si 来说，收集效率η可以表示如下：

$$\eta_{\mathrm{Si}}\approx I_{\mathrm{EBIC}}/250I_{\mathrm{b}}E_{0}(\mathrm{keV}) \tag{11.15}$$

其中，E_0 和 I_b 分别为入射电子束的能量和电流。收集效率η与材料的扩散长度有关，同时也与样品中耗尽层的宽度以及表面死层的厚度有关。图 11.5(a)示意了理论计算得到的不同扩散长度和入射能量情况下的一组$\eta(E)$曲线[33]，样品采用 Schottky 结构(表面金属层厚度为 50 nm，耗尽层宽度约为 0.25 μm)。图 11.5(b)为实验所测的一条$\eta(E)$曲线，将实验所测曲线与理论曲线进行拟合，可以得到近似的扩散长度数值。事实上，如果E_0的变化等于是变化载流子产生区域与结之间的距离，从这个意义上来说，图 11.4(d)与前面的三种方法是类似的。

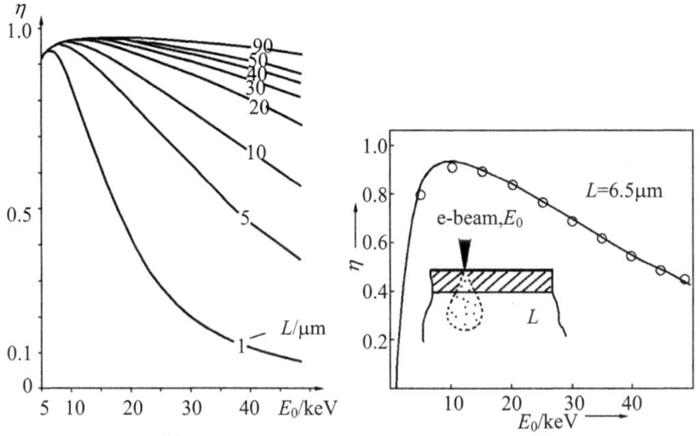

(a) (b)

图 11.5 利用图 11.4(d)的方法进行扩散长度的测量[30]

(a) 不同扩散长度和入射能量情况下的理论$\eta(E)$曲线；(b) 实验所测的$\eta(E)$曲线

11.2.2 表面复合速率

由于表面复合能够减少载流子产生，因此，利用 EBIC 测试技术可以确定半导体材料的表面复合速率。通常，少数载流子的产生可视为在激发中心位置z^*处($z^* \approx R_e/3$)的点状产生源，其产生速率是位置的函数，设为$g(r, z)$，依据 Hackett[34]的模型，可以得到多余的非平衡少数载流子Δp (假设多数载流子为电子)浓度与有效表面复合速率g_{eff}的关系式：

$$\Delta p = g\tau\left[1-\frac{\delta}{1+\delta}\mathrm{e}^{z^*}/L\right] = g_{\text{eff}}\tau \tag{11.16}$$

其中，$\delta=S\tau/L$，S是表面复合速率，τ是少子寿命，L是少子扩散长度。对于一定形状的$g(r,z)$，EBIC 电流I_{cc}与Δp成正比，故可以等价推导得到下式：

$$\frac{\partial I_{\text{cc}}}{\partial z^*}I_{\text{cc}}^{-1} = \frac{\partial \ln I_{\text{cc}}}{\partial z^*} \tag{11.17}$$

在式(11.17)中，当$z^* \to 0_{z^*}$时，可以得到式(11.18)：

$$\frac{\lim \ln I_{\text{cc}}}{z^* \to 0_{z^*}} = \frac{S}{D} \tag{11.18}$$

上述表达式表明，若记录一系列 ln I_{cc} 值(相对于入射电子束能量 E)，并对其取极限 $z^* \to 0_{z^*}$，就可以得到表面复合速率 S，还可作出 S 的二维分布图。

11.2.3 掺杂杂质条纹衬度

具有高分辨率的扩展电阻常用来分析半导体材料中的掺杂浓度起伏变化。但是，如果需要对大面积区域进行掺杂浓度起伏变化的分析成像，扩展电阻法测量的工作量是很大的。利用 EBIC 测定掺杂浓度起伏的一个优点是：在高空间分辨率下，不影响半导体材料性质，可以相对地描述掺杂浓度在空间上的起伏变化。此外，利用 EBIC 还可以分析掺杂浓度较低的样品，而一般的扩展电阻对于低掺杂样品的检测灵敏度则较差。

利用 EBIC 测定掺杂浓度起伏的基本原理如下[35]：在半导体材料表面制作 Schottky 结，当电子束入射产生多余的非平衡载流子时，有一部分多余载流子会在 Schottky 结的耗尽层内产生，这部分多余载流子将会全部被扩散电场所收集。当偏压值一定时，Schottky 结的耗尽层宽度只取决于掺杂浓度，因此在耗尽层内收集到的 EBIC 电流大小间接地反映了掺杂浓度的影响。此外，由于在远离耗尽层的中性区产生的多余载流子，也有可能扩散并且到达耗尽层，被收集成为另一部分的 EBIC 电流，因此总的 EBIC 电流将是这两部分电流的总和。当然，在中心区的多余载流子有可能在扩散到耗尽层的过程中被复合，故扩散长度决定了中性区 EBIC 电流的大小。

事实上，利用 EBIC 来测定掺杂浓度起伏，必须考虑半导体材料的扩散长度、掺杂浓度范围等因素。① 当材料的扩散长度很小(<0.1 μm)，此时在中性区所产生的多余载流子几乎全部被复合，EBIC 电流主要取决于耗尽层的宽度，即只与掺杂浓度有关；② 当材料的掺杂浓度较高($>10^{16}$ cm^{-3})，此时耗尽层很薄，掺杂浓度起伏对耗尽层宽度的影响基本可以忽略，EBIC 电流主要取决于扩散长度；③ 当掺杂浓度介于高掺杂和中等掺杂浓度之间(5×10^{14}~10^{16} cm^{-3})，由于杂质浓度起伏一般不超过 50%，此时的 EBIC 电流仍然由扩散长度决定；④ 当掺杂浓度较小(5×10^{14} cm^{-3})，掺杂浓度和扩散长度对 EBIC 电流的作用需要同时考虑，并且两者的影响无法区分，但依然可以观察到掺杂杂质的衬度条纹分布。

Kock 等[36]利用 EBIC 观察了不同掺杂浓度的硅单晶中的杂质掺杂条纹。根据他们对高电阻率(1000 Ω · cm) p 型、n 型直拉硅单晶以及磷扩散掺杂的区熔单晶硅(电阻率为 2~0.1 Ω · cm)的观察发现：随着掺杂浓度的降低，掺杂条纹图像的分辨率升高；当材料的电阻率小于 0.1 Ω · cm 时，无法观察到掺杂条纹。

也有研究人员在掺杂浓度很高($>10^{18}$ cm^{-3})的直拉硅单晶样品中，利用 EBIC 观察到了掺杂杂质条纹衬度[37]。与前面所提到的耗尽层宽度受掺杂杂质浓度影响的机理不同，重掺杂样品中杂质条纹衬度产生的机理是由于扩散长度受到掺杂浓度的影响。依据收集到的 EBIC 信号，可以确定扩散长度，继而推导出掺杂浓度和少数载流子寿命的分布， 高掺杂区域的扩散长度相对较小，相应的 EBIC 电流也较小。

11.3 电子束诱生电流测试缺陷和杂质的原理

晶体和器件的缺陷可能是少数载流子的复合中心，可以被 EBIC 技术所探测。如果和透射电镜、X 射线形貌、腐蚀或者光学显微镜等技术结合，可以方便地检测材料和器件中潜在的具有破坏性的缺陷。通常，利用 EBIC 图像可以观察两大类缺陷。第一类为器件结构缺陷，如 pn 结在尺寸、形状上的偏差。第二类为晶体缺陷(或称晶体缺陷、扩展缺陷)，它们通常是在晶体生长过程或者器件制作过程中引入的，包括位错、层错、晶界及杂质沉淀等等。

11.3.1 缺陷 EBIC 衬度的起源

缺陷的 EBIC 衬度，有可能来自于缺陷的本征特性，如结构缺陷引入了复合中心；也有可能是由于非本征因素，如缺陷与杂质相互作用产生的复合中心。半导体材料中的晶体缺陷对杂质沾污极为敏感，特别是过渡族金属具有快扩散、高溶解度、溶解度随温度变化显著等特性，一旦和缺陷作用，将会显著影响缺陷的复合行为。通过 EBIC 图像的变化，就可以研究杂质与缺陷之间的相互作用所引起的缺陷复合特性的变化。

硅中的缺陷与杂质相互作用，会影响 EBIC 图像，导致缺陷区域呈现或暗或明的衬度。一般而言，缺陷的暗 EBIC 衬度(对应于低 EBIC 电流)主要来自于缺陷处的复合，由于缺陷处可能是载流子的强复合中心，从而导致缺陷处收集到的 EBIC 电流相对较小，在 EBIC 图像上呈现暗衬度。大量研究表明，位错、层错或者晶界上观察到的都是暗衬度，可以用缺陷的复合行为进行解释。

缺陷的明 EBIC 衬度(对应于高 EBIC 电流)，起因复杂，解释也相对困难。一般认为，明 EBIC 衬度的起源可以分为本征和非本征的。非本征因素有两种，一种是吸杂产生洁净区而削弱了相应区域的载流子复合，这是当缺陷与杂质相互作用时，缺陷可以作为吸杂中心，缺陷附近分布的杂质将会缀饰在缺陷上，而缺陷附近的区域则形成了杂质洁净区，因为载流子在洁净区的扩散长度远远大于缺陷处，也大于其他中性区域(背景)，因此在洁净区内载流子的复合大大降低，导致在 EBIC 图像中呈现明衬度。另一种 EBIC 明衬度的非本征起源为杂质非均匀分布而导致载流子收集效率增高，这是由于缺陷的存在，杂质(主要是掺杂杂质)呈现了非均匀分布，导致耗尽层宽度变化，从而影响缺陷处的载流子收集效率。前文介绍的掺杂浓度引起 EBIC 衬度变化，就是一个例子。

除了与杂质有关的非本征因素，缺陷处产生明衬度还可能来自于本征因素。例如，当缺陷本身带有电荷，对电子束诱生的多余载流子产生吸引或排斥的静电作用，则有可能导致缺陷处 EBIC 信号的增强或减弱。再如，当缺陷界面存在空间电荷区时，它可能成为少数载流子的收集通道，从而使得缺陷呈现明衬度。此外，表面形貌也有可能引起明 EBIC 衬度。具体可以参考有关硅中缺陷 EBIC 衬度起源的综述文献[38]。

11.3.2　缺陷 EBIC 衬度的理论模型[39–41]

因为缺陷的 EBIC 衬度 C 正比于缺陷处多余载流子寿命 τ 的倒数，即有下式：

$$C \propto 1/D\tau \tag{11.19}$$

其中，D 为载流子扩散系数。假设样品为 p 型(即少数载流子为电子)，注入的多余载流子浓度为Δn，复合率为 R，则多余载流子寿命 τ 定义如下式：

$$\tau \equiv \frac{\Delta n}{R} \tag{11.20}$$

根据 Shockley-Reed-Hall (SRH)复合统计[39]，载流子的复合率 R 可以表示如下式：

$$R = \frac{np - n_i^2}{\tau_{\mathrm{p0}}(n + n_1) + \tau_{\mathrm{n0}}(p + p_1)} \tag{11.21}$$

其中，n_i 是本征载流子浓度，n，p 分别为电子浓度和空穴浓度，n_1 和 p_1 分别是缺陷能级上的电子浓度和空穴浓度，τ_{n0} 和 τ_{p0} 分别为电子寿命和空穴寿命，具体表示如下：

$$n = n_0 + \Delta n, p = p_0 + \Delta n \tag{11.22}$$

$$n_1 = N_{\mathrm{c}} \exp\left(\frac{E_t - E_{\mathrm{c}}}{kT}\right), p_1 = N_{\mathrm{v}} \exp\left(\frac{E_{\mathrm{v}} - E_t}{kT}\right) \tag{11.23}$$

$$\tau_{p0} = \frac{1}{N_t \sigma_{\mathrm{p}} \left\langle v_{\mathrm{th}} \right\rangle_{\mathrm{p}}}, \tau_{n0} = \frac{1}{N_t \sigma_n \left\langle v_{\mathrm{th}} \right\rangle_{\mathrm{n}}} \tag{11.24}$$

其中，n_0，p_0 是热平衡下的电子浓度和空穴浓度，E_{c} 是导带底部，E_{v} 是价带顶部，N_{c} 和 N_{v} 分别为导带和价带的态密度，E_t 是缺陷能级，N_t 为缺陷处复合中心的浓度，σ_{n} 和 $\langle v_{\mathrm{th}} \rangle_{\mathrm{n}}$ 分别是电子的俘获截面和热运动速度，σ_{p} 和 $\langle v_{\mathrm{th}} \rangle_{\mathrm{p}}$ 分别是空穴的俘获截面和热运动速度。

根据式(11.20)，多余载流子寿命τ可以表示如下式：

$$\tau = \frac{\tau_{p0}(n_0 + n_1 + \Delta n) + \tau_{n0}(p_0 + p_1 + \Delta n)}{n_0 + p_0 + \Delta n} \tag{11.25}$$

对于 p 型样品，假设$\tau_{n0} = \tau_{p0} = \tau_0$，上式(11.25)可以简化为

$$\tau = \tau_0 \left(1 + 2\beta + \frac{n_1}{p_0} + \frac{p_1}{p_0}\right) \Big/ (1 + \beta) \tag{11.26}$$

其中，$\beta = \Delta n/p_0$为注入水平。式(11.26)可以用来模拟 EBIC 衬度 C 随温度 T 和注入水平(电子束流 I_b)的变化趋势，即 C-T 曲线和 C-I_b 曲线。

11.3.3 缺陷的 EBIC 衬度与温度的关系(C-T 曲线)

在考虑 EBIC 衬度 C 随温度的变化趋势时，为了简化起见，假定式(11.19)中的载流子扩散系数 D 是与温度和注入水平无关的。理论计算发现，缺陷能级在很大程度上决定了衬度 C 随温度 T 的变化趋势。Kusanagi 等[41]通过理论计算得到了不同能级的复合中心上多余载流子寿命τ与温度 T 的关系，如图 11.6 所示。对于浅能级复合中心，随着温度的升高，寿命增大，EBIC 衬度减小；深能级复合中心则正好相反。因为缺陷的 EBIC 衬度 C 正比于多余载流子寿命τ的倒数，所以依据 EBIC 衬度随温度的变化趋势(即 C-T 曲线)可以判定缺陷的能级位置。实验研究表明，浅能级缺陷的 EBIC 衬度会随着温度的降低而明显升高，而深能级缺陷的 EBIC 衬度随着温度的降低略有降低，或者变化不明显。这是因为温度变化导致费米能级(Fermi level)变迁，使得浅能级上的载流子占据率发生明显变化，从而导致复合率的变化。而对于离费米能级较远的深能级，上述影响较小。

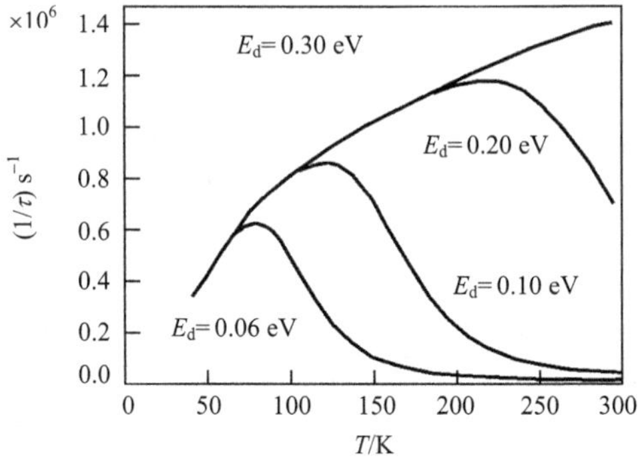

图 11.6 在不同能级复合中心上，理论计算得到的多余载流子寿命τ与温度 T 的关系[41]

11.3.4 缺陷 EBIC 衬度与注入的关系(C-I_b 曲线)

EBIC 衬度随注入水平的变化趋势具体反映在 EBIC 衬度 C 和入射电子束流 I_b 之间的 C-I_b 曲线。图 11.7 是在低温(80 K)和室温(300 K)下理论模拟得到的深能级位错和浅能级位错的 C-I_b 曲线[40]。对于深能级缺陷(图 11.7(a))，在低温和室温下，衬度 C 都随着 I_b 的增大而单调减小；对于浅能级缺陷(图 11-7(b))，在低温下衬度 C 随着 I_b 的增大而单调减小，但是在室温下随着 I_b 的增大而稍有增大。

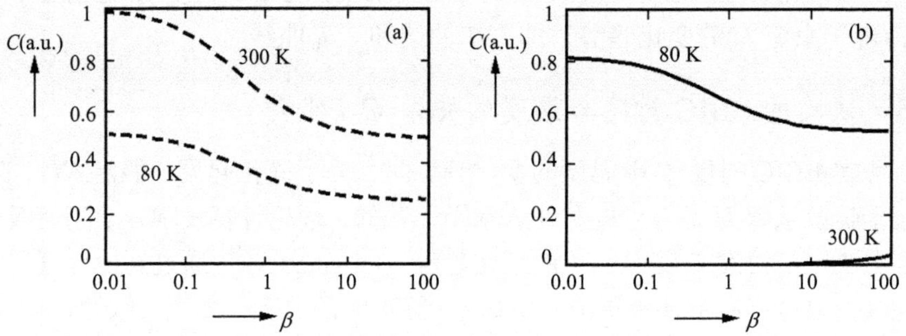

图 11.7　理论计算得到的深能级(a)和浅能级(b)复合中心的 EBIC 衬度 C 与注入水平 β 的关系[40]

在关于缺陷 EBIC 衬度 C 与温度(T)和注入水平(I_b)间之的关系方面，研究人员做了大量的工作。在此基础上，Kittler 等[42]进行了分析和总结，根据 EBIC 衬度 C 随 T 或 I_b 的变化趋势，可以将其缺陷的衬度变化分为两大类，如图 11.8 所示。第一类缺陷是深能级复合中心，EBIC 衬度 C 随着 T 的升高而增大，随着 I_b 的增大而减小；第二类缺陷是浅能级复合中心，EBIC 衬度 C 随着 T 的升高而减小，随

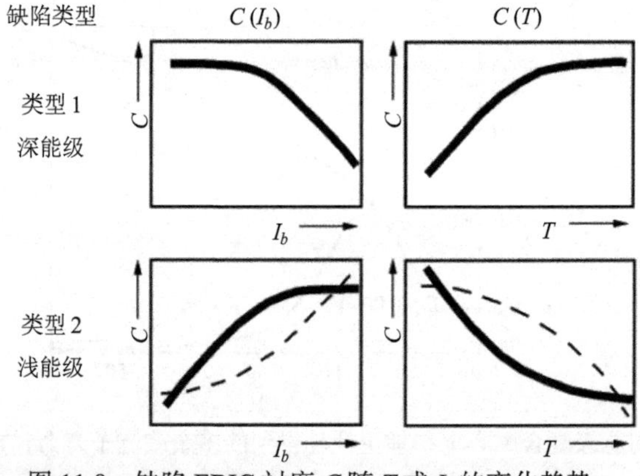

图 11.8　缺陷 EBIC 衬度 C 随 T 或 I_b 的变化趋势

深能级缺陷 C 随 T 升高而增大，随 I_b 增大而减小；浅能级缺陷 C 随 T 升高而减小，随 I_b 增大而增大[42]

着 I_b 的增大而增大。因此，在实际的分析中，可以利用缺陷 EBIC 衬度的上述变化趋势，对缺陷复合中心的能级深浅进行简单定性判断。

11.4 电子束诱生电流测试系统和样品

11.4.1 EBIC 测试系统

图 11.9 是 SEM-EBIC 系统的结构示意图[43]。EBIC 系统的基本构成如下：① SEM；② EBIC 样品台；③ 电流放大器；④ 引线(将 SEM 内腔中的样品 EBIC 电流引出到外置的电流放大器)；⑤ 数据处理部分，包括模数转换器、数模转换器和计算机成像系统。有些 EBIC 观察需要的低温下进行，则需要液氦冷却系统，对 SEM 内腔中的样品进行降温处理。如果需要在偏压条件下进行观察，还需要一个低噪声的偏压发生装置以及相关线路。

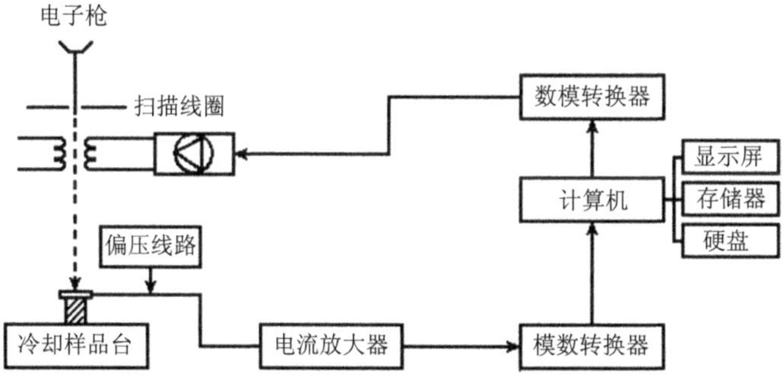

图 11.9 SEM-EBIC 测试系统的结构示意图

在实际应用中，还需要注意以下几个方面，SEM 的加速电压范围为 0~30 kV，为了避免电子辐照损伤，通常使用低加速电压；为了避免噪声，EBIC 样品必须与环境绝缘，所以通常使用两个电极(如 Schottky 接触和欧姆接触)将信号输出；对电流放大器要求为快响应、低输入阻抗，对于定量工作，还需要校准增益和直流偏置电压；位于 SEM 内腔的引线电路系统的密封性要好，且与 SEM 本身电路系统隔离，引线与样品表面的接触为欧姆接触。

11.4.2 EBIC 测试样品

关于 EBIC 样品，pn 结或 Schottky 结样品均可以进行 EBIC 测量。单纯就对半导体材料进行 EBIC 观察而言，比较 pn 结或 Schottky 结的制备过程，如果将材料制备成 pn 结样品，由于在制作 pn 结过程中要经过热处理，某些缺陷的性质可能会发生改变。如果在 EBIC 样品制备时，采用 Schottky 结结构，则可避免上面的可能性，这是因为 Schottky 结制备通常在室温下，通过简单的真空沉积方法，在样品表面沉积合适的金属，形成 Schottky 结。如对于 p 型 Si，可以沉积 Al，对于 n 型 Si，可以沉积 Au。此外，对于 Schottky 结样品的 EBIC 观察，由于电子注入直接在结以下的强电场区发生，灵敏度和分辨率均很好。在制备 Schottky 结的时候，典型的金属层厚度约为 20 nm。如果厚度过大，将会增大对电子束的散射，不利于 EBIC 电流收集。显然，Schottky 结是最常用的一种 EBIC 样品制备方法。

下面以 p 型多晶硅为例，详细说明 EBIC 样品的完整制备过程：

第一步，机械化学抛光，将切割下来的硅片进行机械化学抛光，用 800 和 2000 目的 SiC 粉末研磨样品表面，去除表面的切割损伤，然后在 90 ℃下用 CP4 溶液腐蚀样品 30~60 s。CP4 配比为 HF：HNO_3：CH_3COOH=3：5：3，腐蚀速率约为 1~5 μm/s。

第二步，RCA 标准清洗，去除表面的有机和金属沾污物。RCA 一号清洗液的配比为 NH_4OH：H_2O_2：H_2O=1：1：5，RCA 二号清洗液的配比为 HCl：H_2O_2：H_2O=1：1：5。在 80℃清洗 15~20 min。

第三步，制备 Schottky 结，将经过抛光和清洗的样品干燥之后，在真空度 < 10^{-8} Torr 下的镀膜机中，通过掩膜在样品表面沉积厚度大约为 20~25 nm 的 Al 膜，以形成 Schottky 接触，接触的直径视掩模而定，一般为 1~3 mm。

第四步，制备欧姆接触，将已经制备好 Schottky 结的样品从镀膜机中取出，在样品背面用电火花的方法沉积 Au，以形成欧姆接触。

第五步，样品安置于样品台，如图 11.10 所示，样品台为两段中间绝缘的铜制样品台，将有 Schottky 结的表面作为扫描面朝上，背面 Au 欧姆接触通过银胶粘在上段样品台面上。待银胶干燥之后，将样品和样品台装入 SEM 中，下段样品台通过螺丝固定在样品台座上，利用 SEM 中腔内置的金属探针与 Schottky 结相接触，内置的导线与上段样品台(即背面 Au 欧姆接触)相连接，构成 EBIC 电流回路并输出到外置的电流放大器。

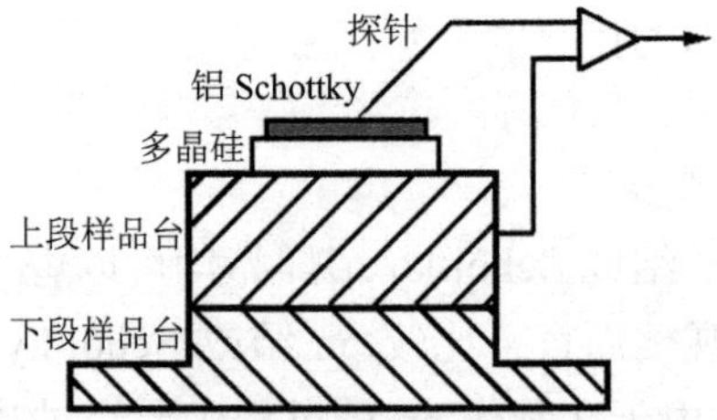

图 11.10　EBIC 样品台的结构以及线路连接示意图

在 EBIC 样品制备时需要注意的是，必须保证良好的欧姆接触。对于一般掺杂和重掺杂(即电阻率范围为 10~0.5 Ω · cm)的样品，通过银胶粘结或金属探针接触就可以形成欧姆接触；而对于高电阻率的样品，则可能需要对样品进行特殊的表面处理，如在表面形成一层重掺杂的薄层，以减小电阻，防止间歇接触。此外，在连接电极的时候，对于已制备好欧姆接触的器件样品，由于电极尺寸较小(如 100 μm)，可以使用金属线键合(wire bonding)将两个或多个电极连接到陶瓷电镀电极板，然后与 SEM 内置的引线相连接，构成回路。

11.5　电子束诱生电流测试的应用和实例

11.5.1　位错的 EBIC 测试

在 EBIC 的早期应用中，主要是利用来观察半导体材料中的位错。如 Czaja 等[5]利用 pn 结形式的样品，观察了 n 区中经过压痕热处理引入的独立刃型位错。也有研究人员利用 EBIC 和透射电镜的结合，对 pn 结样品中由于扩散形成的位于结面的位错进行了电学和结构的同位观察[44]。到目前为止，关于硅中位错的 EBIC 研究已经十分广泛。大量研究表明，即使是同种类型的位错，其 EBIC 衬度也不相同，可能呈现暗 EBIC 衬度或者无 EBIC 衬度。也就是说，位错的类型不是决定其复合强度的唯一因素，一般认为主要取决于位错上杂质的缀饰程度。

研究人员考察了不同硅材料中位错，其中包括 SiGe/Si 结构中的失配位错[45,46]，太阳电池用多晶硅材料中的晶粒内位错[47]，以及单晶硅中塑性形变产生的滑移位错[41,48,49]。Kittler 等[50,51]通过对各类位错的 EBIC 研究结果进行了总结，发现各类位错的 EBIC 衬度随温度 T 的变化趋势(C-T 曲线)可以总结为 5 种类型，对应着不同程度的杂质沾污程度，如图 11.11 所示。

从图 11.11 中可知，五种类型的 C-T 曲线具有不同的特征：① L1 类型，在整个观察温度范围内，位错呈现微弱的 EBIC 衬度，随温度的上升，衬度逐渐增加，大约在 50 K 时出现衬度的最高值，然后逐渐下降，在 300 K 时，衬度已经低于检测极限；② L2 类型，EBIC 衬度的温度变化趋势与 L1 类似，但是相对来说在低温范围衬度较高，也可以形容 L2 是 L1 的放大状况；③ H1 类型，在整个观察温度范围内，位错均呈现明显的 EBIC 衬度，EBIC 衬度随着温度 T 的升高而增大；④ 混合(mixed)类型，可以视为 H1 和 L2 的叠加效果；⑤ H2 类型，在整个观察温度范围内，位错呈现很强的 EBIC 衬度，随着温度 T 的升高略有所增大。研究指出，图 11.11 中位错的 C-T 曲线形状与位错上的杂质沾污程度密切相关，沾污程度由强到弱的顺序为 H2>H1>mixed>L2>L1。严格意义上讲，洁净位错的 C-T

曲线应为 L1 类型；当位错上存在严重金属沾污，形成金属杂质沉淀时，*C-T* 曲线才表现为 H2 类型。

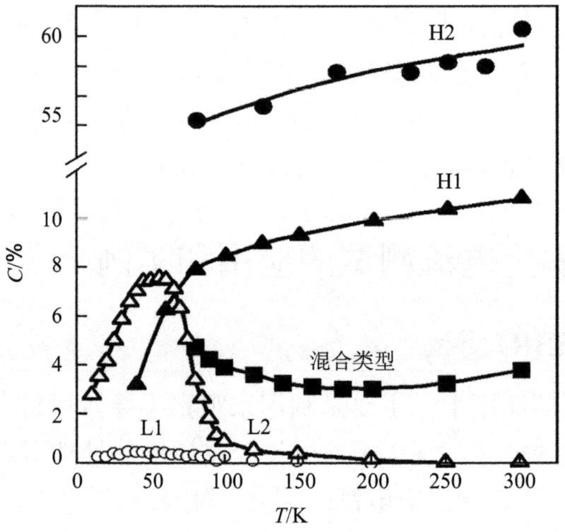

图 11.11　硅中位错的 EBIC 衬度–温度曲线(*C-T* 曲线)[50,51]

杂质沾污程度:H2>H1>mixed>L2>L1

Yuan 等[52]利用 EBIC 研究了应变 Si/$Si_{0.8}Ge_{0.2}$ 界面上的失配位错的性质。这些失配位错位于样品表面以下几十纳米，在 EBIC 观察中，正好处于 Schottky 结的耗尽层中。通过使用低加速电压(如 4 kV)的 EBIC 观察，位于耗尽层中的失配位错也可以被观察到，如图 11.12 所示。图中的正交黑线为失配位错，黑色小点为贯穿位错。失配位错和贯穿位错在 300 K 下未呈现明显 EBIC 衬度(图 11.12(a))，而在低温 100 K 下呈现出 EBIC 衬度(图 11.12(b))，说明两种位错上的复合中心均为浅能级，并且杂质沾污程度微弱。

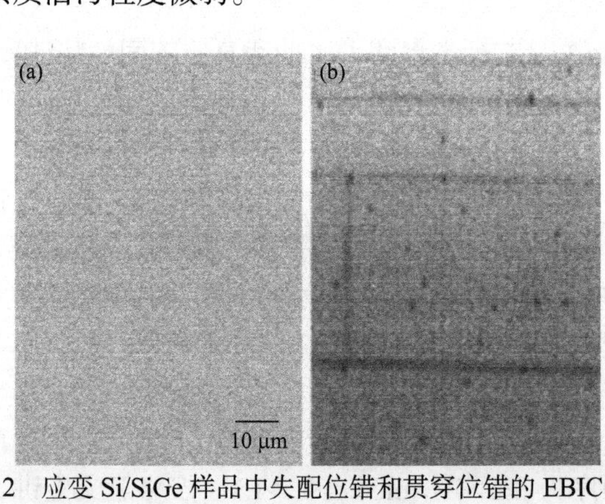

图 11.12　应变 Si/SiGe 样品中失配位错和贯穿位错的 EBIC 图像[52]

(a)300 K；(b)100 K

11.5.2 层错的 EBIC 测试

从结构上分析，层错上没有应力或悬挂键，因此可以推断层错对载流子的复合能力与位错相比要弱得多。一般来说，与层错有关的电学性质主要是来自于层错边缘的 Frank 不全位错，而不是层错面本身，如 Kato 等[53]外延硅中层错的实验结果所示。但是，如果金属杂质在层错面上沉淀，那么它就会显示 EBIC 衬度。Varker 等[54]利用 EBIC 考察了 B 扩散的 pn 结中氧化诱生层错的电学性质，发现在经过 B 扩散之后，层错上存在严重的金属沉淀，层错区域包含高密度的载流子产生-复合中心，因此层错区域的少数载流子寿命降低。

Sekiguchi 等[55]对 p 型和 n 型直拉单晶硅中氧沉淀诱生层错的层错面的电学性质进行了观察和讨论。图 11.13(a)显示了 n 型 Si(111)样品在 50 K 下的 EBIC 图像，从图像中可以发现，与样品表面平行的层错，位于(111)晶面，呈现出环状；而另一个其他(111)面的层错(如箭头所示)，在样品表面则是呈现线状，其两端由 Frank 不全位错所封闭。图 11.13(b)是 EBIC 衬度的三维分布图，图中的圆平台是与样品表面平行的层错。从图中可以看出，对于每一单个的层错面，EBIC 衬度是均匀分布的。但是，不同的层错平台面的高度是不一样的，说明可能位于不同的深度部位。另一方面，对于位于其他(111)面的层错(即倾斜于样品表面的层错)，其 EBIC 衬度不仅远小于平行样品表面层错的衬度，而且也小于 Frank 不全位错。

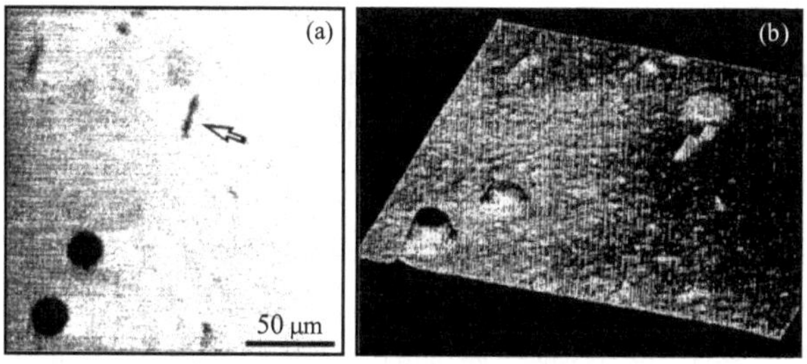

图 11.13 n 型 Si(111)面在 50 K 下的 EBIC 图像(a)和 EBIC 衬度三维分布图(b)[55]

图 11.14 是分别在 50 K 和 90 K 下，与(111)硅样品表面平行的层错的 EBIC 衬度三维分布图。在 50 K 下，层错面的 EBIC 衬度要大于边缘的 Frank 不全位错，

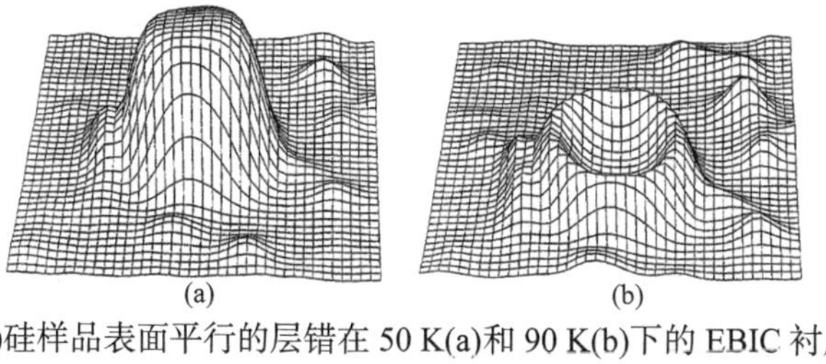

图 11.14 与(111)硅样品表面平行的层错在 50 K(a)和 90 K(b)下的 EBIC 衬度三维分布图[55]

故图中的圆平台没有明显的凸缘；相反，在 90 K 下，边缘的 Frank 不全位错的 EBIC 衬度明显大于层错面的衬度。

Sekiguchi 等还研究了与表面倾斜角度不同的层错面的 EBIC 衬度。他们发现，如果倾斜角度小于 5°，在整个层错面上的 EBIC 衬度分布是均匀的；当倾斜角度大于 7°，层错面上的 EBIC 衬度分布是非均匀的。当倾斜角度在 10°左右，层错面上的最高 EBIC 衬度约为 10%，这个衬度值与平行样品表面的层错面的衬度值相当。当倾斜角度超过 10°，随着倾斜角度的进一步增大，层错面的 EBIC 衬度相应地降低。对于一个与样品表面的倾斜角度为 15°的层错面，实验所观测到的最高 EBIC 约为 3%。当倾斜角度大于 20°时，层错面的 EBIC 衬度非常微弱，基本消失，只有 Frank 不全位错呈现一定的 EBIC 衬度。

EBIC 结果显示，层错面更可能是影响载流子扩散的势垒，而不是复合中心。如果层错面是作为复合中心，那么与样品表面倾斜的层错面也应观察到 EBIC 衬度。相反，如果层错面是作为一平面势垒而存在，则有可能对少数载流子的扩散起到影响。如在低温情况下，由于动能的降低，大部分的少数载流子可能在层错面上发生反射现象，从而使得收集到的 EBIC 电流减小，也能呈现出一定的 EBIC 衬度。但是，如果层错面与样品表面具有足够大的倾斜角度，被反射的载流子仍然有可能沿着层错面扩散到表面，从而被收集成为 EBIC 电流，所以与表面倾斜较大的层错面的 EBIC 衬度相对较弱。

11.5.3 晶界的 EBIC 测试

早期人们主要研究半导体双晶材料的晶界，随着多晶硅体材料和薄膜器件的技术发展，特别是大晶粒铸造多晶硅在太阳电池上的广泛应用，最近二十年以来，关于半导体材料晶界电学性质的研究吸引了众多的注意力。特别是在太阳电池用铸造多晶硅材料中，含有多种晶界类型，过渡族金属杂质浓度也偏高，晶界复合的存在会降低少数载流子寿命，进而影响太阳电池的转换效率。因此，研究晶界复合性质以及晶界与其他缺陷或杂质的相互作用，具有十分重要的意义。

在半导体材料中，晶界可能会产生势垒，影响载流子的输运；或者在禁带中引入深能级，成为载流子复合中心。后者主要源自悬挂键等本征的结构缺陷和非本征的金属杂质沾污，使得晶界对少数载流子具有很高的复合速率。McLarty 等[56]结合 DLTS 和 EBIC 技术，研究了铸造多晶硅(mc-Si)中的晶界复合，发现多数载流子的俘获中心主要与晶界相关，而少数载流子的俘获中心，则在晶锭的所有区域都存在，主要集中在晶锭的底部和侧面。Marek[57]发现铸造多晶硅太阳电池晶界的 EBIC 曲线形状与材料的扩散长度 L 相关。

一般认为，晶界的复合特性与晶界类型是有关的。Wang 等[58]观察了在多晶硅太阳电池材料中Σ3 和Σ9 晶界的复合强度，发现复合强度与晶界类型密切相关，

EBIC 衬度不仅取决于晶界类型，且与晶界界面取向及取向差异均有关。Hamada 等[59]发现多晶硅中的Σ3 晶界具有浅能级，而其他类型的晶界则具有深能级。Voigt 等指出，在 mc-Si 中最常见的晶界类型是Σ3 晶界[60]，但对于不同晶面指数的Σ3 晶界，复合强度也并不相同[61,63]，如Σ3{111}就没有复合强度。此外，Seifert 等[63]和 Hamada 等[61]都报道小角度晶界在常温下具有很强的复合强度。

最近，Chen 等[64,65]对原生铸造多晶硅中的晶界进行了系统的分析。观察的晶界分别来自从多晶硅晶锭顶底部(最先凝固位置)，中部和顶部(最后凝固位置)切割下来的样品。在中部样品中，所有晶界在 300 K 下的 EBIC 衬度均非常微弱，而在顶部和底部样品中，部分晶界在 300 K 下呈现出了明显的 EBIC 衬度；在 100 K 下，在这些晶界的两侧观察到了明亮的洁净区。依据 EBIC 衬度随温度的变化趋势可定性判定复合中心的能级类型，即中部样品中晶界是浅能级复合中心，而顶部和底部样品中晶界则是属于深能级或是深浅能级混合的复合中心。结合金属杂质在顶部，中部和底部的分布规律，不难得出下面的推论，顶部和底部样品中晶界上的深能级很可能是由于杂质缀饰在晶界上产生的。

1. 未沾污晶界的 EBIC 复合特性

EBIC 的研究结果说明，晶界的复合特性不仅仅受到金属沾污的影响，同时也可能取决于晶界本身结构，而且晶界对金属杂质的吸杂能力也是与晶界的类型和结构密切相关的。为了研究未沾污晶界的复合，研究人员利用 EBIC 并结合晶界类型分析技术——电子束背散射衍射(electron back-scattered diffraction，EBSD)，观察了原生未沾污铸造多晶硅材料中的不同类型晶界。

图 11.15 是原生未引入沾污的 mc-Si 中各类大角度晶界(Σ3，Σ9，Σ27 和 R)的扫描电子(SE)、EBSD 和 EBIC 图像[65]，晶界的类型在 EBSD 图像中已经标出。在 #1 样品中，未标注的晶界类型都为Σ3。EBIC 的结果说明，有的大角度晶界(Σ3，Σ9，Σ27 和 R)在 300 和 100 K 下都只有微弱的 EBIC 衬度，特别是在 300 K 下衬度非常弱，说明这些没有沾污的纯净晶界的复合能力很弱，室温下基本不具备电学活性。同时也说明，如果没有金属的沾污，晶界的类型对其复合能力影响较小。另外，依据 EBIC 衬度随温度的变化趋势，可以定性地判断这些晶界上的复合中心是浅能级的。

除了大角度晶界之外，还有失配角小于 10°的小角度晶界(small-angle grain boundary，SAGB)。图 11.16 是原生未沾污的 mc-Si 中Σ，R 和 SA 等晶界的 SE，EBSD 和 EBIC 图像[66]。EBIC 观察显示，所有的晶界，包括小角度晶界，在 300 K 下都呈现出微弱的 EBIC 衬度。在 100 K 下，所有的Σ和 R 晶界的 EBIC 衬度仍然较弱，而所有的小角度晶界都呈现出强 EBIC 衬度。根据 SRH 复合理论，可以判断，和大角度晶界类似，小角度晶界的能级仍然是浅能级的，室温下基本不具备电学活性。在 100 K 下，与大角度晶界相比，小角度晶界出现了很强 EBIC 衬度，

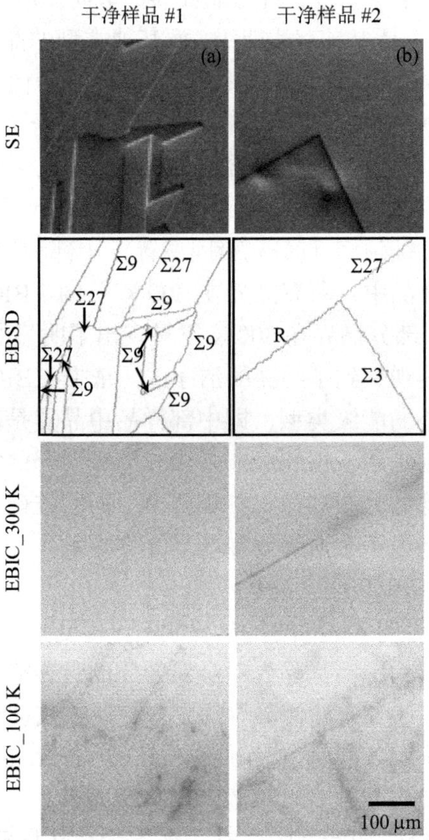

图 11.15　未沾污 mc-Si 中大角度晶界(Σ3，Σ9，Σ27 和 R)的 SE，EBSD 和 EBIC 图像[65]

说明小角度晶界上存在更多的浅能级复合中心。这种高密度的复合中心很有可能是与小角度晶界上存在的缺陷(位错)性质密切相关的，是由于小角度晶界上的刃型位错阵列具有很强的电学活性。虽然所有晶界的结构都可以通过晶格位错阵列或网络来形容，但大角度晶界中(如Σ3 和 R 晶界)的悬挂键可能都已经重构，它们的位错阵列或网络并未引入应力，所以不再具有电学活性。研究认为，这些大角度晶界是在凝固过程形成的，在随后长时间的冷却过程中，应力将会得到释放，而小角度晶界可能是在晶锭凝固之后的冷却过程中由于应力聚集形成的，因此小角度晶界很有可能伴随着原生的应力场。

2. 金属沾污晶界的 EBIC 复合特性

虽然纯净没有污染的晶界电活性很低，但是，一旦和金属杂质结合，就会表现出很强的载流子复合性能。例如，Kittler 等[67]利用 EBIC 研究了掺硼多晶硅中 Fe 杂质原子与晶界在不同温度下的相互作用，通过掺硼硅中 Fe 的两种主要状态——自间隙铁原子 Fe_i 和铁硼对 FeB 对少数载流子扩散长度影响的差异，估算了铁杂质的浓度，指出晶界对铁的吸杂效应。

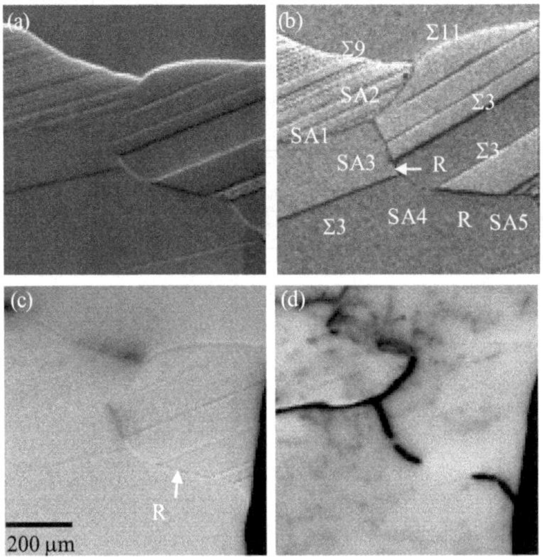

图 11.16 未沾污 mc-Si 中小角度晶界(SA)的 SE，EBSD 和 EBIC 图像[66]

(a) SE；(b) EBSD；(c) EBIC_300K；(d) EBIC_100K

Chen 等[65]还利用 EBIC 技术和 EBSD 技术，研究了不同热处理温度(800~1100℃)引入的 Fe 沾污对 mc-Si 中主要的各类晶界 (Σ3，Σ9，Σ27，R 和 SA)的复合特性的影响。图 11.17 是多晶硅中的晶界经过不同程度 Fe 沾污之后的 EBIC 图像，图 11.18 示意了各种类型的晶界在不同 Fe 沾污程度下的 EBIC 衬度值变化。根据图 11.17 和图 11.18 可以发现，在轻度沾污的样品中，部分晶界出现明显的 EBIC 衬度，复合能力增强，各种晶界在 EBIC 衬度上存在着下面的大小关系：$\Sigma3<\Sigma3^*$，Σ9，$\Sigma27<R$。在中等沾污的样品中，和轻度沾污的样品一样，部分晶界出现了明显的 EBIC 衬度，EBIC 衬度的大小关系也类似。有所区别的是，中等沾污的样品中晶界的 EBIC 的衬度较高。在重度沾污的样品中，晶界的 EBIC 衬度进一步增强，大小关系为$\Sigma3<\Sigma9<\Sigma27<R$。

晶界在和金属杂质作用前后，其能级状态还会发生变化，原生未沾污的晶界是典型浅能级的，而经过金属沾污的晶界能级会发生改变，可以利用不同温度下的 EBIC 图像进行探测。根据图 11.18 可以发现，在轻度沾污和中等沾污的样品中，不论晶界的类型如何，晶界在 300 K 下的 EBIC 衬度要低于在 100 K 下的；而在严重沾污的样品中，不论晶界的类型如何，均呈现出完全相反的趋势，即 300 K 下的 EBIC 衬度高于 100 K 下的。一般认为，浅能级缺陷的 EBIC 衬度随着温度的降低而升高，深能级缺陷则正好相反。因此，对于晶界：没有沾污的本征晶界通常是浅能级的，在引入了金属沾污之后，晶界可能会变成深能级的，特别是重度沾污的晶界，出现深能级的可能性很大。一个很有趣的现象是，沾污程度由中等到

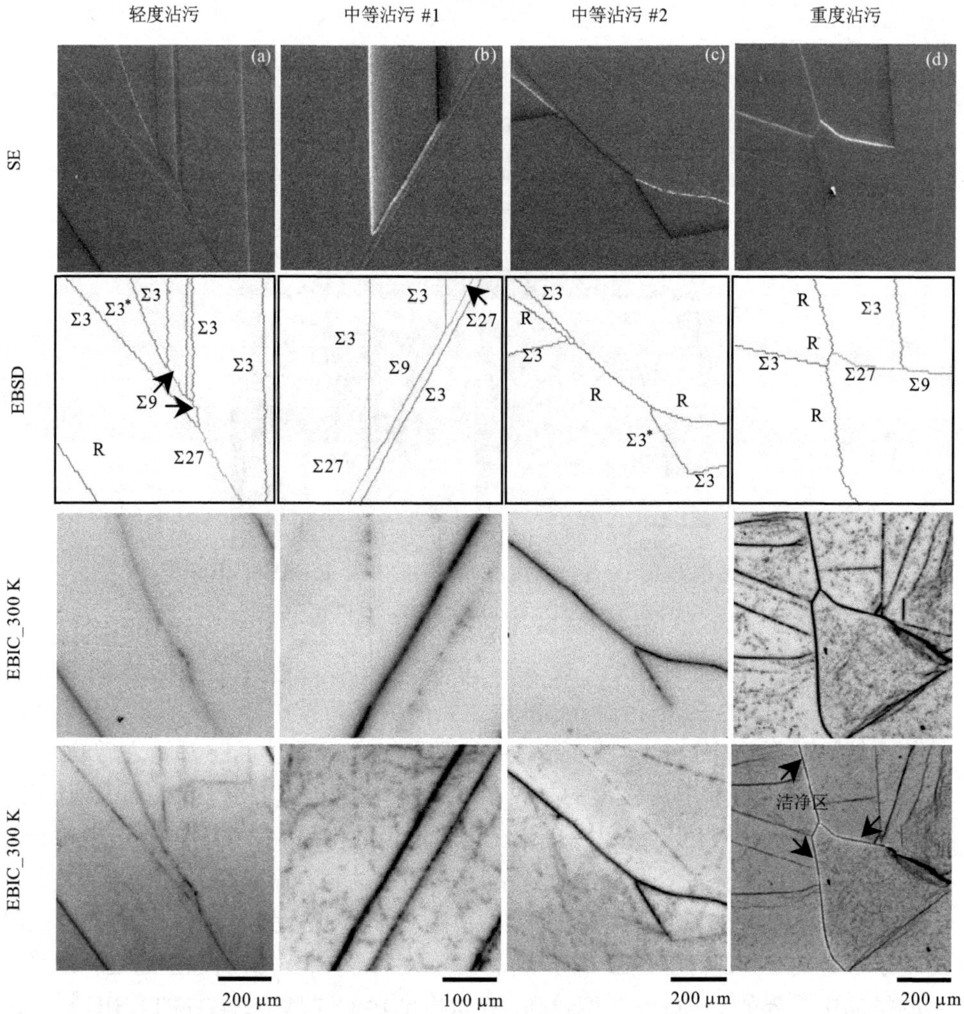

图 11.17　mc-Si 中的晶界经过不同程度 Fe 沾污之后的 SE，EBSD 和 EBIC 图像[65]

沾污程度分别为轻度(800℃)，中等(900~1000℃)和重度(1100℃) ($\Sigma3^*$-Σ3{112})

重度，EBIC 衬度随温度的变化趋势正好完全相反。这可能是和 Fe 在硅中的存在方式有关，在沾污程度相对较弱的样品中(如轻度和中等沾污)，Fe 可能仍然以原子的状态(如形成 FeB 对)存在，FeB 也会引入深能级，所引入的深能级和晶界本征的浅能级共存，从而在 EBIC 衬度的温度变化趋势上体现出混合能级的特性；而在重度沾污的样品中，Fe 更有可能以沉淀的形式存在，引入更多更深的深能级，深能级的影响远大于晶界本征的浅能级，从而在 EBIC 衬度的温度变化趋势上体现出深能级的特性。此外在重度沾污的样品中，在晶界的两侧发现非常明显的吸杂洁净区，说明在重度沾污的样品中有更多的 Fe 被晶界所吸杂。如果晶界所吸杂的 Fe 原子浓度超过了晶界上的缺陷密度，形成 Fe 沉淀的可能性就越大，这个解释从另一个角度也支持了上面的假设。

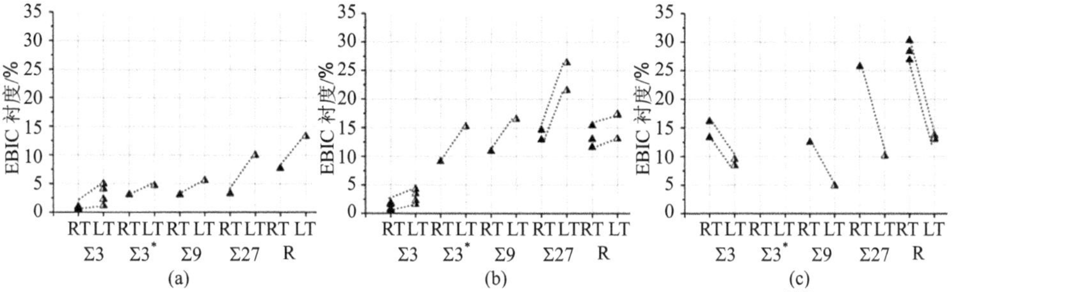

图 11.18 经不同程度 Fe 沾污后 mc-Si 中晶界的 EBIC 衬度统计[65]

(RT=300 K，LT=100 K) (a)轻度沾污；(b)中等沾污；(c)重度沾污

图 11.19 表示了晶界在 300 K 下，EBIC 衬度随着晶界类型(即Σ值)和 Fe 沾污程度而变化的范围分类。从图中可以看出，在室温下，晶界是本征上不具有电学活性的，在金属沾污之后具有电学活性，因此 EBIC 衬度的大小反映了晶界对金属杂质的吸杂能力的强弱。比较Σ晶界，发现 Σ 值越高，晶界的 EBIC 衬度越高，说明高Σ晶界的吸杂能力强于低Σ晶界。由这个结果可以推测，相比较于低Σ晶界，高Σ晶界上存在更多的吸杂点。原生未沾污的晶界基本没有 EBIC 衬度，说明原生晶界的结构缺陷可能重构，对 EBIC 敏感的复合中心很少。在晶界呈现明显的暗衬度，而在部分晶界的附近区域，由于晶界对杂质 Fe 的强吸杂作用，在晶界两侧形成了洁净区，洁净区呈现明衬度。EBIC 结果显示在上述温度范围内，相对来说，Fe 沾污明显提高了Σ27 和 R 晶界在 300 K 下复合强度，而对于Σ3 和Σ9 晶界只有在高温 1000~1100 ℃才有明显的提高。Fe 沾污对晶界晶面指数不同的Σ3 晶界的影响不同，Σ3{111}的 EBIC 衬度最弱。在相同沾污程度下，高Σ和 R 晶界的复合强度明显大于低Σ晶界。这一现象是与晶界对金属杂质的吸杂能力相关的，基本上存在下面的强弱关系：R>Σ27>Σ9>Σ3。

此外，小角度晶界的 Fe 沾污实验还发现[66]，不论沾污程度是轻度还是重度，SA 晶界的复合强度都要强于 R 晶界的复合强度。说明 Fe 沾污明显增强了 SA 在 300 K 下的复合强度。当沾污程度相同时，SA 对金属杂质非常敏感，超过Σ和 R。它主要是受到其特殊的晶界位错结构的影响，就小角度晶界 θ_t 在一定的范围内而言，θ_t 越大，即位错密度越高，对金属杂质的吸杂能力越强，复合也越强。另一方面，当 θ_t 增大到一定值时，对金属杂质的吸杂能力趋于饱和，复合强度不再增强。

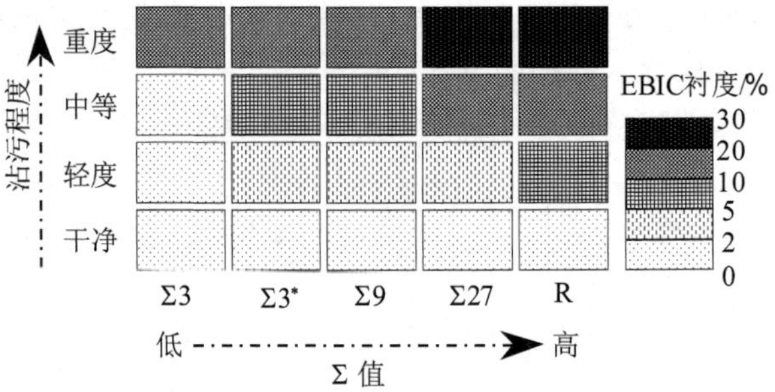

图 11.19　mc-Si 中晶界在 300K 下的 EBIC 衬度随着晶界类型(即Σ值)和 Fe 沾污程度而变化的范围分类[65]

Chen 等[68]还考察了晶界晶面指数和冷却速率对不同Σ3 晶界的复合特性的影响。研究发现，原生未引入金属沾污的Σ3 晶界在复合强度上存在着下面的强弱关系：Σ3{111}<其他Σ3。这一差别是由于晶界上缺陷密度的不同造成的。EBIC 衬度较强的Σ3{112}，在 300 K 下最大的 EBIC 衬度值不超过 2%，说明不论Σ3 晶界晶面指数如何，原生Σ3 的复合能力是非常弱的。在 900 ℃引入 Fe 沾污后，其他Σ3 在 300 K 下的 EBIC 衬度显著增强，而Σ3 {111}仍然较弱。这是 Fe 在不同的Σ3 晶界上存在形式不同造成的，也说明Σ3 {111}对金属杂质的吸杂能力最弱。在 1100 ℃引入 Fe 沾污后，由于 Fe 沉淀的产生，所有Σ3 晶界的 EBIC 衬度都进一步增大。空冷样品中的Σ3 晶界呈现出更强的 EBIC 衬度和更宽的洁净区，这是与 Fe 沉淀的形核机制相关的。Fe 沉淀的形核同时受到晶界类型和冷却速率的共同影响。

11.5.4　氧杂质的 EBIC 测试

硅晶体中的氧杂质主要是在晶体生长过程中由于石墨坩埚沾污引起的。无论在单晶硅还是铸造多晶硅中，氧都是一种很重要的杂质[69,70]，研究非常广泛。硅中的氧具有双重性，既有有利的一面，如在直拉硅单晶(CZ-Si)中，通过在体内形成氧沉淀、在表面形成洁净区的内吸杂技术，吸除器件有源区的金属杂质，改善器件质量；也有不利的一面，如形成氧沉淀以及诱生缺陷。硅中含有氧沉淀，往往会降低少数载流子的寿命，主要是因为在氧沉淀的过程中形成了各种缺陷，如位错环、层错以及点缺陷等，这些缺陷成为了少数载流子的复合中心[71]。除此而外，硅晶体中的金属沉淀和硅化物沉淀也会影响少数载流子的寿命。

Jakubowica 等[72]研究了直拉硅单晶中氧沉淀诱生缺陷的 EBIC 衬度，他们发现独立的单个缺陷的 EBIC 衬度有正有负，而观察条件(入射电子束电流，加速电压)的变化可能会引起衬度的明暗改变。Seifert 等[73]用 EBIC 研究了硅中与氧沉淀相关的缺陷(oxygen related defects，ORD)和 $NiSi_2$ 颗粒，指出：在 300 K 时，$NiSi_2$

颗粒是强复合中心，而 ORD 的复合能力很弱，接近于 EBIC 的探测极限。但当 ORD 上有铁的沾污，则其复合能力会大大增强。他们认为 $NiSi_2$ 颗粒强复合能力可能是因为在颗粒附近形成空间电荷区的原因，而无杂质沾污 ORD 的弱复合能力则主要是由浅复合中心决定的，当 ORD 有金属杂质沾污(如 Fe)，则会表现为深能级中心，复合能力大大增强。

Spiga 等[74,75]通过 EBIC 研究了直拉硅单晶中氧沉淀内吸杂效应，并且得到了洁净区和体缺陷区的 EBIC 图像。图 11.20(a)是直拉硅单晶中经过内吸杂工艺之后形成表面洁净区(DZ)的样品的 EBIC 图像，图 11.20(b)是同一观察区域地原子力显微镜图像(atomic force microscope，AFM)。根据 EBIC 图像，人们可以同时观察到洁净区的宽度和体缺陷区内缺陷的复合性质。

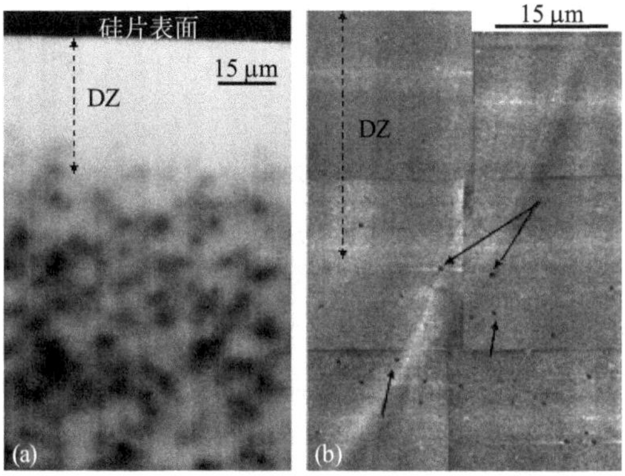

图 11.20 CZ-Si 中经过内吸杂工艺形成的洁净区和体缺陷区的 EBIC 图像(a)和 AFM 图像(b)[75]

Ono 等[76]结合 EBIC、聚焦离子束(focused ion beam, FIB)和透射电镜(TEM)技术，分别研究了轻掺和重掺直拉硅单晶中的氧沉淀及其相关缺陷，其中轻掺样品的电阻率为 10 Ω · cm，重掺样品的电阻率为 18 mΩ · cm。两种硅片经过两步退火后，形成了各种缺陷，如独立的氧沉淀、沉淀–位错复合体、体层错以及位错等。然后样品经过抛光，去除表面近 20 μm 的洁净区之后，制备 Schottky 结或者 MOS 结构，进行 EBIC 测试。EBIC 观察之后的样品通过 FIB 做标记，然后进行减薄制备 TEM 样品。TEM 观察显示，在轻掺样品中，存在片状氧沉淀，并且 95%的片状氧沉淀的周围观察到了二次缺陷–冲出型位错，冲出型位错与氧沉淀形成沉淀位错复合体；在重掺样品中，同时存在片状氧沉淀和多面体状氧沉淀，主要的二次缺陷为冲出型位错，此外还有层错(约占二次缺陷总数的 10%)。EBIC 结果显示，所有的沉淀位错复合体、层措和位错都具有一定的电学活性，但是重掺样品中的独立的片状氧沉淀，在 80~380 K 的温度范围内，都没有明显 EBIC 衬度。

11.5.5　金属杂质的 EBIC 测试

在过去的三十年间，硅中过渡族金属杂质(Cr，Mn，Fe，Co，Ni 和 Cu)及其沉淀得到了广泛的研究[77]。其中，由于扩散快和溶解度随温度强烈变化等特性，Cu，Ni 和 Fe 是硅中最重要的过渡金属杂质。一般认为金属杂质，特别是这些金属杂质和硅形成的金属硅化物沉淀团，会在能带中引入深能级，成为少数载流子的寿命杀手。当在位错、层错或晶界等缺陷处存在少量金属硅化物沉淀，缺陷处的复合强度有可能被大大提高。

利用 EBIC 技术，可以测试硅中金属沉淀的电学性质。Schröter 等[78]结合 DLTS 测量，系统地研究了 $NiSi_2$、$CoSi_2$、Cu_3Si 等硅化物结构与电学性质之间的联系。Correia 等[79]利用 EBIC 和 TEM 研究了 p 型直拉硅单晶和区熔硅单晶中的 Cu 沉淀性质及其对材料少数载流子扩散长度的影响，发现在表面损伤(机械抛光)和表面无损伤(机械化学抛光)的直拉硅单晶和区熔硅单晶样品中，Cu 沉淀的形态和密度并不一样。

Shen 等[80, 81]利用 EBIC 技术，研究了(111)直拉单晶硅(CZ-Si)中氧沉淀诱生层错及 Frank 不全位错的复合特性，并考察了金属杂质 Cu 和 Fe 在 Frank 不全位错上的沉淀行为及其对复合特性的影响，如图 11.21 所示。图 11.21(a)至图 11.21(c)是未引入金属沾污的样品在 50 K，110 K 和 290 K 时的 EBIC 图像，图中箭头所指圆圈即为层错。可以发现，在 50 K 时，层错面和 Frank 不全位错环都呈现强 EBIC 衬度。就 Frank 不全位错而言，EBIC 衬度在 50 K 时最强，110 K 时变弱，在 290 K 时消失。在 1100 ℃热处理引入 Cu 沾污的样品中(图 11.21(d)至图 11.21(f))，可以发现，在 290 K 时，Frank 不全位错的 EBIC 衬度也消失了，图中的柱状黑色 EBIC 衬度来自 Cu 沉淀团。在 1100 ℃热处理引入 Fe 沾污的样品中(图 11.21(g)至图 11.21(i))，在 50 K，110 K 和 290 K 时，Frank 不全位错环均呈现强 EBIC 衬度。

上述样品中，Frank 不全位错的 EBIC 衬度随温度 T 的变化曲线如图 11.22 所示。从图中可以发现，未沾污硅晶体样品和 Cu 沾污硅晶体样品的 C-T 曲线非常相似，即 EBIC 衬度随着温度的升高而降低，最高衬度出现在 50 K 时，类似于图 11.12 中的 L2 类型；而 Fe 沾污样品的 C-T 曲线则与前两者不同，类似于图 11.11 中的混合(mixed)类型。在上述三种样品中，Frank 不全位错上的杂质沾污程度并不一样，Cu 沾污样品中，Cu 并未沉淀在 Frank 不全位错上，因而 Cu 沾污样品中 Frank 不全位错的 EBIC 衬度与未沾污样品中的类似；而在 Fe 沾污样品中，Fe 很有可能已经沉淀在 Frank 不全位错上，使之在室温时呈现较强的 EBIC 衬度。TEM 结果显示，在 Frank 不全位错上无 Cu 沉淀形成，而是在冲出型位错上形成柱状 Cu 沉淀团。上述 EBIC 结果说明，虽然 Cu 在硅中的溶解度比 Fe 大，但是 Fe 更容易沉淀在 Frank 不全位错，主要原因是 Fe 在硅中扩散系数相对较小。

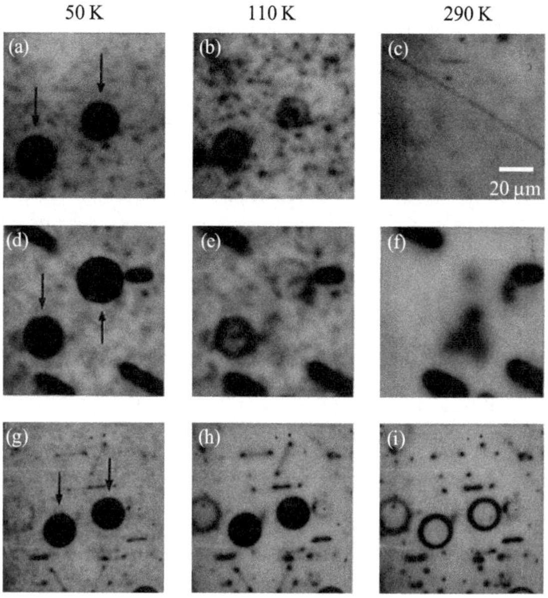

图 11.21 CZ-Si 中层错和 Frank 不全位错在 50 K、110 K 和 290 K 下的 EBIC 图像[80]

(a)~(c)未引入金属沾污的样品；(d)~(f)1100 ℃引入 Cu 沾污的样品；(g)~(i)1100 ℃引入 Fe 沾污的样品

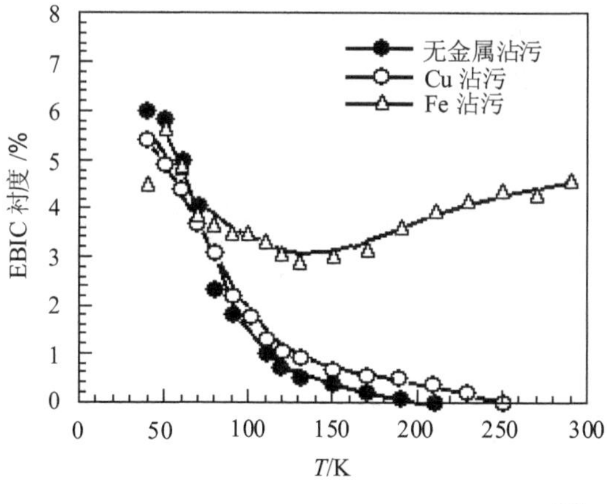

图 11.22 CZ-Si 中 Frank 不全位错 C-T 曲线[80]

11.5.6 氢钝化效果的测试

在硅中，通常用吸杂和钝化等热处理工艺来消除杂质和缺陷对材料电学性能的影响。硅晶体中的氢原子可以和位错、层错、晶界、金属原子等杂质和缺陷的悬挂键作用，使这些杂质和缺陷失去电活性，达到钝化缺陷、改善材料和器件质量的目的。因此，氢钝化技术在半导体器件工艺，特别是太阳电池制备工艺中被广泛应用。利用 EBIC 分析吸杂和钝化等工艺前后的电学性能(如少数载流子扩散长度)的变化以及 EBIC 图像衬度的变化，人们可以考察吸杂和钝化等工艺对缺陷的作用效果[82,83]。

Vynenko 等[84,85]在 80~300 K 温度范围内，通过 EBIC 观察了多晶硅中缺陷在氢钝化处理之后的复合强度的变化，如图 11.23 所示为硅解理面的 EBIC 图像。图中的上表面是经过 H 等离子体处理过的，而 GB-S、GB-M 和 GB-W 分别代表晶界的不同的复合强度(强、中等、弱)。从图中可以看出，在接近上表面的区域内，三条晶界的 EBIC 衬度都消失了，说明晶界上的复合被降低了，就是说钝化起到了效果。但是，对于不同的晶界，钝化的有效深度是不一样的，如 GB-W 的钝化深度明显大于 GB-S 的深度。显然，经过 H 钝化之后，近表面区域只残留少量缺陷复合中心，但是体内仍然有较高浓度的缺陷复合中心存在。

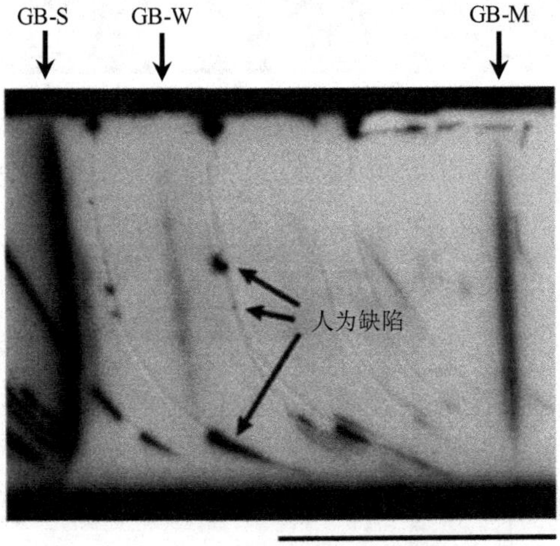

图 11.23 多晶硅经过 H 钝化之后解理面上晶界的 EBIC 图像[84]

Chen 等[86]研究了 H 钝化对 mc-Si 中不同类型晶界复合强度的影响，发现所有晶界经过 H 钝化，在 300 和 100 K 下的复合强度都得到了降低，如图 11.24 所示。通过比较钝化前后的晶界 EBIC 衬度发现，在轻度沾污的中部样品中，所有观察到的晶界(包括Σ，R 和 SA)，在 300 K 下的 EBIC 衬度都非常微弱，无法进行比较；在 100 K 下的 EBIC 衬度经过 H 钝化后有明显的降低。其中Σ晶界的 EBIC 衬度降低约为 75%~80%，SA 和 R 降低约为 35%~40%。由于不同的晶界类型对金属杂质的吸杂能力也不同，上述结果说明 H 钝化的效果可能同时受到晶界类型和金属杂质的影响。在重度沾污的顶部和底部样品中，所有观察到的晶界(包括Σ和 SA)，在 300 K 和 100 K 下的 EBIC 衬度经过 H 钝化后也都有所将低。对于Σ和 SA，EBIC 衬度降低的程度相近，最高降低不超过 40%，说明 H 钝化的效果主要受到金属杂质的影响。可以得出结论，轻度沾污的缺陷 H 钝化的效果要比重度沾污的缺陷的显著。

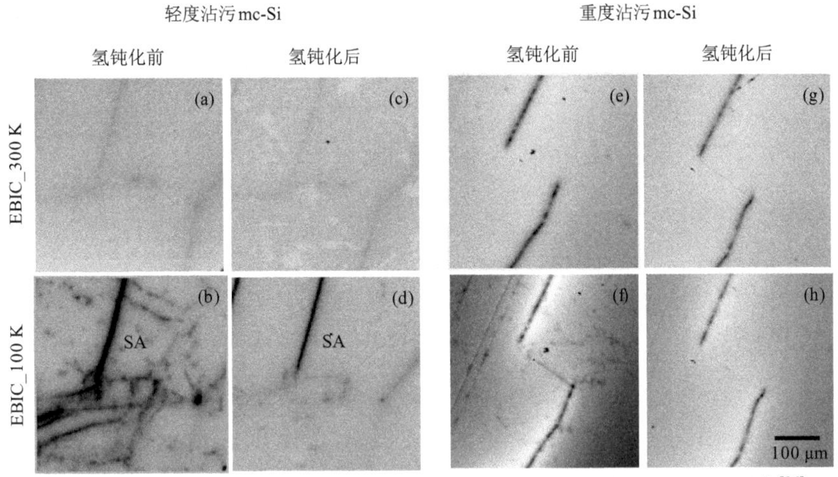

图 11.24 轻度和重度 Fe 沾污的 mc-Si 中的晶界氢钝化前后的 EBIC 图像[86]

11.5.7 pn 结二极管漏电流测试

在反向偏压情况下，pn 结二极管的漏电流要求尽可能的小。如果通过 pn 结的漏电流过大，可能导致器件失效。通常在硅 pn 二极管中，致使反向漏电流增大的缺陷主要为位错和过渡族金属沉淀，特别是贯穿 pn 结区的具有金属沉淀的位错。Davies 等[87]曾将 EBIC 应用到了不同类型硅 pn 结的漏电流通道的观察，在低电阻的台面二极管(mesa diode)中观察到了漏电流通道，可能是由于位错或表面划痕等缺陷引起；而在高电阻的光电二极管(photodiode)中，缺陷密度很低，未观察到漏电流通道。Green 等[88]研究了 SEM 中电子束辐照对 PNP 或 NPN 结构的平面晶体管(planar transistor)电学性质的影响，发现当晶体管样品经过能量 10~20 keV 的电子束辐照之后，共射电流增益 β 明显减小了，其他一些性能参数如反向偏压漏电流和击穿电压也都发生了变化。此外，氧化层错对于器件的漏电流行为也起着重要的影响[89-91]。

Synman 等[92]通过 EBIC 研究了硅 n^+p 发光二极管的击穿行为。图 11.25(a)显示了硅 n^+p 发光二极管的截面结构示意图，图 11.25(b)为该发光二极管的电流–电压特性(即 I-V 曲线)。根据 I-V 曲线显示，在反向偏压为 48 V 时，二极管的电流达到平衡饱和电流(约为 2×10^{-9} A)；在反方向偏压为 52.5 V 时，雪崩击穿发生。

EBIC 观察显示，当所加反向偏压(如 5 V)远小于雪崩击穿电压(52.5 V)时，通过 pn 结的电流几乎不变，电流值与饱和电流为同一数量级。EBIC 图像未出现明显的衬度，说明此时器件中没有明显的复合，增殖或雪崩现象。图 11.26 显示了不同偏压下的硅 n^+p 发光二极管的平面 EBIC 图像。当偏压为 49.5 V 时，在此偏压下，已经足以导致强漏电流的发生，EBIC 图像上出现了明暗交错的衬度，明衬度对应于增强的收集电流，暗衬度对应于较弱的收集电流。由于电子束入射可能提高局域地区的载流子产生率，从而导致增强的收集电流。当偏压增大到 52.2 V，在 EBIC 图像上出现了高密度的亮点，这些亮点被视为离散的雪崩击穿点。当偏压继续增大到 52.4 V，雪崩击穿点的密度迅速地增加。

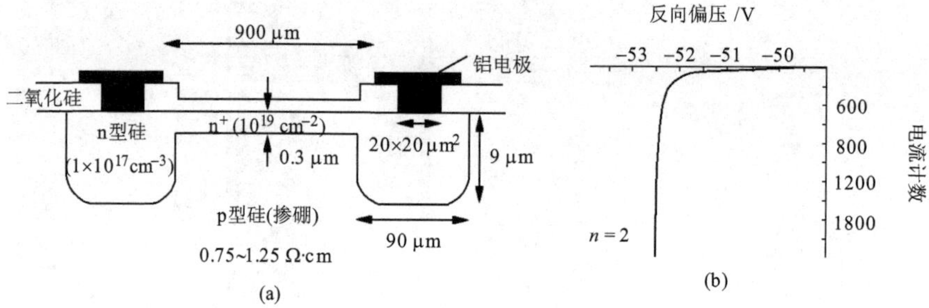

图 11.25　硅 n^+p 发光二极管的截面结构示意图(a)和 *I-V* 特性(b)[92]

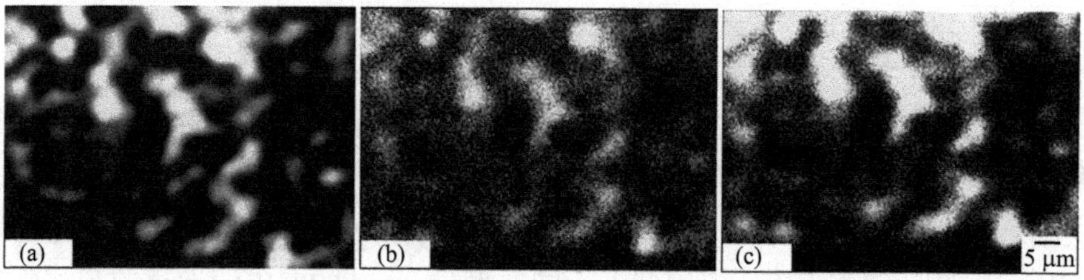

图 11.26　不同偏压下的硅 n^+p 发光二极管的 EBIC 图像[92]

(a) 49.5 V；(b) 52.2 V；(c) 52.4 V

利用 EBIC 还可以分析其他材料制备的半导体 pn 结，如 Chin 等[93]利用 EBIC 技术，研究了 InGaAs 光电二极管的失效机制。Zimmermann 等[94]利用 EBIC 等技术分析了 4H-SiC 二极管的电学特性和晶体缺陷之间的关系。Giovane 等[95]研究了 p-i-n 结构 $Si_{0.75}Ge_{0.25}$ 二极管的体漏电流与 $Si_{0.75}Ge_{0.25}$ 缓冲层中贯穿位错密度之间的联系，利用 EBIC 进行大面积观察用以表征贯穿位错的密度。

11.5.8　MOS 结构的 EBIC 测试

关于 EBIC，除了应用于研究 pn 结或 Schottky 结形式的样品，也可以应用于 MIS 结构的样品。过去几十年间，MIS 结构的 EBIC 研究主要集中介电层为

SiO_2的 MOS 器件(MOS-EBIC)。早期的研究发现[96]，对于 MOS 结构，EBIC 电流随着电子束辐照时间的增加而迅速衰减，最后达到一个恒定值；且 EBIC 电流衰减与观察倍数也有关系，高倍时衰减更快。产生上述现象的主要原因是由于在氧化硅 MOS 样品中存在着电子辐照带电现象[97,98]。在 SiO_2 中，电子的迁移率远远大于空穴的迁移率，在电场作用下，电子束入射产生的电子将很快运动到栅极电极；另一方面，留下了空穴，被陷阱俘获或被复合；随着电子束辐照时间的增加，在界面附近的 SiO_2 层中，会形成带正电的空间电荷区，使得 EBIC 电流减小。经过一段时间辐照之后，界面上的电荷达到饱和，EBIC 电流趋于恒定值。如果空间电荷区内的正电荷密度增(如高倍观察时，单位面积上电子束流密度增大)，SiO_2 与 Si 界面上的电场强度增大，使得 EBIC 电流减小更快。利用 EBIC 观察比较二氧化硅场效应管(MOS)和氮化硅场效应管(Metal Nitride Oxide Silicon，MNOS)器件，发现使用氮化硅或氮氧化硅代替二氧化硅作为绝缘层，无明显的电子辐照效应。与 MOS 相比，MNOS 的 EBIC 电流值在整个辐射时间范围内基本保持不变，与电子束辐射时间之间无明显联系，说明在氮化硅中界面的电荷积累基本可忽略[96]。

Bottoms 等[99,100]利用 EBIC 对 MOS 样品中 SiO_2 与 Si 的界面进行了分析。他们认为，在 SiO_2 与 Si 的界面上存在着由于存储电荷所引起的内部电场，使得样品其他部位的电场变为零，收集到的电流将限于界面及其附近区域产生的电荷；如果使用低电子束电流和合适的高扫描速率，对样品的充电不会很明显，但如果对于一个小区域进行多次扫描，则会产生较为严重的充电现象。虽然在 MOS 样品中存在充电现象，但是如果在所观察的区域充电电荷分布均匀，只是背景发生了改变，而 EBIC 的各种衬度机理仍然适用。因此，可以利用 EBIC 对 MOS 器件进行无损检测，分析金属化、绝缘层等的性质[101]。

与传统的 EBIC(利用 pn 结或 Schottky 结来收集电流)，MOS-EBIC 的衬度机制较为复杂，这是因为对于基板(Si)和氧化层(SiO_2)，电流的收集机制是不同的。对于基板中的缺陷来说，会出现电容耦合 EBIC 衬度(capacitively coupled EBIC)[102,103]，在 EBIC 图像上表现为暗明衬度，即先出现的暗衬度区域后紧跟着出现一明衬度区域。有无外加偏压不会影响衬度的性质。

而对于氧化层来说，由于电子的迁移率远大于空穴的迁移率，依据所加电场的极性，电子漂移到栅极或基板，形成电流。因此氧化层电流主要取决于注入的载流子数目和外加的电场强度大小。图 11.27(a)示意了有无电子束入射时 MOS 电容的 *I-V* 特性，可见在电子束入射情况下，氧化层电流显著增大。依据电场强度的变化，氧化层中缺陷的 EBIC 衬度又可以分为两种。

第一种衬度为真实氧化层的 EBIC 衬度(true oxide EBIC)[104,105]，一般在较小偏压下出现。此时，收集到的电流取决于氧化层中注入的载流子数目，如果存在减薄缺陷(thinning defect)，缺陷处的载流子数目减小。如图 11.27(b)所示的氧化层中一处减薄缺陷在偏压 V_{gs} 小于临界值 V_{th} 时，出现减弱的输出信号(相应出现暗 EBIC 衬度)。

第二种衬度为隧道电流 EBIC 衬度(tunneling current EBIC)[106]，一般在较大偏压条件下出现。以 SiO_2 为例，当电场强度超过 4 MV/cm，EBIC 电流遵循 Fowler-Nordheim 隧道击穿电流的特性。由于隧道电流效应，电子可以从基板或栅极发射，氧化层中注入的载流子数目对于收集电流的影响甚微，此时减薄缺陷处往往成为加速漏电流的通道，从而出现如图 11.27(c)所示的增强的输出信号(相应出现明 EBIC 衬度)。

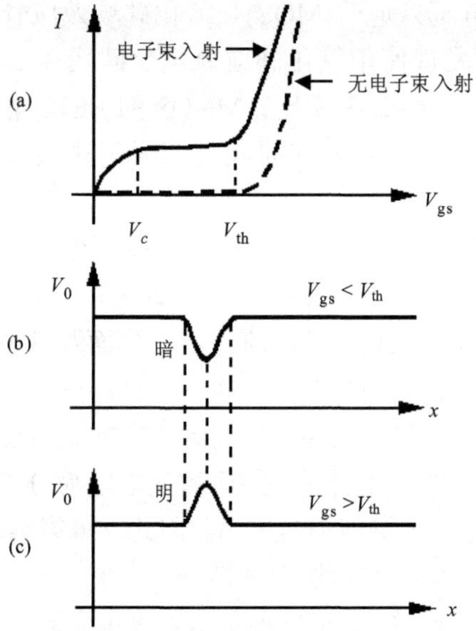

图 11.27　有无电子束入射时 MOS 电容的 I-V 特性(a)和氧化层减薄缺陷在 $V_{gs}<V_{th}$(b)和 $V_{gs}>V_{th}$(c)情况下的输出信号[104]

Kirk 等[107]总结了 MOS-EBIC 测量时，在不同偏压状况下氧化层缺陷的 EBIC 衬度的变化，如图 11.28 所示。在耗尽或反型情况下，在氧化层电流 i_{ox} 和电容耦合电流 i_{cc} 之间存在着竞争(在图 11.28(a)的最上方标出了正弦波形的电容耦合电流 i_{cc} 的信号)。通常电容耦合电流 i_{cc} 的信号具有以下两个特征，其一是出现暗明衬度，其二是当电子束扫描速度很慢时基本无此信号。因此，如果电流信号不随扫描速度而削弱，说明此电流信号为氧化层的电流 i_{ox}。忽略基板中的缺陷和电容耦合电流 i_{cc} 的影响，根据前面所叙述的氧化层缺陷在不同电场强度条件下的两种衬度机制，氧化层中的缺陷，可能会出现暗衬度(电流减弱)或明衬度(电流增强)。

在积累情况下，只有氧化层电流 i_{ox} 通过，依据电场强度的不同，缺陷可能呈现明衬度(电流减弱)或暗衬度(电流增强)。

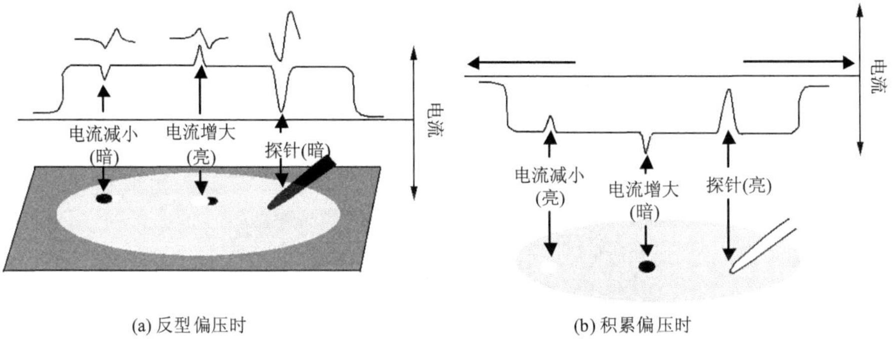

图 11.28 在耗尽或反型(a)和积累(b)偏压条件下，MOS-EBIC 测试中氧化层缺陷的 EBIC 衬度的变化示意图[107]

Lau 等[108]系统地研究了 Al/SiO_2/p-Si 结构的 MOS-EBIC。图 11.29 显示的是在 0 V 以及积累偏压(−4~−8 V)情况下缺陷的 EBIC 图像。在图 11.29(a)所显示的 SE 图像中，没有出现缺陷的任何形貌。在 0 V 的 EBIC 图像中，观察到了暗明衬度。在随后的积累偏压下，在同一位置先是出现了明衬度(−4~−6 V)，当偏压从−6 V 下降到−7 V 时观察到了由明衬度向暗衬度转变，此后，衬度保持暗衬度。从上述 EBIC 衬度的转变可以发现，该缺陷应该是位于氧化层与 Si 基本界面上的缺陷。

最近，随着半导体集成电路特征线宽的进一步缩小，对于氧化层的要求已经接近了 SiO_2 的极限，随之而来的是使用高介电常数(high-k)的绝缘材料来代替传统的 SiO_2。考虑到 SiO_2 作为介电层材料在集成电路中已经使用了数十年，工艺已经非常成熟，在目前用 high-k 材料来取代它仍然是个大挑战。Chen 等[109]利用 EBIC 研究了使用 HfSiON 介电层的 MOSFET 的栅极漏电流特性。图 11.30 示意了一个 p 通道 MOSFET 的截面结构以及 EBIC 测试线路。栅极包括 3.5 nm 的 HfSiON 介电层，105 nm 多晶硅和 22 nm NiSi 的电极，在电极的上面沉积了 300 nm 的 SiO_2 表面绝缘层。图 11.31 是不同加速电压入射下的栅极区域的 EBIC 图像。栅极偏压均为−1 V。从图中可以发现当加速电压大于 7 kV 时，在栅极的边缘出现了白色的亮点。这些亮点对应着较高的 EBIC 收集电流，所以是漏电流点。根据 EBIC 图像的随加速电压和栅极偏压的变化，可以判定漏电流点位于介电层及其界面附近。此外，根据漏电流点的分布特征(即位于栅极边缘且沿着栅极长度方向)，可以判定它们可能是由于器件制作工艺过程中引入的缺陷所致，如浅沟槽隔离(shallow trench isolation)工艺中引入的缺陷点。

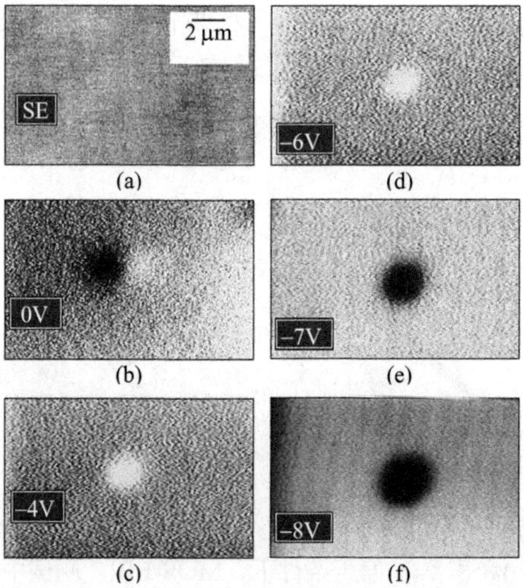

图 11.29　Al/SiO_2/p-Si 结构中氧化层界面缺陷在积累情况下的 EBIC 图像[108]

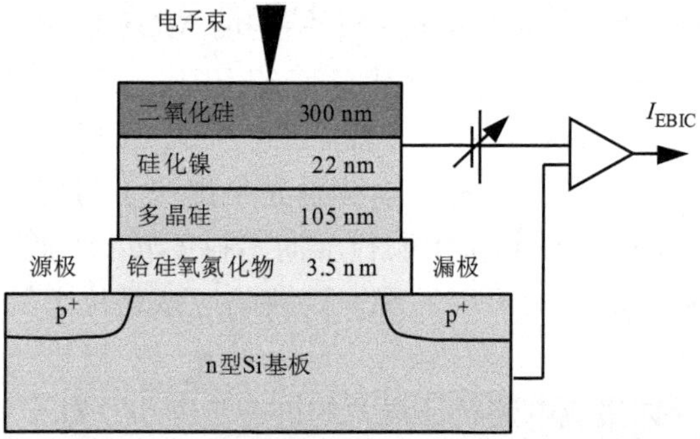

图 11.30　high-k MOSFET 的截面结构以及 EBIC 测试线路示意图[109]

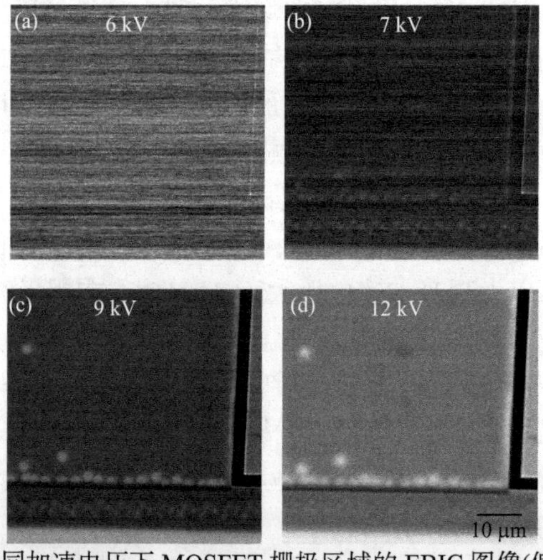

图 11.31　不同加速电压下 MOSFET 栅极区域的 EBIC 图像(偏压=−1V)[109]

11.5.9 其他半导体材料和器件的测试

1. 金刚石 pn 结位置的测试

表征 pn 结是 EBIC 图像的一个典型应用。通过在 pn 结两端加一定的偏压，可以取结电流作为 EBIC 成像信号。当入射电子束扫描 pn 样品时，在结区域，注入的电子–空穴对，很快被电场收集，对结电流有贡献；在远离结电场区的基区，注入的电子–空穴对，可能在扩散过程中相互复合，对结电流贡献很小；因此，结区的 EBIC 信号大于基区的 EBIC 信号。利用结区与基区的信号差异所产生的结区 EBIC 衬度，可以很容易地判定结的位置所在。

金刚石材料是一种具有重要潜在应用价值的半导体材料，它的一个重要应用就是紫外发光。在实验中，Koizumi 等成功地制备了金刚石发光二极管[110]，但是其紫外发光究竟是来自于金刚石 pn 结还是金刚石–金属欧姆接触界面，或者是来自金刚石内部的缺陷发光，需要进一步的实验验证。因此，Sekiguchi 等利用 EBIC 和阴极荧光(CL)技术，对金刚石的 pn 结进行了观察[111]，其结果如图 11.32 所示。图 11.32(a)是金刚石 pn 结样品的低倍二次电子(SE)图像，方框所示区域包含 pn 结，图 11.32(b)是将图 11.32(a)中方框区域顺时针旋转 90°后的放大 SE 图像，线条所示为阴极荧光(cathodoluminescence，CL)线扫描位置，图 11.32(c)为波长 220~435 nm

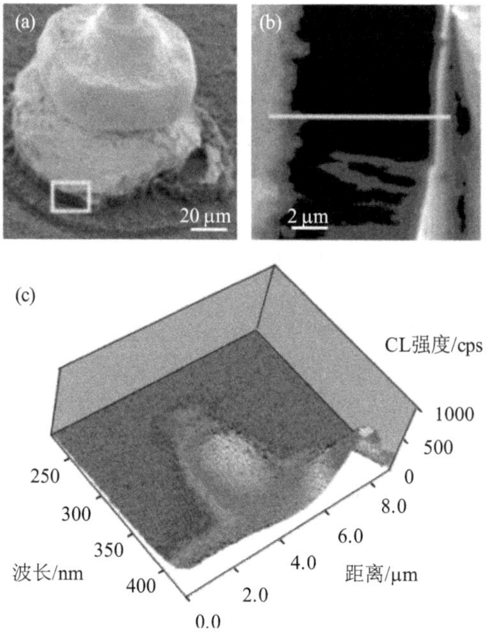

图 11.32 金刚石 pn 结的 SE 图像(a)和顺时针旋转 90°之后方框区域的放大 SE 图像(b)，方框区域在波长 220~435 nm 范围进行线扫描的 CL 曲线(c)[111]

范围的线扫描 CL 曲线。线扫描 CL 结果显示存在紫外发光，但是从 SE 图像中无法判定 pn 结的位置所在，也就从判断紫外发光来自何处。

随后，对该区域进行 EBIC 观察，结果如图 11.33 所表示。图 11.33(a)和图 11.33(b)分别为偏压为 0 和 40 V 时的 EBIC 与 SE 的合成图像，图 11.33(c)是图 11.33(a)中线条所示区域的不同偏压(0~44 V)下的 EBIC 电流线分布曲线。从 EBIC 图像中可以明显地观察到 pn 结的位置所在，而且与 CL 线扫描曲线相对应。因此，可以得出结论，紫外发光来自金刚石 pn 结，而非金刚石–金属欧姆接触界面或其他。

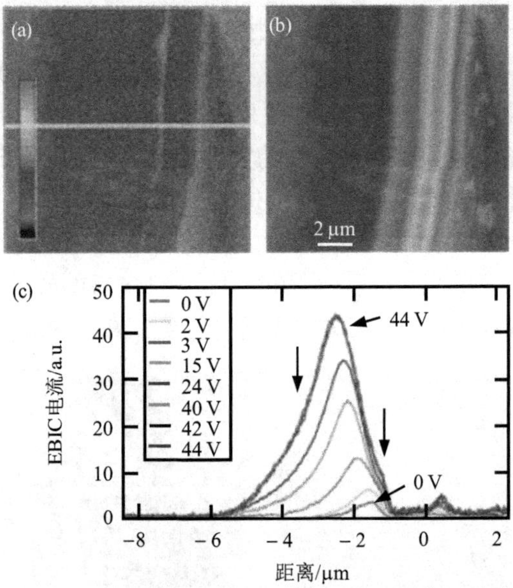

图 11.33　偏压为 0 V(a)和 40 V(b)下的金刚石 pn 结的 EBIC 图像，以及在不同偏压下(0~44 V)的结区附近的 EBIC 电流分布曲线(c)[111]

2. 外延 SiC 中的晶体缺陷的测试

与单晶硅相比，SiC 具有宽禁带(如 4H-SiC 的禁带宽度为 3.2 eV)，大的饱和电子漂移速度、大的击穿电压等特点，被认为是制作高温、高频、大功率和低损耗器件的候选材料。但是，与单晶硅相比，由于存在高密度的结晶缺陷如位错等，SiC 晶片或外延的质量较差。例如，位错和层错可能导致 SiC 二极管击穿电压的下降和阈值电压的偏移[112]。因此，需要对 SiC 材料或器件中的晶体缺陷进行快速准确的分析。

图 11.34 为外延生长的 4H-SiC 中的缺陷的光学显微照片和 EBIC 图像[113]。图 11.34(a)是未经过化学腐蚀的外延层表面形貌的光学显微照片，从中只观察到了形状类似胡萝卜的表面缺陷。在图 11.34(b)的 EBIC 图像中，胡萝卜状的表面缺陷呈

现出了黑色的 EBIC 衬度，此外，还出现了许多黑色斑点代表不同类型的缺陷(如 A，B，C 所指)。显而易见，C 缺陷为基面位错(basal plane dislocation)；但是单纯从 EBIC 图像是很难判定 A 缺陷或 B 缺陷的类型。图 11.34(c)是该区域经过 KOH 化学腐蚀之后的光学显微照片，出现了许多腐蚀坑。结合 EBIC 图像和 KOH 腐蚀结果，可以得出结论，A 缺陷为刃型位错(edge dislocation)，B 缺陷为螺型位错(screw dislocation)。比较这三种缺陷的 EBIC 衬度，衬度从大到小依次为：基面位错>螺型位错>刃型位错，其中基面位错的复合能力最强。

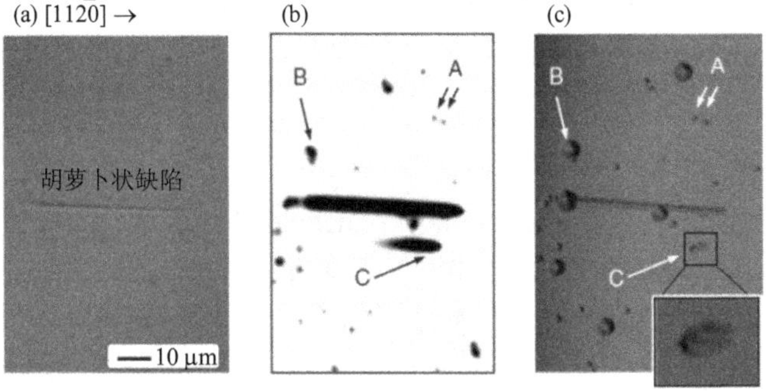

图 11.34 外延生长的 4H-SiC 中的缺陷的光学显微照片(a)，EBIC 图像(b)和经过 KOH 腐蚀后的光学显微照片(c)[113]

3. CdTe-Cds 化合物太阳电池的测试

图 11.35 显示了两种不同类型的 CdTe 太阳电池(经氯化处理且含有 CdS 的和经氯化处理不含 CdS 的)在不同入射电子束流下的 EBIC 图像[114]。图中的晶粒呈现或明或暗的 EBIC 衬度，这是由于载流子浓度在各个晶粒内的分布差异所导致的。在小注入条件下(入射电流为 1×10^{-11} A)，明衬度区域对应于高的注入载流子浓度，而暗衬度区域对应于较低的注入载流子浓度。

图 11.35 所示的 EBIC 图像也与入射电子束流的大小密切相关。在小注入条件下(入射电流为 1×10^{-11} A)，经过氯化处理的 CdTe 样品的 EBIC 电流信号很强，EBIC 衬度很小且分布很均匀，说明 CdTe 的晶界已被钝化，无强复合能力。随着入射电流的增大，注入的少数载流子浓度超过多数载流子浓度，不再满足小注入条件，EBIC 电流信号将下降，在强注入区域(注入载流子浓度较高)出现暗衬度。上述现象可以通过等离子体效应以及电子束辐照损失来解释。研究表明[115]，当光辐照或电子辐照超过一定能量时，CdTe 太阳电池的电流收集效率将开始下降，这是由于在强注入条件下的等离子体效应会影响对载流子的收集效率。此外，EBIC 结果还显示在晶界处出现显著的明衬度。这一现象在经过氯化处理且含 CdS 的 CdTe 样品中尤其明显，说明 CdS 的存在促进了载流子的收集效率。

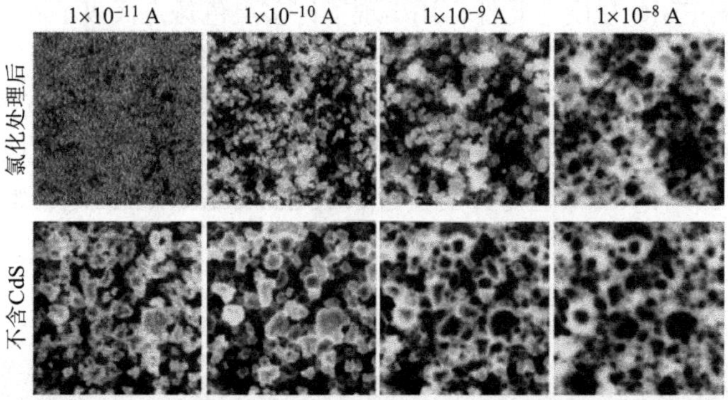

图 11.35　经氯化处理含有 CdS 的和不含 CdS 的 CdTe 太阳电池在不同入射电子束流下的 EBIC 图像[114]

4. GaAs 场效应管失效测试

金属–半导体场效应管(metal-semiconductor field effect transistor，MESFET)是一种简单的单极性场效应管。MESFET 通常有三个金属–半导体接触，包括两个欧姆接触(作为源极和漏极)和一个整流 Schottky 接触(作为栅极)，一般利用 GaAs 等 n 型 III-V 族化合物半导体制备。Kaufmann 等[116,117]利用 EBIC 分析了 GaAs MESFET 的栅极性能，GaAs MESFET 的结构和 EBIC 测试电路如图 11.36 所示，而图 11.37 是一个 MESFET 栅极的 SE 和不同加速电压(4 kV 和 20 kV)条件下的 EBIC 图像。从 EBIC 图像中可以发现，在栅极和欧姆接触之间存在电学短路，而在 SE 图像中则没有观察到上述现象。此外，此时 EBIC 图像的分辨率主要取决于入射电子束能量，在 4 kV 入射时，EBIC 图像分辨率为 100 nm 左右；20 kV 入射时，分辨率约为 1 μm。

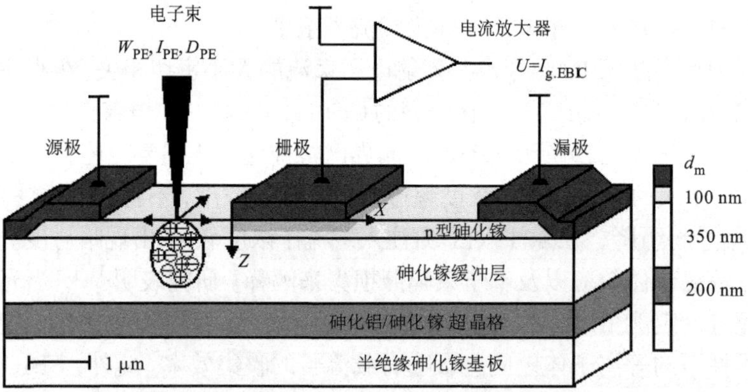

图 11.36　GaAs MESFET 的结构和 EBIC 测试电路示意图[116]

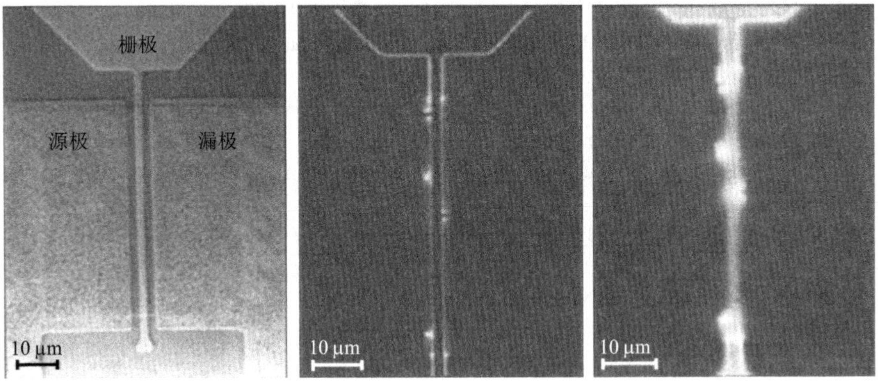

图 11.37 GaAs MESFET 的 SE 图像，4 kV 和 20 kV 下的 EBIC 图像[117]

总之，结合扫描电镜，电子束诱生电流已经成为研究半导体材料和器件的一个有力的测试技术。它通过电子束入射在半导体样品中，注入电子–空穴对，可以实现对半导体材料或器件的电学性质的微观测量。从 EBIC 信号中，人们可以测定半导体少数载流子扩散长度、pn 结位置、晶体缺陷的复合现象、金属沉淀以及半导体器件失效分析等等，从而获得半导体材料形貌、晶向、电学性质和光学性质等方面的信息。随着 EBIC 技术的成熟，其测试系统已经被广泛地应用于半导体材料和器件等研究领域。

参 考 文 献

[1] Leamy H J. Charge collection scanning electron microscopy. Journal of Applied Physics, 1982, 53 (6): R51-R80.

[2] Lander J J, Schreiber H, Buck T M, Mathews J R. Microscopy of internal crystal imperfections in Si p-n junction diodes by use of electron beams. Applied Physics Letters, 1963, 3(11): 206-207.

[3] David B. Wittry, David F K. Cathodoluminescence at p-n Junction in GaAs. Journal of Applied Physics, 1965, 36(4): 1387-1389.

[4] Higuchi H, Tamura H. Measurement of the lifetime of minority carriers in semiconductors with a scanning electron microscope. Japanese Journal of Applied Physics, 1965, 4: 316-317.

[5] Czaja W, Patel J R. Observations of individual dislocations and oxygen precipitates in silicon with a scanning electron beam method. Journal of Applied Physics, 1965, 36(4): 1476-1482.

[6] Claude A. Klein. Bandgap dependence and related features of radiation ionization energies in semiconductors. Journal of Applied Physics, 1968, 39(4): 2029-2038.

[7] Cohn A, Caledonia G. Spatial distribution of the fluorescent radiation emission caused by an electron beam. Journal of Applied Physics, 1970, 41(9): 2775-3767.

[8] Kanaya K, Okayama S. Penetration and energy-loss theory of electrons in solid targets. J Phys D Appl. Phys, 1972, 5: 43-58.

[9] 施敏. 半导体器件物理与工艺(第二版)[M]. 苏州: 苏州大学出版社, 2004: 59-65.

[10] Munakata C. Measurement of the homogenity of a semiconductor with an electron beam. Japanese Journal of Applied Physics, 1965, 4: 815.

[11] Palm J. Local investigation of recombination at grain boundaries in silicon by grain boundary-electron beam induced current. Journal of Applied Physics, 1993, 74(2): 1169-1178.

[12] Donolato C. Contrast and resolution of SEM charge-collection images of dislocations. Applied Physics Letters, 1979, 34(1): 80-81.

[13] Carl E. Norman. Challenging the spatial resolution limits of CL and EBIC. Solid State Phenomena, 2001, 78-79: 19-28.

[14] Donolato C. On the theory of SEM charge-collection imaging of localized defects in semiconductors. Optik 1978/79, 52(1): 19-36.

[15] Zook J D. Effects of grain boundaries in polycrystalline solar cells. Applied Physics Letters, 1980, 37(2): 223-226.

[16] Donolato D. Theory of beam induced current characterization of grain boundaries in polycyrstalline solar cells. Journal of Applied Physics, 1983, 54(3): 1314-1322.

[17] Donolato C. On the theory of SEM charge-collection image of localized defects in semiconductors. Optick, 1978/79, 52(1): 19-36.

[18] Stemmer M. Monte Carlo simulation of the minority-carrier recombination at and around grain boundaries surrounded by a denuded zone revealed by light-beam-induced current mapping. Materials Science and Engineering B, 1994, 24: 180-183.

[19] Corkish R, Altermatt P P, Heriser G. Numerical simulation of electron-beam-induced current near a silicon grain boundary and impact of a p-n Junction space charge region. Solar Energy Materials and Cells, 2001, 65: 63-69.

[20] Sirotkin V V, Yakimov E B. Simulation of EBIC contrast for extended defects inclined to the surface. Solid State Phenomena, 2001, 78-79: 73-78.

[21] Hackett Jr W H. Direct measurement of very short minority-carrier diffusion lengths in semiconductors. Journal of Applied Physics, 1971, 42(8): 3249-3251.

[22] Hackett Jr W H. Electron-beam excited minority-carrier diffusion profiles in semiconductors. Journal of Applied Physics, 1972, 43(4): 1649-1654.

[23] Donolato C, Kittler M. Depth profiling of the minority-carrier diffusion length in intrinsically gettered siliocn by electron-beam-induced current. Journal of Applied Physics, 1988, 63(5): 1569-1579.

[24] Bounjani A, Bassou G, Benbakhti G, Beghdad M, Belmekki B. Direct measurement of minority carrier diffusion length in planar devices. Solid-State Electronics, 1995, 38(2): 471-475.

[25] Hardingham C. A novel, non-destructive, technique using EBIC to determine diffusion length in GaAs solar cells, in Proc of 25th PVSC, 1996: 231-234.

[26] Ioannou D E, Dimitriadis C A. A SEM-EBIC minority-carrier diffusion-length measurement technique. IEEE TRANS. on El Dev ED, 1982, 29(3): 445-450.

[27] Donolato C. Charge collection in a Schottky diode as a mixed boundary-value problem. Solid-State Electronics, 1985, 28(11): 1143-1151.

[28] Kamm J D. A method for investigation of fluctuations in doping concentration and minority-carrier diffusion length in semiconductors by scanning electron microscope. Solid-State Electronics, 1976, 19: 921-925.

[29] Wu C J, Wittry D B. Investigation of minority-carrier diffusion lengths by electron bombardment of Shottky barriers. Journal of Applied Physics, 1978, 49(5): 2827-2836.

[30] Miyazaki E, Miyaji K. Enhancement of reverse current in semiconductor diodes by electron bombardment. Japanese Journal of Applied Physics, 1965, 2: 129-130.

[31] Berz F, Kuiken H K. Theory of life time measurements with the scanning electron microscope: steady state. Solid-State Electronics, 1976, 19: 437-445.

[32] Ong V K S, Phang J C H, Chan D S H. A direct and accurate method for the extraction of diffusion length and surface recombination velocity from and EBIC line scan. Solid-State Electronics, 1994, 37 (1): 1-7.

[33] Kittler M, Seifert W. Minority-carrier diffusion length: measurement by EBIC, connection to materials microstructure and relation to device performance. Reve de Physique Appliquee Colloque, 1989, 24: C6-31-46.

[34] Hackett W H. Electron beam excited minority carrier diffusion profiles in semiconductors. Journal of Applied Physics, 1972, 43(4): 1649-1654.

[35] Kamm J D. A method for investigation of fluctuation in doping concentration and minority-carrier diffusion length in semiconductors by scanning electron microscope. Solid-State Electronics, 1976, 19: 921-925.

[36] de Kock A J R. SEM observation of dopant striae in silicon. Journal of Applied Physics, 1977, 48(1), 301-307.

[37] Jim Y. Chi, Harry C. Gatos. Determination of dopant-concentration diffusion length and lifetime variations in silicon by scanning electron microscopy. Journal of Applied Physics, 1979, 50(5): 3433-3440.

[38] Kittler M, Seifert W. On the origin of electron-beam-induced-current contrast of extended defects in silicon. Scanning Microscopy, 1992, 6(4): 979-991.

[39] Shockley W, Read W T. Statistics of recombination of holes and electrons. Phys Rev, 1952, 87: 835-842.

[40] Kittler M, Seifert W. Two types of electron-beam-induced current behaviour of misfit dislocations in Si(Ge): experimental observations and modeling. Materials Science and Engineering B, 1994, 24: 78-81.

[41] Kusanagi S, Sekiguchi T, Shen B, Sumino K. Electrical activity of extended defects and gettering of metallic impurities in silicon. Materials Science and Technology, 1995, 11: 685-690.

[42] Kittler M, Seifert W. On the origin of EBIC defect contrast in silicon a reflection on injection and temperature dependent investigation. Phys Stat Sol (a), 1993, 138: 687-693.

[43] Sekiguchi T, Sumino K. Quantitative electron-beam tester for defects in semiconductors (CL/EBIC/SDLTS system). Rev Sci Instrum, 1995, 66: 4277-4282.

[44] Blumtritt H, Gleichmann R, Heydenerich J, Johansen H. Combined scanning (EBIC) and transmission electron microscopic investigations of dislocations in semiconductors. Phys Stat Sol (a), 1979, 55: 611-620.

[45] Radzimski Z J, Zhou T Q, Buczkowski A, Rozgonyi G A, Finn D, Hellwig L G, Ross J A. Recombination at clean and decoratied misfit dislocations. Applied Physics Letters, 1992, 60(9): 1096-1098.

[46] Kittler M, Ulhap-Bouillet C, Higgs V. Influence of copper contamination on recombination activity of misfit dislocation in SiGe/Si epilayers: Temperature dependence of activity as a marker characterizing the contamination level. Journal of Applied Physics, 1995, 78(7): 4573-4583.

[47] Kittler M, Seifert W, Krüger O. Electrical behaviour of crystal defects in silicon solar cells. Solid-State Phenomena, 2001, 78-79: 39-48.

[48] Seifert W, Knobloch K, Kittler M. Modification of the recombination activity of dislocation in silicon by hydrogenation, phosphorous diffusion and heat treatments. Solid-State Phenomena, 1997, 57-58: 287-292.

[49] Knobloch K, Kittler M, Seifert W, Simon J J, Périchaud I. Impact of phosphorus diffusion on the contamination level of dislocations in deformed float zone silicon as studied by beam injection techniques. Solid-State Phenomena, 1998, 63-64: 105-114.

[50] Kittler M, Kveder V V, Schröter W. Temperature dependence of the recombination activity at contaminated dislocations in Si: A model describing the difference EBIC contrast behaviour. Solid State Phenomena, 1999, 69-70: 417-422.

[51]Kveder V, Kittler M, Schröter W. Recombination activity of contaminated dislocations in silicon: A model describing electron-beam-induced current contrast behavior. Physical Review B, 2001, 63: 115208-1-11.

[52]Yuan X L, Sekiguchi T, Ri S G, Ito S. Detection of misfit dislocations at interface of strained Si/Si0.8Ge0.2 by electron-beam-induced current technique. Applied Physics Letters, 2004, 84 (17): 3316-3318.

[53] Kato T, Koyama H, Matsukawa T, Shimizu R. SEM observation and contrast mechanism of stacking faults in an epitaxial silicon layer. Journal of Applied Physics, 1974, 45(9), 3732-3737.

[54] Varker C J, Ravi K V. Oxidation-induced stacking faults in silicon. II. Electrical effects in PN diodes. Journal of Applied Physics, 1974, 45(1): 272-287.

[55] Sekiguchi T, Shen B, Watanabe T, Sumino K. EBIC study on the electrical activity of stacking faults in silicon. Materials Science and Engineering B, 1996, 42: 235-239.

[56] McLarty P K, Ioannou D E. Recombination in solar-grade polycrystalline silicon. Journal of Applied Physics,1987, 61: 2672-2674.

[57] Marek J. Scanning electron microscope charge-collection images of grain boundaries. Journal of Applied Physics, 1982, 53: 1454-1460.

[58] Wang Z J, Tsurekawa S, Ikeda K, Sekiguchi T, Watanabe T. Relationship between electrical activity and grain boundary structural configuration in polycrystalline silicon. Interface Science, 1999, 7: 197-205.

[59] Hamada S, Kawahara K, Tsurekawa S, Watanabe T, Sekiguchi T. Impact of grain boundary character on electrical property in polycrystalline silicon. Mat Res Soc Symp Proc, 2000, 586: 163-168.

[60] Voigt A, Wolf E, Strunk H P. Grain orientation and grain boundaries in cast multicrystalline silicon. Materials Science and Engineering B, 1998, 54: 202-206.

[61] Bary A, Nouet G. Electrical activity of the first- and second-order twins and grain boundaries in silicon. Journal of Applied Physics, 1988, 63: 435-438.

[62] Aucouturier M, Broniatowski A, Chari A, Maurice J L. The influence of structure and impurity precipitation of the grain boundaries in silicon: Copper precipitation in the Σ = 25 boundary. Polycrystalline Semiconductors, 1989, Werner J H, Möller H J, Strunk H P. Berlin: Springer-Verlag, 1989: 64-76.

[63] Seifert W, Morgenstern G, Kittler M. Influence of dislocation density on recombination at grain boundaries in multicrystalline silicon. Semicond Sci Technol, 1993, 8: 1687-1691.

[64] Chen J, Sekiguchi T, Nara S, Yang D R. The characterization of high quality multicrystalline silicon by the electron-beam-induced current method. J Phys: Condens Matter, 2004, 16: S211-S216.

[65] Chen J, Sekiguchi T, Yang D, Yin F, Kido K, Tsurekawa S. Electron-beam-induced current study of grain boundaries in multicrystalline silicon. Journal of Applied Physics, 2004, 96(10): 5490-5495.

[66] Chen J, Sekiguchi T, Xie R G, Ahmet P, Chikyo T, Yang D R, Ito S, Yin F X. Electron-beam-induced current study of small-angle grain boundaries in multicrystalline silicon. Scripta Materialia, 2005, 52: 1211-1215.

[67] Kittler M, Seifert W, Stemmer M, Palm J. Interaction of iron with a grain boundary in boron-doped multicrystalline silicon. Journal of Applied Physics, 1995, 77(8): 3725-3728.

[68] Chen J, Yang D R, Xi Z Q, Sekiguchi T. Recombination activity of Σ3 boundaries in boron-doped multicrystallinesilicon: Influence of iron contamination. Journal of Applied Physics, 2005, 97: 033701-5.

[69] Yang D R, Fan R X, Li L L, Que D L, Sumino K. Effect of nitrogen–oxygen complex on electrical properties of Czochralski silicon. Applied Physics Letters, 1996, 68 (4): 487-489.

[70] Yang D R, Li L B, Ma X Y, Fan R X, Que D L, Moeler H J. Oxygen-related centers in multicrystalline silicon. Solar Energy Materials & Solar Cells, 2000, 62: 37-42.

[71] Hwang J M, Schroder D K. Recombination properties of oxygen-precipitated silicon. Journal of Applied Physics, 1986, 59 (7): 2476-2487.

[72] Jakubowica A, Habermeier H U. Electron-beam-induecd current investigation of oxygen precipitates in silicon. Journal of Applied Physics, 1985, 58(3) :1407-1409.

[73] Seifert W, Kittler M, Seibt M, Buczkowski A. Contrastive recombination behaviour of metal silicide and oxygen precipitates in n-type silicon: attempt at an explanation. Solid-State Phenomena, 1996, 47-48: 365-370.

[74] Spiga S, Castaldini A, Cavallini A, Polignano M L, Cazzaniga F. EBIC characterization of oxygen precipitation and denuded zone in intrinsically gettered p-type Czochralski silicon. Solid-State Phenomena, 1998, 63-64: 97-104.

[75] Spiga S, Castaldini A, Cavallini A, Polignano M L, Cazzaniga F. Denuded zone and diffusion length investigation by electron beam induced current technique in intrinsically gettered Czochralski silicon. Journal of Applied Physics, 1999, 85(3): 1395-1400.

[76] Ono T, Sasaki T, Kirk H, Rozgonyi G A. Electron beam induced current contrast of oxygen precipitation related defects in Czochrski silicon. Solid-State Phenomena, 2001, 78-79: 237-252.

[77] Weber E R. Transition metals in silicon. Appl Phys A, 1983, 30: 1-22.

[78] Schröter W, Kveder V, Seibt M, Ewe H, Hedemann H, Riedel F, Sattler A. Atomic structure and electronic states of nickel and copper silicides in silicon. Materials Science and Engineering B, 2000, 72: 80-86.

[79] Correia A, Ballutaud D, Boutry-Forveille A, Maurice J-L, Effects of copper and oxygen precipitation during thermal oxidation of silicon: an electron-beam-induced current study. Journal of Applied Physics, 1995, 78(11): 6543-6553.

[80] Shen B, Sekiguchi T, Jablonski J, Sumino K. Gettering of copper by bulk stacking faults and punched-out dislocations in Czochraski-grown silicon. Journal of Applied Physics, 1994, 76(8): 4540-4546.

[81] Shen B, Zhang R, Shi Y, Zhen Y D, Sekiguchi T, Sumino K. Precipitation behaviors of Cu and Fe on Frank-type partial dislocations in Czochralski-grown silicon. Applied Physics Letters, 1996, 68(2): 214-216.

[82] Sundaresan R, Burk D E, Fossum J G. Potential improvement of polysilicon solar cells by grain boundary and intragrain diffusion of aluminum. Journal of Applied Physics, 1984, 55(4): 1162-1167.

[83] Gafad N M, Amzil H, Sayah D, Ballutaud D, Barbé M. Passivation of the grain boundary electrical activity in multicrystalline silicon: aluminum treatment efficiency. Solid-State Electronics, 1999, 43: 857-864.

[84] Vyvenko O F, Krüger O, Kittler M. Cross-sectional electron-beam-induced current analysis of the passivation of extended defects in cast multicrystalline silicon by remote hydrogen plasma treatment. Applied Physics Letters, 2000, 76(6): 697-699.

[85] Vynenko O F, Krüger O, Kittler M. Depth profiling of the recombination activity of defects measured by temperature-dependent cross-sectional EBIC. Solid-State Phenomena, 2001, 78-79: 65-72.

[86] Chen J, Yang D R, Xi Z Q, Sekiguchi T. Electron-beam-induced current study ofhydrogen passivation on grain boundaries in multicrystalline silicon: Influence of GB character and impurity contamination. Physica B, 2005, 364: 162-169.

[87] Davies I G, Hughes K A, Sulway D V, Thornton P R. The direct observation of electrical leakage paths due to crystal defects by use of the SEM. Solid-State Electronics, 1966, 9: 275-279.

[88] Green D, Sandor J E, O'Keeffe T W, Matta R K. Reversible changes in transistor characteristics caused by scanning electron microscope examination. Applied Physics Letters, 1965, 6(1): 3-4.

[89] Varker C J, Ravi K V. Oxidation-induced stacking faults in silicon. II. Electrical effects in PN diodes. Journal of Applied Physics, 1974, 45 (1): 272-287.

[90] Seidel T E, Haszko S E, Maher D M. Electron-beam-induced current and TEM studies of stacking faults formed by the oxidation of boron-implanted silicon. Journal of Applied Physics, 1977, 48 (12): 5038-5042.

[91] Dishman J M, Haszko S E, Marcus R B, Murarka S P, Sheng T T. Electrically active stacking faults in CMOS integrated circuits. Journal of Applied Physics, 1979, 50 (4): 2689-2696.

[92] Snyman L W, Aharoni H, du Plessis M. Characterization of breakdown phenomena in light emitting silicon n^+p diodes. Journal of Applied Physics, 1998, 84(5): 2953-2959.

[93] Chin A K, Chen F S, Ermanis F. Failure mode analysis of planar zinc-diffused $In_{0.53}Ga_{0.47}As$ p-i-n photodiodes. Journal of Applied Physics, 1984, 55(6): 1596-1606.

[94] Zimmermann U, Österman J, Kuylenstierna D, Hallén A, Konstantinov A O, Vetter W M, Dudley M. Material defects in 4H-silicon carbide diodes. Journal of Applied Physics, 2003, 93(1): 611-618.

[95] Giovane L M, Luan H C, Agarwal A M, Kimerling L C. Correlation between leakage current density and threading dislocation density in SiGe p-i-n diodes grown on relaxed graded buffer layers. Applied Physics Letters, 2001, 78(4): 541-543.

[96] Hezel R. Electron-beam-induced-current investigation on MOS and MNOS devices. Solid-State Electronics, 1979, 22, 735-742.

[97] Zaininger K H. Electron bombardment of MOS capacitors. Applied Physics Letters, 1966, 8(6): 140-142.

[98] MacDonald N C, Everhart T E. Selective electron-beam irradiation of metal-oxide- semiconductor structures. Journal of Applied Physics, 1968, 39(5), 2433-2447.

[99] Bottoms W R, Guterman D. Electron beam probe studies of semiconductor-insulator interfaces. J Vac Sci Technol, 1974, 11(6): 965-971.

[100] Bottoms W R, Guterma D, Roitman P. Contrast mechanisms in electron beam images of interface structures. J Vac Sci Technol, 1975, 12(1): 134-139.

[101] Higuchi H, Maki M. Observations of channels of MOS field effect transistors using a scanning-electron microscope. Japanese Journal of Applied Physics, 1965, 4: 1021-1022.

[102] Roitman P, Bottoms W R. SEM studies of metal-oxide-silicon capacitors. Scanning Electron Microscopy, 1977: 731-738.

[103] Bondarenko I, Kirk H, Kononchuk O, Rozgonyi G. Convertional EBIC versus MOS/EBIC study of electrically active defects in Si and SOI. Materials Science and Engineering B, 1996, 42: 32-37.

[104] Lau W S, Chan D S H, Phang J C H, Chow K W, Pey K S, Lim Y P, Cronquist B. True oxide electron beam induced current for low-voltage imaging of local defects in very thin silicon dioxide films. Applied Physics Letters, 1993, 63(16): 2240-2242.

[105] Lau W S, Chan D S H, Phang J C H, Chow K W, Pey K S, Lim Y P, Cronquist B. Quantitative imaging of local defects in very thin silicon dioxide films at low bias voltage by true oxide electron-beam-induced current. Journal of Applied Physics, 1995, 77(2): 739-746.

[106] Lin P S D, Leamy H J. Tunneling current microscopy. Applied Physics Letters, 1983, 42(8): 717-719.

[107] Krik H R, Radzimski Z, Romanowski A, Rozgonyi R A. Bias dependent contrast mechanisms in EBIC images of MOS capacitors. Journal of The Electrochemical Society, 1999, 146(4): 1529-1535.

[108] Lau W S, Sane V, Pey K S, Cronquist B. Two types of local oxide/substrate defects in very thin silicon dioxide films on silicon. Applied Physics Letters, 1995, 67(19): 2854-2856.

[109] Chen J, Sekiguchi T, Fukata N, Takase M, Chikyow T, Yamabe K, Hasunuma R, Akasaka Y, Inumiya S, Nara Y, Yamada K. Observation of leakage sites in a HfSiON gate dielectric of a MOSFET device by electron-beam-induced current. Applied Physics Letters, 2006, 89: 222104-1-3.

[110] Koizumi S, Watanabe K, Hasegawa M, Kanda H. Ultraviolet emission from a diamond pn junction. Science, 2001, 292: 1899-1901.

[111] Sekiguchi T, Koizumi S. Characterization of a diamond p-n junction using electron-beam-induced current and cathodoluminescence. Applied Physics Letters, 2002, 81(11): 1987-1989.

[112] Lendemann H, Dahlquist F, Johansson N, Söderholm R, Nilsspn P A, Bergman J P, Skytt P. Long term operation of 4.5kV PiN and 2.5kV JBS diodes. Mater Sci Forum, 2001, 727: 353-356.

[113] Nitani S, Hatayama T, Yamaguchi K, Yano H, Uraoka Y, Fuyuki T. Nondestructive analysis of crystal defects in 4H-SiC epilayer by devised electron-beam-induced current method. Japanese Journal of Applied Physics, 2005, 44(41): L 1271–L 1274.

[114] Edwards P R, Galloway S A, Durose K. EBIC and luminescence mapping of CdTe/CdS solar cells. Thin Solid Films, 2000, 361-362: 364-370.

[115] Galloway S A, Edwards P R, Durose K. Characterisation of thin film CdS/CdTe solar cells using electron and optical beam induced current. Solar Energy Materials and Solar Cells, 1999, 57(1): 61-74.

[116] Kaufmann K, Balk L J. Numerical simulation of electron-beam-induced gate currents in a GaAs MESFET. Part I: theory and model. J Phys D: Appl Phys, 1995, 28, 914-921.

[117] Kaufmann K, Balk L J. Numerical simulation of electron-beam-induced gate currents in a GaAs MESFET. Part II: numerical and experimental results. J Phys D: Appl Phys, 1995, 28, 922-933.

第 12 章　*I-V* 和 *C-V* 测试

电流–电压(*I-V*)曲线和电容–电压(*C-V*)曲线测量是测量材料电学性能的重要手段。从广义上说，就是通过测量半导体材料或器件的电流–电压(current-voltage)及电压–电容(capacitance-voltage)之间的内在关系来获得半导体材料的电学性质，如电阻率、导电类型、载流子浓度等。

半导体材料电学性能的测试方法很多，包括扩展电阻、四探针和 Hall 效应测量等等，在前面的章节已经作了详细的介绍。和其他测试技术不同，*I-V* 测试是在器件的两端施加不同的电压，测量器件的电流特性，从而得到关于材料和器件输运性质的参数，如电阻率、载流子浓度等。而 *C-V* 测试是利用半导体器件的电容充放电特性，以获得半导体材料中杂质浓度及其分布的信息；进一步地，*C-V* 测量还可以通过扫描半导体材料或器件的截面，获得材料截面上杂质分布的均匀性以及纵向杂质浓度分布的信息，比四探针等测试方法具有更大的优点；另外，对外延片而言，*C-V* 技术既可以测量低阻衬底上外延层材料的载流子浓度分布，也可以测量高阻衬底上材料的载流子浓度分布。不仅如此，如果通过正反向测试，还可以得到 pn 二极管、肖特基二极管的输运性质、输运机制和载流子密度等信息。如果和光脉冲结合，*C-V* 也可以测量半导体材料的少数载流子的寿命。而前面第 7 章介绍的深能级瞬态谱(DLTS)，实际是 *C-V* 法的一个特例，测量的是半导体中瞬间的一个电容值，通过它可以得到半导体禁带中存在的一些由杂质造成的深能级的信息，如这些深能级的位置、浓度和发射、复合速率等。因此，DLTS 也常常和 *C-V* 测试仪整合在一个仪器中。

由于 *I-V* 和 *C-V* 测试的操作简单、低成本和多功能，它们在半导体领域得到广泛应用，成为载流子浓度分布等参数的重要测试技术。由于这两种测试的技术、设备和样品制备有相似性，一般情况下，现代半导体测试设备制造企业都将两者结合在一起，称为半导体参数测试仪或半导体特性分析系统，在半导体材料制备、电子元器件制造和失效性分析等领域有发挥了重要作用。

本章首先详细阐述 *I-V*、*C-V* 测试的基本原理，介绍了设备系统，并讨论了测试的方法、测试技术和测试结果的影响因素，并通过具体的测试实例，说明 *I-V*、*C-V* 测试在半导体领域的不同应用。

12.1　*I-V* 测试的基本原理

I-V 测试的基本原理比较简单，即在半导体 pn 结的两端加电压，通过不断增加电压，测量电流的大小，得到电流–电压(*I-V*)曲线，从而获得半导体材料电阻率等电学性能。

一般情况下，根据载流子类型和导电机理的不同，半导体材料可分为 p 型和 n 型两种。当两种不同类型的半导体材料结合在一起形成 pn 结时，*I-V* 曲线则会表现独特的单向导通特性。当 pn 结加正向电压时，呈现低电阻，具有较大的正向扩散电流；当 pn 结加反向电压时，呈现高电阻，具有很小的反向漂移电流。而当加在 pn 结上的反向电压增加到一定数值时，反向电流突然急剧增大，pn 结产生电击穿——这就是 pn 结的击穿特性。另外，金属与半导体接触形成的肖特基结也具有类似的 *I-V* 曲线特性。结的这种单向导通特性是由于内建电场造成的。

以硅为例，它的 p 型和 n 型主要由掺杂不同种类的杂质元素造成的。通常，n 型硅中电子的浓度远远大于空穴的浓度，费米能级在带隙的上半部，接近导带；而 p 型硅中则恰恰相反，空穴的浓度远远大于电子的浓度，费米能级在带隙的下半部，接近价带。当 p 型和 n 型硅连接在一起时，由于原有二者费米能级位置不同，在连接处就会形成电荷积累，形成势垒。图 12.1 表示的是 pn 结的能带结构图。

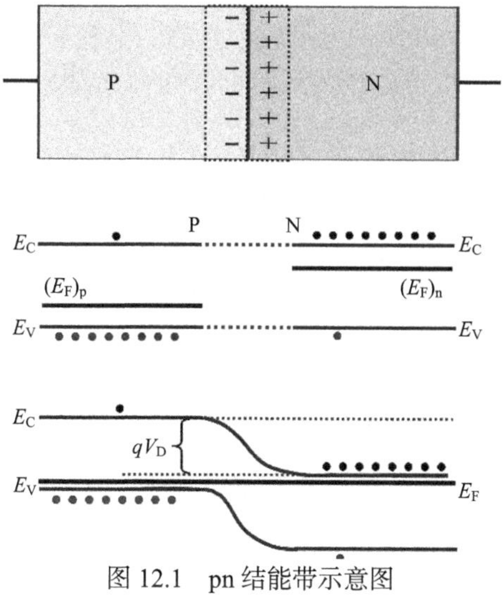

图 12.1　pn 结能带示意图

当 pn 结通过的载流子达到平衡状态时，在 n、p 型半导体内费米能级处处相等，这时载流子的扩散电流和漂移电流互相抵消，无净电流通过 pn 结。

因此，势垒高度 qV_D 可由 p 区和 n 区的初始费米能级差求得：

$$qV_D = (E_F)_n - (E_F)_p \tag{12.1}$$

其中，q 是单位电量电荷，V_D 是 pn 结上的电势差，$(E_F)_n$ 是 n 型半导体的初始费米能级，$(E_F)_p$ 是 p 型半导体的初始费米能级。由于势垒区存在能级的变化，也就是存在着电场，这被称为内建电场,内建电场的方向和多数载流子扩散的方向相反。因此，在内电场存在的区域，载流子同时受到扩散与漂移两种作用，达到平衡时，势垒区没有电子或空穴流动，所以该区域又称为耗尽区。

当 pn 结两端加上外加偏压 V 时，pn 结处于非平衡态。如果加正向偏压(p 型半导体接正，n 型半导体接负)，其外加电场方向与内建电场方向相反，就减弱了内建电场强度，使得势垒的宽度和高度都会减小。此时，载流子的漂移电流减弱，扩散电流大于漂移电流，产生电子从 n 型半导体向 p 型半导体以及空穴从 p 型半导体向 n 型半导体的净电流，这个载流子的流动又被称为非平衡少数载流子注入。当 pn 结加反向电压时，其方向与内建电场方向一致，使得势垒高度和宽度都增强，破坏了载流子原有的平衡，导致漂移电流大于扩散电流，此时空穴被驱向 p 型半导体区而电子被驱向 n 型半导体区，称为少数载流子的抽取或吸出。此时，pn 结中总的反向电流等于势垒区附近少数载流子扩散电流之和。因为少子浓度很低，而扩散长度基本不变，所以少子的浓度梯度也较小；当反向偏压很大时，边界处少子可以认为是零，此时少子浓度梯度不再随电压变化，扩散电流也不再变化，因此表现为反向偏压下，pn 结的电流较小且趋于不变。

对于理想的 pn 结，电流电压关系符合肖克莱方程[1]。

$$J = J_s\left[\exp\left(\frac{qV}{k_0T}\right) - 1\right] \tag{12.2}$$

其中，

$$J_s = \frac{qD_n n_{p0}}{L_n} + \frac{qD_p p_{n0}}{L_p} \tag{12.3}$$

n_{p0} 表示 p 区中平衡少数载流子电子的浓度，p_{n0} 表示 n 区中平衡少数载流子空穴的浓度。D_n 和 D_p 为电子、空穴的扩散系数。

从上式可知，正向偏压下，电流密度随偏压呈指数增大关系。室温下，因为 $\exp\left(\frac{qV}{k_0T}\right) >> 1$，故式(12.2)可表示为

$$J = J_s \exp\left(\frac{qV}{k_0T}\right) \tag{12.4}$$

在反向偏压下，$V<0$，$\exp\left(\frac{qV}{k_0T}\right)$趋于 0，式(12.2)则可表示为

$$J = -J_s = -\left(\frac{qD_n n_{p0}}{L_n} + \frac{qD_p p_{n0}}{L_p}\right) \tag{12.5}$$

因此，反向电流密度为常数，与外加偏压无关，J 称为反向饱和电流密度。这种在正向和反向偏压下表现出来的不对称的 I-V 特性，被称为单向导电性或整流效应。通过测量 I-V 曲线，就可以获得关于 pn 结极性、结性能等方面的信息。典型的 pn 结 I-V 曲线如图 12.2 所示。

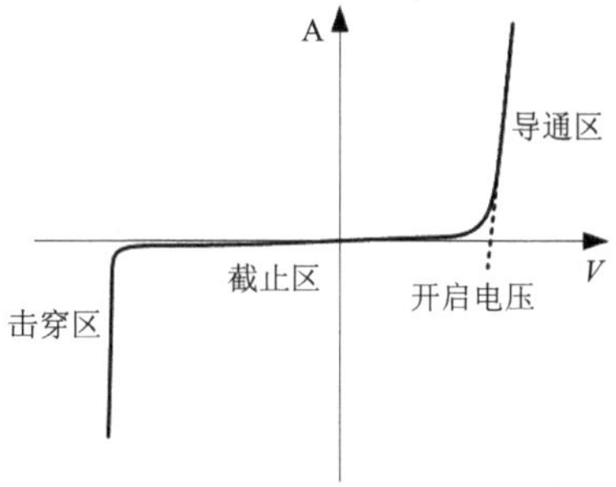

图 12.2　pn 结的典型电流–电压曲线

由于式(12.2)和(12.3)中各参数(如 D，L，n，p)均与温度有关，所以测量得到的 I-V 曲线也会随温度不同而变化。一般来说，不仅正向电流密度随温度的上升而增加，反向饱和电流密度也随温度的升高而迅速增加。

在实际测量过程中，实验结果并不能完全的符合上述方程曲线，产生误差的主要原因来自于表面效应、势垒区中载流子的产生与复合、大注入情形、串联电阻效应等等。

另外，当反向偏压增大到某一数值时(V_{BR})，反向电流密度会突然迅速增大，称为击穿，V_{BR} 称为击穿电压，见图 12.2。目前击穿可分为三种情形：雪崩击穿、隧道击穿和热电击穿。

1. 雪崩击穿是指反向偏压很大时，势垒区电场很强，其中的电子受到强电场作用，具有很大的动能，它们与原子碰撞时能够把价带上的电子碰撞出来，形成新的导电电子和空穴，新的载流子在强电场作用下会继续激发更多的载流子，如同雪崩一样，导致载流子浓度迅速增多，从而发生 pn 结击穿。

2. 隧道击穿则是在强电场作用下，势垒区能带倾斜，甚至使 n 区导带底比 p 区价带顶还要低，使得价带中的电子可以通过隧道效应跃迁到导带，而且跃迁的概率随着隧道长度的降低而增大。当外加电场达到一定值，隧道长度可以短到一定的程度，使得跃迁概率迅速增大，表现为反向电流的急剧增大，此时的电压即为隧道击穿电压。

3. 热电击穿是指施加反向偏压时，反向电流引起热损耗，产生大量热能导致结温度上升，从而导致反向电流迅速上升，电流上升又产生更多的热能，最后导致击穿，称之为热电击穿。

12.2　C-V 测试原理

自从 1960 年 J. Hillibrand 等首先提出利用 C-V 法测量半导体中多数载流子浓度后[2]，这项技术在半导体测试领域发展迅速，成为测量半导体材料和器件性质的重要方法之一。从根本上说，C-V 测试是利用半导体中形成的各种结的电容效应作为测试基础，这些结包括 pn 结、肖特基结(MS)和金属–绝缘体–半导体(MIS)结，它们 C-V 测量的基本原理是相同的，但又各有不同特性。

12.2.1　pn 结的 C-V 测试原理

1. pn 结的特性

如上节所述，对于 n 型半导体，主要载流子是电子，少数载流子为少量的空穴。而 p 型半导体的主要载流子则是空穴，少数载流子为少量的电子。当 p 型和 n 型半导体材料结合在一起时，就形成了 pn 结，其最基本的特征就是单向导电性。同时，pn 结存在能级的变化，形成了内建电场(电压即为势垒高度 V_D)，内建电场的方向和多数载流子扩散的方向相反。

因此，在内电场存在的区域，载流子同时受到扩散与漂移两种作用，达到平衡时势垒区没有电子或空穴流动，所以该区域又称为耗尽区。考虑在一维情况下，在耗尽区内电荷分布和电场的关系满足泊松方程：

$$-\frac{\mathrm{d}^2V}{\mathrm{d}x^2}=\frac{\mathrm{d}E}{\mathrm{d}x}=\frac{\rho(x)}{\varepsilon} \tag{12.6}$$

其中，ε 为半导体的介电常数，q 为单位电量电荷，$\rho(x)$ 为电荷分布密度。而 $\rho(x)$ 可写为

$$\rho(x)=q[p(x)-n(x)+N_{\mathrm{D}}(x)-N_{\mathrm{A}}(x)] \tag{12.7}$$

式中，q 为单位电量电荷，$p(x)$为空穴载流子密度，$n(x)$为电子载流子密度，$N_D(x)$和 $N_A(x)$分别为固定正、负电荷的密度，它们的物理意义就是掺杂原子贡献一个移动的载流子后残余下来的固定电荷。因此，实际上这就是施主离子浓度和受主离子浓度。这样，由于在势垒区存在内建电场，平衡状态时不存在可移动的载流子，因此式(12.6)可简写为

$$-\frac{d^2V}{dx^2}=q\frac{N_D(x)}{\varepsilon} \quad \text{(n 型掺杂区)} \tag{12.8a}$$

$$-\frac{d^2V}{dx^2}=q\frac{N_A(x)}{\varepsilon} \quad \text{(p 型掺杂区)} \tag{12.8b}$$

解上述二次微分方程，可得到电势与位置(x)的关系如下：

$$V_n(x)=V_D-qN_D\left(\frac{(x^2+x_n^2)}{2\varepsilon}-\frac{xx_n}{\varepsilon}\right) \quad \text{(n 型掺杂区)} \tag{12.9a}$$

$$V_p(x)=qN_A\left(\frac{(x^2+x_p^2)}{2\varepsilon}+\frac{xx_p}{\varepsilon}\right) \quad \text{(p 型掺杂区)} \tag{12.9b}$$

由上两式可以看出，电势分布为抛物线形式。

根据边界条件，在 n，p 结合点(x=0)电势连续，因此，利用公式(12.9)可以求得势垒高度 V_D：

$$V_D=q\frac{(N_A x_p{}^2+N_D x_n^2)}{2\varepsilon} \tag{12.10}$$

又因为 $L=x_n+x_p$，$N_Ax_p=N_Dx_n$，可得

$$X_n=\frac{N_A L}{N_D+N_A} \tag{12.11a}$$

$$X_p=\frac{N_D L}{N_D+N_A} \tag{12.11b}$$

将上式代入式(12.10)，可得

$$V_D=q\frac{(N_A N_D)}{2\varepsilon(N_A+N_D)}L^2 \tag{12.12}$$

因此，可求得耗尽区宽度 L：

$$L = \left(V_{\mathrm{D}} \frac{2\varepsilon(N_{\mathrm{A}} + N_{\mathrm{D}})}{q(N_{\mathrm{A}} N_{\mathrm{D}})} \right)^{1/2} \tag{12.13}$$

上式说明了耗尽区宽度和掺杂浓度以及势垒高度之间的关系，可以看出，耗尽区宽度随势垒高度增加而增大，随掺杂浓度增加而减小。

2. 单边突变 pn 结特性

如果 pn 结是单边突变结，即 pn 结的某一边的掺杂浓度远高于另一边，如对于 p^+n 结，则有：$N_{\mathrm{A}} >> N_{\mathrm{D}}$，$x_{\mathrm{p}} << x_{\mathrm{n}}$，可以认为 $L \approx x_{\mathrm{n}}$，式(12.10)和式(12.13)变为

$$V_{\mathrm{D}} = q \frac{N_{\mathrm{D}}}{2\varepsilon} L^2 \tag{12.14}$$

$$L = (V_{\mathrm{D}} \frac{2\varepsilon}{qN_{\mathrm{D}}})^{1/2} \tag{12.15}$$

而对于 pn^+结，则有：$N_{\mathrm{A}} << N_{\mathrm{D}}$，$x_{\mathrm{p}} >> x_{\mathrm{n}}$，可以认为 $L \approx x_{\mathrm{p}}$，可得

$$V_{\mathrm{D}} = q \frac{N_{\mathrm{A}}}{2\varepsilon} L^2 \tag{12.16}$$

$$L = (V_{\mathrm{D}} \frac{2\varepsilon}{qN_{\mathrm{A}}})^{1/2} \tag{12.17}$$

3. pn 结的 C-V 特性和载流子浓度测量原理

在外加电场存在的情况下，pn 结上的外加电压 V_{bia} 主要落在耗尽区，此时耗尽区的总电压为 $V_{\mathrm{D}} - V_{\mathrm{bia}}$。公式(12.13)将变为

$$L = \left((V_{\mathrm{D}} - V_{\mathrm{bia}}) \frac{2\varepsilon(N_{\mathrm{A}} + N_{\mathrm{D}})}{q(N_{\mathrm{A}} N_{\mathrm{D}})} \right)^{1/2} \tag{12.18}$$

由电中性条件 $N_{\mathrm{A}} x_{\mathrm{p}} = N_{\mathrm{D}} x_{\mathrm{n}}$ 可知，耗尽区电荷 Q 为

$$Q = qN_{\mathrm{A}} x_{\mathrm{p}} = qN_{\mathrm{D}} x_{\mathrm{n}} = \frac{qN_{\mathrm{A}} N_{\mathrm{D}} L}{N_{\mathrm{D}} + N_{\mathrm{A}}} \tag{12.19}$$

将(12.18)代入上式，可得

$$Q = qN_A x_p = qN_D x_n = \left((V_D - V_{bia}) \frac{2q\varepsilon(N_A N_D)}{(N_A + N_D)} \right)^{1/2} \tag{12.20}$$

根据微分电容的定义，将上式对电势求微分，得到电容：

$$C = \left| \frac{dQ}{dV} \right| = \left(\frac{q\varepsilon(N_A N_D)}{2(N_A + N_D)(V_D - V_{bia})} \right)^{1/2} \tag{12.21}$$

上式为 pn 结单位面积上的等效电容表达式，也就是 C-V 曲线关系式。

进一步地，根据式(12.18)还可以得到电容与势垒宽度的关系式：

$$C = \left| \frac{dQ}{dV} \right| = \frac{\varepsilon}{L} \tag{12.22}$$

如果 pn 结的平面面积为 A，则整个 pn 结的电容可表示为

$$C = A\frac{\varepsilon}{L} \tag{12.23}$$

这就是 pn 结的等效的平板电容的公式。pn 结势垒区可以看做是两平行极板组成的一个电容器，势垒区宽度就是平板间距。根据式(12.18)和(12.23)可知，势垒宽度 L 随外加反向偏压的增加而增宽，因此等效电容则随外加反向偏压增加而减小。

在单边突变结的情况下，式(12.19)的 C-V 曲线可成为

$$C = A\left| \frac{dQ}{dV} \right| = A\left(\frac{q\varepsilon N_l}{2(V_D - V_{bia})} \right)^{1/2} \tag{12.24}$$

式中 N_L 为轻掺一边的掺杂浓度。从式(12.24)可以看出，电容与轻掺一边的掺杂浓度的平方根成正比，和势垒电压加反向偏压的和的平方根成反比。

式(12.24)显示了单边突变结情况下的 pn 结势垒电容与外加偏压、掺杂浓度之间的关系。显然，可以利用此公式可以测量 pn 结的轻掺区域的掺杂浓度。由于 pn 结的两边的掺杂情况不同，所以势垒电容和这两边的掺杂浓度都有依赖关系，为了测量的方便，一般都将待测样品做成单边结，以测量其中一边的掺杂浓度及其分布。

在单边结中，考虑到掺杂可能不是均匀的，而是有一定的梯度分布。这时式(12.24)中的 N 不是常数，而是位置的函数 $N(x)$，此时将式(12.24)微分求解，可得 pn 结单边的载流子浓度为

$$N(x)=\frac{2}{A^2\varepsilon q}\frac{\mathrm{d}V}{\mathrm{d}\frac{1}{C^2}}=-\frac{C^3}{A^2\varepsilon q}\frac{\mathrm{d}V}{\mathrm{d}C} \tag{12.25}$$

式(12.25)就是 C-V 测试法测量半导体材料载流子浓度的原理公式。但是，在此公式中隐含着一个近似条件——耗尽层近似，也就是认为在整个势垒区中不存在载流子，而在势垒区外是电中性的(整个半导体材料应该保持电中性)。在实际情况中，势垒区与电中性区之间常常会有一层过渡层，这对测量会造成一定影响。

12.2.2　肖特基结的 C-V 特性

肖特基结(即金属和半导体接触形成的结)的 C-V 特性和 pn 结的 C-V 特性有所不同。在金属中，电子可以自由流动，但只有费米能级附近的少数电子可以在热激发的作用下跃迁到更高的能级，而不能逸出金属。这说明金属的费米能级低于体外真空能级，而金属的功函数就表示了真空能级和费米能级之间的差，用 W 表示为

$$W=E_0-E_F \tag{12.26}$$

其中，E_0 是真空能级，E_F 是费米能级。

如果金属和半导体(n 型)相连，且半导体费米能级高于金属费米能级，则半导体中电子将流入金属，使金属表面带负电，半导体表面带正电。达到平衡态后，二者的费米能级相等，这时金属和半导体之间的电势差为

$$V_D=(W_s-W_m)/q \tag{12.27}$$

其中，W_s、W_m 分别是金属和半导体的功函数，q 是单位电荷电量。上式又被称为肖特基–莫特规则。由于金属内部不能存在电场，因此，该电势差一般落在金属和半导体的界面间以及半导体内部的空间电荷区。如果界面很窄，电子就可以遂穿，则电势差只存在于半导体的空间电荷区。而空间电荷区的载流子浓度很低，只存在固定的离子电荷，电阻很大，类似于 pn 结中的耗尽区，被称为电子阻挡层。其原理如图 12.3 所示。

对于 p 型半导体，则要求 $W_s>W_m$ ，此时的电势差形成了空穴阻挡层。

由金属和半导体接触形成的势垒被称为肖特基势垒，该势垒与 pn 结一样存在着整流特性，但与 pn 结不同的是测量时需要考虑表面态的影响。按照式(12.27)，肖特基结的势垒高度应该和半导体以及金属的功函数都有关。但实际情况却不然，很多实验发现，对于固定的半导体材料的肖特基势垒，其大小与金属种类无关或者影响很小。对此，Bardeen 认为半导体的表面态起到了钉扎表面能级的作用[3]，

在此不做具体理论分析，读者可以参考半导体物理方面的文献[1]。

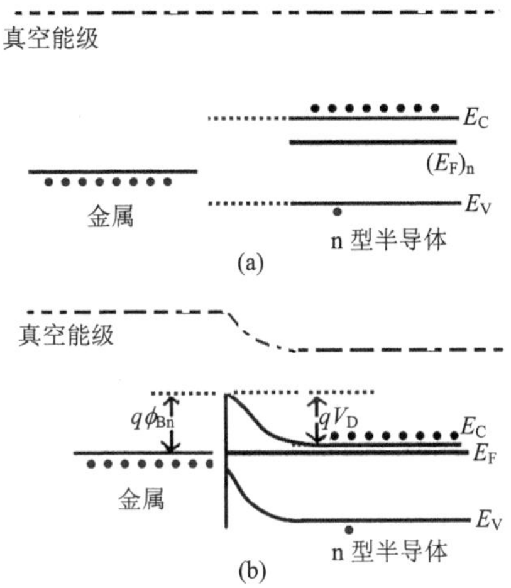

图 12.3　金属与 n 型半导体接触前后的平衡能带图

(a) 为接触前；(b) 为接触后

以 n 型半导体为例，由于势垒区中存在电场，当势垒较大时，可以认为势垒区内没有载流子，近似看作耗尽区，类似于 pn 结情形，在阻挡层内解泊松方程，可以得到

$$-\frac{\mathrm{d}^2V}{\mathrm{d}x^2}=\frac{\mathrm{d}E}{\mathrm{d}x}=\frac{\rho(x)}{\varepsilon}=q\frac{N_\mathrm{D}(x)}{\varepsilon} \tag{12.28}$$

此时的边界条件和 pn 结不同，在金属半导体界面处电势等于金属侧势垒高度，$V(0)=-\phi_{\mathrm{Bn}}$；而在势垒区与半导体体内交界处的电场为零，$E(L=x_n)=-\frac{\mathrm{d}V}{\mathrm{d}x}=0$；这样解泊松方程可以得到

$$V(x)=-\phi_{\mathrm{Bn}}-qN_\mathrm{D}(\frac{x^2}{2\varepsilon}-\frac{xx_n}{\varepsilon}) \tag{12.29}$$

则阻挡层宽度：

$$x_n=(V_\mathrm{D}\frac{2\varepsilon}{qN_\mathrm{D}})^{1/2} \tag{12.30}$$

其中 V_D 为半导体势垒高度，如图 12.3 所示。

当对肖特基势垒外加偏压 V_{bia} 时，只需将上式中的 V_D 加上偏压项即可，即变成($V_\mathrm{D}-V_{\mathrm{bia}}$)。通过对比，可以发现式(12.30)与单边突变结的耗尽区宽度表达式

(12.15)和(12.17)是类似的，因此势垒电容与外加偏压 V_{bia} 以及掺杂浓度之间的关系也是类似的，具体表达为：

$$C = A\left|\frac{\mathrm{d}Q}{\mathrm{d}V}\right| = A\left(\frac{q\varepsilon N_D}{2(V_{\mathrm{D}} - V_{\mathrm{bia}})}\right)^{1/2} \tag{12.31}$$

12.2.3　MIS 结构的 C-V 特性[4]

1. MIS 结构 C-V 测试的基本原理

MIS(金属–绝缘体–半导体场效应晶体管)器件是半导体器件中重要的一类，它利用了半导体的表面效应，使得晶体管在硅表面得以实现，从而广泛地应用于大规模集成电路中。最典型的 MIS 结构元器件是 MOS 结构，即在硅片上生长一层 SiO_2 层，再生长一层金属层，硅片下面做成欧姆接触，就形成了一个 MOS 元件。

本节以 p 型半导体硅的 MOS 结构为例，讨论 MIS 结构的 C-V 关系。为简单起见，对 MOS 结构做以下近似：

(1) 在绝缘层(SiO_2层)内不存在电荷，金属和绝缘层界面以及绝缘层和半导体界面不存在界面态；

(2) 金属电极和半导体硅之间不存在功函数的差异，这样消除了肖特基势垒的作用。

图 12.4 显示的是一个典型的 p 型半导体硅的 MOS 结构的示意图。如果在上电极加偏压 V，整个 MOS 结构就相当于一个电容器。此时，在半导体硅的两端有电势差，在 SiO_2 层靠近硅的一侧有感生电荷存在，半导体靠近绝缘层的一侧会感生等量电荷，形成空间电荷层。在空间电荷层中存在电场，具有一定的宽度，引起能带的弯曲，形成势垒。

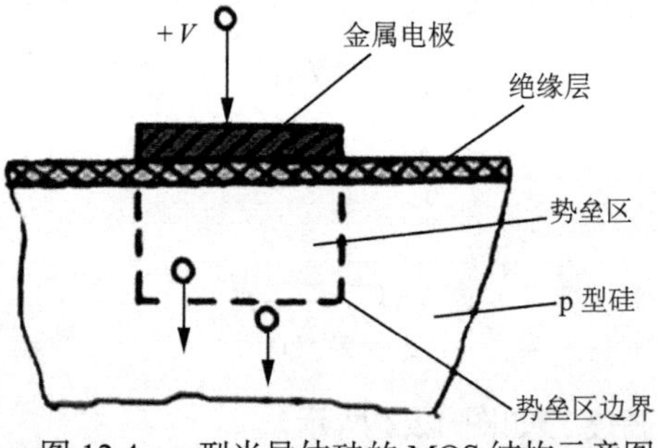

图 12.4　p 型半导体硅的 MOS 结构示意图

分析空间电荷层的电场分布与电容的关系，用上面的办法同样可以在此区域内解泊松方程。此时由于外加偏压的不同，此区域内可能存在载流子，因此不能用耗尽区来表示它，必须考虑其中的空穴浓度 $p(x)$和电子浓度 $n(x)$，泊松方程如下式所示为

$$-\frac{\mathrm{d}^2V}{\mathrm{d}x^2}=\frac{\mathrm{d}E}{\mathrm{d}x}=\frac{\rho(x)}{\varepsilon}=q\frac{[p(x)-n(x)+N_\mathrm{D}(x)-N_\mathrm{A}(x)]}{\varepsilon} \tag{12.32}$$

根据半导体能带理论[1]，在平衡态下，x 点的空穴浓度 $p(x)$和电子浓度 $n(x)$可分别表示为

$$n=n_0\exp\left(\frac{qV}{kT}\right) \tag{12.33}$$

$$p=p_0\exp\left(-\frac{qV}{kT}\right) \tag{12.34}$$

因为整个半导体是电中性的，因此有

$$N_\mathrm{D}(x)-N_\mathrm{A}(x)=n_0-p_0 \tag{12.35}$$

由此得到

$$-\frac{\mathrm{d}^2V}{\mathrm{d}x^2}=\frac{q}{\varepsilon}\left[p_0\left(\exp\left(-\frac{qV}{kT}\right)-1\right)-n_0\left(\exp\left(\frac{qV}{kT}\right)-1\right)\right] \tag{12.36}$$

解此微分方程，可得到电场强度 E 的表达式：

$$E=\frac{\mathrm{d}V}{\mathrm{d}x}=\pm\frac{2kT}{qL_\mathrm{D}}\left[\left(\exp\left(-\frac{qV}{kT}\right)+\frac{qV}{kT}-1\right)+\frac{n_0}{p_0}\left(\exp\left(\frac{qV}{kT}\right)-\frac{qV}{kT}-1\right)\right]^{1/2} \tag{12.37}$$

此时 $V>0$ 取“+”，$V<0$ 取“–”。而其中 $L_\mathrm{D}=\left(\frac{2\varepsilon kT}{q^2p_0}\right)^{1/2}$，定义为德拜长度，它表示外加电场存在时感生的空间电荷层的厚度。显然，载流子浓度越大，L_D 越小，则需要的空间电荷层越薄。

由式(12.37)可以得到绝缘层和半导体界面的电场强度和电荷密度，假设界面处的表面电势为 V_S，则

$$E_0=\pm\frac{2kT}{qL_\mathrm{D}}\left[\left(\exp\left(-\frac{qV_\mathrm{S}}{kT}\right)+\frac{qV_\mathrm{S}}{kT}-1\right)+\frac{n_0}{p_0}\left(\exp\left(\frac{qV_\mathrm{S}}{kT}\right)-\frac{qV_\mathrm{S}}{kT}-1\right)\right]^{1/2} \tag{12.38}$$

$$Q_0 = -E_0\varepsilon = \mp\frac{2\varepsilon kT}{qL_D}\left[\left(\exp\left(-\frac{qV_S}{kT}\right)+\frac{qV_S}{kT}-1\right)+\frac{n_0}{p_0}\left(\exp\left(\frac{qV_S}{kT}\right)-\frac{qV_S}{kT}-1\right)\right]^{1/2} \tag{12.39}$$

式(12.39)表示 MOS 结构的金属层上加正电压时，即电场方向为正时，半导体表面将感应负电荷。电压的变化引起表面电荷的变化，这实际就是一个等效电容。此时，微分电容 C 的表达式为

$$C = \left|\frac{\partial Q_S}{\partial V_S}\right| = \frac{\varepsilon}{L_D}\frac{\left[\left(\exp\left(-\frac{qV_S}{kT}\right)+1\right)+\frac{n_0}{p_0}\left(\exp\left(\frac{qV_S}{kT}\right)-1\right)\right]}{\left[\left(\exp\left(-\frac{qV_S}{kT}\right)+\frac{qV_S}{kT}-1\right)+\frac{n_0}{p_0}\left(\exp\left(\frac{qV_S}{kT}\right)-\frac{qV_S}{kT}-1\right)\right]^{1/2}} \tag{12.40}$$

上式就是 MOS 结构的 C-V 关系式。

2. 外加电压对 MOS 结构 C-V 曲线的影响机理

在 MOS 结构中，如果外加电压不同，表面的空间电荷也会有不同状态，导致对 C-V 关系式的影响。同样的，利用图 12.4 的 p 型半导体硅 MOS 结构为例，分析不同外加电压对 C-V 的影响。

1) 多数载流子堆积状态

当加在 MOS 结构金属层上的电压为负时($V<0$)，则 $V_S<0$，能带向上弯曲，半导体表面感生正电荷，即产生更多的多数载流子空穴，表面处于多数载流子空穴的堆积状态，此时 $V_S<0$，且 n_0/p_0 很小，因此表面电场、电荷密度以及电容可简写为

$$E_0 = -\frac{2kT}{qL_D}\exp\left(-\frac{qV_S}{2kT}\right) \tag{12.41}$$

$$Q_0 = \frac{2\varepsilon kT}{qL_D}\exp\left(-\frac{qV_S}{2kT}\right) \tag{12.42}$$

$$C_0 = \frac{\varepsilon}{L_D}\exp\left(-\frac{qV_S}{2kT}\right) \tag{12.43}$$

2) 平坦能带状态

当加在 MOS 结构金属层上的电压为零时($V=0$)，则 $V_S=0$，能带平直，称为平坦能带状态。此时表面电场、电荷密度都为零，电容可采用将式(12.40)中指数项用级数展开的方法简化，令 $V_S \to 0$，可得电容表达式：

$$C_0 = \sqrt{2}\frac{\varepsilon}{L_{\mathrm{D}}} \tag{12.44}$$

3) 空穴耗尽状态

当加在 MOS 结构金属层上的电压刚转为正时($V>0$)，$V_{\mathrm{S}}>0$，但值不是很大，满足 $V_{\mathrm{S}} < \frac{E_{\mathrm{F}}}{q}$，此时能带向下弯曲，半导体表面感生负电荷，即空穴耗尽，电离受主过剩，称为空穴耗尽状态。此时式(12.40)中指数项很小，可以忽略，则表面电场、电荷密度以及电容可简写为

$$E_0 = \frac{2kT}{qL_{\mathrm{D}}}\left(\frac{qV_{\mathrm{S}}}{2kT}\right)^{\frac{1}{2}} \tag{12.45}$$

$$Q_0 = -\frac{2\varepsilon kT}{qL_{\mathrm{D}}}\left(\frac{qV_{\mathrm{S}}}{2kT}\right)^{\frac{1}{2}} \tag{12.46}$$

$$C_0 = \frac{\varepsilon}{L_{\mathrm{D}}}\left(\frac{qV_{\mathrm{S}}}{kT}\right)^{-\frac{1}{2}} \tag{12.47}$$

4) 表面本征状态

当加在 MOS 结构金属层上的电压继续增大时，达到 $V_{\mathrm{S}} = \frac{E_{\mathrm{F}}}{q}$，此时能带更加向下弯曲，导致表面禁带的中间位置与费米能级重合，此时的表面电场、电荷密度以及电容虽然可用公式(12.45)~(12.47)的空穴耗尽状态表示，但是式中的 V_{S} 需要用下式表示

$$V_{\mathrm{S}} = \frac{E_{\mathrm{F}}}{q} = \frac{kT}{q}\ln\left(\frac{N_{\mathrm{A}}}{n_i}\right) \tag{12.48}$$

5) 强反型状态

当加在 MOS 结构金属层上的电压进一步增大时，即 $V_{\mathrm{S}} > \frac{E_{\mathrm{F}}}{q}$，半导体表面电子浓度大于空穴浓度，形成反型层；特别是当 $V_{\mathrm{S}} > 2\frac{E_{\mathrm{F}}}{q}$ 时，形成了强反型态，此时公式(12.38)中的指数项可以忽略，$\frac{n_0}{p_0}\left(\exp\left(\frac{qV_{\mathrm{S}}}{kT}\right)\right)$ 项占主导地位，这样可以得

到：

$$E_0 = \frac{2kT}{qL_D}\left(\frac{n_0}{p_0}\exp\left(\frac{qV_S}{kT}\right)\right)^{1/2} \tag{12.49}$$

$$Q_0 = -\frac{2\varepsilon kT}{qL_D}\left(\frac{n_0}{p_0}\exp\left(\frac{qV_S}{kT}\right)\right)^{1/2} \tag{12.50}$$

$$C_0 = \frac{\varepsilon}{L_D}\left(\frac{\frac{n_0}{p_0}\exp\left(\frac{qV_S}{kT}\right)}{\left(\frac{n_0}{p_0}\exp\left(\frac{qV_S}{kT}\right)\right)^{1/2}}\right) = \frac{\varepsilon}{L_D}\left(\frac{n_0}{p_0}\exp\left(\frac{qV_S}{kT}\right)\right)^{1/2} = \frac{\varepsilon}{L_D}\left(\frac{n_S}{p_0}\right)^{1/2} \tag{12.51}$$

其中 n_S 为半导体表面处的电子浓度。由于在强反型态下半导体表面电子浓度很大，对电子的屏蔽作用很强，此时耗尽层宽度将达到一个最大值，以后不再增加。

6) 深耗尽状态

当加在 MOS 结构金属层上的电压继续增大时，如果是稳定的电压，则会形成强反型层；但如果电压是以较短周期型的波形加在金属层上时(高频信号)，此时少数载流子来不及产生，将会形成耗尽层，并且耗尽宽度随电压增大而增加，这就叫深耗尽状态。

3. MOS 结构归一化电容和 C-V 曲线

上面我们详细分析了 MOS 结构中的 6 种外加电压和表面电荷的关系，在此基础上，我们可以通过测量 C-V 关系曲线来得到 MOS 结构的电学性质。考虑理想的 MOS 结构，如果有外加电压，这个外加电压一部分降在绝缘体内部(V_I)，另一部分降在半导体表面(V_S)，此时外加电压可以表示为

$$V_{ex} = V_I + V_S \tag{12.52}$$

对于总电容 C 而言，这相当于绝缘层电容(C_I)和半导体表面电荷层电容(C_S)的串联，其关系为

$$\frac{1}{C} = \frac{1}{C_I} + \frac{1}{C_S} \tag{12.53}$$

在实际测试时，为方便起见，通常利用归一化电容 C_N，其定义为

$$C_N = \frac{C}{C_I} = \frac{1}{1 + \frac{C_I}{C_S}} \tag{12.54}$$

图 12.5 显示了典型的 3 种不同扫描外加电压形式下的归一化电容 C_N 与外加电压的关系，此时的外加电压是由直流偏压 V_G 和交流信号叠加而成。从图中可见，如果直流偏压慢慢增加，交流信号为低频率(<100Hz)，这称为低频特性，其 C-V 测试曲线如图中曲线 1 所示；如果直流偏压慢慢增加，交流信号为高频(10^4~10^6Hz)，这称为高频特性，其 C-V 测试曲线如图中曲线 2 所示；如果直流偏压增加很快，交流信号为高频，这时对应着深耗尽的不平衡状态，其 C-V 测试曲线如图中曲线 3 所示，随着电压的增加，MOS 器件最终会被击穿。

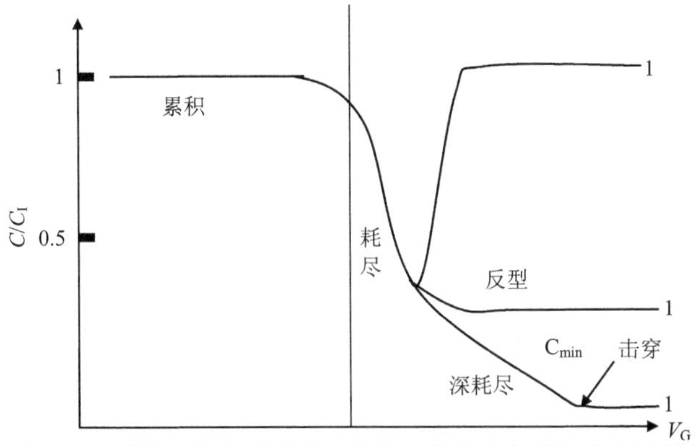

图 12.5　不同扫描电压形式下的归一化电容与外加电压的关系

当外加直流偏压 V_G 为负时，半导体界面形成多数载流子堆积状态，此时的归一化电容为

$$\frac{C}{C_I} = \frac{1}{1 + \frac{C_I}{C_S}} = \frac{1}{1 + \frac{C_I}{\frac{\varepsilon}{L_D}\exp\left(-\frac{qV_S}{2kT}\right)}} \tag{12.55}$$

其中，L_D 是德拜常数。由上式可知，除了与电压相关以外，归一化电容还与半导体德拜长度有关，也就是和半导体的掺杂程度有关。通常，半导体材料的掺杂越高，载流子浓度就越大，德拜常数 L_D 越小，而对应的归一化电容越大。

当 V_G 绝对值很大时，上式中的归一化电容 $\frac{C}{C_I} \approx 1$，对应图 12.5 左端的一段平坦曲线。随着 V_G 绝对值减小，归一化电容也逐渐减小，对应于图 12.5 中间曲线下降段。

当 V_G 下降到 0 时，对应平坦能带状态，此时的归一化电容为

$$\frac{C}{C_I}=\frac{1}{1+\dfrac{C_I}{C_S}}=\frac{1}{1+\dfrac{C_I}{\sqrt{2}\dfrac{\varepsilon}{L_D}}} \tag{12.56}$$

当 V_G 由 0 转为正值时，此时 $V_S>0$，但值不是很大，满足空穴耗尽状态，因此归一化电容为

$$\frac{C}{C_I}=\frac{1}{1+\dfrac{C_I}{C_S}}=\frac{1}{1+\dfrac{C_I}{\dfrac{\varepsilon}{L_D}\left(\dfrac{qV_S}{kT}\right)^{-\frac{1}{2}}}} \tag{12.57}$$

在这个范围内，随着 V_S 的增大，归一化电容逐渐减小。

当加在金属层上的电压继续增大，达到 $V_S=\dfrac{E_F}{q}$，此时达到表面本征状态，仍可用上式描述归一化电容和电压的关系。

但是，当电压进一步增加到 $V_S>\dfrac{E_F}{q}$ 时，达到强反型状态，空间电荷层厚度达到一个最大值，不再继续增加，此时的归一化电容为

$$\frac{C}{C_I}=\frac{1}{1+\dfrac{C_I}{C_S}}=\frac{1}{1+\dfrac{C_I}{\dfrac{\varepsilon}{L_D}\left(\dfrac{n_0}{p_0}\exp\left(\dfrac{qV_S}{kT}\right)\right)^{1/2}}} \tag{12.58}$$

从式(12.58)可以看出，随着 V_S 进一步增加，归一化电容又由一个极小值逐渐变大，最后趋于 1，这时对应于图 12.5 曲线 1 右端的上升段及以后平坦段。此时要求交流信号为低频信号，如果采用高频信号的话，直流偏压 V_G 扫描很快，则成为深耗尽状态，少数载流子(电子)来不及产生，不能形成反型层，因此归一化电容不断减小，直至击穿，这时对应于图 12.5 曲线 3 的右端。如果直流偏压 V_G 扫描较慢，则电容主要由电离施主贡献，因此表现为归一化电容达到一个最小值后不再减小，这时对应于图 12.5 曲线 2 的右端的水平线。

12.3 *I-V* 和 *C-V* 测试系统

I-V 和 *C-V* 测试系统通常结合在一起，一般称为半导体参数测试仪或半导体特性分析系统。

半导体参数测试仪主体结构包括控制器部分，用于控制测试过程的信号输入输出及数据处理；电压源和电流源，用于发生直流或交流信号；电压表盒电流表，用于测试通过样品的电压和电流强度，连接线、探针和样品台，用于连接上述源表和样品，并屏蔽外来信号干扰。目前世界上最通用的半导体参数测试仪主要有两家公司提供，分别为吉时利公司(Keithley)和安捷伦公司(Agilent)，它们的产品各有优势。下面以应用较为普遍的 KETHLEY 公司的 4200-SCS 型半导体参数测试仪为例，对此类仪器做简单介绍。4200-SCS 型半导体参数测试仪主要用于实验室级别的半导体器件直流和脉冲信号的测试，可进行实时数据采集、绘图和分析，适用于微电子器件，光电子器件甚至纳米器件等领域，具有高精度和亚 fA 级的分辨率能力。该设备的主要特点是友好的用户界面和模块化的结构设计。它采用 PC 机和 WINDOWS 操作系统作为控制器部分，人们不用学习复杂的设备操作程序,直接用系统提供的交互测试环境(KITE)软件即可完成大部分的测试工作。而源表部分则采用灵活的模块化设计，在主机上插入相应的电脑卡即可。系统最多可支持八个源表，其中包括最多 4 个具有 1A/20W 的大功率源表。源表的远端前置放大器可以有效地减少电缆所贡献的噪声，使得系统的测量能力达到 0.1fA。用户可根据需要选择适合自己的源表规格和数量，插入主机即可工作。可有效避免浪费。连接线部分可提供具有屏蔽外部电磁干扰能力的优良导线和规范化接口，可用于连接用户自己设计的探针和样品台。从而实现有效和高精度的测量。

图 12.6 为 4200-SCS 型半导体参数测试仪的外观结构，前面板包括液晶显示器，可刻录的 DVD 光驱 USB 接口，键盘和鼠标等。后面板包含主要的测试源表接口，左边主要包括标准的 10/100 以太网接口，打印机接口，显示器接口，USB 接口等；右边是仪器测量部分，可安插 8 个基于 PCI 总线插槽的 2~8 个源表(测量单元)，可插入双通道脉冲发生器和示波器插卡(支持脉冲 *I-V* 测量)，带有远端感应功能的低噪声接地单元、GPIB 接口等。

良好的模块化设计使得 KETHLEY 4200-SCS 型半导体参数测试仪可以实现各种需要的功能。如要实现 *C-V* 测试功能，需要在主机中插入 4200-CVU 电容测试单元，即可实现从低频到高频的大范围电容测试功能。而随着半导体器件体积减小，工作频率增加，传统的静态 *I-V* 测试可能会导致器件发热，从而影响测试精度。可选用 4205-PG2 双通道脉冲发生器和 4200-SCP2 示波器的插卡，从而使

(a)　　(b)

图 12.6　KETHLEY 4200-SCS 型半导体参数测试仪外观图

(a)为系统正面图；(b)为系统背面图

4200-SCS 具有脉冲直流信号发生功能和示波器显示及数据采集功能。这种脉冲 *I-V* 测试方法可解决电荷俘获问题，如用于高 k 栅结构；能消除器件的自热，如高功率晶体管和应用 SOI 技术的先进 CMOS 器件。

总之，KETHLEY 4200-SCS 型半导体参数测试仪功能强大，适用于当前大多数半导体器件电学性质的测试，如 SOI 器件[5]、FinFET[6]、LDMOS 和单电子晶体管[7]等，可以应用在失效分析、器件特性分析、纳米技术研究、高 *k* 和低 *k* 电介质，以及霍尔效应等等。关于该仪器的详细信息和应用大家可参考文献[8]。

12.4　*I-V* 和 *C-V* 测试的样品和影响因素

12.4.1　*I-V* 和 *C-V* 的样品制备

无任何种半导体材料，要进行 *I-V* 和 *C-V* 测试，需要将它们制备成简单的器件，然后才能测试其中的性能。一般而言，这些简单的器件结构包括 pn 结、肖特基结和 MOS 结构等。

1. pn 结的制备

制作 pn 结有多种方法。对硅而言，主要有杂质扩散、离子注入两种工艺。而杂质扩散又分为气态扩散和固态扩散两种，所谓气态扩散就是以 n 或 p 型硅片为基底，采用高温石英管式炉为扩散设备，在一定的扩散温度下，通入含有相反的掺杂剂的气体(对于 p 型硅片选择含磷的 n 型掺杂剂，对于 n 型硅片则选择含硼的 p 型掺杂剂)，温度范围一般在 800~1200℃。此时，扩散进入硅片的杂质浓度与气体中杂质的浓度有关，气体浓度越高则掺杂量越高。而固态扩散，是利用在 n 或 p 型硅片表面上具有不同掺杂类型固态(液态)源，通过高温热处理，使得掺杂剂扩散到硅片内，形成 pn 结。一般固态源有如 BN，As_2O_3 和 P_2O_5 等，而液态源有 BBr_3，

$AsCl_3$ 和 $POCl_3$ 等。

离子注入法是将带电离子通过加速，使其具有一定的能量(能量范围一般在1keV~1MeV)，高速带电离子可穿透 n 或 p 型硅片，到达硅片表面下某一深度的位置(深度一般可达 10nm~10 μ m)，注入剂量可从 10^{12}~10^{18}/cm^2。离子注入工艺的优势在于可以精确控制杂质浓度，其重复性好以及工艺温度较低。但是，离子注入一般会造成硅片晶格结构损伤和畸变，因此注入后一般要经过适当的退火工艺，以恢复晶体结构及激活掺杂剂的活性。这种热处理可采用传统的长时间高温退火，亦可采用快速热退火工艺(rapid thermal annealing，RTA)。值得注意的是：为了方便地利用 *C-V* 法，样品的 pn 结一般要制备成单边结，如 p^+n 或 pn^+结形式，这样就可以在测试时只关注轻掺一边的情况。

2. 肖特基结的制备

肖特基结是在半导体材料的表面沉积一层金属薄膜而形成的。常用金属材料有金、银、铝、钛、镍等或者其合金，一般根据半导体材料的不同来选择不同的金属薄膜。按照肖特基势垒的形成原理，和 n 型半导体材料结合，应该选择功函数大于半导体材料功函数的金属；而对于 p 型半导体材料，则应选择功函数小于半导体材料的金属。常用的沉积金属的方法有物理气相沉积法如热蒸发、电子束蒸发、溅射和化学气相沉积法等。

但是，无论选择哪种金属材料，消除半导体表面态的影响是至关重要的，如果半导体材料的表面态较大，则形成的肖特基势垒与金属种类无关。因此，样品表面需要经过清洁处理，消除杂质、氧化层等产生表面态的因素。

3. MOS 结构的制备

制作 MOS 结构器件的关键工艺是硅片上氧化层的制备，一般采用热氧化法或者化学气相沉积(CVD)法，如 APCVD、LPCVD 和 PECVD 等。热氧化法制备的二氧化硅膜一般采用石英管式炉，通入干氧或水汽的气体源，氧化温度一般在 900~1200℃；为了精确控制二氧化硅膜的厚度，可采用常压干氧条件下较低的氧化温度(800~900℃)进行氧化，或者采用低氧压氧化，也可利用惰性气体混合氧气，减小氧分压。热氧化制备的二氧化硅薄膜质量好，具有最佳的电学特性。

除了上述 pn 结等器件的制备外，还需要在器件和测试电路之间制备欧姆接触，以便测量器件的参数。在 *I-V* 和 *C-V* 测量时，为了消除金属电极和半导体的接触势垒对测试造成的影响，需要选择金属电极，其要求正好和制备肖特基势垒的条件相反。也就是说，和 n 型半导体接触的金属电极其金属的功函数应该小于半导体的功函数，而对于 p 型半导体接触的金属电极的功函数大于半导体的功函数。当然，此时接触点或面也要经过清洁处理，以消除表面态。对于一些常用半导体材料(如 Si，GaAs 等)，其表面态密度很高，难以完全去除，此时制备欧姆接触可利用隧道效应,即将金属电极接触的半导体部位进行重掺处理，掺杂浓度越高，则接触产生的电阻越小。关于器件工艺方面的内容可参考文献[9]。

12.4.2 C-V 测量的影响因素

在 12.2.3 节介绍 MOS 结构 C-V 特性测试的基本理论时，通过一些假设，消除了一些外在因素的影响。但是，在实际测试过程中，必须考虑这些因素，具体的影响因素主要有以下几个方面：

1. 半导体材料与金属材料之间功函数差别的影响

如果金属功函数(W_M)小于半导体功函数(W_S)，则在组成 MOS 结构时，会有电子通过绝缘层注入半导体表面，使表面能带向下弯曲。若要消除此影响，需在金属层上加一个负偏压 $V=(W_S-W_M)/q$，因此 C-V 曲线将向负方向移动 $V=(W_S-W_M)/q$ 的距离；反之，如果 $W_S<W_M$，则 C-V 曲线将向正方向移动 $V=(W_S-W_M)/q$ 的距离。

2. 半导体材料与氧化层之间界面态的影响

界面态是半导体硅与氧化层之间由于晶体周期性的破坏而导致的局域能态，一般处于禁带之中，又分为快态和慢态，具体理论可参考半导体物理方面的文献[1]。简单来说，快态很容易充放电，相当于一个电容效应(C_{quick})，由于此电容存在于半导体表面，与空间电荷层形成的等效电容共同承受表面电压降，因此它们是并联关系，由此可得总电容表达式：

$$\frac{1}{C}=\frac{1}{C_I}+\frac{1}{C_S+C_{quick}} \tag{12.59}$$

而慢态主要是指载流子填充或释放需要较长时间，这样测量 C-V 曲线时会形成迟滞回线。

3. 氧化层中金属离子的影响

氧化层中经常会存在一些金属离子，如钠、钾等。特别是钠离子，在二氧化硅层中扩散系数很大，在外电场作用下容易移动，从而引起二氧化硅层中电荷分布变化，会对 C-V 曲线造成影响。

4. 氧化层中固定电荷的影响

氧化层的固定电荷是指在硅–二氧化硅界面存在的、不随外电场变化而变化的正电荷，定义为 Q_{fc}。由于固定电荷的存在，将引起半导体表面能带向下弯曲，类似于前面(1)讨论的金属和半导体功函数差异造成的影响，需要在金属层上加一个负偏压 $V_{FB}=-Q_{fc}/C_0$。如果同时考虑金属和半导体功函数的差异，则有

$$V_{FB} = \frac{W_S - W_M}{q} - \frac{Q_{FB}}{C_0} \tag{12.60}$$

此时固定表面电荷可以用下式求得

$$Q_{FB} = C_0\left(\frac{W_S - W_M}{q} - V_{FB}\right) \tag{12.61}$$

5. 氧化层中载流子陷阱电荷的影响

当射线(如电子射线等)作用在二氧化硅层上时，由于辐照产生了电子–空穴对，电子在外电场作用下向电极移动，而空穴则很难移动，可能被陷阱捕获，表现为正电荷，这些也会像固定正电荷一样对 *C-V* 测量产生影响。值得指出的是，这种电荷可用高温退火方法消除。

12.5　*I-V* 和 *C-V* 测量的应用和实例

12.5.1　金半(金属–半导体)接触类型的确定

由于金属与半导体功函数的差别，它们结合时会形成欧姆接触或肖特基接触，利用 *I-V* 测试可以加以确定。对某些金属与半导体接触而言，会形成比较好的欧姆接触；而另外一些金属与半导体接触会在接触界面处形成势垒，得到的是肖特基接触，这种接触也就形成了一个肖特基二极管。例如，n 型半导体同一个功函数比它大的金属接触，其能带图如图 12.7 所示。由于 $W_B>W_n$(W_B是金属的功函数，W_n是 n 型半导体的功函数)，电子在 $W=W_B-W_n$ 的作用下，就会从半导体跑到金属中去。达到平衡时，金属的费米能级$(E_F)_B$ 同半导体的费米能级$(E_F)_n$ 相等，此时半导体表面因缺少了电子而带正电，金属表面则因多余电子而带负电，在金属和半导体之间就有了接触电势差。

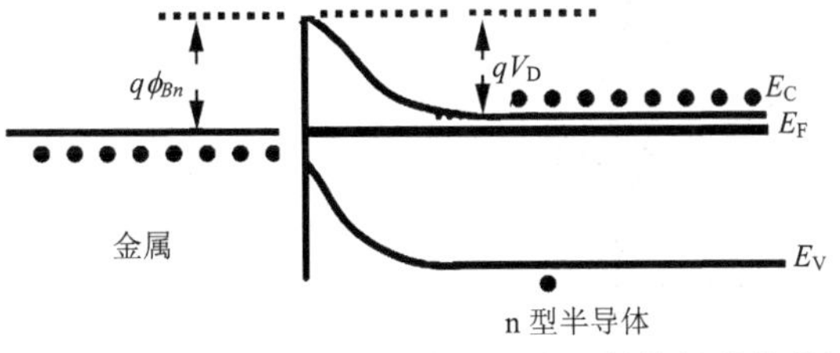

图 12.7　功函数较大的金属与 n 型半导体接触的能带图

利用 *I-V* 测量，可以判断金属和半导体接触是何种类型，它们的 *I-V* 曲线形状是不同的。肖特基接触的 *I-V* 曲线是表现出整流特性，单向导通，如图 12.8(a)所示；而欧姆接触，表现出的是线性关系，无任是正向或反向电压，电流均随着电压的增加线性增加，如图 12.8(b)所示。

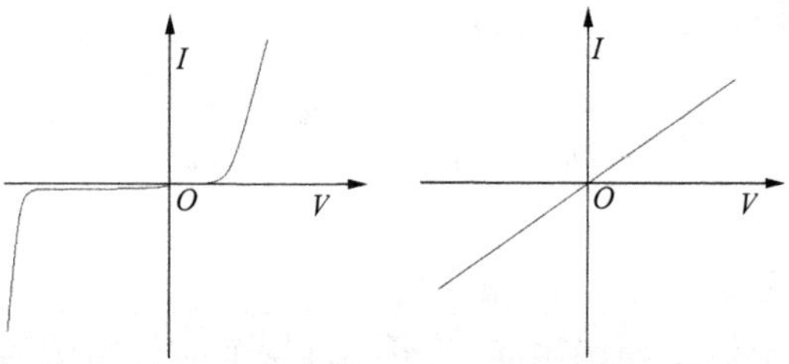

(a) 肖特基接触　　(b) 欧姆接触

图 12.8　金半接触的 I-V 特性曲线

12.5.2　太阳电池参数的测量

利用 I-V 曲线，可以测量太阳电池的主要参数，如短路电流、开路电压、填充因子和光电转换效率。在光照的情况下，太阳电池的 I-V 曲线与典型的 pn 结的 I-V 特性曲线有区别，其曲线并不通过坐标零点，这是由于太阳电池的光生伏特效应引起的。

图 12.9 是太阳电池在不同温度和不同光照情况下的 I-V(伏安)特性曲线[10]，曲线在纵坐标的截距是短路电流(I_{SC})，在横坐标的截距是开路电压(V_{OC})，最大面积则为填充因子。从图中可以看出，随着电池温度的上升，短路电流保持不变，开路电压不断降低，导致电池效率降低；随着光照强度的增加，开路电压有少量增加，而短路电流快速增加，导致电池效率的增加。

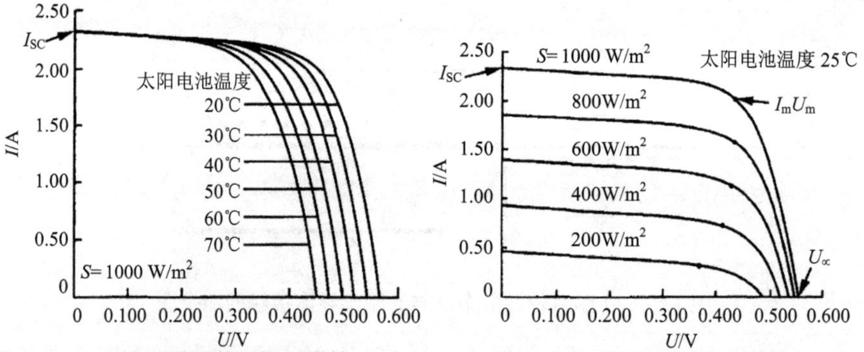

(a) 不同温度下的 I-V 特性　　(b) 不同照度下的 I-V 特性

图 12.9　太阳电池 I-V 特性曲线[10]

不仅如此，还可以从太阳电池的 *I-V* 曲线的形状看出太阳电池的质量以及可能存在的问题。图 12.10 是一个效率不高的太阳电池的暗环境下的 *I-V* 特性曲线，从曲线中就可以看出，该电池具有两大问题：一是结特性不好，二是反向电流过大。

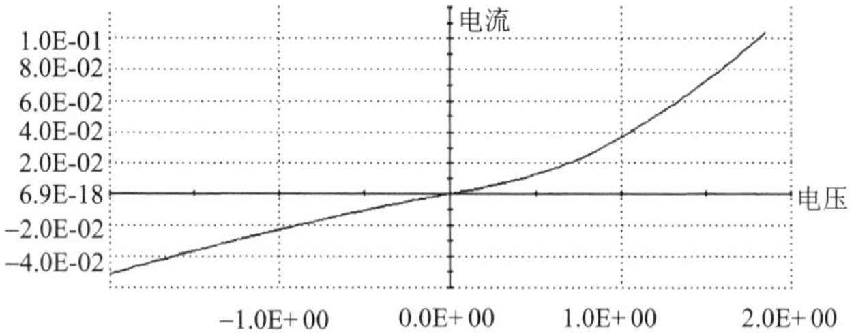

图 12.10 低质量太阳电池暗环境下的 *I-V* 曲线

12.5.3 半导体材料电阻率的测量

测量半导体材料的 *I-V* 曲线可以得到它的电阻率信息，反映了半导体的掺杂情况及载流子输运能力。为了消除接触电阻等因素的影响，半导体电阻率测试中最常用的是四点法，也就是通常所说的四探针法，其基本原理其实就是通过测量材料的 *I-V* 曲线得到材料的电阻率的一个应用，具体内容参见 1.1 节和相关测试标准[11]。

这里列举一个四探针法测量石墨棒样品 *I-V* 曲线以确定电阻率的实例[12]。样品石墨棒长 6cm，直径 0.0889cm。首先在室温下采用两点法测量样品的电阻，由于使用金属夹子连接样品与测试导线，实际上在 5.8cm 长的样品上测得了 1.9 Ω的电阻值，经换算得到的石墨的电阻率为 20Ω · μm，但是这个数值包含了连线电阻和接触电阻的影响。如果采用四探针法测量样品电阻，电流源取值从 1mA~1A，两个探针和石墨棒两端保持接触，另外两个探针在石墨棒的中间区域，取 L 为 2.5cm，分别接触，测量其 *I-V* 曲线。图 12.11 显示了石墨的 *I-V* 曲线以及对应的电阻率。可以看出，测得的石墨的实际电阻率的值为 10Ω · μm 左右，这是两点法测得的数值的一半左右，可见采用四探针法确实避免了连线电阻和接触电阻的影响。从图中还可以看到，电阻率随着测试电流的增加有略微降低的趋势，这是因为测试电流的增加造成石墨样品的温度升高，从而导致电阻率的降低。

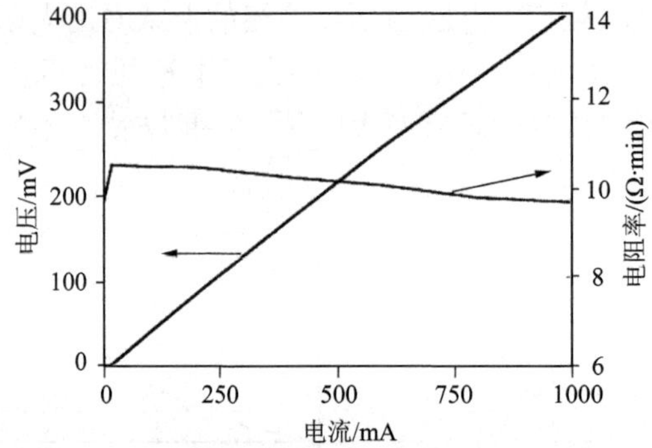

图 12.11　四探针法测量石墨棒的 I-V 曲线[12]

12.5.4　半导体材料导电类型的确定

半导体的导电类型可以利用 MOS 结构的高频 C-V 特性曲线来判定。如图 12.12 所示，MOS 结构的衬底材料如果是 n 型半导体材料，在加负压时，此时状态处于耗尽态，再加高频信号，电子–空穴的产生和复合跟不上电压信号的变化，所以电容很小；而当偏压为正时，电子在表面层堆积，处于积累区，此时 $C\approx C_0$，其情况如图 12.10(b)所示。而 p 型半导体材料的情况和 n 型刚好相反，其 C-V 曲线表现不同形状，如图 12.12(a)所示。

因此，通过 C-V 曲线的形状可以简单地确定半导体材料的导电类型。

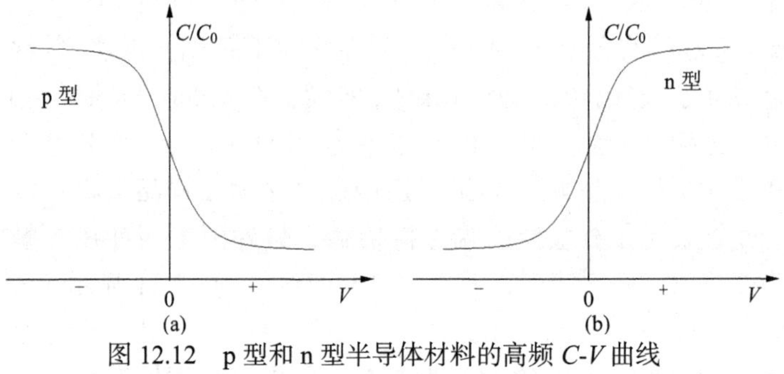

图 12.12　p 型和 n 型半导体材料的高频 C-V 曲线

12.5.5　掺杂浓度的测量

通过 C-V 曲线，还可以测量 MOS 结构中的半导体材料的掺杂浓度和电阻率。由式(12.54)可知强反型状态下 MOS 结构的归一化电容为 $\dfrac{C}{C_{\mathrm{I}}}=\dfrac{1}{1+\dfrac{C_{\mathrm{I}}}{C_{\mathrm{S}}}}$，其中绝缘

层电容 C_I 可以根据电容公式 $C_I = \frac{\varepsilon}{L}$ 求得，而耗尽层电容 C_S 则可由半导体介电常数 ε_S 除耗尽层宽度 D_S 求得，即 $C_S = \frac{\varepsilon_S}{D_S}$。在强反型状态时，有

$$V_S = 2V_B = 2\frac{kT}{q}\ln\frac{N_A}{N_i} \tag{12.62}$$

因此，耗尽层宽度为

$$D_S = \left(\frac{2V_S\varepsilon_S}{qN_A}\right)^{\frac{1}{2}} = 2\left(\frac{V_B\varepsilon_S}{qN_A}\right)^{\frac{1}{2}} = \frac{2}{q}\left(\frac{\frac{kT}{}\varepsilon_S\ln\frac{N_A}{N_i}}{N_A}\right)^{\frac{1}{2}} \tag{12.63}$$

上式为耗尽层宽度 D_S 和掺杂浓度 N_A 之间的关系。因此，结合式(12.58)，通过测量归一化电容在强反型条件下的最小值，便可对应求得上式中掺杂浓度。

通常情况下不需要进行如此复杂的计算，可以通过标定的标准曲线，只需测试一些简单参数，就可以在标准曲线中查找得出掺杂浓度。例如，在强反型状态下，归一化电容最小值为

$$\frac{\mathrm{C}_{\min}}{C_{ox}} = \frac{1}{1+\frac{2\varepsilon_{ox}}{q\varepsilon_s d_{ox}}\left[\frac{\varepsilon_s kT}{N_A}\ln\left(\frac{N_A}{n_i}\right)\right]^{\frac{1}{2}}} \tag{12.64}$$

从上式可以看到，在温度一定的情况下，C_{min}/C_{ox} 是掺杂浓度和绝缘层厚度的函数。因此如果知道绝缘层厚度，然后在强反型状态下测得 C_{min}/C_{ox}，再通过对照标准曲线就可以得到掺杂浓度。归一化电容最小值标准图如图 12.13 所示[4]。

同样，在低频状态下，*C-V* 特性曲线也会出现一个最低点，此时一样会存在一个归一化的极小电容 C_{min}/C_{ox}。在已知绝缘层厚度的情况下，通过测得归一化极小电容，也可以得到归一化电容极小值和掺杂浓度的关系，如图 12.14 所示[4]。

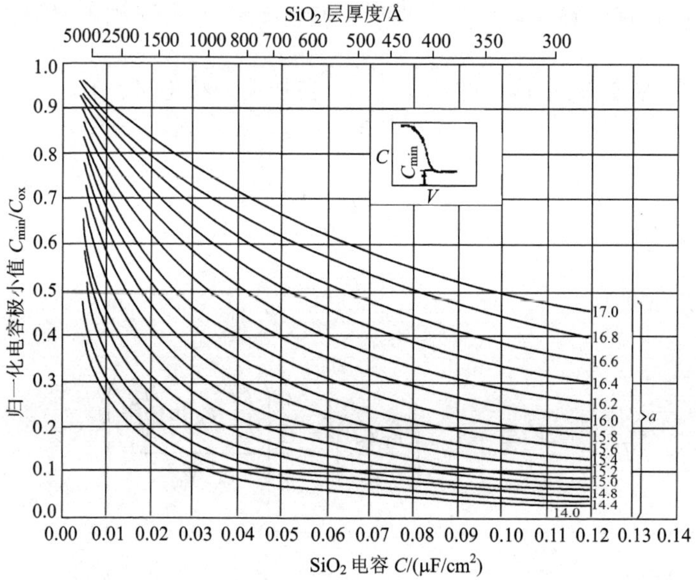

图 12.13　强反型状态下 C_{min}/C_{ox} 与掺杂浓度 10^a 以及绝缘层(SiO_2)厚度关系[4]

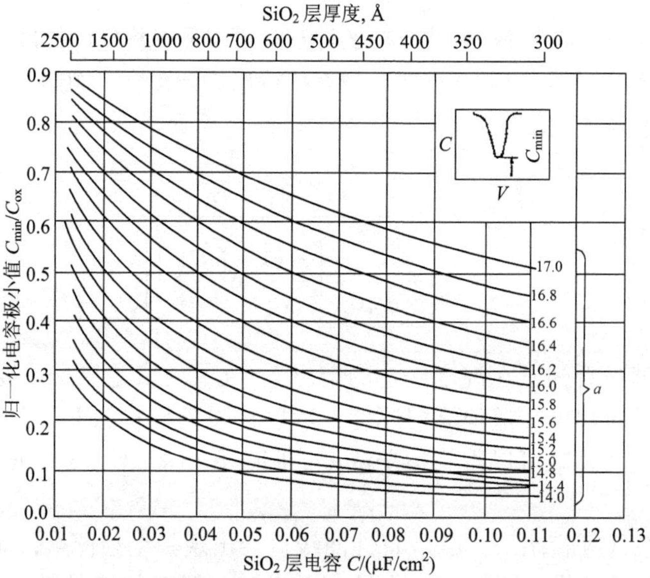

图 12.14　低频状态下 C_{min}/C_{ox} 与掺杂浓度 10^a 以及绝缘层(SiO_2)厚度关系[4]

需要说明的是，以上标准曲线只适用于 300K 情况下由硅衬底材料构成的 MOS 结构。

12.5.6 肖特基势垒高度的确定[13]

当金属和半导体形成肖特基接触时，界面附近形成肖特基势垒。利用 C-V 曲线测量，可以确定其势垒高度，还可以确定半导体材料的载流子浓度和电阻率。

根据电容的原始定义公式：

$$C = \frac{\mathrm{d}Q}{\mathrm{d}V} \tag{12.65}$$

可以得到[14]

$$\frac{\mathrm{C}}{A} = \sqrt{\frac{\pm q\varepsilon(N_\mathrm{A} - N_\mathrm{D})}{2(\pm V_\mathrm{D} \pm V - kT/q)}} \tag{12.66}$$

$$C = A\left|\frac{\mathrm{d}Q}{\mathrm{d}V}\right| = A\left(\frac{q\varepsilon N_\mathrm{D}}{2(V_\mathrm{D} - V_\mathrm{bia})}\right)^{1/2}$$

其中，± 是指在 p 型半导体材料时取正，在 n 型半导体材料时取负。其实这就是 n 型半导体电容表达式(12.31)的扩展，区别在于分子里 N_D 变成了 $(N_\mathrm{A}-N_\mathrm{D})$，因为在 n 型半导体中 N_A 可忽略不计，在分母里多了 kT/q 项，这是考虑了空间电荷区的多数载流子带尾效应，而内建电场 V_D 与势垒高度 Φ_B 的关系：

$$\Phi_\mathrm{B}=V_\mathrm{D}+V_0 \tag{12.67}$$

其中，$V_0=(kT/q)\ln(N_\mathrm{C}/N_\mathrm{D})$，$N_\mathrm{C}$ 是导带中的有效态密度。通过 C-V 测试，可以得到 $(A/C)^2$ 和电压 V 的关系直线，如图 12.15 所示。结合式(12.66)，从图中可以知道，此直线在横坐标(电压)上的截距为：$V_\mathrm{i}=-V_\mathrm{D}+kT/q$，则式(12.67)中的势垒高度可写为

$$\Phi_\mathrm{B}=-V_\mathrm{i}+V_0+kT/q \tag{12.68}$$

进一步地，图中直线的斜率是 $2/[q\varepsilon(N_\mathrm{A}-N_\mathrm{D})]$。通过直线的斜率测量，可以得到掺杂浓度 $N_\mathrm{A}(N_\mathrm{D})$，然后代入以上公式即可得到势垒高度 Φ_B。

由此可知，利用肖特基结的 C-V 曲线，不仅可以测试其势垒的高度，还可以和 MOS 结构的 C-V 测量一样，确定半导体材料的载流子浓度。

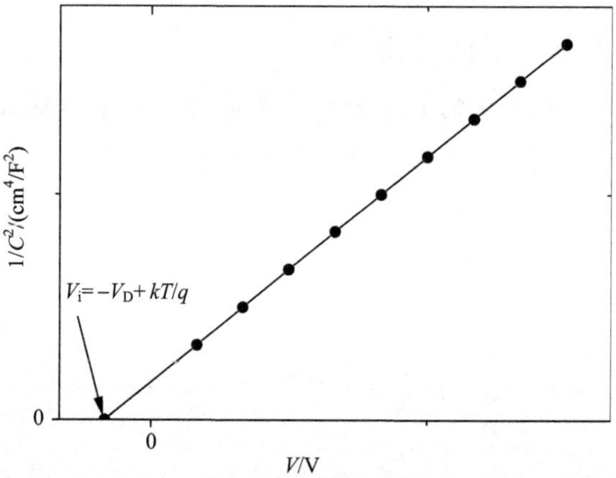

图 12.15　硅晶体 C-V 测试中的$(1/C)^2$和电压 V 的直线关系

12.5.7　pn 结串联电阻的测量[13]

当 p 型半导体材料和 n 型半导体材料结合组成 pn 结时，有可能形成 pn 结的串联电阻。利用 C-V 曲线，也可以测量这个串联电阻。根据 pn 结串联电阻对电容的影响关系，可以得到：

$$C_m = \frac{C}{(1+r_s G)^2 + (2\pi f r_s C)^2} \tag{12.69}$$

其中 G 是电导率，f 是测试电压的频率，C_m 是测试得到的电容，C 是真实电容值，r_s 是串联电阻。一般情况下，$r_sG<<1$，因此有

$$C_m \approx \frac{C}{1+(2\pi f r_s C)^2} \tag{12.70}$$

在 C-V 测试时，如果测试电压频率足够低，即 f 足够小，测试到的电容就近似于真实电容 C，如图 12.16 所示。从图中可以看出，随着测试频率的降低，测试电容 C_m 值不断增大；当 f 低于 10^5Hz 时，测试电容达到最大值，并几乎保持不变，即为真实电容。在得到真实电容值以后，再升高测试频率，使公式(12.70)中分母第二项起主导作用，得到测试电容 C_m 后，式中只有串联电阻 r_s 是未知数，通过计算即可得到。

总之，I-V 和 C-V 测试技术是测量半导体材料电学性能的一个重要手段。通过制备 pn 结、肖特基结和 MOS 等简单结构，从器件的 I-V 和 C-V 曲线中，可以得到导电类型、金半接触类型、电阻率、载流子浓度及分布和器件的特性，测试

简单方便，是半导体材料和器件研究、开发及生产的必备测试设备之一，被广泛应用。

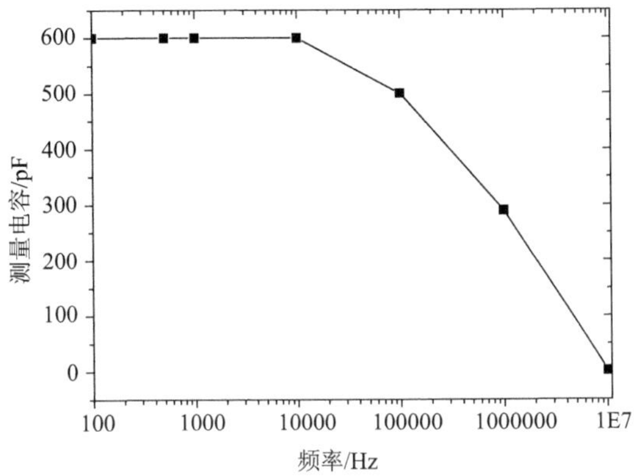

图 12.16　测试电压频率对 pn 结电容的影响关系曲线

参　考　文　献

[1] 刘恩科, 朱秉升, 罗晋生, 等. 半导体物理学. 北京: 电子工业出版社. 2006.

[2] Hillibrand J, Gold R D. Determination of impurity distribution in junction diodes from capacitance-voltage measurement. RCA Rev, 1960: 245.

[3] 许亚伯. 表面物理导论. 杭州: 浙江大学出版社, 1992.

[4] 孙以材. 半导体测试技术. 北京: 冶金工业出版社, 1984.

[5] Takahiro Shinada, Shintaro Okamoto, Takahiro Kobayashi, Iwao Ohdomari. Enhancing semiconductor device performance using ordered dopant arrays. Nature, 2005,437: 1128.

[6] Nyns L, Ragnarsson L -Å, Hall L, Delabie A, Heyns M,Van Elshocht S,Vinckier C, Zimmerman P, De Gendt S. Silicon orientation effects in the atomic layer deposition of hafnium oxide. Journal of The Electrochemical Society,2008,155:G9.

[7] Santosh Kumar Karre P, Bergstrom Paul L. Room temperature operational single electron transistor fabricated by focused ion beam deposition. Journal of Applied Physics, 2007,102: 024316.

[8] http://www.keithley.com/.

[9] 施敏. 半导体器件物理与工艺. 苏州: 苏州大学出版社, 2002.

[10] 丁金磊, 程晓舫, 翟载腾, 查珺, 茆美琴. 决定晶体硅太阳电池工作状态的独立参量的确定. 中国工程科学, 2007, 9(4): 94.

[11] ASTM B193-02 Standard Test Method for Resistivity of Electrical Conductor Materials.

[12] Elton N. Kaufmann. Characterization of Materials. New Jersey: John Wiley & Sons, Inc, 2003.

[13] Dieter K. Schroder. Semiconductor material and device characterization. New Jersey: John Wiley & Sons, Inc, 2006.

[14] Goodman A M. Metal-Semiconductor Barrier Height Measurement by the Differential Capacitance Method-One Carrier System. Journal of Applied Physics, 1963, 34: 329.